MapGIS 开发系列丛书

U0148583

MapGIS 搭建平台原理与开发

吴信才　谢　忠　周顺平　刘修国　等著

電子工業出版社
Publishing House of Electronics Industry
北京·BEIJING

内容简介

MapGIS搭建平台是中地数码集团经过多年的技术积累、结合众多项目的成功经验，采用面向服务的思想开发的企业级应用平台。平台采用可视化“搭建式”的新型开发模式，具有“零编程、巧组合、易搭建”的特点，无须编程，直接“拖拽”已有功能控件到设计页面中，通过智能组合、灵活调整、自由定制等方式设计业务流程，完美实现GIS业务与办公自动化系统的无缝集成。这种可视化的“搭建式”的软件开发模式，极大地降低了软件开发的门槛，缩短了软件开发的周期，减少了软件开发的成本。

全书共8章，分为三部分：第一部分为理论基础篇，介绍了MapGIS搭建平台构建的理论基础，并基于该理论基础构建的四个基础模型，详细阐述了MapGIS搭建平台的多层体系架构；第二部分为开发篇，将其理论基础与实践相结合，完成了基于四个基础模型的OA系统的实战开发，并融合OGC服务与WebGIS技术，实现了基于Web的GIS业务系统的搭建；第三部分为项目实战篇，将前述章节内容应用到实际项目中，以OA系统为例介绍了基于搭建平台开发的整个项目实现过程。

为了便于读者更好地阅读与掌握本书内容，本书在每章前均列出本章学习的目的要求、主要内容、重点难点，让读者在阅读前做到心中有数，避免盲目翻阅。在每章内容结束后均有小结，对本章内容进行总结，并简要介绍了下一章的内容，承上启下，便于读者阅读；同时，在每章后均附加了主要问题解答和练习题，巩固练习，以加深读者对本章内容的理解。

本书内容全面、条理清晰、叙述严谨、实例丰富、针对性强，可作为GIS、计算机等相关专业的本科生、硕士生、博士生的学习参考书，也可作为质矿产、地理信息、城市规划、国土管理及相关专业研究和开发人员的使用参考书。

未经许可，不得以任何方式复制或抄袭本书之部分或全部内容
版权所有，侵权必究

图书在版编目（CIP）数据

MapGIS搭建平台原理与开发/吴信才等著．—北京：电子工业出版社，2011.8
（MapGIS开发系列丛书）
ISBN 978-7-121-14187-4

Ⅰ．①M…　Ⅱ．①吴…　Ⅲ．①互联网络－地理信息系统　Ⅳ．①P208

中国版本图书馆CIP数据核字（2011）第148687号

责任编辑：田宏峰
印　　刷：
装　　订：北京中新伟业印刷有限公司
出版发行：电子工业出版社
　　　　　北京市海淀区万寿路173信箱　邮编　100036
开　　本：787×1 092　1/16　印张：18.5　字数：470千字
印　　次：2011年8月第1次印刷
印　　数：4 000册　　　定价：49.00元

凡所购买电子工业出版社图书有缺损问题，请向购买书店调换。若书店售缺，请与本社发行部联系，联系及邮购电话：(010)88254888。

质量投诉请发邮件至zlts@phei.com.cn，盗版侵权举报请发邮件至dbqq@phei.com.cn。

服务热线：(010)88258888。

前言

随着信息化产业的飞速发展，信息系统的规模急剧膨胀，面对复杂的业务需求，企业在开发效率与成本控制方面对信息化系统提出了更高的要求。基于传统开发过程（需求、设计、编码、测试、交付）要经过漫长的软件生命周期，一切都从基础做起将严重影响软件的交付速度，并且大量的代码维护使软件的成本居高不下。虽然各种开发方式层出不穷，各种新技术不断涌现，但均未从根本上解决软件生产效率的问题。

MapGIS 搭建平台采用面向服务的思想，力图用“搭建”的方式来生产软件，提倡“一切都是搭建”的软件开发理念。搭建式开发使用户只需要着眼于专业流程分析，而无须花费更多的时间投入到业务系统的开发，极大地缩短了软件开发周期。因此，基于 MapGIS 搭建平台的开发软件系统，可提高 60%以上的工作效率，节约 80%以上的开发成本。该平台目前已成功应用于国土、房产、管网以及市政等多个领域的电子政务系统及其他信息管理系统中。

本书以“高效开发”为目的，遵循“循序渐进”的原则，在内容与结构上均进行了精心的设计与安排。基于“搭建式”这种新一代的开发模式，从理论基础，到开发实践，再到项目实战，让读者实现阶梯式的提升。本书结合理论基础，采用实例形式叙述，其条理清晰、实例丰富、针对性强。第 5 章到第 7 章将办公自动化技术与 WebGIS 进行了有效融合，构建了一个大型 GIS 业务系统，第 8 章则以项目实战形式阐述了基于搭建平台的 OA 办公系统开发过程。各章节内容呈阶梯式，步步提升，更易于读者学习和掌握。

参与本书编写的人员还有黄颖、李圣文、张发勇、罗显刚、郑坤、高伟、花卫华、杨乃、丁开华、许凯等，这些同志长期从事 GIS 软件的研究与应用开发，具有丰富的实践经验，使本书融入了科研集体在近年取得的科研成果。

由于时间仓促，书中难免存在错误与不足之处，欢迎广大读者及专家同行批评指正，以利改进。

本书说明

本书内容结构

本书分理论基础、实践开发、项目实战三大部分，呈阶梯式介绍MapGIS搭建式开发。

第一部分：理论基础篇

- 第1章：MapGIS搭建平台概述
- 第2章：MapGIS搭建平台组成部分
- 第3章：MapGIS搭建平台体系架构
- 第4章：MapGIS搭建平台二次开发流程

第二部分：开发篇

- 第5章：工作流编辑器搭建实例
- 第6章：自定义表单搭建实例
- 第7章：搭建运行框架实例

第三部分：项目实战篇

- 第8章：搭建OA应用系统实战

目的要求、主要内容、重点难点

在每章的开始处，有三个部分，即

- 目的要求：说明了学习该章要掌握的内容；
- 主要内容：列出了该章介绍的知识点，让读者对该章内容有整体的把握；
- 重点难点：指出学习该章的重点内容与难点所在，读者可以有目的并带着问题去学习，提高效率。

小结、问题与解答、练习题

在每章的最后，也有三个部分，即

- 小结：对该章内容进行总结，同时引出对下一章内容概要；
- 问题与解答：列举并回答了与该章主题相关的常见问题；
- 练习题：让读者回顾本章主要内容，通过动手实践，获得与该章所讨论技术相关的更多经验。

代码使用及资源下载说明

本书中的所有示例代码，读者可登录华信教育资源网（www.hxedu.com.cn）免费注册后下载。有关与MapGIS搭建平台相关的介绍、安装包、帮助手册、典型案例等均可到MapGIS网站下载，相关网址为www.mapgis.com.cn。

目　录

第一部分

理论基础篇

第1章

MapGIS 搭建平台概述

随着计算机技术的快速发展，软件开发模式也不断革新。高效率、低成本的软件开发模式已成为软件领域关注的焦点。中地数码集团作为一个民族 GIS 软件企业，在软件开发领域中不断积极探索与创新，并借助多年软件开发经验，基于工业流水线作业的思想，提出了全新的“搭建式”软件开发理念，并在此理念的基础上成功构建了 MapGIS 搭建平台。

“搭建式”开发理念，将工业流水作业的产业化思想融入软件开发中，颠覆了传统开发流程，是软件开发领域中的一个重要革新，具有极其重要的意义。该理念旨在实现采用流水线产业化模式生产软件，从根本上提高软件开发效率、降低软件开发成本，最大限度地解放程序员。MapGIS 搭建平台基于“搭建式”开发理念，提供积木式的软件开发方式，具有“零编程、巧组合、易搭建”等特点，可广泛应用于电子政务、OA 办公、企事业单位信息管理等 Web 项目开发，目前已成功应用于国土、房产、管网、市政等多个领域的政务系统以及其他管理系统中。

MapGIS 搭建平台，作为一种基于新型软件开发理念的开发平台，需从理论基础与开发原理上整体把握，了解搭建式开发的理论基础及其突出优势。本章将为您揭开搭建式开发的神秘面纱，为后续的实践应用打下坚实的理论基础。

目的要求

本章从理论层面，介绍基于“搭建式”软件开发思想构建的 MapGIS 搭建平台，以及 MapGIS 搭建平台“搭建式”开发的特点及优势。基于本章内容，您可初步了解搭建式开发理念的背景、原理，以及搭建式开发模式具有的优势和更高应用价值。

主要内容

本章基于 MapGIS 搭建平台，介绍搭建式开发思想理念，主要内容如下：

- 基于 MapGIS 搭建平台，概述搭建式开发思想；
- 详细讲述搭建式开发模式较其他开发模式的特点及优势。

重点难点

本章重点阐述了 MapGIS 搭建平台的设计理念与特色优势，让读者初步了解全新的搭建式开发思想。本章难点也在于理解搭建式开发理念，从整体上把握 MapGIS 搭建平台。

1.1 MapGIS 搭建平台概述

MapGIS 搭建平台是新一代基于 Web 的面向分布式服务组件的开发平台，系统采用基于网络控制的工作流模型，完成业务的灵活调整与定制功能，实现了 GIS 与办公自动化的无缝集成；MapGIS 搭建平台拥有可视化的工作流搭建环境，只须“拖拽”相应事件元素即可设计出对应的业务流程，实时显示后台工作流的执行情况，具有人性化的特点。MapGIS 搭建平台与多层安全体系挂钩，不同用户可以对应不同表单，并支持多级子表单嵌套和数据字典；MapGIS 搭建平台完全按照国际工作流联盟规范搭建，全面支持 XML 语言。MapGIS 搭建平台以组件方式构建，并提供丰富的开发实例，方便用户快速搭建应用系统。

MapGIS 搭建平台采用面向服务的思想，力图用“搭建”的方式来生产软件，提倡“一切都是搭建”的理念。用户只需要着眼于业务流程分析，无须花过多的时间投入于系统开发细节，极大地缩短了软件开发周期，可节约 80%以上的开发成本，提高 60%以上的开发效率。

1.2 MapGIS 搭建平台开发优势

MapGIS 搭建平台提供一种可视化的开发模式，用户通过简单的“拖拽”方式即能实现所需功能；平台提供各种功能扩展开发接口，以满足各层次客户需求。MapGIS 搭建平台将软件开发模式从传统的关心技术实现细节转变为关心具体业务逻辑，技术支持人员、项目经理、甚至客户均可参与软件开发，彻底改变目前以程序员为主体的软件开发现状。

MapGIS 搭建平台本着面向客户需求的原则，支持“按需搭建”与“即时生成”的功能。在信息化应用系统构建过程中，增强了计算机专家、领域专家、业务设计者、业务执行者之间的协作，以业务为核心即时构建应用系统。

MapGIS 搭建平台由工作空间、自定义表单工具、空间信息服务以及搭建运行框架组成。基于搭建开发模式，可以同时实现业务系统与 GIS 系统的快速构建。

MapGIS 搭建平台的优势有以下几点。

1）使用简便、高生产率

上手简单，不需要编码或者少量编码即可实现复杂的业务应用，可将开发周期缩短 50%～80%，“一次搭建、处处运行”。

2）企业级应用技术

采用基于组件与面向服务的架构体系，注重体系架构的兼容性和集成性；采用门户技术提供个性化和适应性接口；采用工作流技术实现业务处理和协同办公；采用跨平台数据、信息交换技术实现信息共享；采用多媒体文档存储及管理技术实现文档数据库管理；能快捷构建应用系统。

3）支持多用户、分布式规模应用

搭建平台支持多用户在线、多事务并发等应用模式，能够快速响应用户提交的请求。针对海量数据（如 TB 级）的多用户/多系统调用等情况，通过建立缓冲池等措施，有效地改善了速度，保证了应用系统的正常运行。

4）部署、移植、维护方便

由于搭建平台采用“搭建式”开发系统，抛开了复杂的编码方式，因而维护起来很方便，基本上不需要程序员维护，甚至企业用户自己都可以完成维护工作，维护期间无须停止服务器，不耽误应用系统的正常工作。

1.3 小　结

本章从整体介绍 MapGIS 搭建平台的由来，以面向服务为思想，力图以“搭建”的方式实现软件的开发，最终以工厂化流水线的方式批量生成软件，减少软件开发对程序员的依赖，将更注重客户需求，向业务靠拢。也正因为如此，采用搭建式理念开发软件的方法与传统软件开发相比，带来了更多的优势，如提高了软件产品可重用性，更重视业务，降低了开发难度等，让软件开发行业更加智慧。

在了解 MapGIS 搭建平台的由来与开发优势的基础上，将在第 2 章中介绍 MapGIS 搭建平台的组成，使读者更深入地了解搭建式开发理念的整体构成。MapGIS 搭建平台由 MapGIS 功能仓库、工作流编辑器、表单设计器和搭建运行框架组成。

1.4 问题与解答

（1）什么是“按需搭建”和“即时生成”？

解答：由于 MapGIS 搭建平台提供的搭建式开发将各功能都封装为功能控件，用户只需要选择所需功能，以搭建积木的方式搭建业务系统，这就是按需搭建的含义；而这些功能模块是相对独立的，且有效可用，用户搭建完成后，立即运行，这就是“即时生成”的含义。

（2）搭建平台可应用在哪些业务领域？

解答：搭建平台与传统的 OA（办公自动化系统）系统结合，满足企业级的业务需求，可快捷搭建各个业务流程，以及用户管理权限等功能；同时也支持所有的 WebGIS 业务，包括地图显示、查询、编辑、空间分析、统计分析等多种功能，并且可通过工作流搭建所需的系统程序，也能实现与 Web 服务站点相结合。因此，搭建平台可应用于包括 OA、GIS，甚至其他业务系统中。

1.5 练　习　题

（1）MapGIS 搭建平台组成部分有哪些？

（2）MapGIS 搭建平台的开发优势有哪些？

第 2 章

MapGIS 搭建平台组成部分

“工欲善其事，必先利其器”。MapGIS 搭建平台是中地数码集团经过几十年经验积累与探索创新的成果，提供了一种全新的 GIS 软件开发模式，是新一代 Web 系统开发的一把利器。

MapGIS 搭建平台类似于一个软件生产线，由各个工作间有机组合，再通过不同的工序开发出不同的软件系统。MapGIS 搭建平台的工作间由 MapGIS 功能仓库、工作流编辑器、表单编辑器、搭建运行框架四部分组成。工作流编辑器用于流程（即业务逻辑）设计与搭建；表单设计器则用于页面设计，可快速与数据库连接，设计各类功能表单；功能仓库是所有功能插件（封装为 dll 或者 Jar 包）的集合，为业务流程设计、表单设计等提供底层支持，提供丰富的常用功能插件和 GIS 功能插件；搭建运行框架则类似于系统组装间，基于设计好的工作流与表单，在该框架中可轻松搭建 Web 应用系统功能。

MapGIS 搭建平台适用于各种系统的开发，能与 GIS 功能无缝集成，快速搭建 WebGIS 系统。为了更好使用 MapGIS 搭建平台，充分利用 MapGIS 搭建平台快速开发的优势，本章将从理论的角度介绍 MapGIS 搭建平台各部分的架构体系、运行机制、工作原理及功能特点等内容。

目的要求

通过对本章内容的学习，您可以了解 MapGIS 搭建平台四个组成部分的内容，对搭建式开发思想有更深入的认识，更透彻地领悟数据中心理念，并深入了解数据中心功能仓库的概念与作用；在理解工作流编辑器运行原理的基础上，结合 MapGIS 功能仓库，掌握业务流程的搭建；并深入了解表单设计器的框架模型、功能特点；以及如何实现与业务流程挂钩，在搭建运行框架中完成整个系统功能搭建，提供既包含 OA 功能又包含 GIS 业务功能的 Web 系统。

主要内容

本章主要介绍 MapGIS 搭建平台的四个组成部分，以及如何利用该平台完成软件系统开发，包括从系统最初的流程搭建，到表单设计，再到最终的功能展现等内容。主要内容包括：

- 详细介绍数据中心的组成与特点，以及 MapGIS 功能仓库的模型、分类和功能复用等功能，为用户提供全面的 GIS 功能应用；
- 详细介绍工作流编辑器，深入讲解工作流模型、实现原理、分类等；
- 详细介绍表单设计器的系统模型、表单引擎、表单应用服务器的工作原理等；
- 详细介绍搭建运行框架的构成，以及组成搭建运行框架的三大模块。

重点难点

本章重点讲解搭建平台四个组成部分的功能与作用，以及各部分的应用模型与实现机理。而难点在于深入透彻地理解各个模型的意义、运行机理，以及各组成部分的通信协作。深入了解搭建平台的内容与实现机制，领悟全新的搭建式开发理念，才能有效运用于软件开发实践中，辅助软件设计，达到事半功倍的效果。

2.1 MapGIS 功能仓库

功能仓库是数据中心的组成部分之一。

传统的数据中心是由企业的业务系统与数据资源进行集中、集成、共享、分析的场地、工具、流程等有机组合而成的。从应用层面看，包括业务系统、基于数据仓库的分析系统；从数据层面看，包括操作型数据、分析型数据以及数据与数据的集成/整合流程；从基础设施层面看，包括服务器、网络、存储及整体 IT 运行维护服务。

MapGIS 数据中心是基于新一代的架构技术及新一代开发模式的集成开发平台，是集“基础”与“应用”为一体的综合开发与应用集成平台。

MapGIS 数据中心技术的目标是提供适合多种 GIS 应用领域的应用系统快速构建技术，为多领域应用系统的集成及功能复用提供手段；实现多源异构数据的统一、层次化管理；能够在统一的框架下实现多个地理信息系统的协调工作；支持应用方案的集成搭建和配置可视化，增强 GIS 应用系统适应需求不断变化的能力，降低 GIS 应用系统的开发难度，为开发地理信息应用系统提供基础支撑[1]。

2.1.1 数据中心简介

数据中心是一种可扩展的程序设计思想，它定义了一系列的规范，可以使功能模块达到搭建级别的可复用；搭建级别的可复用即运行时级别的可复用，通常需要一种脚本语言对功能进行重组，这里主要通过工作流技术实现功能的重组。

随着 GIS 行业的不断发展，业务需求日趋复杂，GIS 应用系统面临很多亟待解决的问题。GIS 应用系统需要访问分布在多个数据源的异构数据，也需要整合诸如文档、数据库属性表等非空间数据。如何在分布式异构环境下对空间数据及非空间数据进行有效的集成管理，成为一个亟待解决的问题。与此同时，GIS 应用系统本身的构架也变得越来越复杂，从处理来自多种数据库的异构数据，到使来自多种 GIS 平台的功能协同工作；从 GIS 空间分析，到复杂的领域业务逻辑的实施；从单机单应用程序到分布多服务器集群的运用等；除此之外，用户的需求不断变动，系统的设计不断调整，使系统的开发与维护面临巨大的挑战，用户也未真正参与到系统的开发过程中，不能自发地对新的需求做出响应，需要通过需求变更、系统软件版本升级等软件过程才能解决哪怕看似简单的功能调整。另外，组件技术的日趋成熟、插件式开发的逐渐普及、Web Service 技术的日益盛行，使开发可伸缩性高，且满足分布式环境下的数据集成及应用程序集成的软件开发模式成为可能。

在这种形势下，中地集团于 2000 年提出新一代 GIS 架构技术及新一代 GIS 开发模式，也就是“面向服务的 GIS 架构技术”及“搭建式、插件式、配置式 GIS 开发模式”。中地集团加大技术攻关力度，推出了世界第一个 GIS 搭建式开发平台，实现了“零编程、巧组合、易搭建”的可视化开发模式，使不懂编程的人员开发 GIS 软件的梦想成为现实；从而推动传统开发模式的转变，即从重视开发技术细节的传统开发模式向重视专业、业务的新一代开发模式转变，掀起 GIS 开发、应用领域的一场变革。这一举措得到国家科技部、国家“863”项目、“十五”、“十一五”国家科技支撑项目的大力支持；经过五年的艰苦攻关，于 2004 年年底推出了基于新一代GIS架构技术"面向服务的GIS架构技术"的"超大型GIS平台"；2007年10月正式推出"数据中心集成开发及运行平台1.0版"（简称为数据中心）；2008年8月功能完备、实用性强的数据中心2.0版正式面市，从此，基于新一代GIS架构技术及新一代开发模式的集成开发技术——数据中心技术应运而生。

2.1.2 MapGIS数据中心组成

数据中心由悬浮倒挂式平台架构、数据仓库、功能仓库和搭建及运行平台四部分组成，如图2-1所示。

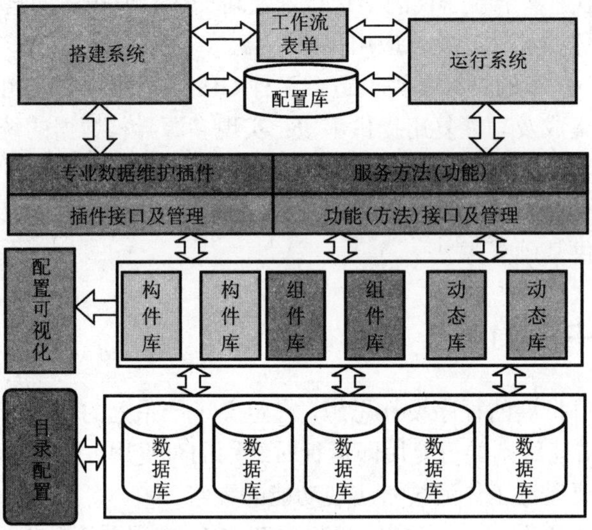

图2-1 数据中心组成

数据中心采用多层体系模式构建总体架构，具体可以分为用户层、框架层、功能插件层、仓库管理层。在实际应用中，随着项目开发领域的扩展，功能插件层不断丰富，并在仓库管理层的构件仓库中统一管理、统一维护；仓库管理层除了利用构建仓库管理维护用户开发的插件资源和功能资源外，还利用数据仓库访问存放于各分布的服务器、工作站、主机上的数据资源；在框架层，用户基于框架采用搭建、配置等二次开发方式，得到并运行具体的业务解决方案；表示层则直接面向客户，提供异构数据表现与信息可视化功能[1]。数据中心分层结构如图2-2所示。

多层架构具有灵活的系统伸缩性，在MapGIS架构层、功能插件层、仓库管理层及表示层之间建立符合国际标准的访问接口，在实际应用部署时，可根据需求扩展系统的某个层面。数据中心采用"框架+可聚合的插件+功能仓库+数据仓库"的模式：数据中心的框架负责提供数据中心逻辑，装载/卸载插件；插件是针对不同业务系统的特性而言的，插件可以集成到框架中，通过专题激活，便可以使用插件功能。插件应该遵循框架的接口协议。针对已经存在的功能，用户可通过功能仓库进行配置，形成新的插件，所以数据中心的插件是可聚合的[1]。

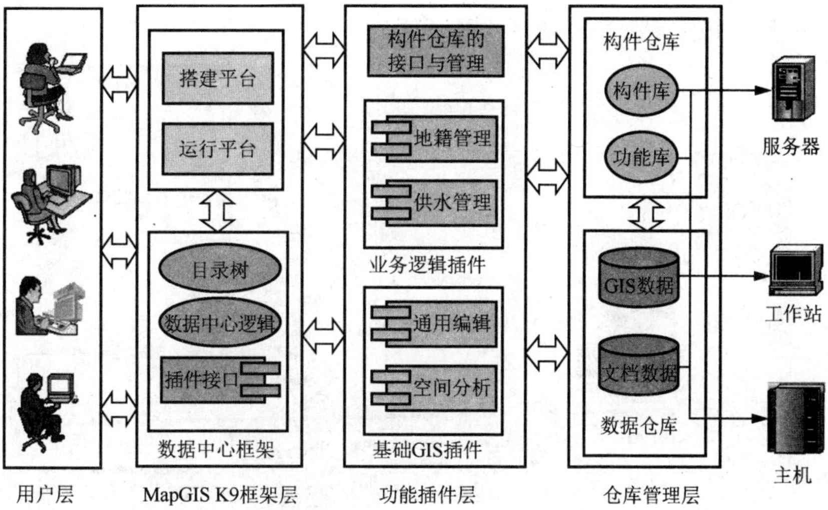

图 2-2　数据中心的分层结构

数据中心这种架构设计的目的是为了实现：支持分布式数据存储，提供集成化开发；提供统一数据管理平台，支持子系统相对独立运行；开发的应用系统实用稳定，能够充分满足业务需求；采用基于 GUID 资源转换和元数据过滤规则形成安全的数据仓库和安全的功能仓库模式，保障数据和功能的安全性；提供当前最新的搭建式、配置式、插件式二次开发技术，以最快的方式构建应用系统[1]。

在实际创建大型信息化解决方案时，一个解决方案通常包括多个业务领域的应用，产品功能和结构都非常复杂。数据中心同时支持 C/S 架构和 B/S 架构，能够极大地增加软件系统部署和运行的灵活性；因此，通过数据中心设计的解决方案在运行后得到的应用程序，能够实现一次设计同时拥有 C/S 架构和 B/S 架构软件的能力，极大地降低了软件系统的开发和维护成本[1]。

2.1.3　数据中心特点

数据中心具备以下功能和主要特点。

1）资源融合

数据中心提供了一整套功能资源管理方法，容纳了 MapGIS 开发平台的全部的基础组件群、通用组件群、应用组件群。用户可将功能资源或者通过搭建所获得的业务流程，轻松注入功能仓库中统一管理。随着业务应用领域的扩展，其功能仓库将不断丰富，从而真正实现零编程。

2）突破局限

数据中心采用的悬浮倒挂式平台架构是一种松耦合的面向服务的体系架构，使得所开发的系统得以突破专用系统技术的局限。同时，数据中心开发手段的易学易用性对编程技术要求低，从而突破软件企业高级技术程序员稀缺的瓶颈。

3）优化流程

数据中心先进的二次开发方法（插件式、搭建式、配置式），使得重复工作和多余资源被取消，开发流程被优化（见图 2-3）。搭建配置技术取代了传统的人工编程，实现了软件开发规模化“生产”，极大地提高系统开发效率。

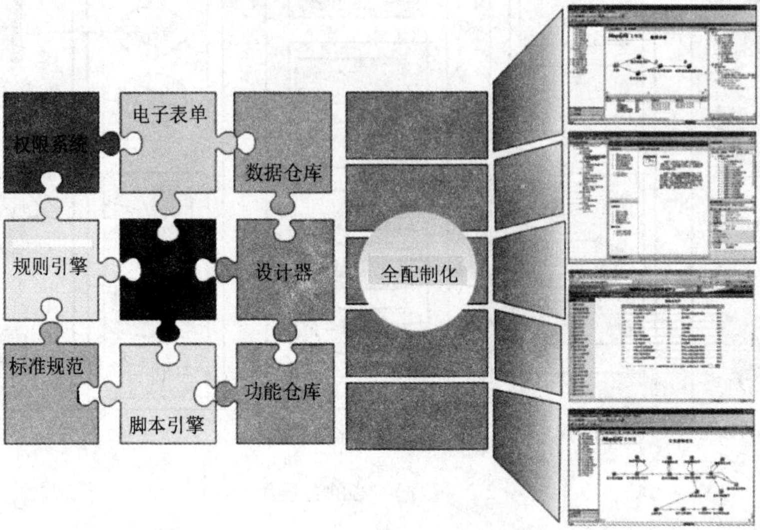

图 2-3 数据中心流程概念图

4）完美表现

运行状态与设计状态的表现一致，从而实现“所见即所得”的可视化开发模式。可视化的配置工具，完成系统界面设计；可视化的工作流开发环境，只需拖拽即可完成流程搭建；可视化的权限分配，完成多粒度的权限控制。

5）低成本高效益

成本控制是取得竞争优势的要点之一。当竞争加剧时，开发商必须更加努力地控制投入成本以获取其市场竞争优势。这就要使用能够突破高技术程序员稀缺的瓶颈的开发软件，而数据中心正是这种软件的优秀典范。传统开发模式和新一代开发模式人员结构比较如图 2-4 所示。

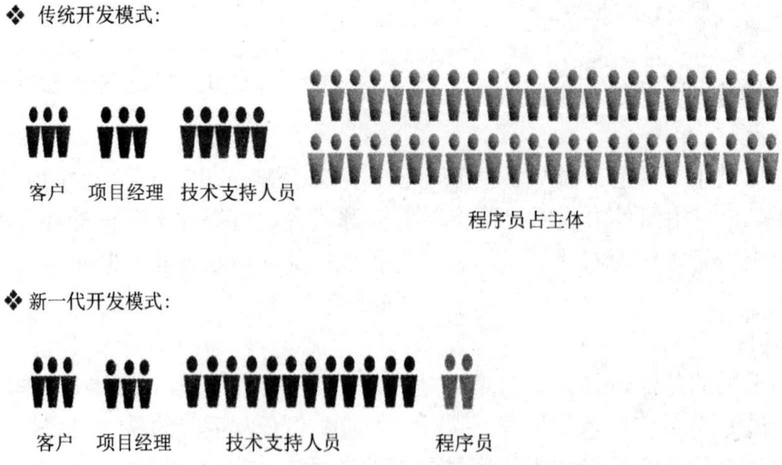

图 2-4 传统开发模式与新一代开发模式人员结构比较

2.1.4 数据中心功能仓库

数据中心功能仓库通过制定标准的协议统一管理来源于构件库的异构功能资源，如MapGIS平台中的数据管理插件、空间分析插件、Windows操作系统中符合COM标准的组件等，并依托于目录树的层次性对这些功能资源进行有效的分类查询、检索、管理；检索出的功能项通过工作流灵活定制功能粒度，通过表单实现相应的Web发布界面，提供配置库实现系统非界面元素的配置，最终达到通过搭建、配置的方式开发应用系统的目的[1]。

功能仓库提供了功能维护服务与功能开发服务，其大大增加了针对特定业务领域的功能仓库的扩展性。在软件开发过程中，用户可以对现有功能进行维护，或者利用数据中心提供的插件开发工具进行功能开发，以满足特定业务需求。用户通过验证与评估，检验功能的维护和开发是否符合数据中心的标准，按照自定义分类方式将符合标准的资源录入数据中心的功能仓库[1]。

功能仓库以功能元数据仓库为基础，提供了方便的用户工具，如服务方法管理、功能检索、用户查询等。这些工具以友好的界面形式与最终用户交互，从而实现了用户对整个功能仓库的可视化管理。

功能仓库中的每一个功能按照统一的接口规范向外界声明独立可重用的服务，既可以用不同平台进行开发，也可以分布在网络上的不同平台上，被不同平台的系统所复用。功能资源复用步骤为：查询功能—理解选择功能—搭建功能（根据粒度可选择）—实现功能复用[1]。

2.1.4.1 功能仓库概念模型

功能仓库概念模型如图2-5所示。

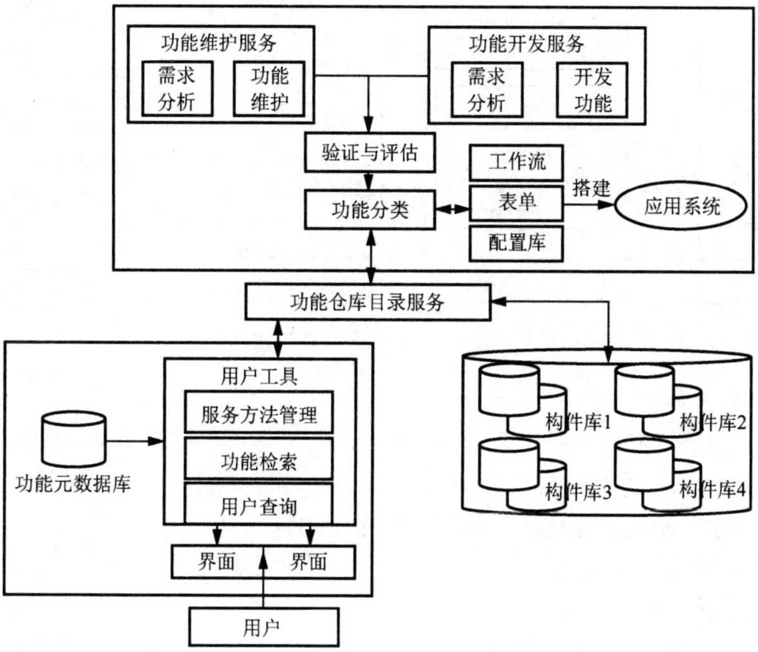

图2-5 功能仓库的概念模型

在设计层面上，功能仓库提供功能开发工具和功能维护工具。业务用户根据应用系统开发过程中的功能需求，利用功能开发工具开发业务功能模型，利用功能维护工具对现有业务功能进行维护以适应业务需求变更。

功能入库需要对开发的业务功能进行验证与评估，检验其是否符合功能仓库入库规范，符合规范的业务功能将注册入库。

用户定义功能分类，利用目录系统构建功能服务树，完成功能资源的检索和调度层面的集成管理。

在功能仓库中引入工作流技术搭建功能模型，从而实现功能的复用。

在运行层面上，向用户提供功能仓库管理工具，包括服务方法管理工具、功能检索功能。另外，为保证异构资源的集成管理，功能仓库提供功能开发规范、功能入库规范等[1]。

2.1.4.2 功能仓库层次化概念模型

从功能仓库开发者的角度来讲，功能仓库应为用户提供了一套规范和工具，用于解决异构功能资源的集成管理和功能复用问题。功能仓库层次化概念模型可划分为可扩展服务层、仓库管理层、可视化工具层、用户层，如图 2-6 所示。

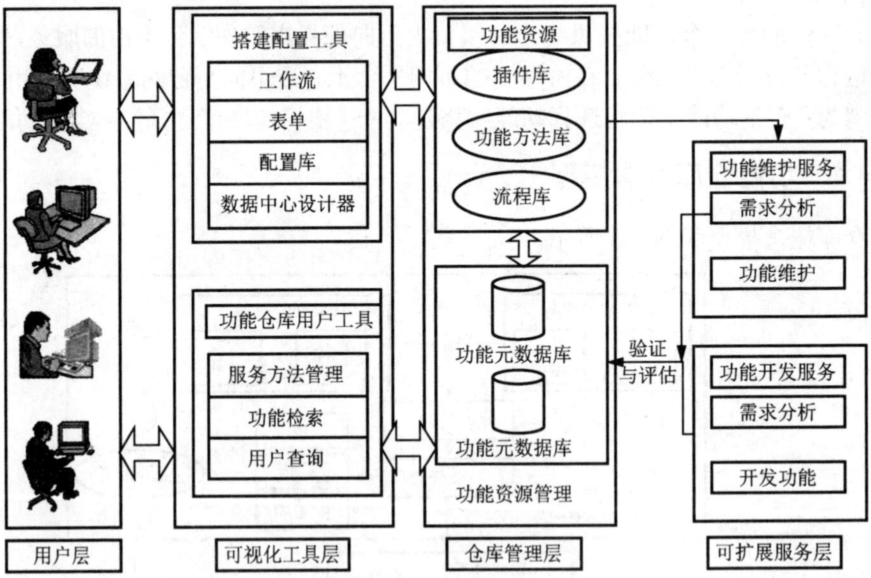

图 2-6 功能仓库的层次化概念模型

1）可视化工具向导

可视化工具包括：服务方法管理、功能检索、用户查询。检索出来的功能项可通过工作流灵活定制功能粒度，通过表单实现 Web 发布界面，提供配置库实现系统非界面元素的配置，最终通过搭建、配置的方式达到开发应用系统的目的[1]。

设计器是实现快速构建应用系统的主要工具。用户依靠设计器提供的可视化配置工具可配置完成系统界面设计，如系统的右键菜单、系统菜单、工具条、状态栏、热键、交互及各种系统视图的位置；通过搭建工作流的流程实现功能的设计；通过搭建表单实现数据的 Web 发布[1]。

2）仓库管理层

仓库管理层实现对插件库、功能方法库、流程库和功能元数据库的统一资源管理。

功能元数据库实现对功能资源描述的集中存储，描述功能资源的标题、开发人员、概述、类型、资源、关联属性、功能说明及通过扩展实现的用户增加的属性等。以功能元数据库为基础，提供了方便的用户工具，如服务方法管理、功能检索、用户查询。这些工具以友好的界面形式与最终的用户交互，从而实现了用户对整个功能仓库的可视化管理[1]。

功能插件库、功能方法库、流程库都以类似 Windows 资源管理器的方式，即目录系统的模式放入仓库管理层来实现对功能项的统一管理。功能插件和功能组件库都支持在工作流引擎中搭建；功能插件和工作流的流程支持在引擎执行体中直接配置。无论是插件库资源、组件方法库资源，还是基于两者搭建的流程资源，都可以在引擎的框架下实现直接调用，用户不需要再做其他任何工作。引擎通过提供目录管理系统支持资源按照目录系统的表现对这些功能资源进行有效的分类查询、检索、管理[1]。

3）可扩展服务层

可扩展服务层提供功能维护服务和功能开发服务，针对特定业务领域增强功能仓库的可扩展性。引擎提供了 COM 组件规范、插件规范、工作流搭建与存储规范等多种开发规范，这些规范之间有一定的兼容性，同时又具备开放性。功能入库必须经过验证与评估，遵循高内聚、松耦合的准则。无论是通用的基本功能、领域共性功能，还是应用专用功能，入库以接口为核心，并实现了标准的开放[1]。

2.1.4.3 功能仓库分类与功能复用

功能仓库包括功能方法库和功能插件库。功能方法库是数据中心本身提供的一系列方法，它通过工作流引擎应用于搭建式二次开发。无论功能插件库中的功能项，还是通过工作流引擎搭建的工作流功能项，都支持在工具条、系统菜单和右键菜单进行配置式二次开发，如图 2-7 所示。

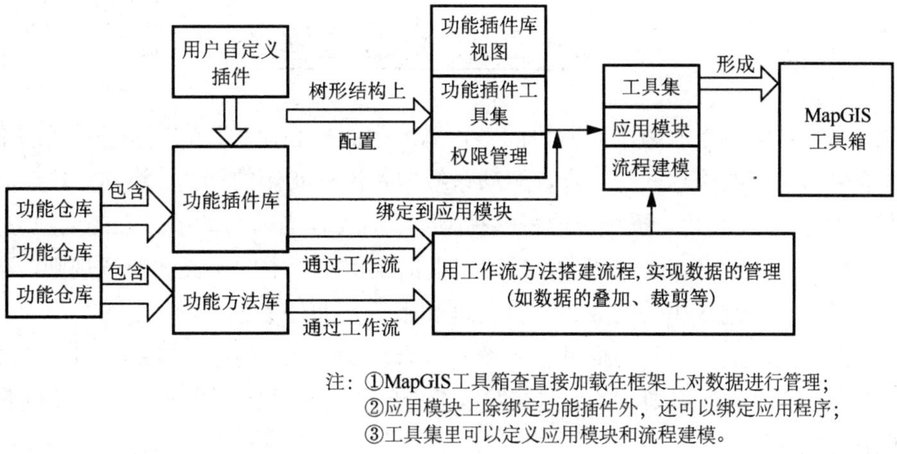

图 2-7　功能仓库

可复用软件（构件）的开发（Development for Reuse）：

- 内部功能复用——通过功能聚合的方式，注册、调用组件、应用程序集、Web 服务、脚本代码等资源；

- 外部功能复用——通过标准服务接口，调用由其他厂商发布的 Web 服务。

基于可复用软件（构件）的应用系统构造（集成和组装）(Development with Reuse):

- 工作流技术——采用构件技术和 SOA 架构，将功能进行业务化集成、建模；
- 数据中心搭建技术——将业务功能与系统界面相结合，基于构件技术配置搭建应用程序解决方案。

功能复用的框图如图 2-8 所示。

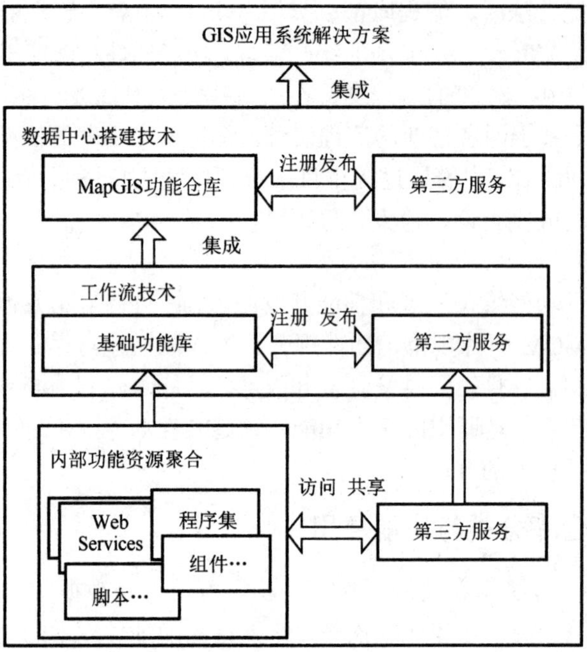

图 2-8　功能复用

2.2　工作流编辑器

工作流引擎是以工作流为中心的协同工作系统中的核心模块，它支撑整个系统的运行。工作流引擎根据系统的流程模型定义，驱动系统中各流程实例的创建、流转、挂起和终止等活动；根据组织机构、角色、资源及流程的模型定义，为在当前活动节点上的用户分配任务，并呈现业务数据；当用户完成业务操作后，它根据流程模型中的定义和业务规则，结合运行时系统上下文环境，进行相关的业务数据处理和下一步的任务分发[2]。

为使工作流技术能更容易地同其他系统相结合，以满足多用户、多系统间的扩展和灵活集成，这样就对用户业务规则、多实例并发以及空间信息工作流引擎与扩展系统的集成方面提出了更高的要求。

MapGIS 平台提供 Java 和.NET 模式下开发的两种工作流编辑器，本书重点介绍基于.NET 模式下开发的工作流编辑器。

2.2.1 工作流模型

2.2.1.1 工作流模型

工作流：业务流程的全部或部分自动化，在此过程中，文档、信息或者任务按照一定的过程规则流转，实现组织成员间的协调工作以期达到业务的整体目标[3]。

1996 年，WFMC（工作流管理联盟）的工作流参考模型标识了构成工作流管理系统的六个基本部件以及这些基本部件之间交互使用的五个接口，如图 2-9 所示。

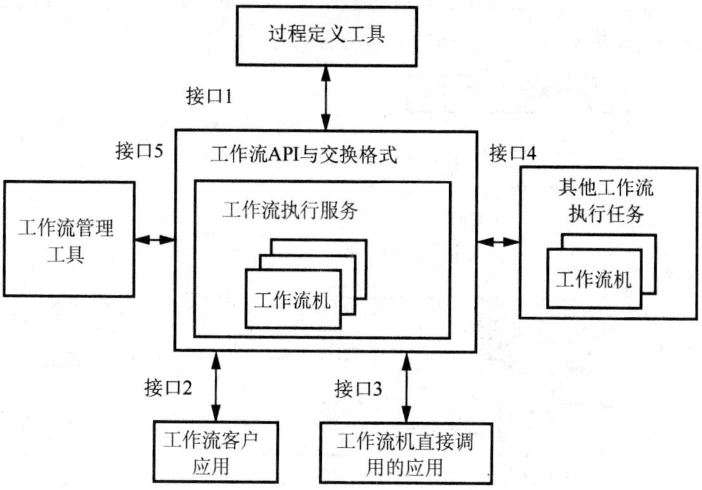

图 2-9 工作流参考模型

- 工作流执行服务：作为工作流运行环境，也是工作流的核心部分，五个接口均与其通信，它通过工作流引擎激活并解释过程定义，完成工作流过程实例的创建、执行与管理[2]。
- 过程定义工具：通过接口 1 与工作流引擎实现交互，过程定义工具最终将生成业务过程描述（过程定义），是对实际业务过程抽象和分析、并进行建模的可视化工具[2]。
- 工作流定义工具支持自动建模，或通过手工操作形成由工作流管理系统支持的业务流程。流程过程定义由网络的活动及其关系、流程的开始和终止的过程，以及相关的个别活动，如要交互的应用程序和数据信息等部分组成[2]。
- 其他工作流执行服务：是指通过接口 4 与外部其他符合工作流规范的工作流服务协同完成复杂的工作流流程[2]。
- 客户端应用：该程序提供人机交互界面，以实现人工参与业务流程的数据处理，以辅助流程实例运行下的具体业务操作[2]。
- 调用应用：工作流活动是被调应用程序的具体形式，它描述了流程实例的运行过程中具体的流程步骤和用来处理应用数据的程序[2]。
- 管理及监控工具：工作流运行环境的辅助工具，提供了对流程实例的状态进行监控、管理的功能，并提供部分统计、分析等方法[2]。

2.2.1.2 工作流管理系统模型

工作流管理系统（Workflow Management System，WFMS）：一种能定义、创建和管理工作流执行的系统。它可以通过一个或多个工作流引擎来运行，并能解释过程定义、与工作流参与者交互，在需要时还需引用 IT 工具和资源，对业务过程提供自动化处理[4]。

每个业务过程都有一个不确定的生命周期，且完全由过程的复杂性与组成活动的持续时间来决定。实现工作流的方法有多种，可以使用多种 IT 和通信组件；工作流运行环境也可从一个小的本地工作组到企业间。这都与业务系统紧密相关[5]。

在实现工作流管理的众多方法中，均表现出一些共性，这为不同产品间的集成、协同工作提供了基础，图 2-10 描述了一个公共工作流模型。

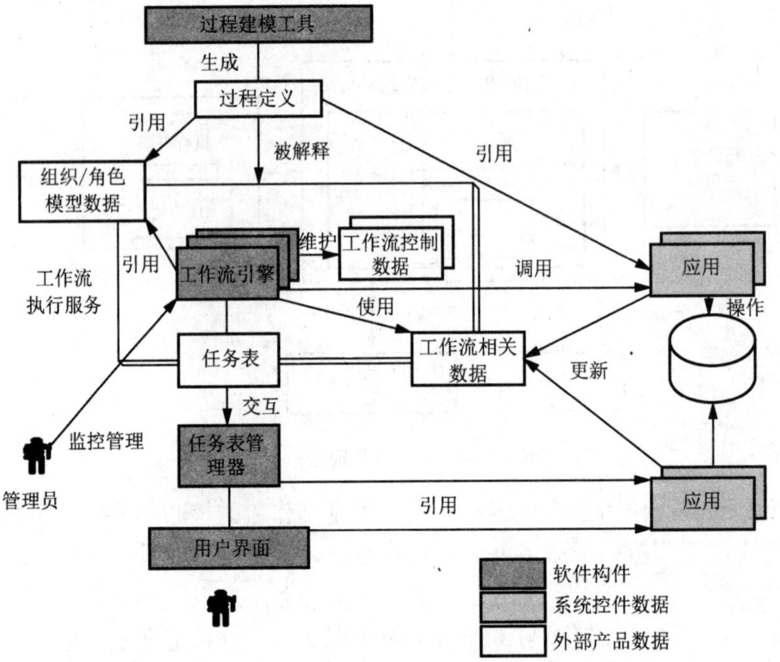

图 2-10 工作流管理系统模型

2.2.2 搭建平台工作流框架

工作流系统的最大特性是应用逻辑和过程逻辑的分离。在不修改具体功能实现方式的前提下，可通过修改过程模型来增强系统性能，实现对生产经营过程的集成管理、提高软件的重用性、发挥系统的最大效能。工作流管理系统为企业的业务系统运行提供一个软件支撑环境，通过工作流可视化建模工具，用户可以灵活地定义企业的业务流程。

工作流引擎提供强大的流程控制能力，严格按照业务流程的定义驱动业务流程实例运行。静态工作流：支持满足基于条件规则的路由，同时也支持串行、并发、分支、汇聚等工作流模式。动态工作流：支持任意节点回退、撤销、子流程等多种复杂工作模式。

工作流系统还提供批办、协办、督办、会办、沉淀、超期提示、回退提示等多种流程实例控制功能。为适应业务流程的变化，工作流引擎还提供强大的流程模板版本管理、状态管理功能，实现了流程模板以 XML 格式导入导出系统。

工作流管理系统构架如图 2-11 所示。

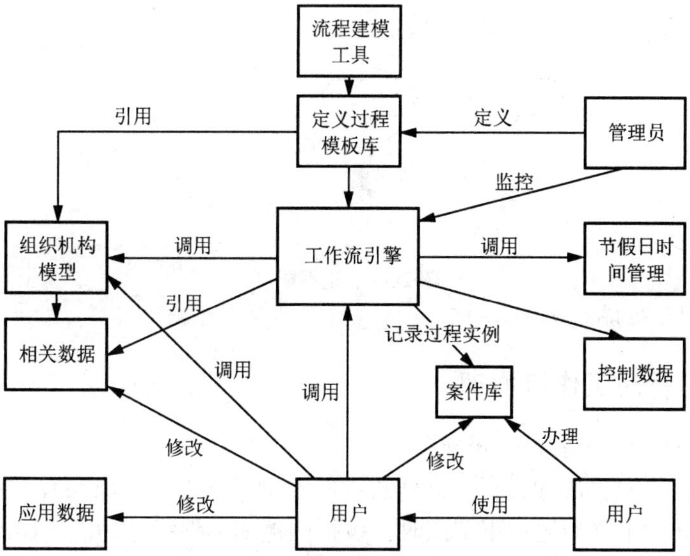

图 2-11　工作流管理系统构架图

MapGIS 搭建平台的工作流系统模块结构包括：

- 工作流过程建模；
- 工作流引擎模块；
- 组织机构模块；
- 节假日时间管理模块；
- 二次开发接口模块。

2.2.3　搭建平台工作流原理

搭建平台工作流模块按其逻辑组成部分，可分解为工作流模型、工作流运行时、工作流扩展、工作流配置、工作流统计查询等部分。

2.2.3.1　设计时工作流原理

工作流模板定义了工作中完成一项任务所需的各项步骤，是对现实世界事务处理过程的抽象和模拟，主要应用于有序事务处理过程。按流程定义的过程和规则处理事务，可以组织、简化、规范事务办理过程。

流程（Flow）由两个或更多的活动节点构成，从唯一的起始节点开始，到唯一的结束节点终止。起始节点与结束节点之间可存在任意数目的普通节点，每个活动节点上可存在多个功能，每个功能由一个或多个页面（表单）实现。每个节点上配置一个或多个办理角色，隶属于办理角色的人员被授权操作该节点下的功能页面；一个节点办理完毕则按照一定规则移交给下一个节点。流程示意如图 2-12 所示。

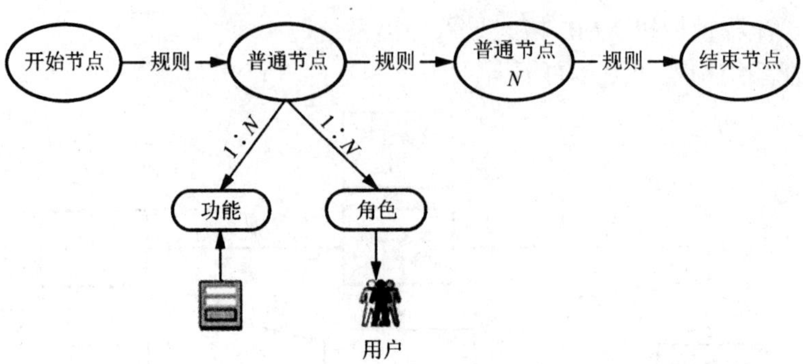

图 2-12　流程模型

注：这里的“节点”指工作流的活动（Activity）。

2.2.3.2　运行时工作流原理

1）运行时工作流——实例化原理

运行时工作流，根据流程模板，创建流程的实例——案件（Case），并按照模板定义的路径在节点间流转，最终到达结束节点时，执行归档和案件终结功能，如图 2-13 所示。

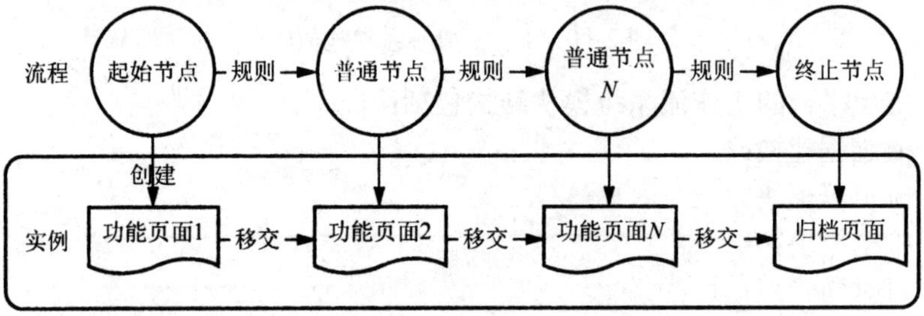

图 2-13　工作流实例化原理

2）运行时工作流原理——流程实例生命周期

案件生命周期：创建—办理—移交—归档。案件创建之后，即可进入第一个功能页面开始办理业务，该节点业务办理完毕即可移交给下一节点，依次流转，最后归档，如图 2-14 所示。

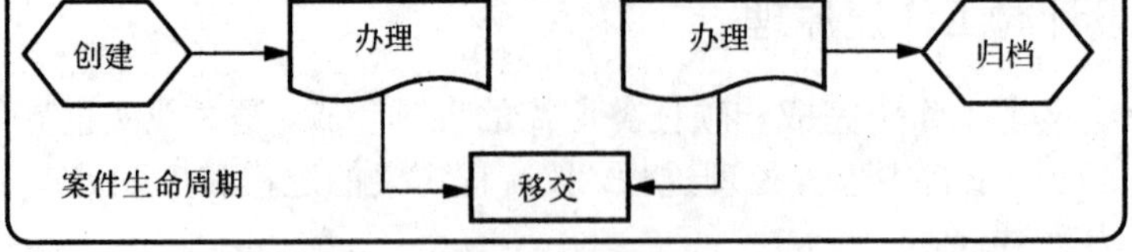

图 2-14　流程实例化生命周期

- 案件创建：给定流程 ID 或者流程编码，即可根据指定流程创建实例，流程实例由“案件编号”来唯一标识，一个流程可以创建任意多个实例（案件）。
- 案件办理：用户操作功能页面，完成业务功能。
- 案件移交：流程节点之间的跳转，移交的方向为向下、后退、本级、补证、补证返回、子流程、子流程返回、分派、分派返回，共九种方式，如图 2-15 所示。

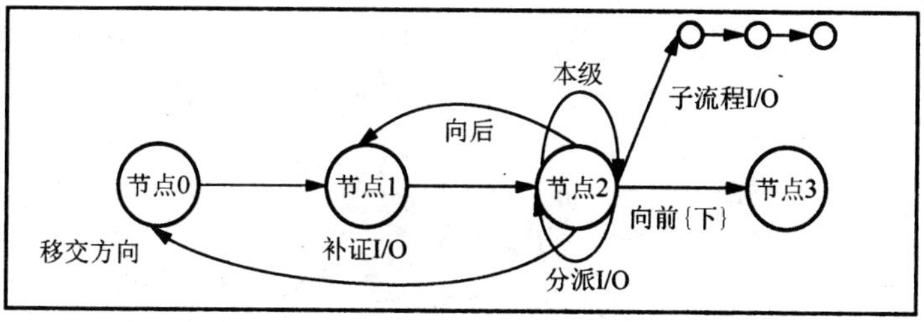

图 2-15　移交方向

- 案件归档：案件终结，相关过程数据存在数据库中，以备查询。

3）工作流实施的过程

- 设计流程模板，定制事务办理步骤。
- 开发各个步骤上的功能页面。
- 功能页面与流程对应活动节点挂接。
- 为流程各个活动节点配置角色权限。

2.2.4　工作流分类

2.2.4.1　业务工作流

业务工作流包括业务流程的定义、流程活动的权限配置、活动功能配置、机构用户管理、节假日调整、案件管理等内容，图 2-16 所示为业务系统的开发框架。

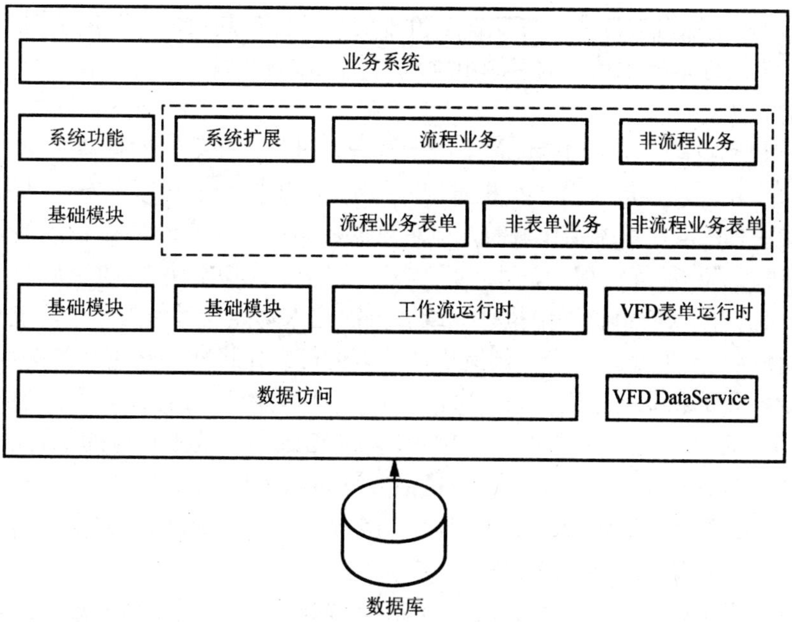

图 2-16　业务系统的开发框架

注：图 2-16 中的虚线框为业务流程开发模块（包括系统扩展、流程业务、非流程业务、流程业务表单、非表单业务、非流程业务表单），也是基于业务流程的功能扩展开发模块。

业务工作流主要完成业务流程的搭建，如企业信息化管理系统中常见的请假流程、员工辞职流程、公文审批流程等，图 2-17 所示为公文审批流程示意图。

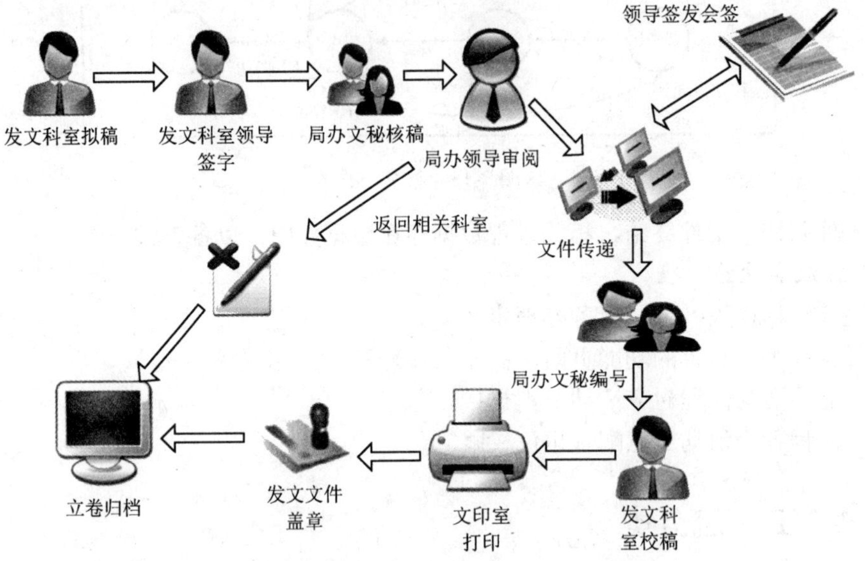

图 2-17　业务流程搭建——公文流转发文

2.2.4.2　系统工作流

系统工作流搭建主要是指基于 MapGIS 数据中心的功能仓库完成 GIS 业务流程搭建，结合 GIS 行业应用中特有的流程，更能保证流程的合理性与高效性；常用于国土领域的地籍管理系统、建设用地审批系统，数字城市领域的电子政务系统、房屋产权系统等与传统 GIS 业务相连接的系统。

MapGIS 功能仓库对 GIS 功能进行了统一管理，对外公布统一的接口，功能可以本地或远程部署。每个功能项类似一个“小积木块”，用户不需要知道程序开发，只需要了解“小积木块”的作用。在搭建系统工作流时，用户只需在系统工作流编辑器中自由拖放这些“小积木块”，并进行简单的属性配置，即可拼装成所需的“大积木块”；拼装后的“大积木块”可单独执行，也可放入应用程序中执行，或者再次注入功能仓库作为一个功能点（“小积木块”）供以后使用。功能仓库结合工作流实现功能的可视化搭建，使用户的工作重心由程序开发转移到业务分析和业务建模上来。MapGIS 功能库为用户功能的积累、功能的复用、功能的部署、用户的可视化编程提供了有力的工具。通过与系统工作流的结合，实现了 GIS 功能的可视化、拖放式开发。功能流程搭建框架图如图 2-18 所示。

在 2.1 节中已经介绍 MapGIS 功能仓库由功能插件库和功能方法库组成，而基于功能仓库搭建的系统工作流是如何执行的呢？

为了实现多类型、多粒度功能的集成和功能协议的统一发布，功能仓库实现了多方式、多级功能调用机制：功能仓库提供的功能插件库和功能方法库都支持在工作流引擎中直接搭建；功能插件库、功能方法库以及工作流的流程均支持在数据中心执行体中配置，如图 2-19 所示。无论是功能插件库资源、功能方法库资源，还是基于两者搭建的系统工作流程资源，都可以在数据中心框架下实现直接调用，即通过功能仓库运行时服务（执行体），对功能插件库发布的功能插件协议、功能方法库以及通过工作流引擎解释执行的功能流程协议进行动态调用，用户无须做任何其他的工作[1]。

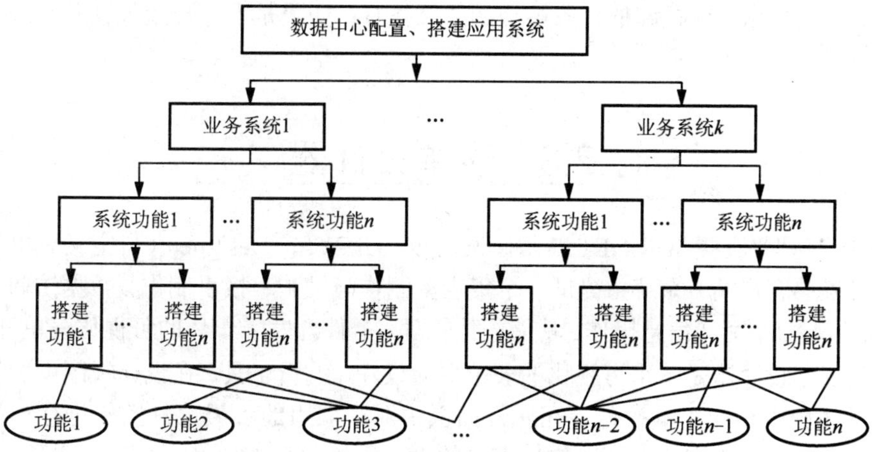

图 2-18　功能流程搭建框架图

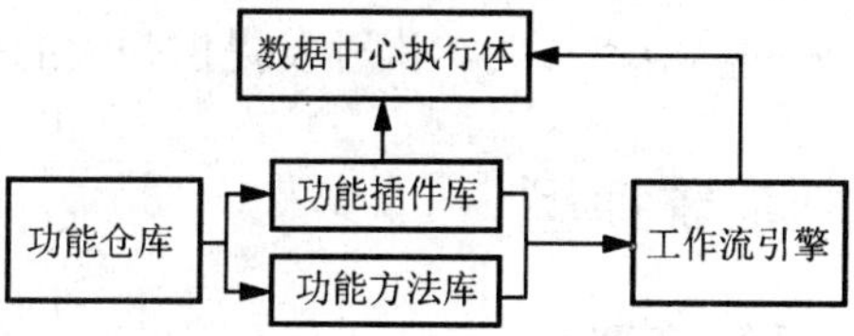

图 2-19　功能仓库执行过程

2.2.5　工作流引擎工作机制

空间信息工作流协同引擎的主要任务是驱动和管理系统中的流程实例。工作流引擎不仅要解析流程模型、引导用户完成业务数据的交互，还需执行流程模型中所定义的计算机自动执行的操作，因此协同引擎要完成以下的流程驱动工作。

1）流程实例创建

流程实例一般是由业务用户在业务过程开始时创建的，也可以通过用户触发某类特殊事件创建，比如外部系统异常等，创建流程实例的同时，流程开始流转到开始节点[2]。

2）任务流转

任务流转也是由用户操作或系统定义的事件所触发的，工作流引擎在此阶段主要完成的任务是实现用户任务分配的功能。接收触发的事件后，工作流引擎根据流程模型的控制定义，更改流程实例的状态，从而实现任务分配的功能；对于可自动执行的活动节点，则通过执行其规定的业务操作来实现任务分配。在遇到流程分支、汇合、循环等情况时，根据流程模型、业务规则和运行上下文环境确定一个或者多个流程路由[2]。

3）任务挂起

任务挂起主要用于阻止任务的进行，可以通过手工挂起任务，也可以根据外在的原因阻止任务的进行，例如，不能获取足够的资源、没有达到流程模型中规定的运行时刻等，系统通过任务挂起来阻止任务的运行[2]。

4）任务唤醒

任务唤醒是任务挂起的逆过程。当被系统挂起的任务获得了所需的足够的资源，或者达到了运行时刻的要求，已挂起的任务被唤醒继续执行；如果是手工挂起的任务，需要手工唤醒再继续执行[2]。

2.3 表单设计器

MapGIS 搭建平台提供以.NET 技术研发的 Visual Form Designer（自定义表单设计器，又称自定义表单客户端）系统，提供一个集表单制作与维护、报表制作、数据访问存储、数据展示、数据验证、空间信息操作、功能插件管理、插件开发于一体的可视化表单开发环境。

自定义表单设计器是一个可视化的表单页面设计、编辑工具。在设计视图中所见即所得地拖拽工具面板中相应工具控件，在属性面板中对已调用的各类工具控件进行相关属性设置、事件约束以及插件绑定，即可构建表单的大致框架和基本功能。

自定义表单设计器主要提供大量的页面设计工具，内含大量构件，不用编写代码，利用自定义表单设计器开发出常见的功能点，为二次开发提供强大的开发环境。

2.3.1 自定义表单系统模型

2.3.1.1 自定义表单系统模型

MapGIS 搭建平台自定义表单系统由表单引擎、表单设计器、表单应用服务器、WebGIS 功能组件四部分组成，如图 2-20 所示。它依赖于空间数据引擎，构建 Web 下的业务组件，在 Web 服务器中提供空间数据处理、展示等服务。

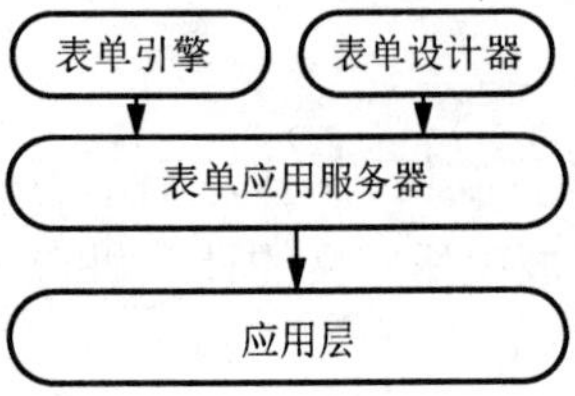

图 2-20 表单系统模型

1）WebGIS 功能组件

WebGIS 功能组件支持互联网地图的显示、查询、编辑、空间分析、统计分析等功能，也为自定义表单设计器提供图形展现功能，实现与 GIS 业务的结合；可支持数据查询与统计、查询结果图形化显示、以及快速定位图形等系列功能。

2）自定义表单设计器

自定义表单设计器，亦称为自定义表单客户端，是一种可视化的表单页面开发工具。通过拖拽方式调用基础控件，将控件与数据绑定，以及对控件的属性进行简单的设置，功能插件的灵活绑定；必要时，配合必要的插件开发以实现特殊功能，即可完成表单页面的开发。表单页面的数据定义与表单页面的样式在解析时将被分离开，实现表单页面的表现、数据定义与后台逻辑分离。当表单页面样式需求改变时，只需在自定义表单设计器中对其直接修改，而不必修改业务逻辑。

3）表单应用服务器

表单应用服务器主要提供表单页面所需的各种业务数据。表单应用服务器既可以运行在本地，也可运行在远程服务器上。对环境、数据库无特殊的要求，可以是基础地理数据库，也可以是各种专题数据库。因此，较易实现空间信息共享。在具体设计上，表单应用服务器是一个运行的服务，可以通过.NET 或者 Web Service 调用。

2.3.1.2 表单引擎

表单引擎是表单运行的核心部分，负责表单样式、表单权限的解释运行、数据填充与数据显示，以及图形界面表单与 XML 间的相互解析等功能。经过解析后的表单可以运行在 Web 服务器中，成为整个 Web 应用的一个组成部分。

表单引擎以组件的形式运行在 Web 服务器层，如图 2-21 所示，它通过 ISAPI（filter）实现对访问的控制，在表单应用服务器中执行业务逻辑和功能，并将执行结果以 Aspx（jsp）、HTML、Report 等形式返回给用户。设计完成的表单主要由 HTML 和脚本生成，数据传输则利用 Ajax 来完成；借助于 Ajax，用户在单击控件时可以使用 DHTML 和 JavaScript 动态更新页面，并向服务器发出异步请求，以实现对目标数据库的操作。当请求返回时，使用 JavaScript 和 CSS 来更新页面，完成一次与用户的交互[2]。

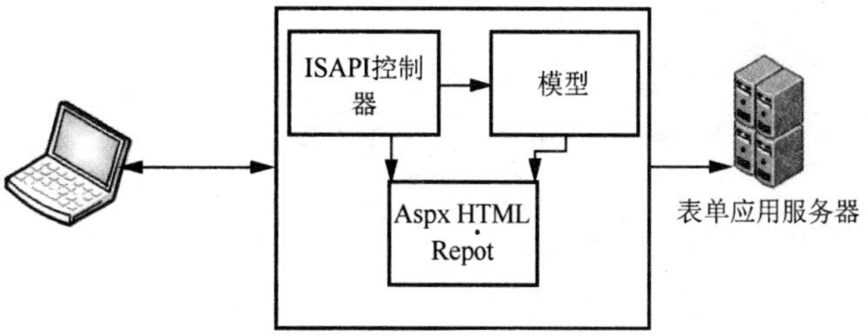

图 2-21 表单引擎的结构

表单引擎的执行过程是对表单进行解析，并通过表单应用服务器执行 GIS 功能，多样式展示空间数据的过程。一般由以下步骤组成。

（1）初始化系统环境。系统环境中描述了表单引擎执行时的上下文环境信息，如表单引擎与表单服务的关联，系统插件的位置和执行顺序等。

（2）加载表单配置文件。配置文件是由表单设计过程中的设计器自动生成的 XML 文件，记录了当前表单的相关信息，如数据来源、地图的参数、事件处理、用户插件的相关信息等。在表单设计器中设计的表单都能以 XML 文件的形式导出，移植到其他环境时，直接导入 XML 文件即可。

（3）处理系统插件。加载用户插件，注册用户事件，根据插件信息和执行时间，部署相关的插件。如 VFDWebServerSystemBegin3.dll、VFDWebServerSystemBegin2.dll 等都为表单插件。

（4）初始化环境。加了配置文件后，引擎可以初始化系统的上下文环境。可以进一步得到环境的相关参数，得到数据、GIS 服务或者 WebGIS 数据的描述。

（5）处理空间信息服务。根据 GIS 服务的描述，执行空间信息服务层提供的相关服务，并得到返回结果。对于 GIS 可视化界面调用 WebGIS 相关功能生成 Web 界面。

（6）处理用户事件。根据已经注册的用户事件位置，在指定的事件发生后，调用相关的事件处理程序。

（7）生成动态 Web 页面。最后生成 Web 可视化界面，并展示给用户，不仅直接描述其需求，而且还要提供特定的转换方法来实现业务用户的编程结果到服务组合，到最后的 IT 实现转换，最终得到完整的面向服务的应用。

2.3.1.3 表单设计器

MapGIS 搭建平台表单设计器为 Visual Form Designer（自定义表单客户端）。

表单设计器的最终产品由 Web 页面展示描述、行为操作等 xml 文件构成。行为操作文件描述了表单读取和更新数据的位置方法、页面和操作的事件处理方法以及数据和 Web 页面的关联等内容，示例格式如下所示。

```
<?xml version="1.0" encoding="utf-8"?>
<WebFormConfig>
  <Caption></Caption>
  <PageLoadFunctionList />
  <PageParamaterList />
  <MySelect />
  <MyEdit />
  <MyDelete />
  <MyReadCustomControl />
  <MyUpdateCustomControl />
  <SingleControlList>
    <Control>
      <ControlType>TextBox</ControlType>
      <ID>IDD61F36B49C57</ID>
      <ReadField></ReadField>
      <EditField></EditField>
      <ClientControlType></ClientControlType>
      <ReadCtrl></ReadCtrl>
      <UpdateCtrl></UpdateCtrl>
    </Control>
  </SingleControlList>
  <EventButtonList>
    <EventButton>
      <ID>ID6679BEF7C9084</ID>
      <ButtonType>Button</ButtonType>
      <FunctionList />
      <AllowClientCheck>true</AllowClientCheck>
      <DataOperList />
      <CustomDataOper>False</CustomDataOper>
    </EventButton>
    <EventButton>
      <ID>IDD61F36B49</ID>
      <ButtonType>TextBox</ButtonType>
```

```
        <FunctionList />
        <AllowClientCheck></AllowClientCheck>
        <DataOperList />
        <CustomDataOper>False</CustomDataOper>
      </EventButton>
    </EventButtonList>
    <MyDataGridList />
  </WebFormConfig>
```

2.3.1.4 表单应用服务器

表单应用服务器作为系统服务运行在应用服务器中，服务启动时加载服务的相关信息和数据源位置。其加载的配置文件格式示例如下。

```
  <VFDServiceObjectConfig>
    <Port>8888</Port>
    <ConnectionString>Provider=Microsoft.Jet.OLEDB.4.0;Password="";Data
Source=D:\MapGIS  K9\FrameBuilder\VFDService\NorthWind.mdb;Persist  Security
Info=True</ConnectionString>
    <VirtualDirectory>VFDWebServer</VirtualDirectory>
    <AppVirtualDirectory>fw2005</AppVirtualDirectory>
    <UseUserDefined>False</UseUserDefined>
    <AppDbValue>connectionString</AppDbValue>
  </VFDServiceObjectConfig>
```

2.3.2 自定义表单框架

自定义表单系统既可以作为搭建平台的一部分存在，也可以嵌入用户系统中。自定义表单系统实现了全部“拖放式”开发表单，而无须依赖编程开发。通过自定义表单系统，用户不必重复地对数据访问进行编码，大大提高了软件开发效率。图 2-22 为自定义表单运行框架。

- Database：数据库层，由 MapGIS 平台提供数据支持，以及工作流的支持，包括各种功能仓库、数据仓库等，支持 SQL Server、Oracle 数据库等。
- VFD Data Service：VFD 数据服务，MapGIS 平台提供的 VFD Service 存储自定义表单相关的数据，包括数据库地址，端口号、VFD 服务地址、用于表单显示的虚拟目录地址等信息。
- Visual Form Designer：MapGIS 平台提供的表单设计器页面，主要完成表单的设计和功能调用的功能。
- VFD Form Service：MapGIS 平台提供的 VFDWebServer 服务，用于解析 Visual Form Designer 生成的表单文件，供 Web 上显示。

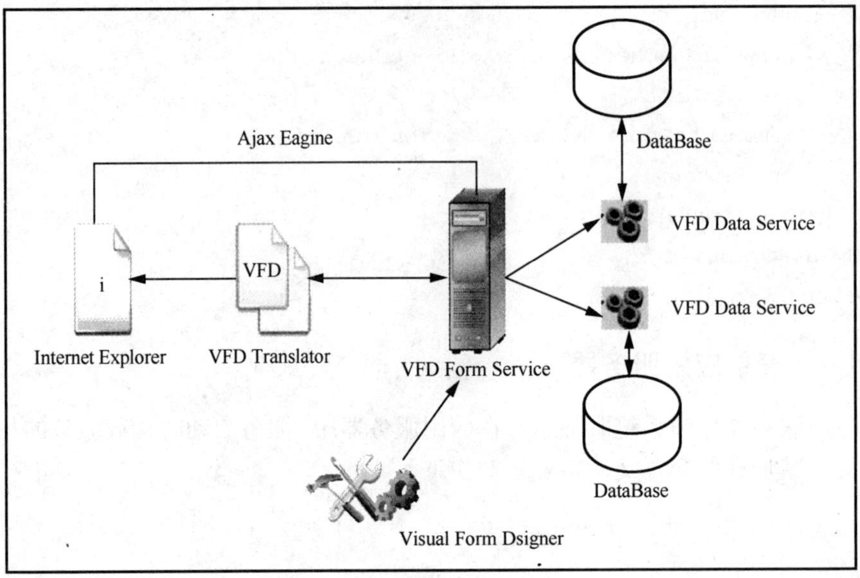

图 2-22　自定义表单框架图

2.3.3　自定义表单设计器主要功能

表单设计器是基于面向服务的构件，将界面表现和逻辑控制有机结合起来。其设计思路是将常用的控件、基本的业务功能在底层设计封装，通过简单的参数、属性设置实现调用；针对特殊业务功能可进行插件开发。自定义表单工具内置了大量的常见开发构件，如树控件、表格控件、图表控件、打印控件、上传控件、查询控件等，以及单表输入、一对多输入等常见的数据库程序的功能。

表单设计器提供一个类似 Microsoft Word 的编辑器，只需简单设置和拖放就可以完成界面的搭建，具体提供的功能主要有如下几种：

（1）灵活、方便的页面制作。表单设计器提供简洁、高效的界面设计、开发工具，提供常用的各种 Input 控件、列表控件、事件控件、ActiveX 控件及自定义控件等。

（2）灵活、方便的报表制作。表单设计器提供可视化表格编辑功能，如插入行或列、删除、合并、拆分等功能。

（3）数据访问存储、数据展示、数据验证。表单设计器提供可视化的易于编辑和设置的数据访问存储、数据展示、数据验证功能。

（4）表单维护、数据库基本操作。表单设计器提供自动填写表格等表单维护功能，提供对数据库表的添加、删除、编辑等功能。

（5）功能插件管理、插件开发。表单设计器提供一部分基础插件，同时提供对新插件进行注册、管理等功能。

2.3.4 自定义表单系统特点

MapGIS 搭建平台自定义表单系统特点如下：

（1）技术先进。自定义表单基于面向服务构件，将界面表现和逻辑控制有机结合起来，无须编码即可实现企业级应用系统的搭建。

（2）容易使用。自定义表单设计器展现在用户面前的仅仅是一个类似于 Microsoft Word 的编辑器，用户不需关注内部的复杂细节，只需简单的设置和拖放就可以完成表单的搭建。

（3）扩展性强。自定义表单系统提供一套通用插件库，这些插件提供企业应用的一般功能，对于特殊应用，用户可以根据需求开发自定义插件。在界面制作方面，自定义表单兼容各种工具产生的 HTML 文档，只须将相应的文档复制到自定义表单中即可。

（4）移植性强。自定义表单系统将用户的各种动作、调用的插件、数据绑定关系，界面描述、报表描述等都打包成一种专用的文件（VFD 文件）。只要应用系统安装有 VFD 解释引擎和功能服务，VFD 文件可以随意移植，只需复制到应用系统下即可，无须做任何修改。

（5）维护方便。自定义表单搭建的系统，不需要程序编写人员的维护，甚至企业用户自已都可以完成，维护期间无须停止服务器，不耽误应用系统的正常工作，维护工作量只有传统维护方法的 20%。

（6）表单复用性强。表单可以方便迁移、部署。A 项目中的表单，在 B 项目中稍作修改甚至不用修改就可以直接使用，可扩展到整个部门、甚至企业使用。

2.4 搭建运行框架

搭建运行框架是在众多应用项目的开发过程中通过积累而形成的通用快速开发平台，其目标是通过灵活配置，最大限度地实现模块复用，以提高开发效率。当框架本身提供的复用模块无法满足实际需求时，用户则可通过现有的模块和 API 方法，便捷地开发出适合实际需要的新模块功能。框架在提供快速开发的同时，不会限制用户在编码方面的天赋，甚至可以重写所有页面，因为已提供的所有 Web 页面均建立在这些 API 方法之上。

2.4.1 搭建运行框架

框架遵循 B/S 构架的三层体系结构，数据层负责逻辑层对数据库的访问以及数据持久化工作；逻辑层实现模块的具体逻辑；表现层负责维护页面表现和用户操作界面。框架纵向分解即为各个模块，横向分解即为分层结构，如图 2-23 所示。

总体框架构成：可分解为用户角色管理组件、权限管理组件、工作流组件等十多个模块，分布在数据、逻辑、表现的各个层次上，如图 2-24 所示。

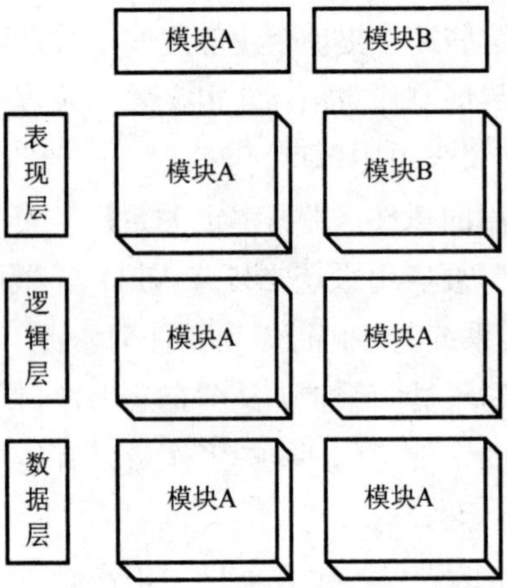

图 2-23　横向与纵向分解

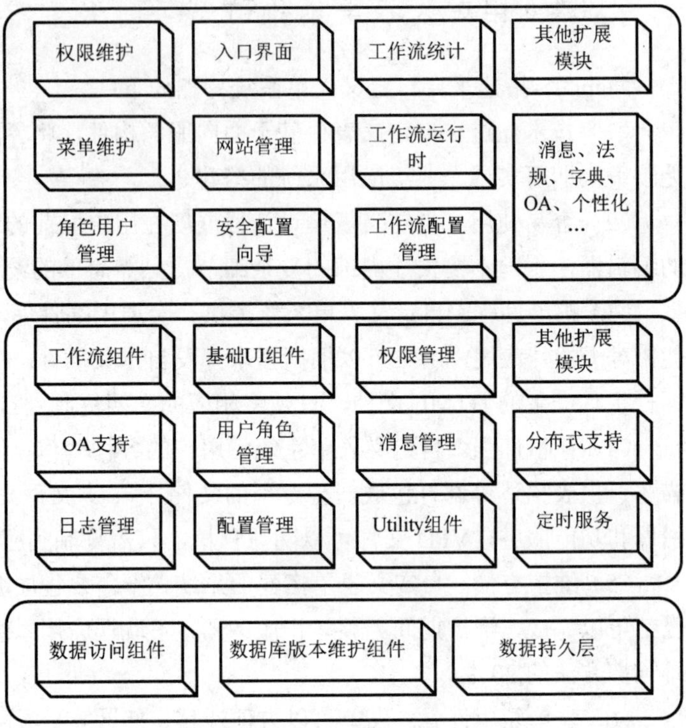

图 2-24　框架构成

2.4.2　搭建运行框架组成

搭建运行框架是由核心模块、基础模块以及扩展模块等组成的，三者以松耦合的方式组装并协同工作。其中核心模块由用户及角色管理模块、菜单及权限管理模块、UI 基础模块等构成；基础模块由工作流模块、日志模块、消息模块等构成，并提供其他扩展模块。

2.4.2.1　核心模块

核心模块结构：用户与角色管理模块处于最底层，为其他模块提供功能支持，权限管理与基础 UI 在此之上为其上层模块提供功能支撑。

1）用户与角色管理

用户是系统所认可的合法访问及操作实体，角色是用户的分组属性，区分用户之间的授权及其他相关属性的差异性。本系统角色分为机构、职务、功能三种类型，其本质为角色的三种不同构成方式；每个角色包含若干用户，每个用户不局限于一个角色，角色之间支持嵌套（除机构外不建议使用角色嵌套）。菜单项是各个功能操作的入口点，也是授权操作的基本单位，菜单项之间支持嵌套（建议嵌套深度不超过 3 层）。通过角色与菜单之间的分配即可实现不同功能操作的授权访问。

2）角色与用户

角色分为机构、职务、功能三种类型，三者之间没有主次关系，仅表示三种不同的角色分类方式。角色支持嵌套，因为过深的角色嵌套给角色关系运算及权限分配运算带来复杂性，所以除机构以外不建议使用角色嵌套。一个角色可以包含若干个用户或若干个子角色，一个用户可以隶属于一个或多个角色，如图 2-25 所示。

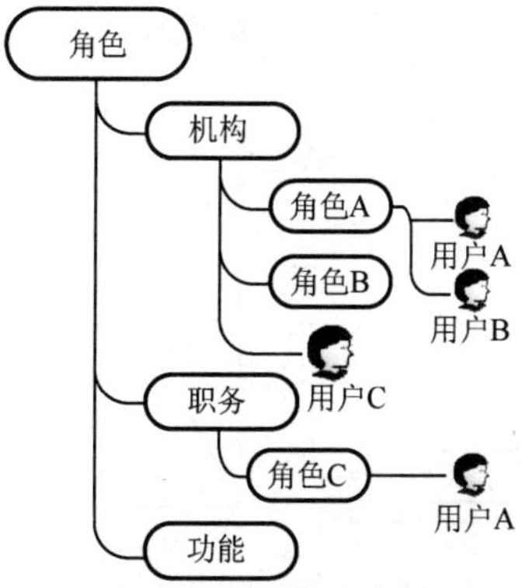

图 2-25　角色与用户关系

3）菜单与权限管理

（1）权限类型。基本访问权限以菜单项为单位，控制菜单页面的访问角色，除基本访问权限以外，应用中可能还需要更多的权限类型来更为严格地控制各项功能的操作，这些操作可能包括添加、编辑、删除、审核等，此时就需要更为丰富的扩展权限类型对操作予以控制。系统权限管理支持扩展权限的访问、存储、查询接口，各种权限的控制对象及具体操作由用户自定义，以实现不同粒度的需求。除浏览访问权限外，系统内置了管理权限、添加权限、编辑权限、删除权限、可见权限、审核权限共六种权限类型，用户也可以自行扩展新的权限类型，权限类型由用户自行解释。

（2）基本浏览权限。基本浏览权限指角色对菜单项的浏览访问权限，以菜单项为基本授权单位。角色 A→菜单 A，则表示角色 A 之下的用户可以访问菜单 A 所指向的页面。

权限具有继承性，包含两个方面，即角色继承性和菜单继承性，如图 2-26 所示。

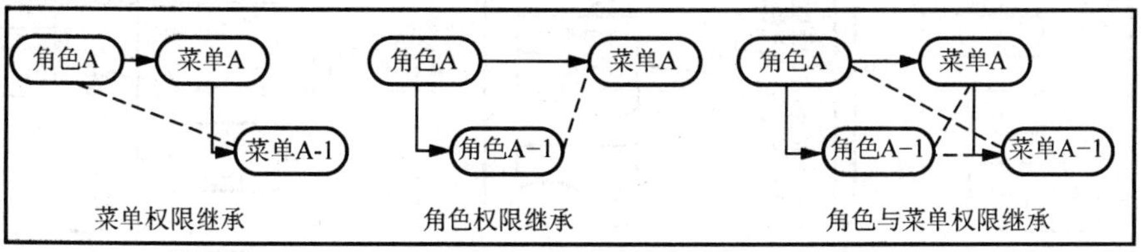

图 2-26　权限继承

- 如果“角色 A”具有“菜单 A”的访问权限，那么“角色 A”也有“菜单 A-1”的访问权限；
- 如果“角色 A”具有“菜单 A”的访问权限，那么“角色 A-1”也有“菜单 A”的访问权限；
- 如果“角色 A”具有“菜单 A”的访问权限，那么“角色 A-1”也有“菜单 A-1”的访问权限。

（3）权限运行的多维结构。在权限关系的运算中存在多维结构，角色/用户、菜单/模块、权限类型构成基本的三维结构，角色权限继承与菜单权限继承构成另外的二维结构，具体关系如图 2-27 所示。

4）菜单与模块的权限

（1）菜单。菜单项是各个功能操作的入口点，菜单项之间支持嵌套（建议嵌套深度不超过 3 层），如图 2-28 所示。

（2）菜单与模块权限。菜单是功能模块的入口，模块除入口外还有其他功能实现，基本权限与扩展权限类型一起实现模块的权限管理，如图 2-29 所示。

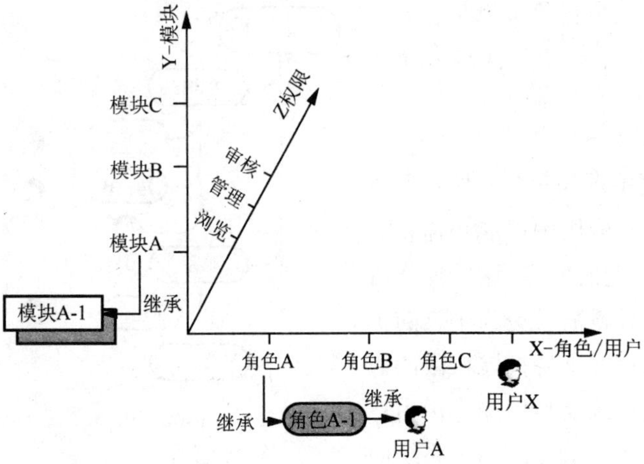

图 2-27　权限运算的五维结构

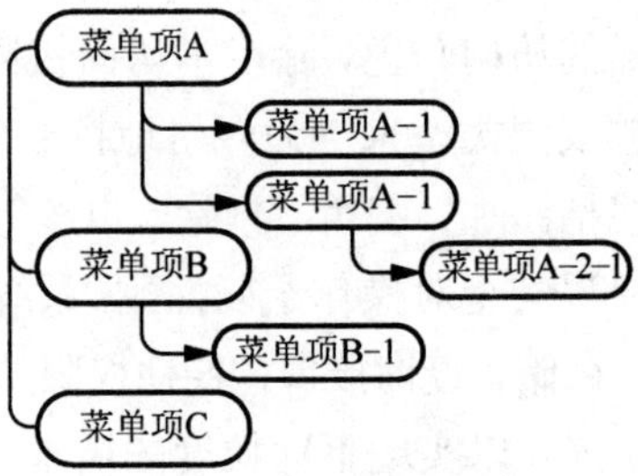

图 2-28　菜单项及其嵌套

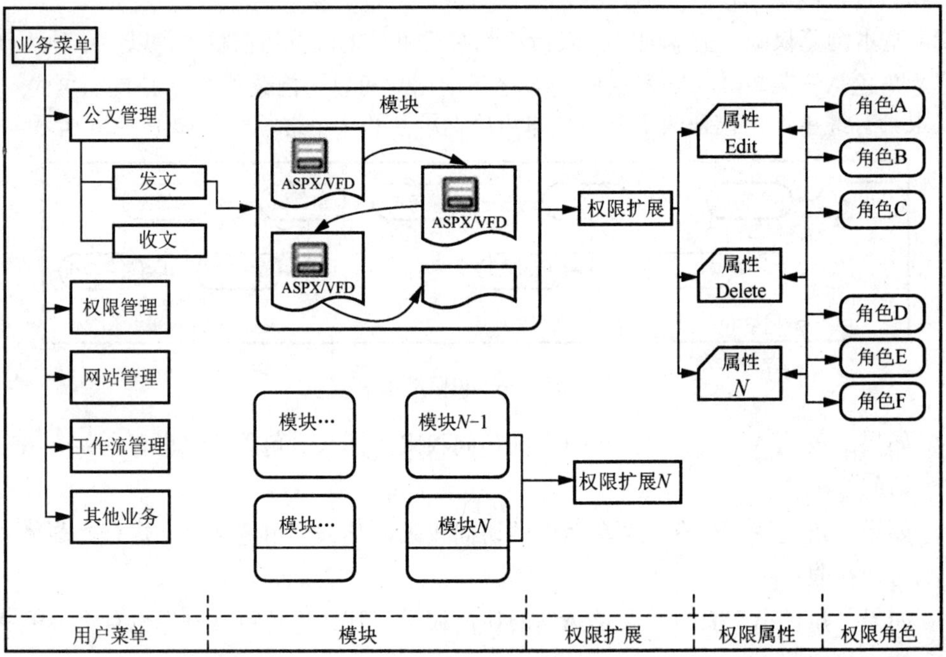

图 2-29　菜单与模块的权限

2.4.2.2　基础模块

基础模块由工作流模块、日志模块、消息模块等构成。

- 工作流模块：包括面向电子政务、OA 系统等电子办公系统的业务工作流，以及面向 GIS 功能的系统工作流。
- 日志模块：提供日志信息服务。
- 消息模块：提供成员之间在站内的短消息交流功能，以及流程中案卷移交后，自动发送站内短消息提醒下一承办人的功能。

2.4.2.3 扩展模块

OA 系统中存在一些常用的功能，如邮件收发、文档管理、通知管理等功能。由于需求的差异性，这些功能亦不尽相同，因此，框架提供了部分通用功能扩展模块，开发人员可进行修改或作为功能模块开发的参考。因为这些模块的实现依赖于框架基础类库，所以这些模块仅可以在搭建运行框架内使用，不能独立运行。

2.5 小　　结

本章从搭建平台四个组成部分详细讲述了平台的理论架构，通过本章的学习，相信读者对搭建平台的总体框架与设计理念有了更深入的了解，为后续的二次开发理清了思路。

MapGIS 搭建平台并不仅仅只是单一的工具产品，更是一个功能资源的聚合；数据中心提供数据和功能仓库，不仅支持异构空间数据的共享，更支持异构功能共享，由此为搭建平台聚合了更多的功能与数据资源；利用工作流技术作为功能搭建的支撑技术，使得快速构建业务系统成为现实；再加上自定义表单系统的完美配合，更优化了业务系统的搭建速度；搭建运行框架则完成 GIS 业务系统与办公系统的有机融合，满足众多企业级应用客户的需求。

通过对本章的学习，读者可以深入地了解 MapGIS 搭建平台四个组成部分的构建模型与运行机制，认识搭建式开发的优势；而在这四个组成部分的基础上构建的 MapGIS 搭建平台拥有怎样的体系架构，才能充分发挥所长呢？这一疑问将在第 3 章中为您解答。

2.6 问题与解答

1．MapGIS 的数据中心概念与传统的数据中心概念是否相同？

解答：两者是不完全相同的。传统的数据中心是由企业的业务系统与数据资源进行集中、集成、共享、分析的场地、工具、流程等有机组合而成的；而 MapGIS 所指的数据中心是指 MapGIS 数据中心集成开发平台，与传统的数据中心理念有很大的不同，不只是一个数据集存放的场所，而是数据与功能聚合的仓库，更是基于新一代的架构技术及新一代开发模式的集成开发平台，是集基础与应用为一体的综合开发与应用集成平台。

2．业务工作流与系统工作流的主要不同是什么？

解答：工作流分为业务工作流和系统工作流。业务工作流主要是进行日常办公流程的模拟设计，如会议室申请流程、集团员工辞职审批流程、公文收发文流程等；系统工作流则是利用 MapGIS 数据中心提供的功能仓库完成 GIS 功能的搭建，如搭建一个集裁剪分析与叠加分析功能为一体的系统流程，实现对地理空间数据的加工一步到位。两者完成的功能都是对流程的搭建，只是针对的领域不同。

3．表单设计器是一个开发平台吗？还包括哪些其他的功能？

解答：表单设计器是一个用于开发表单页面的辅助工具，用于开发 Web 页面的理想工具；而设计表单只是表单设计器的一个功能，用户可以将自定义的 Web 控件存储在表单设计器下，并利用这些控件完成功能页面开发，详细内容可参见第 6 章。

4．搭建运行框架编写语言是什么？目前有几个版本？

解答：搭建运行框架是指 Fw2005 站点，正常安装搭建平台后，将自动附加到 IIS 中。该站点采用 JavaScript 作为客户端开发语言，而服务器端使用.NET 开发。同时，中地公司也提供基于 Java 和 JavaScript 开发的搭建运行框架，同时也支持嵌入靓客户端技术（Flex、Silverlight）等，本书中着重讲述基于 ASP.NET 技术研发的搭建运行框架。

2.7 练 习 题

1．什么是数据中心功能仓库？其层次化概念模型是什么？

2．工作流分为哪两类，搭建平台工作流框架模型是什么？如何理解？

3．表单设计器的功能特点有哪些，其框架模型是什么？

4．搭建运行框架（.NET）由哪几部分组成？

第3章

MapGIS搭建平台体系架构

软件产品好比一座房子，其体系架构相当于房子的整体框架，具有极其重要的支撑作用。一个软件产品的优劣，在很大程度上取决于该软件的体系架构。随着软件系统规模越来越大、越来越复杂，软件被划分为多个模块，模块间相互作用，最后有机组合形成一个整体。其体系架构在整个软件设计与开发过程中，始终作为一个整体框架，指导并规范软件的实现。因此，要充分使用好MapGIS搭建平台这柄利器，必须透彻地理解搭建平台的整个体系架构，掌握体系架构各层次、各组成部分的位置与作用，以及基于MapGIS搭建平台开发的运行环境。在此基础上，才能充分挖掘MapGIS搭建平台的潜力，更好发挥其使用价值，才能提高软件应用系统的开发效率，降低成本，达到最终的目的。

MapGIS搭建平台是一个先进的软件系统集成开发工具，在使用该平台前，需快速、准确、全面地了解该开发平台的整体架构，包括平台的开发运行环境。MapGIS搭建平台基于SOA的服务架构，构建于搭建式开发理念之上，由四个主要部分组成。本章将在MapGIS搭建平台概述与组成的理论基础上，介绍平台的体系架构，以及运行环境。

目的要求

通过本章的学习，要求读者深入了解 MapGIS 搭建平台的体系架构，了解业务工作流、系统工作流、可视化表单、功能仓库和搭建运行框架之间的联系，以及平台运行的环境支持。

主要内容

本章主要概述 MapGIS 搭建平台的体系架构与运行环境等相关内容。主要内容如下：

- 基于 MapGIS 搭建平台的组成部分，详细介绍平台体系架构；
- 简单介绍 MapGIS 搭建平台运行支持的操作系统；
- 简单介绍 MapGIS 搭建平台运行所需的其他环境。

重点难点

本章的重点和难点都集中在 MapGIS 搭建平台的体系架构。通过前几个章节的学习，在储备了相应的理论基础之后，才能透彻理解 MapGIS 搭建平台的体系架构。因此，基于搭建平台的理论基础知识，仔细领悟本章中 MapGIS 搭建平台组成结构图的含义。

3.1 搭建平台体系架构

MapGIS 搭建平台通过各个基础模块（如功能模块、页面模块、流程模块），组成最基本的服务模块，作为平台底层支持，进而完成各子功能的封装；由子功能的叠加使用，形成各个业务线，最终形成功能完整的业务系统。MapGIS 搭建平台对应用软件架构进行了高度的抽象，力图用“搭建”的方式来解决软件生产各个环节所面临的问题。

MapGIS 搭建平台组成结构如图 3-1 所示。

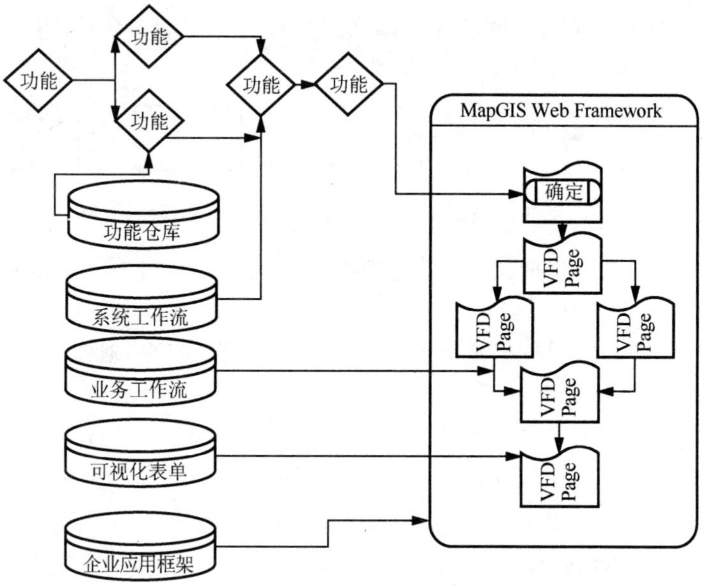

图 3-1　MapGIS 搭建平台组成结构

MapGIS 搭建平台由以下几个部分组成：MapGIS 功能仓库、MapGIS 系统工作流、MapGIS 业务工作流、MapGIS 可视化表单、MapGISWeb 搭建框架（企业应用框架）。各部分协同工作，构成了 MapGIS 搭建平台。

1）MapGIS 业务工作流（见图 3-2）

架构：MapGIS 业务工作流主要由工作流设计器、工作流引擎、工作流监视器组成。

功能：工作流设计器主要完成业务流程的定义、流程活动的权限配置、活动功能配置、机构用户管理、节假日调整、案件管理；工作流引擎负责流程驱动；工作流监视器主要负责监视各个流程的状态。

图 3-2　业务工作流体系结构

2）MapGIS 系统工作流

架构：参考 MapGIS 业务工作流。

功能：系统工作流主要完成功能流程的定义、流程活动的功能配置，以及流程驱动和流程监视，此外还负责管理流程的启动、运行、暂停等状态。系统工作流扮演“可视化程序搭建”的角色，主要负责功能搭建。

3）MapGIS 可视化表单

架构：MapGIS 可视化表单由自定义表单设计器、表单解释引擎、表单服务构成。

功能：自定义表单设计器主要完成表单的设计与编辑、数据绑定、功能绑定、插件编写等功能；表单解释器负责表单解释运行和数据填充、数据展示；表单服务器主要提供解释器所需要的各种业务数据。

4）MapGIS 功能仓库

架构：MapGIS 功能仓库主要由功能仓库管理器、功能驱动引擎、功能监视器构成。

功能：功能仓库主要负责功能的注入、修改、查询、驱动、会话维护等工作。

5）MapGIS Web 搭建框架（其结构见图 3-3）

图 3-3　MapGIS Web 搭建框架系统结构图

架构：MapGIS Web 搭建框架采用多层架构构建，层次更分明、结构更合理，各层各司其职，互不干扰。

功能：MapGIS Web 搭建框架是一个运行、测试框架，是企业应用的门户，集成了常用办公模块（如今日办公、交流中心、短消息服务、公文服务），其中，企业版还提供业务管理功能。通过搭建平台搭建的结果均在框架中进行注册、测试、运行。

MapGIS 搭建平台基于“搭建式”开发理念，从界面表现到数据管理各个层面上实现搭建开发——Visual Form Designer 实现界面表现和逻辑控制的融合，MapGIS Work Flow 实现逻辑控制，MapGIS Function Library 提供基础功能服务，数据管理层由 MapGIS DB Tool 或其他数据库工具来管理。

3.2　搭建平台运行支持的操作系统

MapGIS 搭建平台分为.NET 版与 Java 版，兼容性好，支持 Windows 系列与 Linux/Unix 等操作系统，具体如下：

- Windows 2000 Professional/Server/Advanced Server（SP4 或以上）；
- Windows XP Professional；
- Windows Server 2003 Standard Edition；
- Windows Server 2003 Enterprise Edition（推荐使用）；
- Windows Vista；
- Windwos 7；
- Linux/Unix。

3.3 搭建平台运行所需的其他环境

MapGIS 搭建平台作为软件系统开发的一个集成开发工具集，采用该平台进行应用系统开发时需配置好相应的运行环境。本书全篇实例基于 MapGIS 搭建平台的.NET 版开发，其运行环境需求如下：

- 操作系统需要安装 IIS（包含 FTP）组件；
- 操作系统需要安装 DotNet Framework 2.0/ .NET Framework3.0 / .NET Framework3.5；
- 数据库可选用 SQL Server 2000 sp4 / SQL Server2005 / Oracle（推荐 SQL Server2005 / Oracle）；
- 浏览器：IE6 / IE7 / IE8 / Firefox / Opera / Chrome（推荐 IE7 / IE8）；
- 辅助开发工具：Visual Studio2005 / Visual Studio2008；
- 报表打印需要 Microsoft Office 2003/2007 支持。

3.4 小　结

本章结合第 2 章 MapGIS 搭建平台的组成部分，介绍了搭建平台的体系架构，即将 MapGIS 搭建平台体系构架分成业务工作流、系统工作流、可视化表单、功能仓库和搭建框架五个部分，与搭建平台的四个组成部分对应。其中，业务工作流与系统工作流对应工作流编辑器部分内容，可视化表单对应表单设计器部分，功能仓库则为搭建系统流程时使用，搭建框架体现在 Web 展现部分。

通过对 MapGIS 搭建平台体系架构的学习，读者可以更全面深入地了解了搭建式开发理念，为搭建式开发实践奠定理论基础，结合第 4 章的学习，便可动手实践进行系统的搭建式开发。

3.5 问题与解答

1．MapGIS 搭建平台的四个组成部分在平台体系架构中如何体现？

解答：MapGIS 搭建平台由 MapGIS 功能仓库、工作流编辑器、表单设计器和搭建运行框架组成，平台体系架构中将这四个组成部分细化。MapGIS 功能仓库在平台体系架构中体现为各个功能属性；工作流编辑器体现为 MapGIS 业务工作流和系统工作流；表单设计器则体现为 MapGIS 可视化表单；搭建运行框架对应于 MapGIS 搭建平台体系架构中的企业级应用框架。

3.6 练　习　题

1．MapGIS 搭建平台体系架构中各组成部分的作用分别是什么？

2．MapGIS 搭建平台支持哪些操作系统？浏览器版本？数据库版本？

第4章

MapGIS搭建平台二次开发流程

基于软件产品的二次开发并非只是编写代码实现功能，实际上具有更广泛的定义。每个软件产品均有一套适合自身特点的体系架构，在体系架构设计中已明确该软件的二次开发原理与基本流程，通过架构规范有效地管理其二次开发。因此，在选用某一软件产品开发应用系统时，要基于该软件架构，在开发前先从开发原理着手，整体把握，结合应用实践，设计出一套最优的二次开发流程。

MapGIS搭建平台作为一个全新的软件系统开发平台，提供流程化的搭建式二次开发，从结构、功能上全面支持扩展开发，高效地实现系统功能。MapGIS搭建平台由四个基础部分组成，其体系架构建立在基础组成部分之上。因此，基于MapGIS搭建平台的二次开发可分为基础运行框架的二次开发、VFD表单插件开发、系统和业务工作流流程的二次开发等。在具体开发时，应先了解各组成部分的二次开发原理，再按照二次开发流程进行实践开发。本章将详细介绍MapGIS搭建平台的二次开发原理与流程，指引您准确、高效地进行二次开发。

目的要求

学习本章的主要目的是要深入理解 MapGIS 搭建平台的二次开发原理，基于开发原理设计一套符合实际需求的二次开发流程，便于用户在开发实践中使用。通过本章的学习，要深入理解基于 MapGIS 搭建平台的系统构建实现的原理、流程。宏观上，全面掌握基于 MapGIS 搭建平台的二次开发架构、原理、流程，具有清晰的思路，能准确把握二次开发的总体方向；微观上，在搭建平台的模块级层次中深入理解，高效定位，熟悉各模块内容与作用。

主要内容

本章主要讲述基于 MapGIS 搭建平台的二次开发流程，主要内容如下：

- 详细介绍基础运行框架各模块的开发原理与方法；
- 详细介绍基于表单设计器的表单插件式开发原理与方法；
- 详细介绍系统工作流的插件开发原理与机制；
- 介绍基于 MapGIS 搭建平台的搭建式软件开发过程；
- 介绍基于 MapGIS 搭建平台的开发流程。

重点难点

本章重点是理解 MapGIS 搭建平台各个部分的二次开发原理以及实现机制。MapGIS 搭建平台有其特殊性，其二次开发由搭建运行框架、自定义表单、工作流三部分组成；部分为 C/S 模式，部分是 B/S 模式。因此，C/S 模式与 B/S 模式的交互是软件开发的一个难点；同时，工作流、表单设计器、搭建运行框架三者间如何交互也是本章难点。基于 MapGIS 搭建平台进行扩展开发时，开发者需要具备一定的 C/S 与 B/S 开发知识，并熟悉平台组成与体系架构，掌握插件编写、结合 JavaScript 脚本完成页面展现、快速开发功能插件等内容。

4.1 搭建平台软件二次开发原理

MapGIS 搭建平台的二次开发框架由以下三部分组成，如图 4-1 所示。

1）基础运行框架

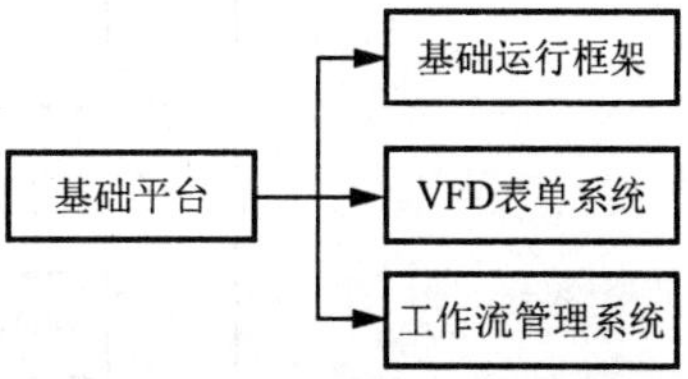

图 4-1 MapGIS 搭建平台二次开发框架组成

MapGIS 搭建平台的基础运行框架，具体包括统一登录认证管理、工作流管理（业务箱，案件移交、模拟、查询，案件查询，统计）、数据字典、权限管理、功能编码库、菜单项管理、规则库、页面工具集、动态审批语、定时服务、收件材料、Excel 统计报表、Word 公文、短消息等功能。该基础运行框架提供丰富的二次开发接口、完善的扩展机制以及功能强大的辅助开发配置工具，可快捷地搭建所需业务系统。

2）VFD 表单系统

MapGIS 搭建平台的自定义表单系统是一个灵活的可开发、可配置的系统，基于该系统可开发出系统所需的表单页面。这些表单页面由表单引擎解析成能被浏览器识别的页面格式，最终在浏览器上展现给用户。自定义表单系统的大部分思想理论与 B/S 开发相似。

3）工作流管理系统

在 MapGIS 搭建平台的工作流管理系统中，流程可分为业务流程和系统流程。业务流程是一个技术术语，具有准确的定义，即为达到特定的价值目标而由不同的人分工合作，共同完成的一系列活动。活动之间不仅有严格的先后顺序限定，而且活动的内容、方式、责任等也都必须有明确的安排和界定，使不同活动在不同岗位角色之间进行转手交接成为可能。系统流程则依赖于功能仓库，是工作流管理系统与行业应用业务相联系的桥梁，目前主要体现在 GIS 业务功能的实现中，即通过系统流程调用 MapGIS 数据中心的功能仓库，实现 GIS 功能搭建，如叠加分析、裁剪分析等。

4.1.1 基础运行框架二次开发原理

MapGIS 搭建平台的基础运行框架为目标系统提供系统原型，为自定义表单系统和工作流系统提供运行支撑环境，为办公系统提供通用性基础模块，为系统开发提供基本功能和操作规范，为业务系统搭建提供完整解决方案。基于基础运行框架，搭建平台屏蔽了与应用业务不相干的技术细节，让软件开发更多的专注于业务本身，降低了开发难度和成本。基于 MapGIS 搭建平台的业务办公系统框架结构如图 4-2 所示。

由图 4-2 可知，框架结构可分解为角色和用户管理组件、权限控制组件、工作流组件等多个模块，并分布在数据、逻辑、表现的各个层次上。搭建框架由核心模块、基础模块和扩展模块以松耦合的方式组装并协同工作。其中，核心模块包括用户及角色管理模块、菜单及权限管理模块、UI 基础模块三大部分；基础模块由工作流模块、日志模块、消息模块等构成，并提供其他扩展模块，如表 4-2 所示。因此，基于搭建运行框架的二次开发，可以分为核心模块的开发、基础模块的开发和扩展模块的开发。

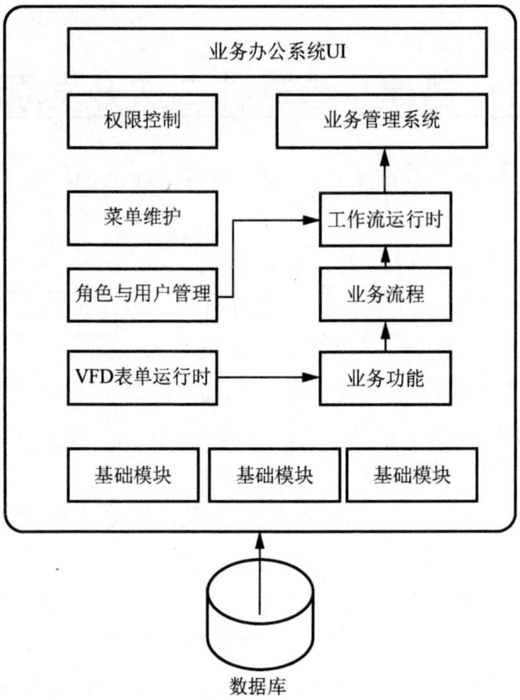

图 4-2　搭建平台业务办公系统 UI

核心模块结构：在核心模块中，用户与角色管理处于最底层，为其他模块提供功能支持，权限管理与基础 UI 在此之上为其上层模块提供功能支撑。

表 4.1　基础模块表

模块名称	Dll 名称
基础 Application	MapgisEgov.dll
系统入口及主界面	MapgisEgov.Portal.dll
HttpModule	MapgisEgov.HttpModule.dll
安装与配置	MapgisEgov.Modules.Install.dll
角色用户管理	MapgisEgov.Modules.Membership.dll
菜单管理	MapgisEgov.Modules.MenuModule.dll
权限分配与维护	MapgisEgov.Modules.Authority.dll
站点管理	MapgisEgov.Modules.WebSiteManager.dll
消息管理	MapgisEgov.Modules.Message.dll
桌面管理	MapgisEgov.Modules.DeskTop.dll
个性化维护管理	MapgisEgov.Modules.Personalization.dll
工作流设计时维护	MapgisEgov.Modules.WFDesign.dll
工作流配置维护	MapgisEgov.Modules.WFConfig.dll
工作流运行时	MapgisEgov.Modules.WFRuntime.dll
工作流查询统计	MapgisEgov.Modules.WFSupervise.dll
Office 操作	MapgisEgov.Modules.Office.dll
数据字典维护	MapgisEgov.Modules.DataDictionary.dll
站点文件维护	MapgisEgov.Modules.Explorer.dll
统计图表	MapgisEgov.Modules.FusionCharts.dll
角色权限服务	MapgisEgov.AuthService.dll
工作流服务	MapgisEgov.WFServices.dll
应用服务器宿主程序	MapgisEgov.ServiceHost.exe

4.1.1.1 核心模块开发

核心模块由用户及角色管理模块、菜单及权限管理模块、UI 基础模块三大部分构成，其结构如图 4-3 所示。

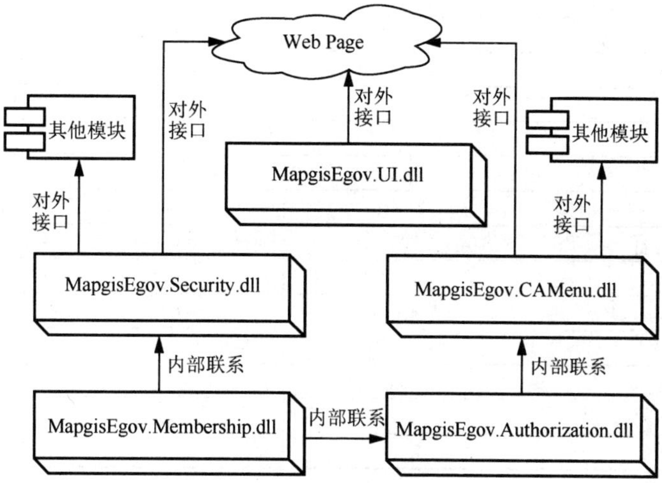

图 4-3 核心模块结构

1）用户及角色管理接口（见表 4.2）

程序集：MapgisEgov.Security.dll

命名空间：MapgisEgov.Security

表 4.2 用户及角色管理接口

类　型	说　明
MemberQuery	用户及角色查询
MemberStore	用户及角色增加、删除、修改
MemberRuntime	用户在线管理、登录、注销
MemberUser	用户信息对象
MemberUserCollection	用户信息对象集合
MemberRole	角色信息对象
MemberRoleCollection	角色信息对象集合

2）菜单及权限管理接口（见表 4.3）

程序集：MapgisEgov.CAMenu.dll

命名空间：MapgisEgov.CAMenu

表 4.3 菜单及权限管理接口

类　型	说　明
MenuCA	菜单浏览权限查询
MenuCAExt	菜单其他权限查询
MenuManage	菜单增加、删除、修改
MenuAuthAttribute	扩展权限属性控制
MicroModuleManage	微模块控制
TabItem	Tab 信息结构

3）基础UI接口（见表4.4）

程序集：MapgisEgov.UI.dll

表4.4 基础UI接口

命名空间	说　明
MapgisEgov.UI	公共页面基类控件
MapgisEgov.UI.Framework	核心功能
MapgisEgov.UI.Common	运行环境
MapgisEgov.UI.Configure	配置管理
MapgisEgov.UI.Cache	缓存控制
MapgisEgov.UI.Security	安全控制
MapgisEgov.UI.Personalized	个性化
MapgisEgov.UI.Exceptions	异常
MapgisEgov.UI.DBHelper	数据库操作助手
MapgisEgov.UI.Installer	安装器
MapgisEgov.UI.HttpModules	HttpModule
MapgisEgov.UI.Utility	常用功能
MapgisEgov.UI.Utility.VML	VML 封装

4.1.1.2 基础模块开发

基础模块由工作流模块、日志模块、消息模块等构成。

基础模块的开发主要是对工作流模块开发，提供工作流插件开发，具体参见4.1.4节工作流二次开发原理。

4.1.1.3 扩展模块开发（见表4.5）

搭建框架提供丰富的二次开发接口、完善的扩展机制，以及辅助开发配置工具。基于框架的扩展开发包括页面扩展、系统事件扩展、指定页面功能扩展以及框架风格扩展。

表4.5 扩展开发模块列表

模块名称	数据表	Dll 名称
讨论中心	COMMONUPFILES DISCUSSION	MapgisEgov.Modules.Communion.dll
资产管理	FIXEDASSETMANAGE ASSETCOMPUTERREM	ExtendedServices.dll
车辆管理	CARINFO、OILCONSUME SENDCARREGISTER REPAIRREGISTER	ExtendedServices.dll
内部新闻	INNEROFFICENEWS	ExtendedServices.dll
档案管理	FILEREFERMANAGE FILEREGEDITMANAGE	ExtendedServices.dll
办公用品管理	OFFTHIMANAGE FETCHREGMANAGE OFFTHIRETMANAGE	ExtendedServices.dll
宾客接待管理	GUESTRECEPTION	ExtendedServices.dll

续表

模块名称	数据表	Dll 名称
公共通讯录	FLOW_USERS(读) FLOW_USER_HISTORY(写)	ExtendedServices.dll
印章管理	STAMPERMANAGE	ExtendedServices.dll
通讯录	TELEPHADDR	PersonAssistant2005.dll
考勤管理	FLOW_HOLIDAY LEAVEAPPROVETBL ATTENDDETAIL	ExtendedServices.dll
我的文档	MYDOCUMENT	PersonAssistant2005.dll
我的文件	PERSONALUPFILES	PersonAssistant2005.dll
日程安排	DAILYARRANGEMENT	PersonAssistant2005.dll
内部邮箱	EMAIL_DELETE EMAIL_FILE EMAIL_RECEIVE EMAIL_SEND	PersonAssistant2005.dll
日程安排	DAILYARRANGEMENT	PersonAssistant2005.dll

1）页面扩展

在基础运行框架中，页面通过配置不能达到用户特殊的要求，或者系统没有提供用户所需的某些功能，或者需要集成第三方 Aspx 系统。在此情况下，可通过开发工具构建页面，并将新加的页面集成到系统。

基础运行框架提供了基本的运行环境，用户只需着眼于具体应用模块的开发。其中，部分应用可以通过 VFD 表单实现，特殊功能可编写表单插件实现。

（1）VFD 表单开发。通过把 VFD 表单的运行环境嵌入框架，以此实现框架对 VFD 表单的支持。具体表单开发方法请参阅第 6 章。

（2）代码开发。开发工具：Visual Studio2005/2008。建立项目：使用 VS2008 新建 Web 项目（非 Web 站点），为便于调试代码，将.csproj 项目文件设置在基础运行框架目录中，添加项目子文件夹即可，或者直接选择搭建运行框架根目录中 Custom.Sample.csproj 项目，该项目为示例空 Web 项目，用户可直接使用该项目开发。

说明：

- 新建项目请勿覆盖原 web.config 及 Global.aspx 文件。
- 调试采用附加进程的方法（IIS5 进程为 aspnet_wp.exe；IIS6/IIS7 进程为 w3wp.exe；VS2005/VS2008 内置服务器进程为 WebDev.WebServer.exe）。
- 与框架交互：参考 API 手册，添加相关 dll 引用，调用 API 方法即可。

2）系统事件扩展

系统支持对系统事件的扩展开发，如应用程序启动、应用程序终止、会话开始、会话结束等功能的定制。用户根据需求在这些位置点编写代码，形成插件完成用户操作。支持的系统事件如下：

```
public void Application_Start(Object sender, EventArgs e);
public void Application_End(Object sender, EventArgs e);
public void Session_Start(Object sender, EventArgs e);
```

```
public void Session_End(Object sender, EventArgs e);
public void Login_Success(Page page);
```

3）框架配置扩展

在应用开发过程中，若需进行应用程序级别的配置，或对框架本身的行为进行细微调整，可使用框架自身提供的扩展配置功能实现。

（1）web.config 配置扩展：用户可以在 appSettings 节中添加自定义的配置信息，但不要对其他配置信息进行修改。

（2）Global.aspx 配置扩展：Global.aspx 文件本身不允许修改，但对全局事件的响应已经扩展，配置信息存储于 Global.xml 文件中，用户可以自行添加、删除、修改。对于已经存在的配置项，除非了解修改操作的影响，否则不建议删除或修改。

（3）框架配置文件调整：框架自身的配置信息存储于 WebConfig.Config 文件，可以访问"本地设置"的 CfgTransfer.aspx 页面予以编辑，也可以直接编辑配置文件。

（4）页面调用关系调整：框架中主要页面的调用关系存储于 SYSURLCONFIG.XML 文件，可以根据需要加以修改。

（5）URL 映射调整：URLl 映射关系存储于 SiteUrls.config 文件，可以根据需要加以修改。

4）框架风格扩展

一般通过 CSS 样式对框架风格进行扩展。CSS 为层叠样式表的简写，是一种用来为结构化文档（如 HTML 文档或 XML 应用）添加样式（字体、间距和颜色等）的计算机语言。可使用 CSS 控制页面的颜色、字体、排版等显示特性，以实现界面个性化。

MapGIS 搭建平台的框架和表单都支持 CSS，具体实现及步骤可参考 10.2 节。

4.1.2 自定义表单插件开发原理

自定义表单设计器是一种能够灵活、方便地创建 Web 应用程序的工具，主要提供页面设计工具，包含大量构件，无须编码也能搭建出常见的功能点。自定义表单设计器是一个集页面制作、报表制作、数据访问存储、数据展示、数据验证、表单维护、数据库基本操作、功能插件管理、插件开发等于一体的表单可视化开发环境。

4.1.2.1 自定义表单架构与运行

自定义表单系统分为设计时部分、运行时部分和数据服务，如图 4-4 所示。

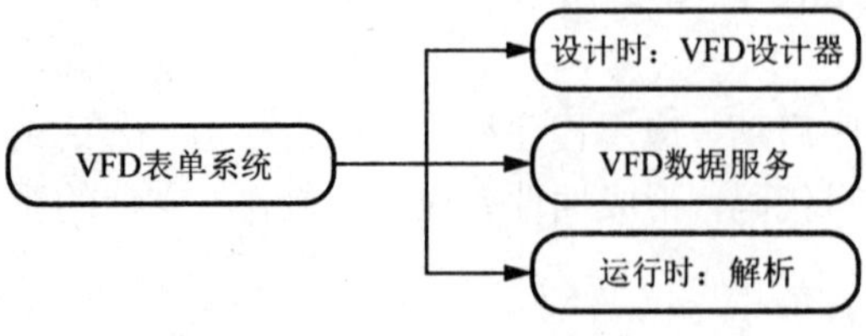

图 4-4 VFD 表单组成

表单设计时部分，主要指 VFD 表单设计器，用于生成 VFD 文档。表单运行时部分有两个：一个处于独立的 VFDWebServer 站点中，用于表单设计时的表单测试；另一个位于框架中，用于最终的表单运行。

自定义表单的运行过程如图 4-5 所示。

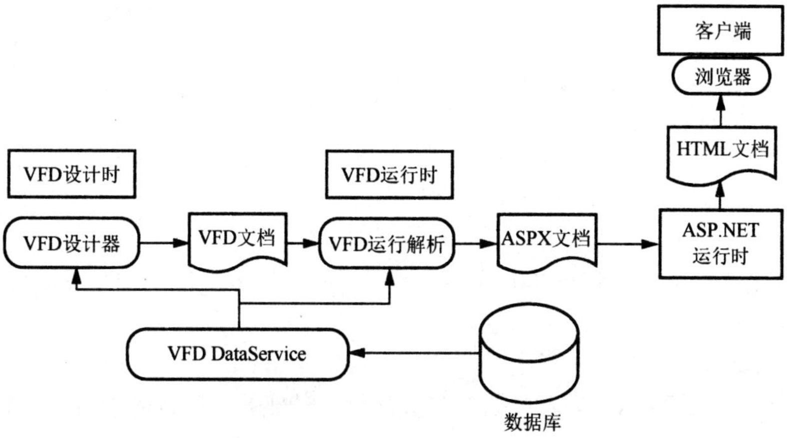

图 4-5　自定义表单运行过程

4.1.2.2　自定义表单插件开发

自定义表单系统是开放系统，允许用户开发插件进行功能扩展。

1）VFD 表单插件的组成

插件分为系统级插件和页面级插件两种，两种插件均以.NET 的动态库方式存在。两种插件的格式相同，编程方式相同，只是执行点不同。系统级插件是在每个页面执行时都会执行其插件的内容，规定编绎后动态库的名字为 VFDWebServerSystemBegin?.dll，其中“?”为 0～9，在编绎成.DLL 后，要求部署到项目和预览的虚拟目录下。页面级插件只有在自定义表单设计时绑定后，执行到绑定的事件时，才会调用并执行。

- 系统插件：所有 VFD 页面请求时都会执行；
- 页面插件：在 VFD 页面中的事件发生时执行。

2）VFD 表单的设计

为了便于开发，在表单设计器中提供了表单插件开发模板，您可在此基础上进行简单的更改完成插件开发。

方法：在表单设计器中单击“新建插件”菜单创建空的插件模板，在其中填充方法即可。编辑完毕之后编译为 DLL 程序集，然后部署运行。

```
public class Function:Visual_Form_Designer.Class.IFunction
   {
        private string Rev="";
        private string ErrorMsg="";
        public Function(){}
        #region IFunction 成员
        public object ReturnValue
        {
            get
            {   return Rev;     }
        }
        public bool Exec(System.Web.UI.Page _Page, System.Web.HttpContext
```

```
        _Context,Visual_Form_Designer.Class.VFDServiceObject_Service, Visual_
        Form_Designer. Class.WebPageConfig_WebPageConfig, System.Collections.
        Hashtable ParamaterList, object _CustomObject)
        {   return true;     }
        public string LastError
        {   get  {  return ErrorMsg;  } }
    }
```

也可以直接使用 VS2005/VS2008 创建一个类，实现 Visual_Form_Designer.Class.Ifunction 接口进行插件扩展。

3）VFD 表单插件部署

MapGIS 搭建平台的 VFD 表单插件部署分设计时部署、测试时部署、运行时部署，其部署目录如下：

- 设计时部署在 FrameBuilder\Visual Form Designer\Function 目录；
- 测试时部署在 FrameBuilder\VFDWebServer\VFDFunction 目录；
- 运行时部署在 FrameBuilder\fw2005\VFDFunction 目录。

4.1.3 工作流二次开发原理

MapGIS 搭建平台的工作流具有固定的流程运转机制，但由于业务流程与实际操作的复杂性，则需对流程在特殊应用场景中的行为进行更多更为精确的控制。因此，工作流提供了插件扩展机制，并贯穿流程实例的整个生命周期，以保证满足特定的流程控制需求，定制实际所需的控制逻辑。

4.1.3.1 工作流层次结构

工作流按其实现层次结构可划分为工作流模型控制组件、工作流运行时组件、工作流扩展组件、工作流操作接口、工作流 Web 表现几个部分，各个部分的层次关系如图 4-6 所示。

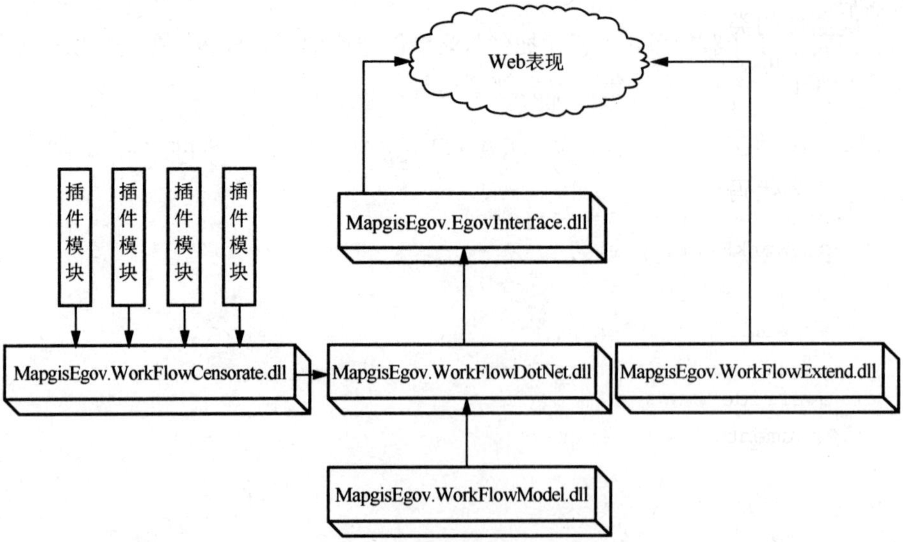

图 4-6 工作流模块层次结构

4.1.3.2　工作流插件机制

工作流的插件机制由 MapgisEgov.WorkFlowCensorate.dll 来实现，对外提供插件接口，对内贯穿流程实例生命周期，以实现插件模块在生命周期的各个关键点实施流程控制与干预。其生命周期的关键点如图 4-7 所示。

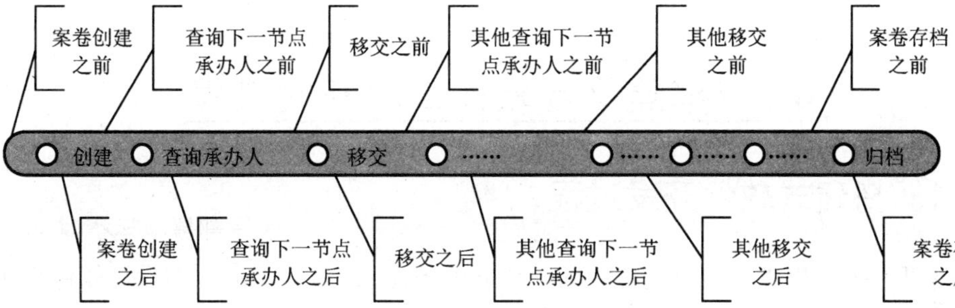

图 4-7　工作流插件机制

目前插件扩展模型中包含创建之前、创建之后、查询下一节点承办人之前、查询下一节点承办人之后、移交之前、移交之后、存档之前、存档之后共 8 个扩展控制点，后续可增加更多的控制点。针对每个控制点，工作流都会把执行环境中的相关数据通过 MapgisEgov. WorkFlowCensorate.dll 发送到插件模块中，插件模块可以对这些数据实施有限干预。这些有限干预主要包括：

- 仅获取相关数据，不干预工作流运行；
- 中止工作流运行，修改相关数据，回发到工作流然后继续运行。

以上干预均与实施环境相关，例如，创建之前与归档之后实质上并不属于工作流实例的生命周期，因此在这两个点上是无法干预工作流运行的。插件实现过程如下：

- 创建空程序集项目；
- 引用 MapgisEgov.WorkFlowCensorate.dll；
- 实现插件的类从 MapgisEgov.WorkFlowCensorate.CensorBase 派生；
- 实现插件的类请用[Entry]属性予以标注；
- 重写基类的处理方法；
- 编译生成 DLL 并复制到 Fw2005\bin\WorkFlowAddins\文件夹下；
- 重启 IIS。

下面是示例类代码片段，实现在查询下一节点承办人之后为承办人列表再加两个节点。

```
namespace WorkFlowAddin {
 [Entry()]
public class WFAddin:CensorBase
{
public override Receipt QueryAccepter_End(MapgisEgov.WorkFlowCensorate.
        Argument.QueryAccepterArg Scene)
       {
Scene.treeNode.ChildNodes.Add(new System.Web.UI.WebControls.TreeNode("这是个插件测试","aretry"));
Scene.treeNode.ChildNodes.Add(new System.Web.UI.WebControls.TreeNode("这
```

```
又是个插件测试", "aretry"));
      return base.QueryAccepter_End(Scene);
              }
      }
      }
```

4.2 搭建平台软件二次开发流程

4.2.1 搭建式软件开发过程

搭建式开发技术提供一种可支持不断演变的业务需求，具有灵活性的设计软件系统的新思路。搭建式开发技术实现将以往以 IT 技术为核心的应用系统构造向以业务驱动的应用系统构造的转变，基于搭建平台的应用系统开发流程如图 4-8 所示。因此，用户可更多地去关注业务系统的业务逻辑，以提高业务系统的开发效率。在此基础上，搭建式开发技术方面的工作大体可分为业务端的设计和业务端的组织两个方面，业务端的组织则由空间信息工作流来完成[5]。

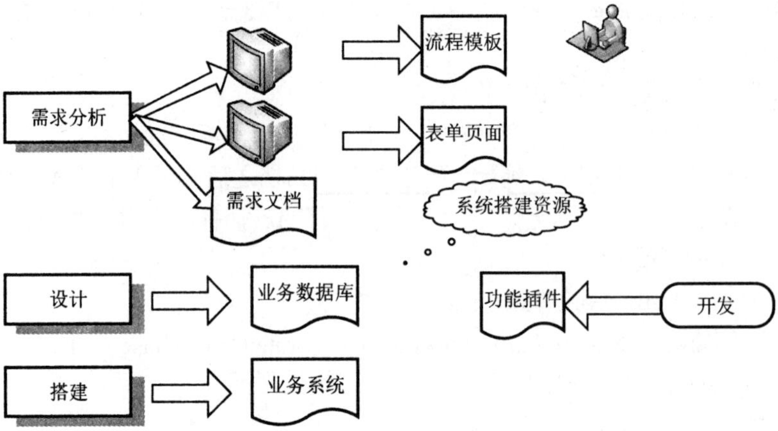

图 4-8 基于搭建平台的应用系统开发流程

搭建式软件开发分为需求分析、设计和搭建三个步骤。首先进行需求分析，并整理成文档，根据需求文档进行流程建模和表单设计，这一阶段主要完成系统资源的准备。设计阶段则是针对业务需求，设计业务数据库；如果已有功能不满足需求时，该阶段还负责完成功能插件的开发。经过需求分析与设计两个阶段的资源准备，然后完成第三阶段的搭建业务系统。第三阶段利用搭建式开发的各个功能资源和编写的插件，完成系统功能搭建的操作。上述即为搭建式软件开发的过程。

4.2.2 搭建平台软件开发流程

MapGIS 搭建平台软件开发流程包括适应性分析、需求分析与功能分解、业务流程开发三大步骤。

1）适应性分析

MapGIS 搭建平台包括工作流系统、自定义表单系统和搭建运行框架系统三部分。在进行二次开发之前，需先对开发项目进行适应性分析，找出最优的解决方案，选择项目的开发平台。

工作流系统专长于灵活的流程控制，自定义表单系统专长于快速简单的数据操作和数据表现，搭建运行框架系统则主要面向办公应用。因此，搭建开发更适应于灵活复杂的 OA、WebGIS 等系统应用，而对于门户型网站、论坛、博客等 CMS 系统难以最大发挥其自身优势。在选择是否使用 MapGIS 搭建平台时，根据业务系统的特点选择，达到事半功倍的效果。

适应性分析与传统软件工程中的可行性研究相似，主要了解用户需求，确立最有效的可行性方案，其目的是制定出成本最低、效率最高、最适应的解决方案。

2）需求分析与功能分解

通过适应性分析后，若确定使用 MapGIS 搭建平台完成项目开发，接下来则需要完成需求分析与功能分解的任务。

需求分析与传统软件工程中的需求分析相似，主要了解项目需要实现哪些功能，如系统需要实现哪些功能、性能要求如何、运行环境如何等内容。需求分析是项目成功与否的关键因素。功能分解则是在需求分析的基础上，将用户需求按一定的标准或者规则进行功能分解，即利用团队的智慧，快速、准确地进行功能分解。

搭建平台需求分析与功能分析示意如图 4-9 所示。

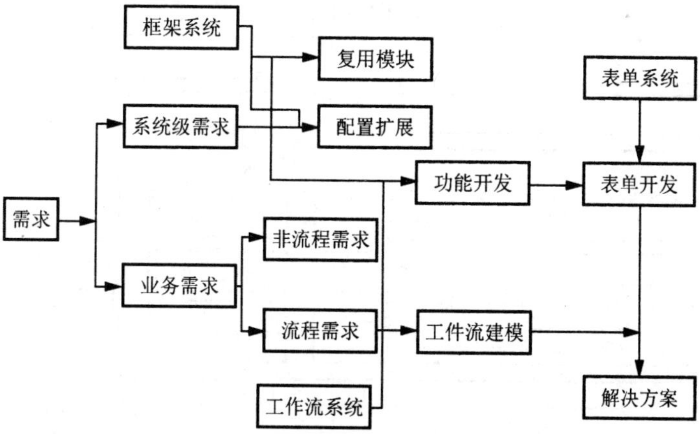

图 4-9　搭建平台需求分析与功能分析示意图

3）业务流程开发

依次完成项目的适应性分析、需求分析和功能分解后，最后进行项目的业务流程开发。根据需求分析设计，基于 MapGIS 搭建平台实现符合需求的业务流程搭建功能。项目的业务流程搭建步骤如下：

- 业务流程建模，流程图设计；
- 实现各个业务环节的任务；
- 挂接活动任务，配置活动权限；
- 部署、测试、运行。

根据 MapGIS 搭建平台的软件开发流程，依次进行项目适应性分析、系统需求分析与功能分解、系统业务流程搭建，以此完成整个软件应用系统开发。结合 MapGIS 搭建平台的二次开发框架，基于 MapGIS 搭建平台的应用系统开发过程如图 4-10 所示。图 4-11 所示是应用系统开发过程中运行支撑系统模块的框架内容。

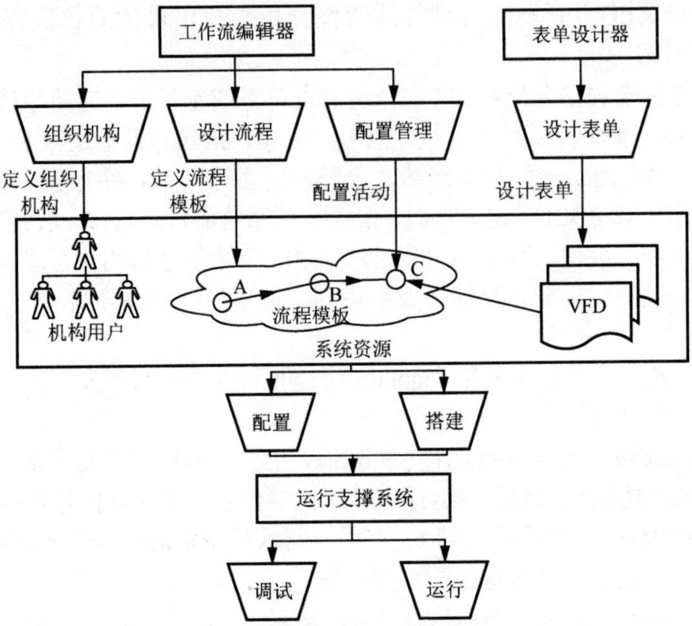

图 4-10　搭建平台应用系统开发过程

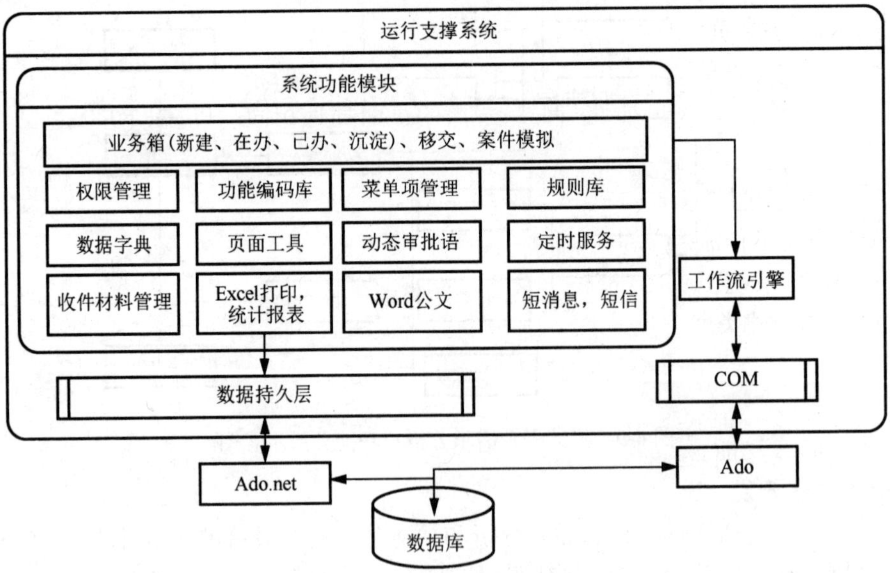

图 4-11　搭建平台运行支撑系统

4.3 小　　结

本章详细介绍了 MapGIS 搭建平台二次开发原理与开发流程。搭建运行框架站点的开发可分为客户端开发与服务器端开发，既支持 JavaScript 客户端开发，也支持 Java 或.NET 方式的服务器端的开发。自定义表单插件开发，则通过编写自定义插件实现表单页面的开发。

工作流的二次开发，涉及系统工作流和业务工作流。其中，系统工作流需借助 MapGIS 功能仓库完成，即通过编写自定义插件调用 MapGIS 功能仓库中的功能接口，实现系统流程的扩展开发，或者直接使用已有功能完成系统流程的搭建；业务流程的搭建则更加自如，用户可建立各种组织与机构，用户与角色等对业务流程进行管理。

到此，已全部介绍完 MapGIS 搭建平台的理论基础内容。在接下来的第二部分开发篇中，将以实例搭建方式，详细介绍工作流编辑器、自定义表单搭建、搭建应用框架等的二次开发实践，并与 WebGIS 技术结合，搭建全 GIS 功能的 GIS 行业站点。

4.4 问题与解答

1．搭建运行框架如何进行扩展，支持哪些页面？

解答：搭建运行框架扩展既支持直接页面扩展，也支持事件扩展，同时还支持框架扩展。在页面扩展中，用户可自行编写 Web 页面，利用搭建框架新建相应的功能模块，链接自定义 Web 页面，实现功能扩展。对搭建平台提供的事件扩展，系统支持对系统事件如应用程序启动、应用程序中止、会话开始、会话结束等功能的定制，用户可以根据需求在这些位置点编写代码，形成插件完成用户操作。框架配置扩展，利用搭建平台提供框架配置页面进行扩展配置，或者编辑 CfgTransfer.aspx 页面；框架样式扩展，则通过修改搭建运行框架样式文件，扩展框架的样式信息。目前 MapGIS 搭建平台的搭建运行框架支持 HTML、ASPX、VFD 表单页面、JSP 页面等。

2．编写自定义表单插件时，是否有特殊要求，如何编写？

解答：编写自定义表单插件与编写普通的页面插件相同。以 C#.NET 为例，通过在 VS2005/2008 中新建类库工程来完成插件编写，这与普通插件编写方法完全相同；也可以使用表单设计器的“新建插件”功能，在表单设计器中编写插件。

3．编写系统工作流插件时，如何编写？

解答：编写系统工作流插件的方法与普通的插件相同。以 C#.NET 为例，通过在 VS2005/2008 中新建类库工程来完成插件编写。因系统工作流的特殊性，需引入特定的名称空间和 DLL，用于实现 MapGIS 功能。这些引入的 DLL 与实现的 GIS 功能密切相关，需要将这些 DLL 和 GIS 功能注册到 MapGIS 工作流编辑器中。同时，编写系统工作流插件时可直接使用 MapGIS 功能仓库中的已有功能进行组合，实现所需的功能。

4.5 练　习　题

1．MapGIS 搭建平台的二次开发由哪几部分组成？
2．MapGIS 搭建平台的基础运行框架包括哪几部分的开发，支持哪些扩展开发？
3．如何开发自定义表单插件？有哪几种开发方法？
4．如何开发系统工作流插件？
5．MapGIS 搭建平台软件开发过程是什么？

第二部分

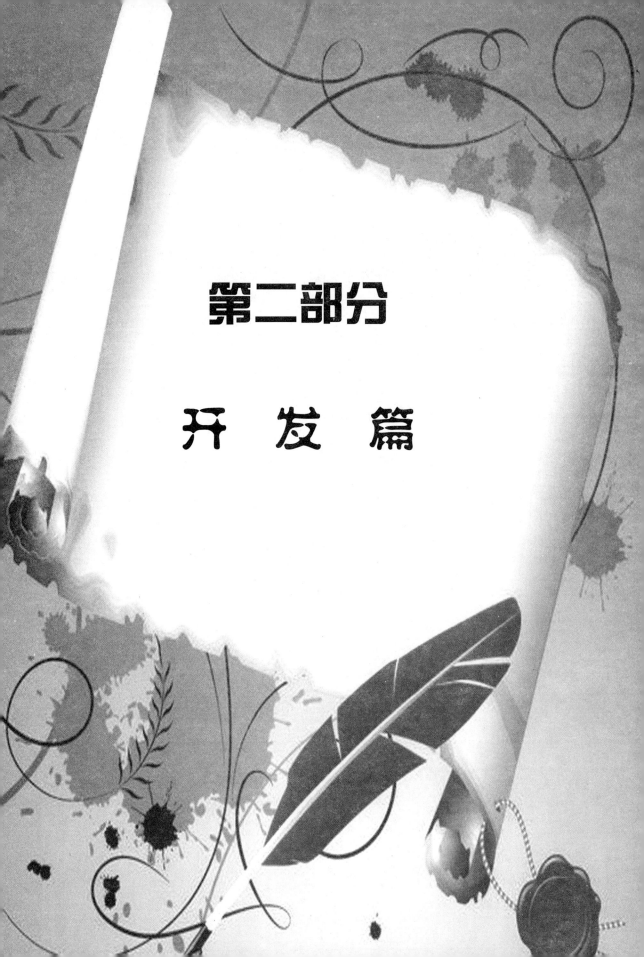

开 发 篇

第5章 工作流编辑器搭建实例

随着行业领域的不断细分，企业业务的不断拓展，办公流程也变得越来越复杂，急需一个规范、流程化的办公环境，来高效、智能地管理整个企业团队和各种行业资源。因此，设计一套规范的标准流程已成为最有效的解决方案，而工作流编辑器正好能满足此需求，不但能设计出最优流程，而且能使这些流程发挥最大作用，实现流程与功能复用。因此，在进行软件开发前，可先通过工作流编辑器完成流程设计，再根据流程逐步设计软件。

本章将以实例的形式，讲述如何利用工作流编辑器设计业务流程，以及配置流程中各节点属性，如办理信息、办理权限等，以实现业务流程的精准控制；通过设计 GIS 应用相关的系统流程，以实现地理空间数据的个性化、批量化生产。

本章引入了 Web 服务的思想，将 OGC 服务功能引入到功能仓库中，实现了与 WebGIS 技术的紧密结合。由于 OGC 服务对外提供标准的服务接口，因此，在 OGC 服务的基础上实现了异构功能集合，既能满足 C/S 模式下的 GIS 应用，同时也能满足 B/S 模式的 WebGIS 应用，并能兼容第三方的功能接口，实现真正意义上的功能聚合。

在使用工作流编辑器设计业务流程前，请参见 MapGIS 搭建平台提供的帮助文档，首先正确地安装和配置搭建平台，再进行流程设计，在此不再详述具体的安装与配置操作。

目的要求

本章主要介绍工作流编辑器的应用与扩展，您需掌握利用工作流编辑器设计具体业务办公流程和专业的 GIS 系统流程，模拟实际 OA 办公与 GIS 业务操作等功能的方法；若功能仓库中已有的功能不能满足需求时，则还需掌握业务流程和 GIS 系统流程插件的编写方法，扩展业务功能，以便尽可能地满足系统构建需求。本章以开发基于 OGC 服务的 WebGIS 功能为例，讲解 GIS 系统流程的扩展开发过程，因此需首先了解 OGC 服务的基本概念和调用接口的方法。

主要内容

- 机构、职务、用户管理、节假日设置；
- 业务、系统流程的模拟设计、节点属性编辑；
- 业务、系统流程插件开发；
- C/S 与 B/S 模式下调用并执行系统流程的方法。

重点难点

本章重点在于如何设计出更符合实际应用规范的业务流程，以及如何使用功能仓库搭建专业的 GIS 系统流程。而如何开发自定义插件，实现系统和业务流程的扩展，以及如何在 B/S 与 C/S 模式下调用和执行系统流程等内容为本章重难点。与 OGC 服务结合部分，更是一个较难突破的难点，需对 OGC 服务有一定的了解，对 C#编程较为熟悉。

5.1 业务流程搭建实例

本章实例以国土资源厅建设用地管理系统为背景素材，以其中的“单独选址建设用地管理模块”为例具体介绍各个功能的实现方法与操作步骤。

5.1.1 建设意义与业务描述

建设用地审批系统承办各类建设项目农用地转用和土地征收的审查、报批工作；负责市本级农用地转用方案、征收土地方案、供地方案的编制工作；参与建设项目用地的预审工作，负责全市征地拆迁管理工作，协调大中型建设项目的征地事宜；组织发布各类建设用地信息。

5.1.1.1 建设用地相关业务描述

为了较为准确地描述用户需求，下面对术语的内涵予以说明。

- 征用：是指将集体土地转为国有土地的过程。
- 转用：在此特指将农用地转为建设用地的过程。事实上，不论国家所有还是集体所有的土地都涉及“转用”。
- 红线图：规划局确定的项目建筑总平面图，或城市规范管理部门正式确定的项目建筑的总用地面积的示意图，其中红线是用来表示建筑物的边界外沿界限，即实际可使用土地的边界图。
- 单独选址：主要针对项目和涉及的土地，不在土地利用总体规划确定的建设用地规模控制范围内，单独选址的项目申请人是将来的用地单位。
- 划拨：是国家的一种供地方式。
- 土地使用权划拨：是县级以上人民政府依法批准，在土地使用者缴纳补偿、安置等费用后将该幅土地交付其使用，是将国有土地使用权无偿无限期地提供给用地单位或个人。

5.1.1.2 数据分析

建设用地审批业务涉及的数据主要分为地块数据和项目组卷数据两大类。

1）地块数据

地块数据分为空间数据和属性数据。空间数据体现地块的位置、形状、面积等特点；属性数据描述地块的权属、地类等。

2）项目组卷数据

① 对项目的描述性数据：时间、项目名称、申请单位等。

② 地块及其属性数据：每个项目最终都是与地块相关联的。项目中应该有描述地块的位置、形状、地类、面积、权属等特性的数据。

③ 证明资料文档：如权属来源证明资料，非固定格式的论证意见等。其内容不改变，在项目审批过程中起证明作用。

④ 流转性文档：如“一书四方案”，表格中的内容在审批过程中会发生改变，同时表格

中的有关内容可以提取出来进行汇总统计。

3）地块数据与项目组卷数据之间的关系

项目组卷数据和地块数据是紧密联系在一起的，具体而言：

① 一个项目可以对应一块或多块地块，例如单独选址项目一般对应一个地块，而批次建设用地一般对应多个地块。

② 项目组卷数据中的相当一部分数据是对地块的描述数据或由地块数据衍生出来的数据。

5.1.1.3 审核依据

- 审核的目的是为了严格控制建设用地规模，确保耕地总量不减少，实现耕地总量的动态平衡。为此，审核需要以有关法律法规作为依据并考虑各地的具体情况，还需要遵循各级政府、相关部门的规定、实施办法等有关的政策性文件。
- 审批过程具有“职能统一、分段控制”特点。审批须经过县（区）、市、省乃至国务院等多级控制，确保依法、有效地履行耕地保护职能。
- 对新增建设用地项目进行审核应该依据省厅下达的年度计划，如农用地转用计划。审核的项目应该符合土地利用总体规划和有关的专项规划。
- 项目的审核还应该查看项目是否具有齐全的资料。这些资料不但为了证明项目的合法性、合理性和可行性，而且为项目审批程序的进一步开展提供依据。也就是说，在对项目进行审核时，审核之前的所有应该进行的工作程序都已经完成并获得通过。

5.1.2 功能模块设计

5.1.2.1 基本功能需求

通过建设用地管理职能的需求调研和对业务审批行为的分析，对单独选址建设用地审批功能模块的用户需求目标应进行以下概括：

- 提供方便的数据录入功能；
- 对行政审核采取流程控制，实现准确、高效、规范的过程管理；
- 提供办理流程查询工具，能直观显示处理阶段和状态；
- 实现案卷审批过程中邮件提醒下一承办人功能；
- 提供图形查询工具，通过提供图形查询工具，可以方便快捷地获得数据库中的基础图形数据信息，为案件办理提供依据，并提高工作效率；
- 提供叠加分析、裁剪分析等功能；
- 提供模板及打印工具，在友好界面下，能实现文书表单数据模板化的直观输入、打印，实现重复内容免输入。

5.1.2.2 单独选址建设用地审批流程示意（见图 5-1）

说 明

在背景需求中，参与用地申请会审的科室有利用处、财务处、地籍处、规划处、耕保处、利用科、法规监察科等，这里仅以利用处、财务处、耕保处为例进行开发演示。

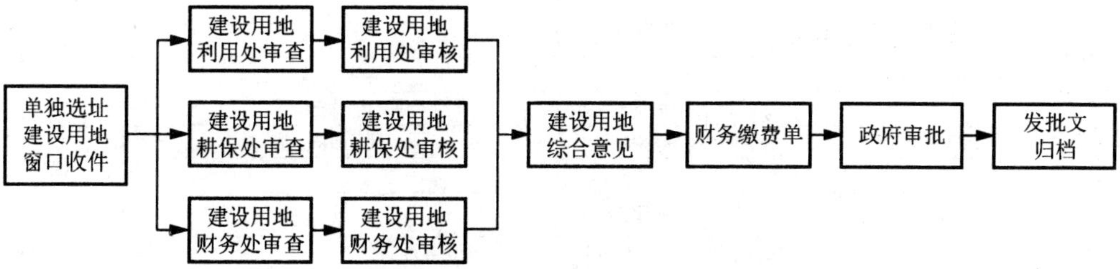

图 5-1 单独选址建设用地审批流程

5.1.2.3 流程说明

1）窗口收件

单独选址建设用地窗口工作人员办理事项主要有以下内容。

（1）核对报批资料。窗口人员负责录入县市级部门提交的用地申请信息，检查电子报件中的文字数据和图形数据信息。如果认为资料齐全、正确，则创建用地申请审批案卷，同时，通知上报单位报批资料已被签收；若发现上报的资料不符合要求，应将报批材料退回给上报单位，不予激活审批流程。

（2）填写审批受理单。激活建设用地申请审批流程后，窗口工作人员需填写“单独选址建设用地审批流程——窗口收件”（表单名称 jsyd_cksj.vfd），如图 5-2 所示。

单独选址建设用地审批流程——窗口收件					
案件编号		案件名称		项目名称	
申报用地单位				单位性质	
联系人		联系电话		收件日期	
申请用地面积		转用农用地		征用集体土地	
叠加查询　保 存　移 交　返回在办箱					

图 5-2 窗口收件页面

（3）核实报件材料。将土地利用现状图与报批材料里的红线图进行裁剪叠加分析，得到分析后的相关属性统计数据，与上报的土地分类面积表中的数据进行对比，核实报件材料是否属实。

（4）移交案件。基本信息录入完成及报件材料核实通过后，移交相关科室工作人员会审。

2）各职能科室审查、审核

（1）审查工作需办理事项主要有：核对报批资料，查看申请基本信息，填写“审查意见”（“审查人签字、审查日期”系统自动生成），移交给下一节点本科室审核工作人员办理。

（2）审核工作需办理事项主要有：核对报批资料，查看申请基本信息，以及本科室审查人员意见等，填写“审核意见”（“审核人签字、审核日期”系统自动生成），移交给下一节点“建设用地综合意见”相应工作人员办理。

3）各职能科室受理页面设计

（1）耕保处审查页面（表单名称 jsyd_gbc_sc.vfd），如图 5-3 所示。

（2）耕保处审核页面（表单名称 jsyd_gbc_sh.vfd），如图 5-4 所示。

（3）利用处审查页面（表单名称 jsyd_lyc_sc.vfd），如图 5-5 所示。

（4）利用处审核页面（表单名称 jsyd_lyc_sh.vfd），如图 5-6 所示。

建设用地审批流程——耕保处审查					
案件编号		案件名称		项目名称	
申报用地单位				单位性质	
联系人		联系电话		收件日期	
申请用地面积		转用农用地		征用集体土地	
审查人意见					
审查人签字		审查日期			
叠加查询　保 存　移 交　返回在办箱					

图 5-3　耕保处审查页面

建设用地审批流程——耕保处审核					
（这部分是耕保处审查页面）					
审核人意见					
审核人签字		审核日期			
叠加查询　保 存　移 交　返回在办箱					

图 5-4　耕保处审核页面

建设用地审批流程——利用处审查					
案件编号		案件名称		项目名称	
申报用地单位				单位性质	
联系人		联系电话		收件日期	
申请用地面积		转用农用地		征用集体土地	
审查人意见					
审查人签字		审查日期			
叠加查询　保 存　移 交　返回在办箱					

图 5-5　利用处审查页面

建设用地审批流程——利用处审核					
（这部分是利用处审查页面）					
审核人意见					
审核人签字		审核日期			
叠加查询　保 存　移 交　返回在办箱					

图 5-6　利用处审核页面

（5）财务处审查页面（表单名称 jsyd_cwc.vfd）如图 5-7 所示。

建设用地审批流程——财务处审查表					
案件编号		案件名称		项目名称	
申报用地单位				单位性质	
联系人		联系电话		收件日期	
申请用地面积		转用农用地		征用集体土地	
财务处审查意见					
财务处审查人		审查日期			
开垦费计算——费用记录列表					**添加记录**
案件编号	地类	耕地面积	计算标准	应收金额	
Jsyd-2010112501	地类甲	100 公顷	1（万元/公顷）		100（万元）

生成财务单					
区域等级	（市/县/镇）	圈内外情况	（圈内/圈外）	耕地开垦费合计	（万元）
叠加查询　保 存　移 交　返回在办箱					

图 5-7　财务处审查页面

（6）开垦费记录添加页面（表单名称 jsyd_cwc_kkf.vfd）如图 5-8 所示。

开垦费记录添加					
案件编号		地类			
耕地面积		计算标准	（万元/公顷）	应收金额	（万元）
保 存　关 闭					

图 5-8　添加开垦费记录页面

说　明

在财务处审查页面单击“添加记录”链接，弹出“开垦费记录添加”页面对话框，添加一条开垦费记录后，单击“保存”按钮，自动关闭该对话框，再返回财务处审查页面，添加的开垦费记录信息自动显示在财务处审查页面中的费用记录列表中。

（7）财务处审核页面（表单名称 jsyd_cwc_sh.vfd）如图 5-9 所示。

以上是财务处审查页面					
财务处审核意见					
财务处审核人		财务处审核日期			
叠加查询　保 存　移 交　返回在办箱					
开垦费纪录列表					
案件编号	地类	耕地面积	计算标准	应收金额	
Jsyd-2010112501	地类甲	100 公顷	1（万元/公顷）		100（万元）

图 5-9　财务处审核页面

4）综合会审意见

（1）受理说明。该节点工作人员办理事项主要有：

- 查看报批材料里的红线图以及其他材料信息；
- 汇总各科室会审意见；
- 草拟新公文进行发文，通知申报建设用地单位申请已审批。

根据会审情况，做出如下决定：各科室均同意会审，则可草拟发文同时将该案卷移交给下一节点，即财务缴费单；若存在不同意的情况，则回退案件，并注明回退原因；同时，不允许修改各科室的会审意见。

（2）综合会审页面（表单名称 jsyd_zhsh.vfd）如图 5-10 所示，查看综合会审意见页面（表单名称 jsyd_zhsh_hsyj.vfd）如图 5-11 所示。

建设用地审批流程——综合会审					
案件编号		案件名称		项目名称	
申报用地单位				单位性质	
联系人		联系电话		收件日期	
申请用地面积		转用农用地		征用集体土地	
叠加查询　会审意见　保 存　移 交　返回在办箱					

图 5-10　综合会审意见

建设用地审批综合会审意见一览			
耕保处审查意见			
耕保处审查人签字		耕保处审查日期	
耕保处审核意见			
耕保处审核人签字		耕保处审核日期	
利用处审查意见			
利用处审查人签字		利用处审查日期	
利用处审核意见			
利用处审核人签字		利用处审核日期	
财务处审查意见			
财务处审查人签字		财务处审查日期	
财务处审核意见			
财务处审核人签字		财务处审核日期	
返 回			

图 5-11 综合意见一览表

（3）财务缴费单。受理说明：工作人员进入财务缴款页面，系统自动提取当前案件的缴费单，工作人员只需打印该页面，打印完成后将案卷移交政府审批。财务缴费单（表单名称 jsyd_cwjfd.vfd）如图 5-12 所示。

财务缴费单					
区域等级	（市/县/镇）	圈内外情况	（圈内/圈外）	耕地开垦费合计	（万元）
打 印					

图 5-12 财务缴费单

（4）政府审批。受理说明：工作人员扫描并上传领导签字意见（“扫描人签字、扫描日期”由系统自动读取），核对报批材料，移交到“发批文、归档”节点。政府审批页面（表单名称 jsyd_zfsp.vfd）如图 5-13 所示。

建设用审批地流程——政府审批					
政府领导意见上传		扫描人签字		扫描日期	
叠加查询　保 存　移 交　返回在办箱					

图 5-13 政府审批页面

（5）发批文、归档。受理说明：工作人员办理发批文，归档案件。建档档案审核页面（表单名称 jsyd_jd.vfd）如图 5-14 所示。

建设用审批地流程——建档档案审核					
案件编号		案件名称		归档日期	
备注					
叠加查询　归 档　返回在办箱					

图 5-14 建档档案审核页面

5.1.2.4 机构、人员、职务及工作内容（见表 5.1）

表 5.1 机构、人员、职务及工作内容

所在部门	成 员	职务	工作内容	受理 Web 页面
窗口收件	李米飞	科员	窗口收件	jsyd_cksj.vfd
利用处	张 三	科员	会审审查	jsyd_lyc.vfd
	徐建明	科长	会审审核	jsyd_lyc_sh.vfd
耕保处	孙 六	科员	会审审查	jsyd_gbc.vfd
	费希伟	科长	会审审核	jsyd_gbc_sh.vfd
财务处	李 华	科员	会审审查	jsyd_cwc.vfd
	华 龙	科长	会审审核	jsyd_cwc_sh.vfd
	焦华伟	科员	财务缴费单	jsyd_cwjfd.vfd
办公室	王 五	科员	综合会审意见	jsyd_zhsh.vfd
	吕德军	科长	政府审批	jsyd_zfsp.vfd
	肖立东	科员	发批文、归档	jsyd_jd.vfd

5.1.3 开发说明

1）业务流程设计

建设用地审批涉及具体的业务办理流程，因此，需使用 MapGIS 搭建平台工作流管理子系统模拟设计该流程。

2）Web 页面开发

流程中各节点对应了相应的活动任务，这些任务的完成依赖于相应的功能页面，因此，必须为每个节点开发一个或多个功能页面，可以采用熟悉的开发工具开发这些页面。同时，MapGIS 搭建平台提供了简单易用的 VFD 表单设计子系统，可实现快速开发表单页面，该系统简单易用，不会编程的人员亦可开发。

3）系统流程设计

本系统涉及对矢量数据的操作，使用标准裁剪框（区要素）将土地利用规划图（区要素）裁出一部分，再将裁剪结果与用地申请单位提交的红线图（区要素）进行叠加分析（相交），最后，用户在浏览器中调用该流程对数据进行分析，核实报批材料是否属实，此目标设计实现分两步：

- 利用工作流管理系统设计该系统流程；
- 与异构系统融合，利用 GIS 服务器调用上述系统流程，实现 WEB 端对空间数据的操作，具体实现原理及方法请参见第 8 章。

5.1.4 基础功能实现

打开 MapGIS 基础平台资源中心，选择“MapGIS 搭建平台”，如图 5-15 所示。

选择并打开“工作流建模工具”，主界面如图 5-16 所示。

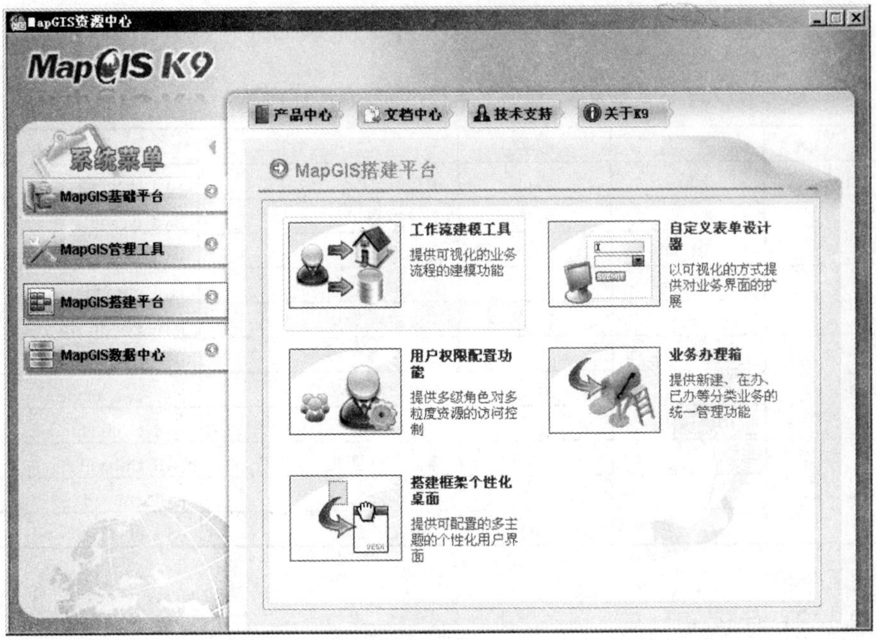

图 5-15　MapGIS 资源中心

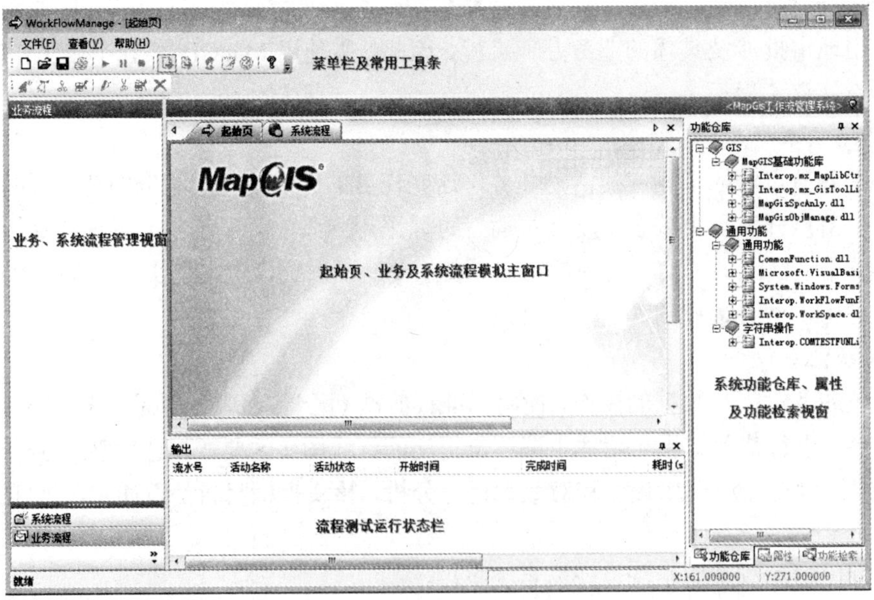

图 5-16　工作流管理系统主界面

5.1.4.1　创建机构

单击图 5-16 所示的“业务、系统流程管理视窗”中的“业务流程”，与此同时，“机构用户编辑”按钮（ ）被激活，单击该按钮，弹出“机构用户管理”对话框，如图 5-17 所示。

在“部门”下新建一个次级部门，如“国土资源局”，方法为：单击“部门”，在右边的“名称”栏中输入待建机构名称（如国土资源局），类型为“部门”，设置备注等信息，如图 5-18 所示。

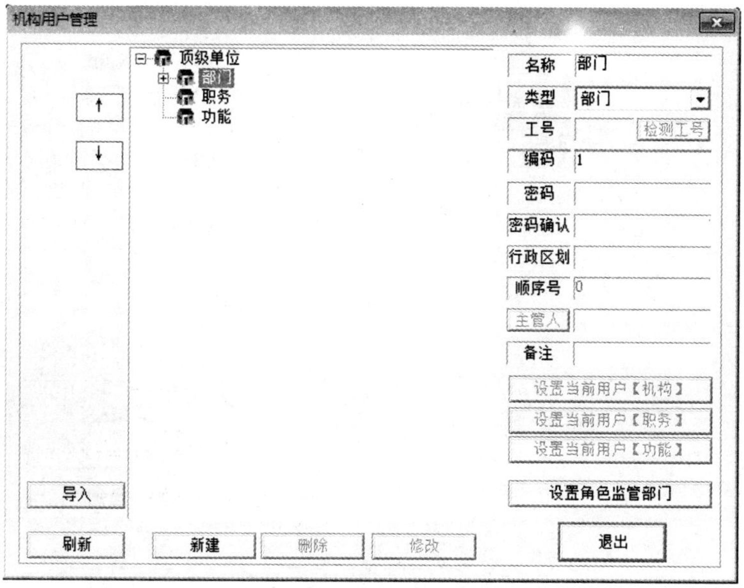

图 5-17　机构用户管理

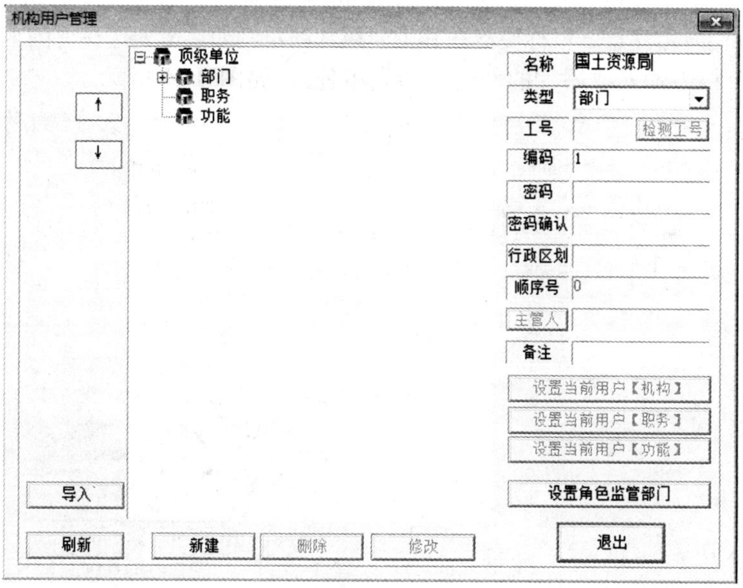

图 5-18　新建部门

单击“新建”按钮，则会在“部门”节点下显示新建的部门（如国土资源局），如图 5-19 所示。

注　意

新建的部门若没有出现在列表中，可单击“刷新”按钮解决。对新创建的部门，可进行删除、修改等操作，也可继续新建其他部门，或者继续在已有部门机构下添加子部门。国土资源局的业务机构一般设有职能科室、直属事业单位以及分局等。这里，在“国土资源局”下，建立利用处、耕保处、财务处等职能部门。

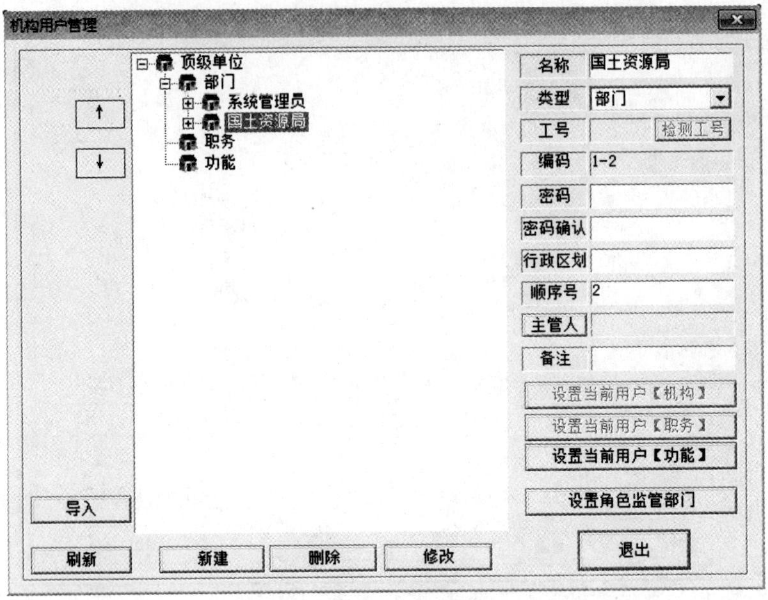

图 5-19 创建部门

建立下级部门时需注意：鼠标要落在其上一级部门，例如，应先选择“国土资源局”，然后在右侧“名称”栏中输入要添加的部门（如利用处），如图 5-20 所示。

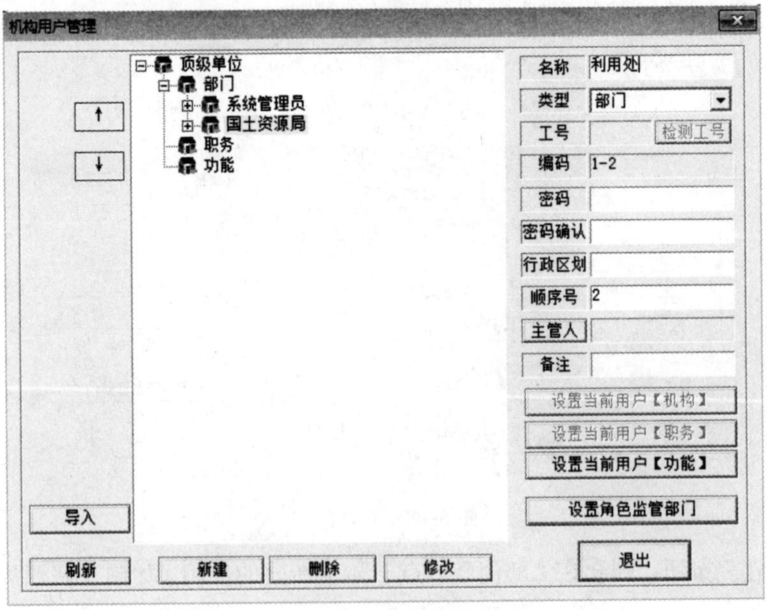

图 5-20 创建子部门

单击“新建”按钮，完成名为利用处的下级部门新建操作。同理，继续新建其他涉及的部门，新建所需部门后，效果如图 5-21 所示。

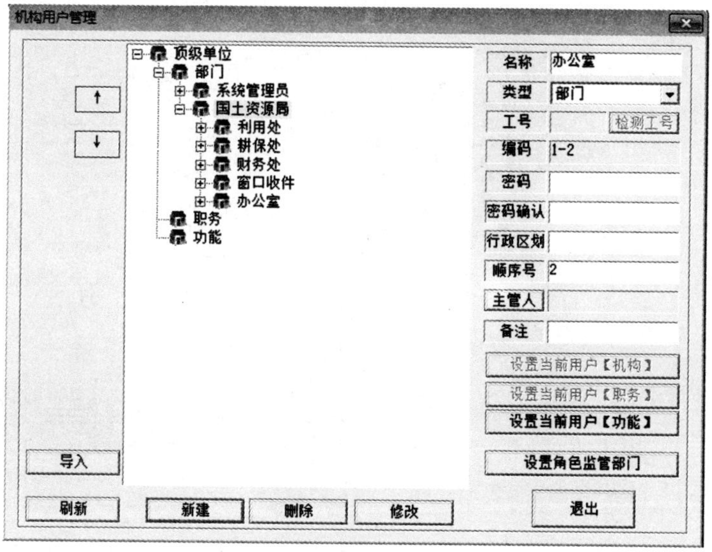

图 5-21　创建子部门后的效果图

5.1.4.2　创建职务

“职务”和“功能”两个机构的新建操作与“部门”类似，不同之处在于，“职务”下不能新建用户，只能将机构用户中的成员设置为某一职务。当然，对同一个人可以设置多种职务。

建立职务的方法为：选中“职务”，在右侧“名称”栏中输入待建的职务名称（如科员），如图 5-22 所示。

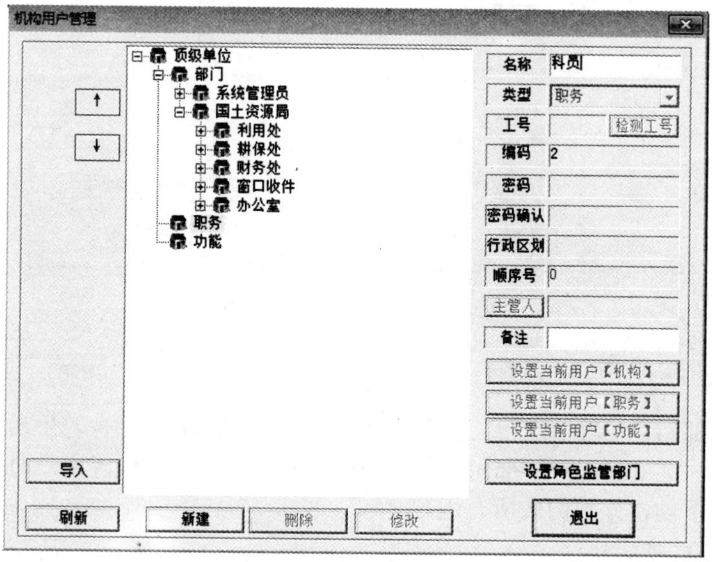

图 5-22　创建职务

输入职务名称后，单击“新建”按钮，在“职务”下显示新创建的“科员”职务，如图 5-23 所示。

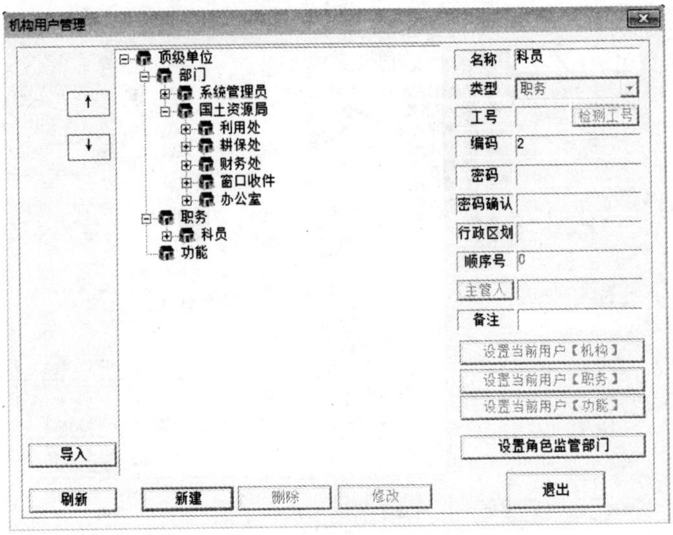

图 5-23　创建职务后的效果图

按照上述操作，创建科长，如图 5-24 所示。

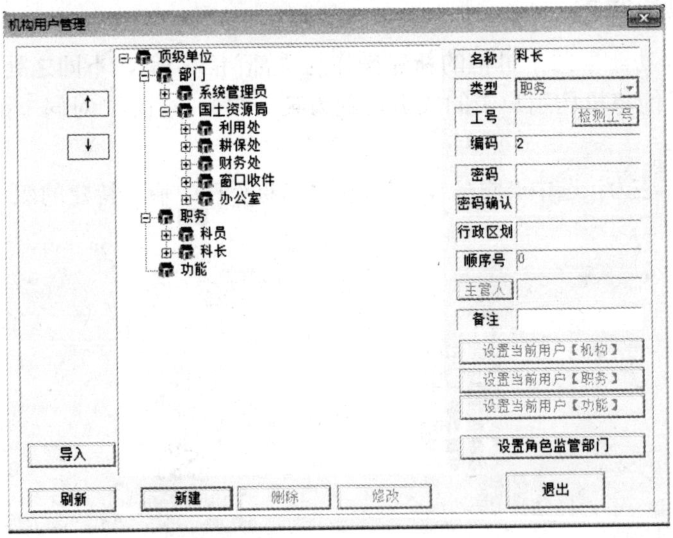

图 5-24　创建所有相关职务

5.1.4.3　创建用户

用户隶属于部门，一般情况下，在公司里，每一个部门下可包含若干员工，而这些员工可兼任多个职务，这就是用户、部门、职务间的关系。因此，在创建用户时，应该落实到部门，在部门机构下创建该部门的所有用户。

1）创建用户的方法

例如，在 5.1.3.1 节创建的“利用处”部门机构下添加名叫“张三”的用户，方法为：选择“利用处”，在右侧的“类型”栏中选择“用户”，在“名称”栏处输入“张三”；工号设为该用户登录业务系统时的用户名，且该用户名是唯一标识，不能重复，可利用“工号”后的“检测工号”按钮，检测该工号是否重复（如图 5-25 所示）；密码为用户登录业务系统的密码。

单击“新建”按钮后，完成新建用户的操作，如图 5-26 所示。

图 5-25　检测工号

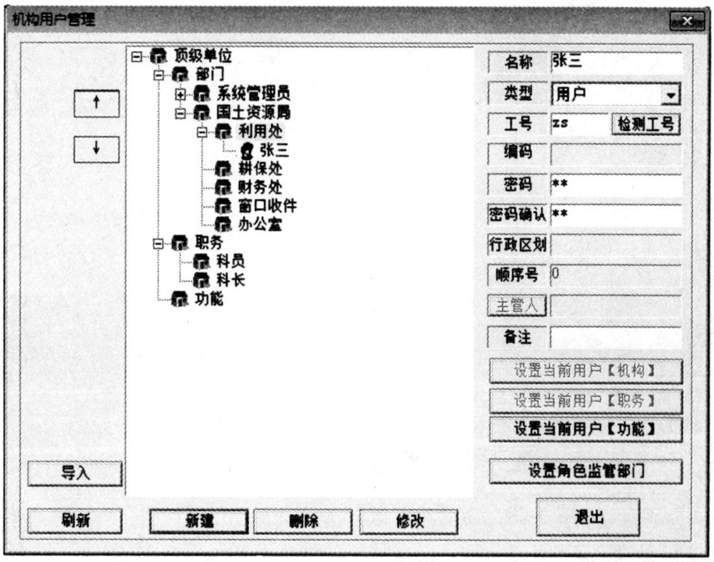

图 5-26　创建用户

同时，可单击右侧中的“设置当前用户【机构】”按钮，设置当前用户所属机构，如图 5-27 所示。

以此方法建立其他用户，如图 5-28 所示。

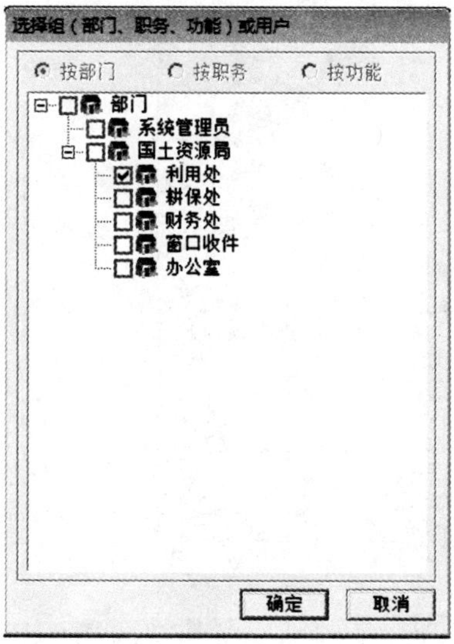

图 5-27　重新设置用户所属机构

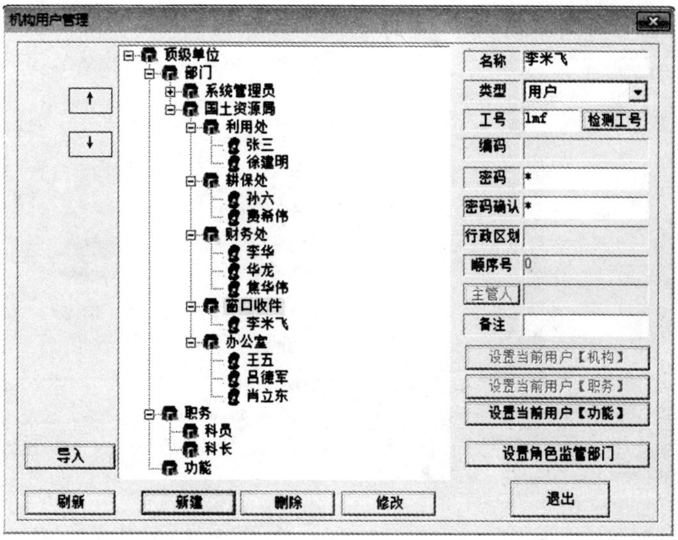

图 5-28　新建所有用户

2）继续完成新建用户的所属职务和功能的设置

（1）设置职务方法为：选择“张三”用户，单击右侧中“设置当前用户【职务】”按钮，弹出如图 5-29 所示对话框。

在需设置的“职务”前打钩，单击“确定”按钮，弹出添加个人信息记录的对话框，如图 5-30 所示。

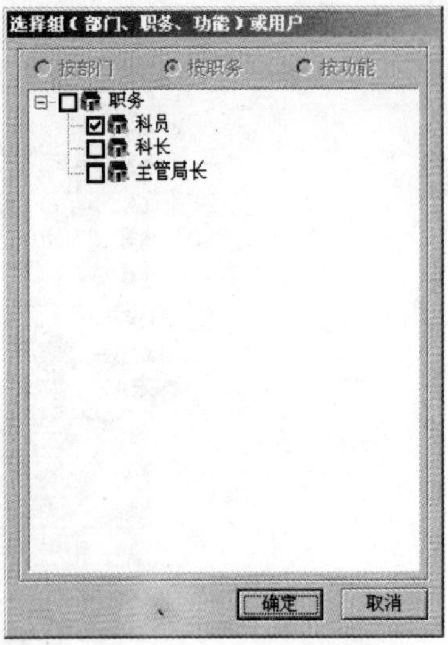

图 5-29　为用户配置职务

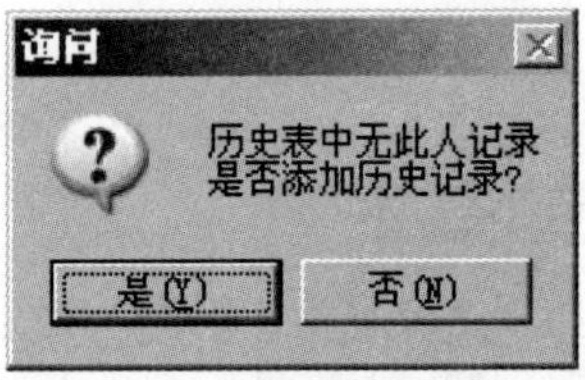

图 5-30　是否添加历史记录

如果确定添加该条记录，则单击“是”按钮确认添加该条记录，则弹出如图 5-31 所示的对话框，填写相关信息；否则单击“否”按钮，结束添加操作。

图 5-31　添加用户信息

填写记录后，单击“添加记录”按钮，在“变更信息”栏中将显示添加的记录信息，如图 5-32 所示。

单击图 5-32 中的“修改记录”按钮，保存修改后的个人信息。选中“变更信息”栏中的记录信息，单击“删除记录”按钮，删除已经添加的记录信息。单击“退出”按钮，个人信息记录添加完成。

按照上述操作，完成剩余用户的职务设置操作。

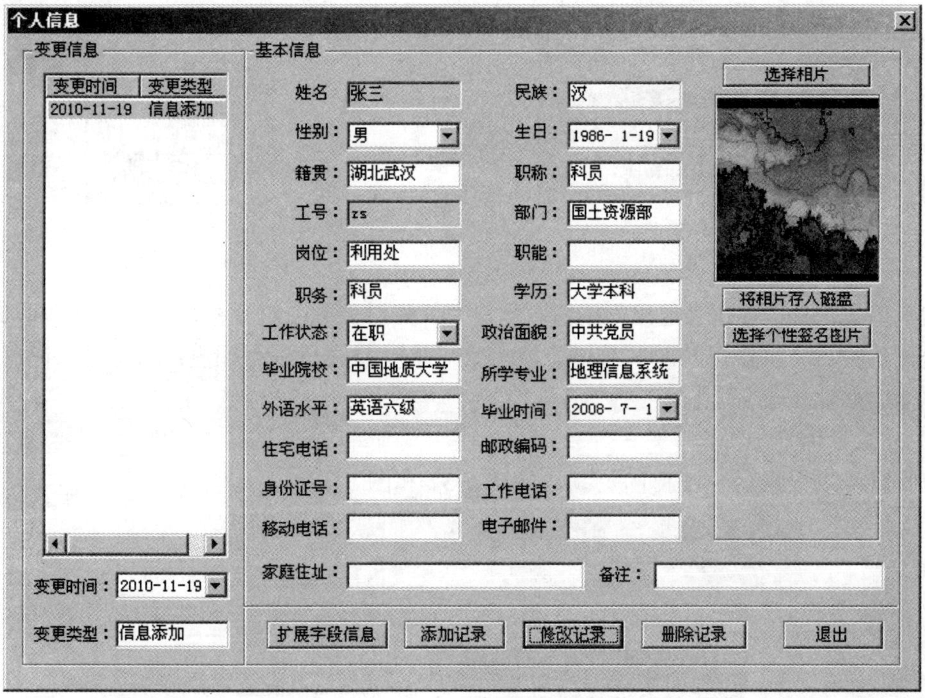

图 5-32　添加用户信息成功

（2）设置用户的功能。设置用户的功能与设置用户的职务操作相似，在“机构用户管理”对话框中，选中需要创建功能的用户，在右侧中单击“设置当前用户【功能】”按钮，在弹出的对话框中选择用户对应的功能，单击“确定”按钮即可。

5.1.4.4　节假日设置

节假日管理是对时间、日期的管理，可以任意设定某日为节假日或者工作日，并且可以实现很多关于时间的换算。系统默认的工作日是周一至周五，“五一”国家规定假日为 3 天，“十一”国家规定的假日为 7 天等。

单击工作流编辑器工具条上的“节假日调整”（）按钮，如图 5-33 所示，弹出“节假日表初始化”对话框，设定节假日的时间范围，如图 5-34 所示。

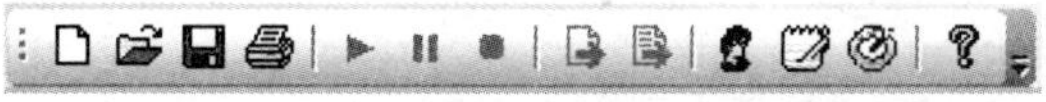

图 5-33　工具条

图 5-34　节假日表初始化

设置节假日的时间段后，单击“初始化节假日表”按钮可进行初始化操作，如图 5-35 和图 5-36 所示。如果已经有数据信息，请谨慎操作。

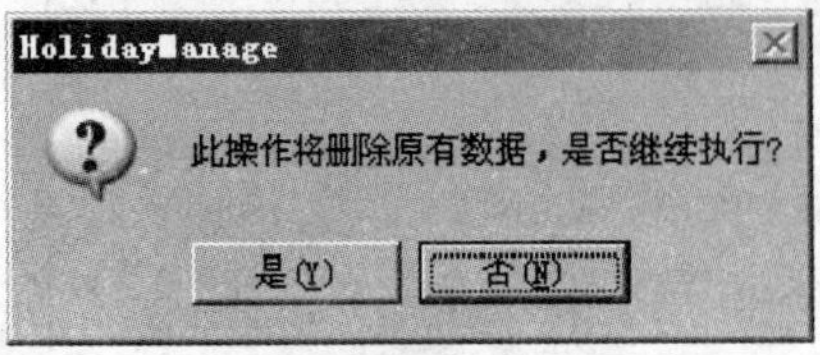

图 5-35　初始化确认

图 5-36　初始化成功

初始化成功后，单击“退出”按钮，弹出“节假日调整”对话框，用于设置节假日信息。

设置节假日和工作日的时间分两个步骤，一是对节假日进行调整；二是对工作日的工作时间进行调整。

1）节假日调整

节假日可以根据需要，自由定制，如图 5-37 和图 5-38 所示。

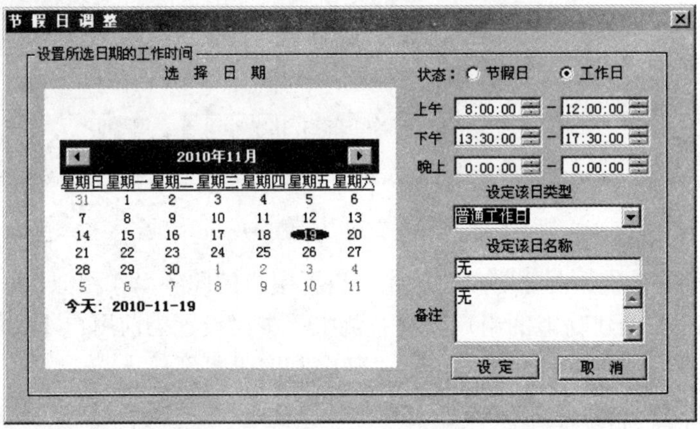

图 5-37　设置工作日

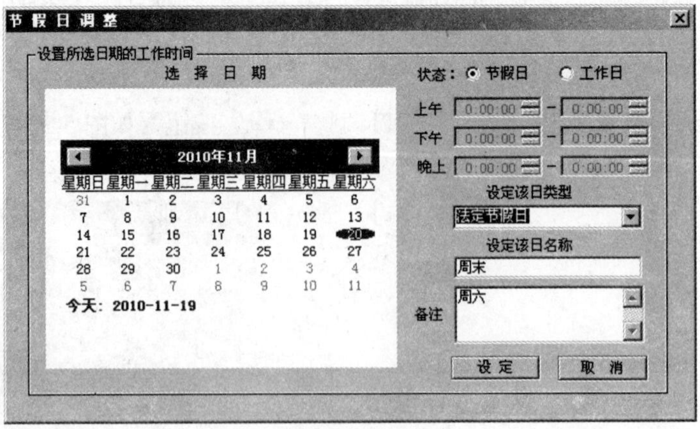

图 5-38　设置节假日

设置完成后，单击“设定”按钮，保存数据。

设定该日类型：普通工作日、工作日调休、工时调整、法定节假日、节假日加班。

2）设置默认工作时间

设置默认工作时间只能对状态为“工作日”的日期进行设置。

单击“节假日调整”对话框中右框中的“工作日”单选框，其下的时间设定区域为可用区域，设置对应的上午、下午、晚上的工作时间区域，如图 5-39 所示。

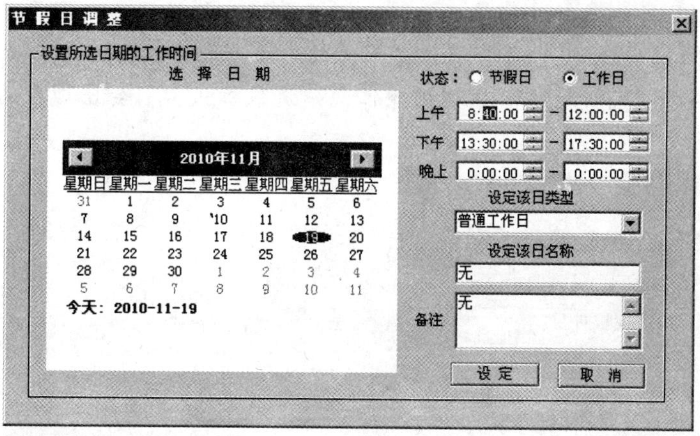

图 5-39 设置默认工作时间

设置完成后，单击“设定”按钮，保存数据。

5.1.4.5 业务流程设计

本节介绍如何建立建设用地审批业务流程，包括新建业务流程模板、输入流程节点、连接流程节点等步骤。在工作流管理系统中，只进行流程设计，定义流程相关属性信息到框架主页完成。

1）新建流程模板

选择工作流编辑器的“文件”菜单下的“新建”菜单，如图 5-40 所示，单击“新建”按钮后，弹出如图 5-41 所示的对话框。

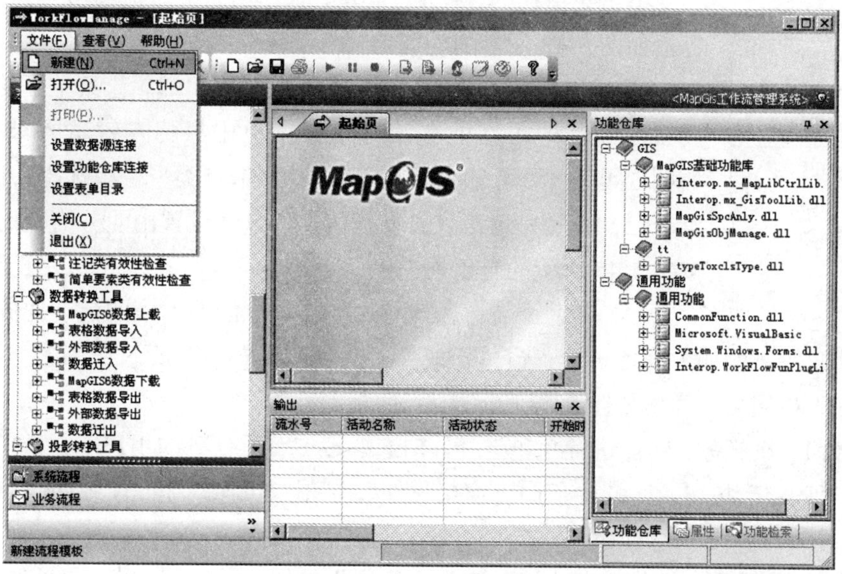

图 5-40 新建流程模板

注 意

编号前缀即是具体的案件编号（CASENO）前缀，请使用英文字母。流程编码为每个流程的唯一标识，由系统生成，建议不要修改；填写相应的描述信息后，单击图 5-41 中的“确定”按钮，完成新建流程模板操作，该流程模板索引会出现在右侧业务流程视窗，如图 5-42 所示。

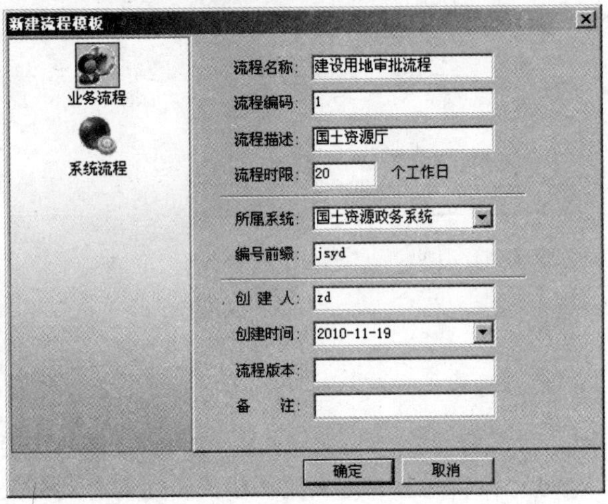

图 5-41 设置流程信息

图 5-42 流程模板索引

2）输入流程节点

业务流程可由数个普通节点构成，但其中必须包含一个开始节点和一个结束节点。

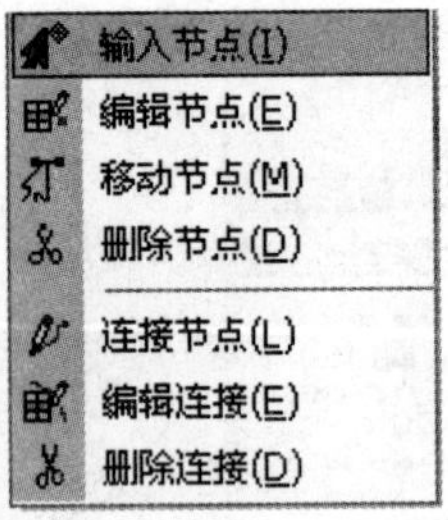

图 5-43 输入节点

单击菜单栏的“编辑”菜单，弹出所有关于流程节点的功能命令，包括如图 5-43 所示的功能。

（1）新建开始节点“窗口受理”。选择“编辑”菜单下的“输入节点”命令，即可在业务流程窗口中单击鼠标左键输入节点，弹出如图 5-44 对话框，输入节点名称，并在节点类型栏中选择“开始节点”。

（2）设置办理信息。办理信息的具体设置由业务需求而定，本例按图 5-45 所示的对话框设置。

（3）角色配置。为流程中每个节点配置对应的活动任务的相关办理角色、用户等，例如为开始节点“窗口受理”配置办理用户（李米飞），如图 5-46 所示。单击“添加”按钮后，弹出如图 5-47 所示的对话框。

可按部门、按职务、功能进行角色选择，勾选办理该节点任务的用户所在部门（窗口收件），单击“确定”按钮后，选中部门“窗口收件”，单击“编辑”按钮，弹出如图 5-48 所示的对话框。

选择用户（李米飞），依次单击“确定”、“应用”按钮，并应用配置，即完成流程开始节点的创建，如图 5-49 所示。

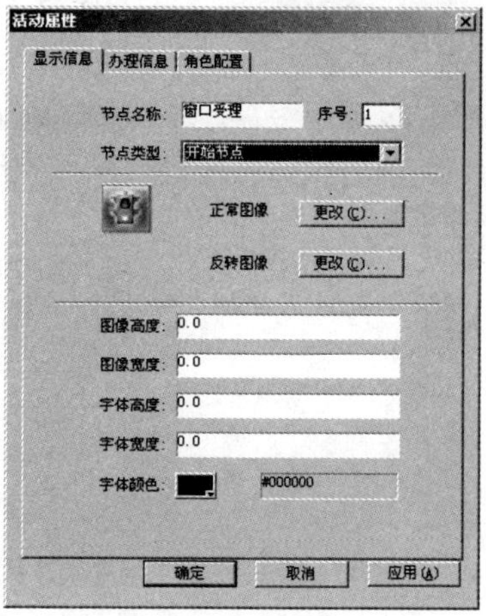

图 5-44　显示信息设置

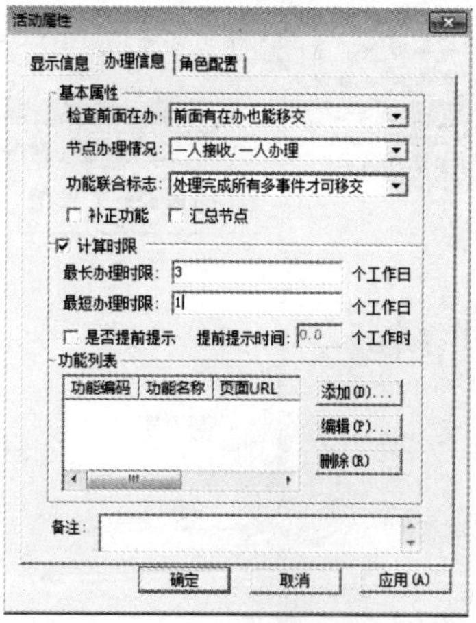

图 5-45　办理信息设置

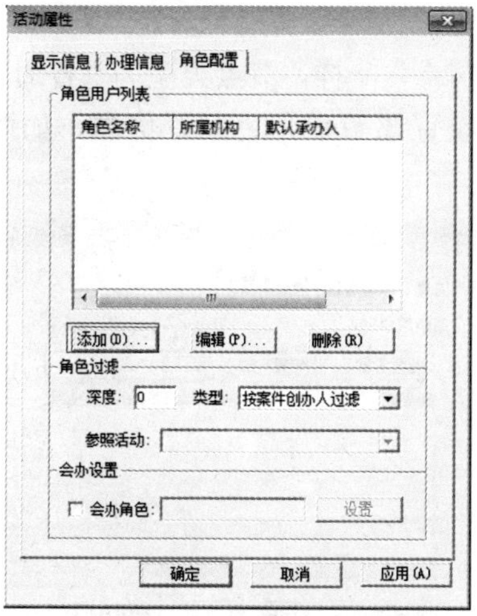

图 5-46　角色配置

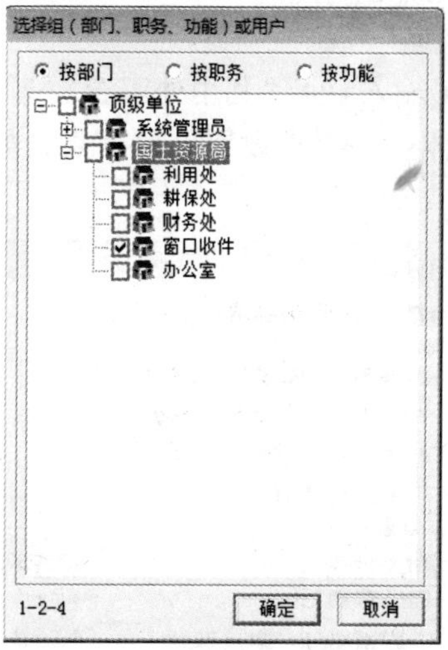

图 5-47　选择办理部门

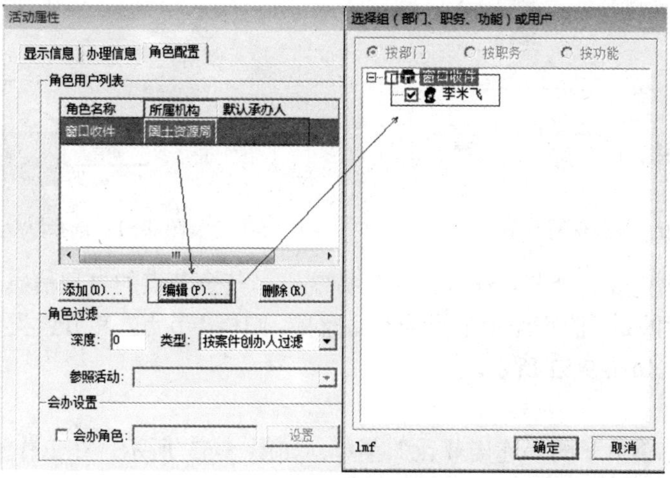

图 5-48　选择默认承办人

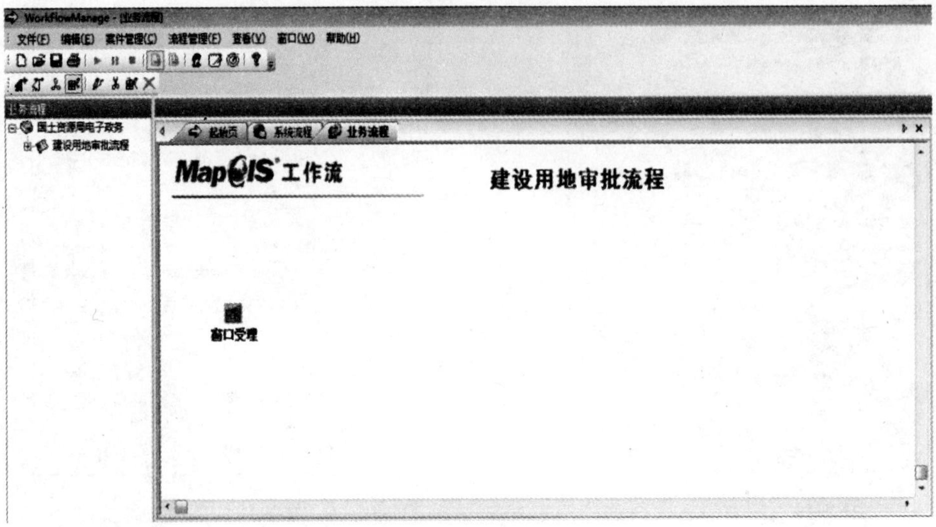

图 5-49　开始节点预览

（4）输入节点“利用处审查”。输入方法同“开始节点”一样，节点类型为“普通节点”，根据具体业务要求设置办理信息，如图 5-50 所示。设置该节点角色配置信息，如图 5-51 所示。

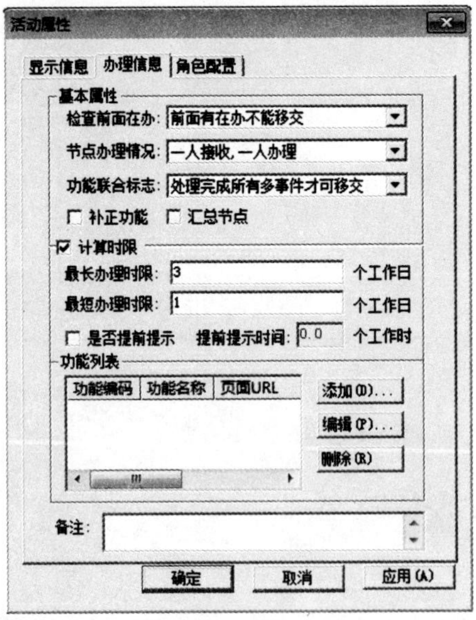

图 5-50　办理信息设置

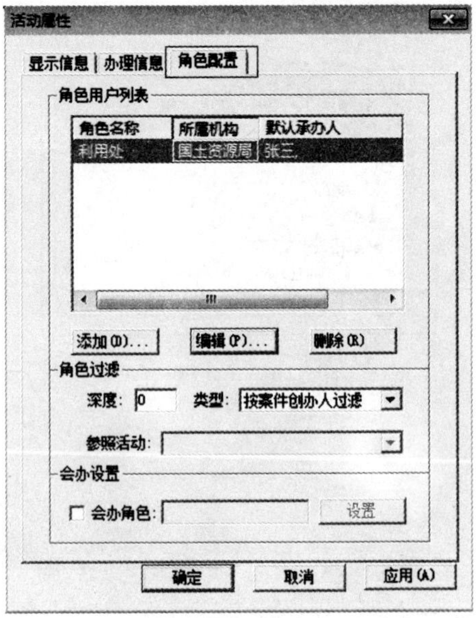

图 5-51　选择默认承办人

类似地，依次完成其余节点输入，为保持统一，其余节点的办理信息均采用图 5-50 所示的设置。需注意的是，流程结束节点为“发批文、归档”节点，其节点类型为“结束节点”。节点输入完成后，如图 5-52 所示。

3）连接节点

单击“编辑”菜单下的“连接节点”菜单，如图 5-53 所示。在工作流视窗中，利用鼠标左键，依次单击需连接的节点即可，连接后的流程如图 5-54 所示。

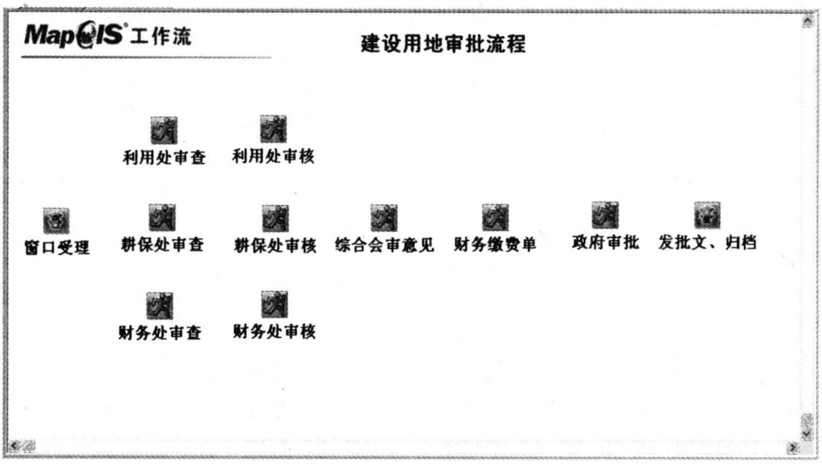

图 5-52　流程节点创建成功

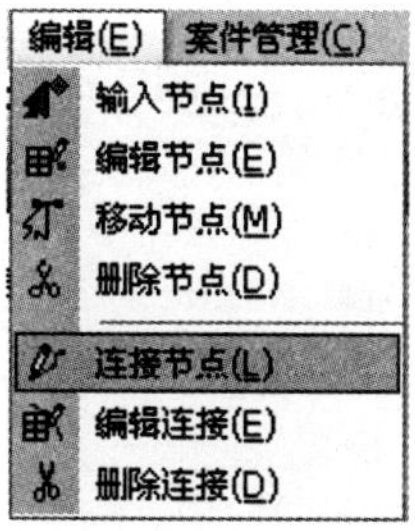

图 5-53　连接节点

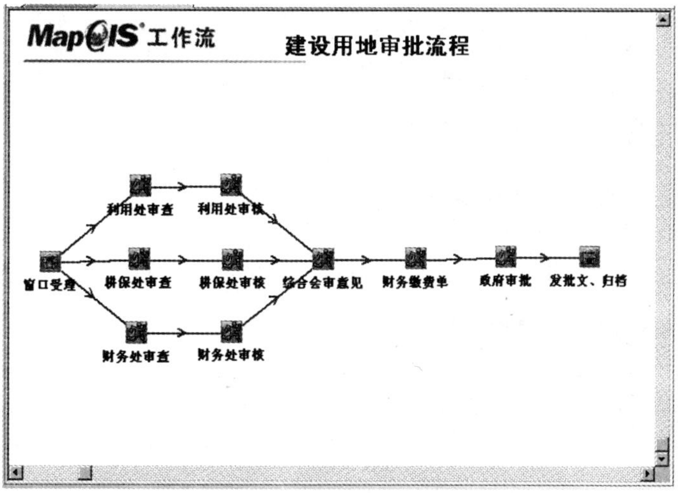

图 5-54　模拟流程成功

5.2　业务流程插件开发实例

5.2.1　开发方法及注意事项

1）开发步骤（具体方法参见 5.4 节“系统流程插件开发实例”）

- 创建空程序集项目；
- 引用 MapgisEgov.WorkFlowCensorate.dll；
- 从 MapgisEgov.WorkFlowCensorate.CensorBase 派生实现插件的类；
- 用[Entry]属性标注实现插件的类；
- 重写基类的处理方法；
- 编译生成 DLL 并复制到 bin\WorkFlowAddins\文件夹下；

- 重启 IIS。

2）注意事项

注 意

8 个控制点对应的处理办法如下代码所示。

```
public class CensorBase : IHandover, ICreateInstance,IArchive
{
    public CensorBase();
    public virtual Receipt Archive_Before(ArchiveArg Scene);
    public virtual Receipt Archive_End(ArchiveArg Scene);
    public virtual Receipt CreateInstance_Before(DataScene Scene);
    public virtual Receipt CreateInstance_End(DataScene Scene);
    public virtual Receipt Handover_Before(HandoverArg Scene);
    public virtual Receipt Handover_End(HandoverArg Scene);
    public virtual Receipt QueryAccepter_Before(QueryAccepterArg Scene);
    public virtual Receipt QueryAccepter_End(QueryAccepterArg Scene);
    public virtual bool IsReusable { get; }
}
```

5.2.2 功能实现

在用户移交案件之后，系统自动发送邮件提醒下一节点办理人员及时办理该案件，以下是具体实现代码。

```
public override Receipt Handover_End(HandoverArg Scene)
{//以下是具体业务代码
    string strAddr = "mapgiscrm@qq.com";
    string strSubject = "建设用地申请待办提醒";
    string strBody = "电子政务系统中有一待办案件，请您尽快处理。";
    string err = "";
    EmailAgent.SendMail(strBody,strSubject, strAddr, ref err);
    return base.Handover_End(Scene);
}
```

5.3 系统流程搭建实例

本系统流程仍以“建设用地审批流程”为例。

5.3.1 应用概述

分析、核实各级建设用地申请部门提交的用地信息，协助审批部门正确决策、合理规划土地资源利用，有效杜绝虚报用地项目，保证各类珍贵土地资源的占补平衡以及土地总量的动态平衡。

5.3.2 需求分析

对于申请单位提交的材料，窗口受理人员，以及后续节点工作人员均需将提交的用地红线图与土地利用规划图进行叠加分析处理。一般地，需要对土地利用图进行裁剪分析，将裁剪出来的区要素与红线图进行叠加分析，例如相交分析，核对相关信息是否属实。因此需要设计一个系统流程来完成该分析工作。

5.3.3 裁剪相交分析流程搭建

5.3.3.1 设计系统流程

打开工作流编辑器，单击左侧的“系统流程”按钮，切换到系统流程管理窗口，如图 5-55 所示。

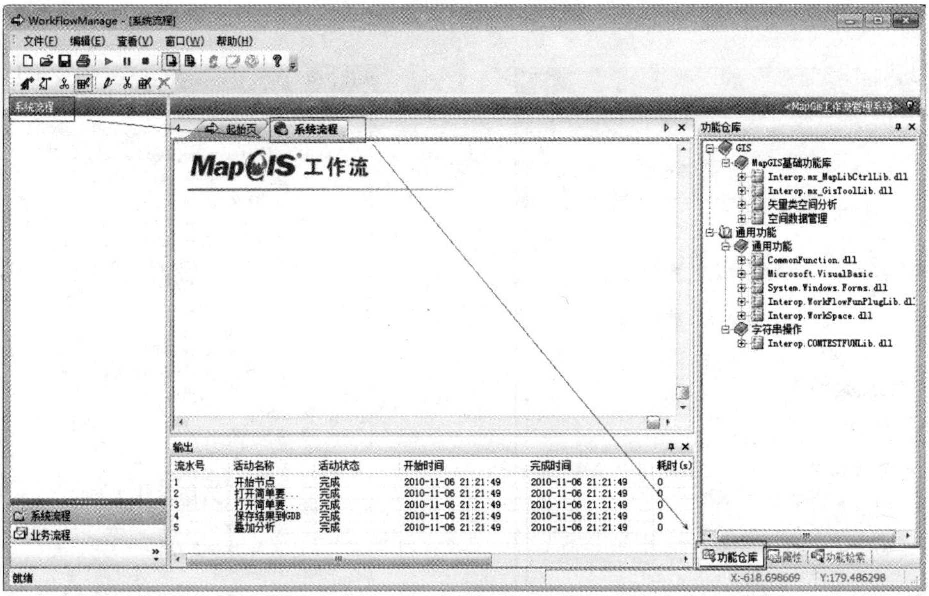

图 5-55 工作流管理器窗口

1）第一步：新建系统流程模板

方法与业务流程设计类似，选择“文件”菜单下的“新建”，在弹出的对话框中选择“系统流程”，并输入流程的名称和所属类别信息，如图 5-56 所示。

2）第二步：输入开始节点

选择“编辑”菜单的“输入节点”子菜单，亦可单击“”图标，单击鼠标左键，输入开始节点，选择节点类型为“开始节点”，如图 5-57 所示。

3）第三步：输入裁剪分析相关节点

首先将土地利用规划图与裁剪框进行裁剪分析，执行裁剪分析流程时，需使用 MapGIS 功能仓库中裁剪相关的功能函数，在“工作流编辑器”右侧栏中选择“功能仓库”页面，出现如图 5-58 所示的功能仓库页面。

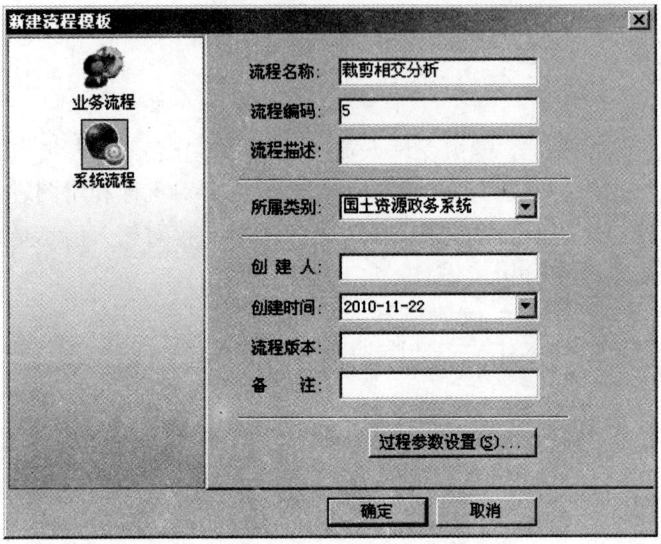

图 5-56 新建流程模板

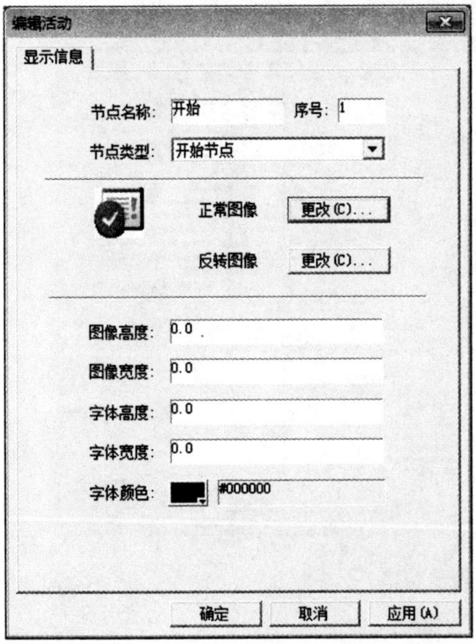

图 5-57 输入开始节点

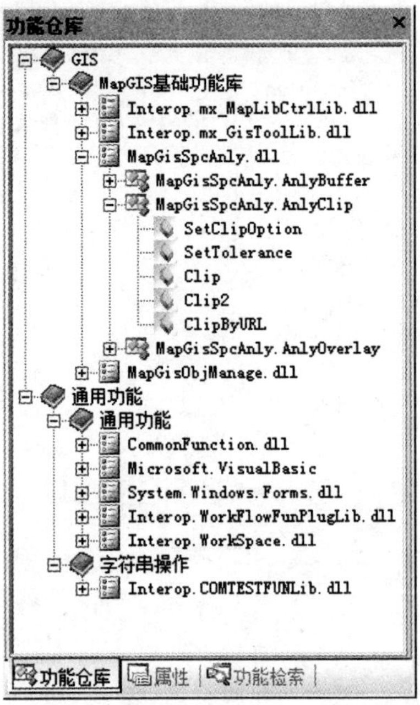

图 5-58 功能仓库

根据 MapGIS 裁剪分析的步骤和所涉及的函数，将与之相关的函数从功能仓库的函数列表中拖到相应的流程窗口中（方法为：鼠标左键按住对应功能函数不放，拖到流程窗口中，松开鼠标左键即可）。

（1）新建裁剪分析相关节点。依次新建两个普通节点，用以打开参与裁剪分析的两个简单要素类的区文件，分别命名为“打开裁剪框”、“打开被裁剪区要素”，如图 5-59 所示。节点设置完成后如图 5-60 所示。

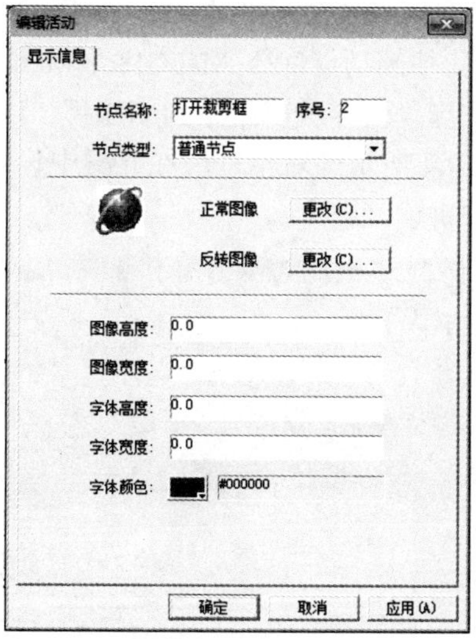

图 5-59　普通节点

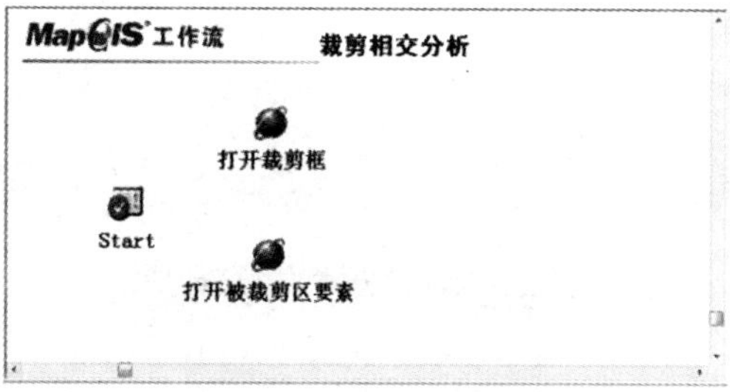

图 5-60　输入节点预览

（2）普通节点与功能仓库连接。将功能仓库中用于打开矢量类的功能函数（位于 MapGIS 基础功能库 MapGISobjManage.dll 库的 MapGISObjManage.VectorCls 中的 Open 函数），拖动到“ClipCls”节点上，如图 5-61 所示（注意：选择第二个 Open 操作，该 Open 操作是利用传入的 URL 地址，执行打开矢量类的操作）。

将功能函数拖动到“打开裁剪框”节点上时，随即弹出对话框，如图 5-62 所示。

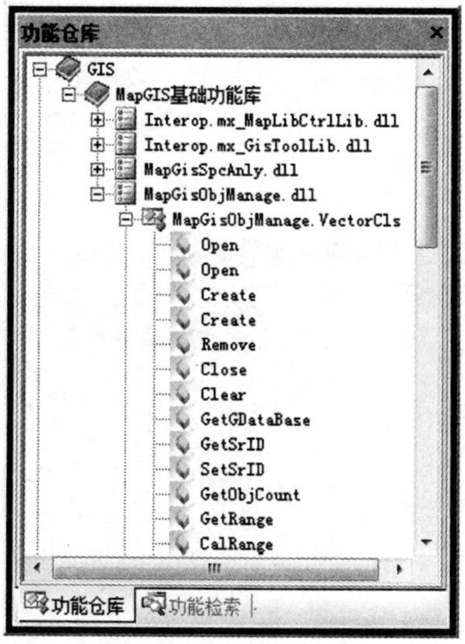

图 5-61　打开矢量类

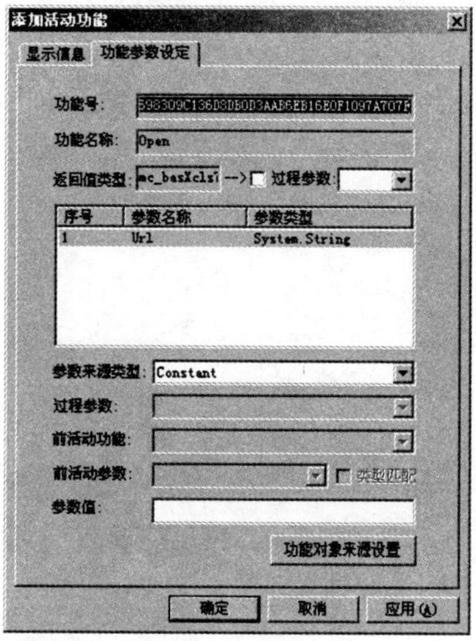

图 5-62　Open 功能参数设定框

接下来则是完成对该节点的属性设置操作，请参见 5.3.3.3 节“节点属性设置”，在 5.3.3.3 节将统一详细讲述。

同理，设置节点“打开被裁剪区要素”与功能仓库连接，操作与节点“打开裁剪框”相同。

（3）添加裁剪结果类普通节点，并完成与功能仓库的连接。添加一个普通节点，用以保存裁剪分析结果到地理数据库中，命名为“保存裁剪结果到 GDB”，添加方法与（2）中的方法相同。添加完成后，再拖动功能仓库中 MapGIS 基础功能库下\MapGISobjManage.dll\MapGISObjManage.GDataBase 下的 OpenByURL 方法到“保存裁剪结果到 GDB”节点上，功能仓库中功能函数如图 5-63 所示。随即弹出如图 5-64 所示的对话框，在此框中设置功能参数，设置内容将在 5.3.3.3 节“节点属性设置”统一讲述。

图 5-63　通过 URL 打开 GDB

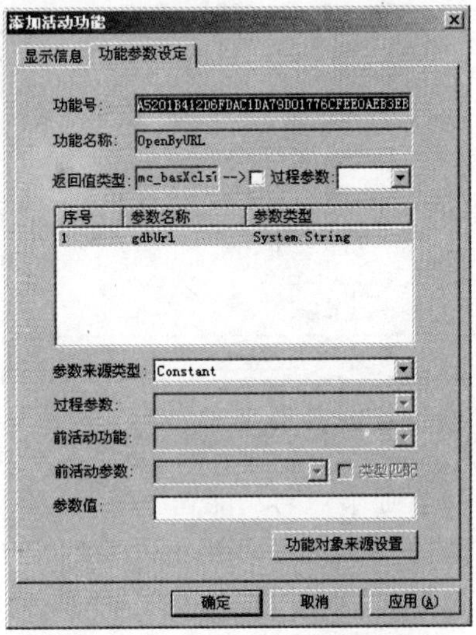

图 5-64　OpenByURlL 功能参数设定框

（4）添加裁剪分析普通节点。按照第二步添加开始节点的方法，添加执行裁剪分析功能的普通节点，设置节点类型为“普通节点”，命名为“裁剪分析”，并将功能仓库中 MapGIS 基础功能库\MapGisSpcAnly.dll\MapGisSpcAnly.AnlyClip 下的 Clip 方法拖动到“裁剪分析”节点上，如图 5-65 所示。随即弹出如图 5-66 所示的“功能参数设定”对话框，功能参数的具体设置方法将在 5.3.3.3 节“节点属性设置”中讲述。

图 5-65　裁剪分析功能函数

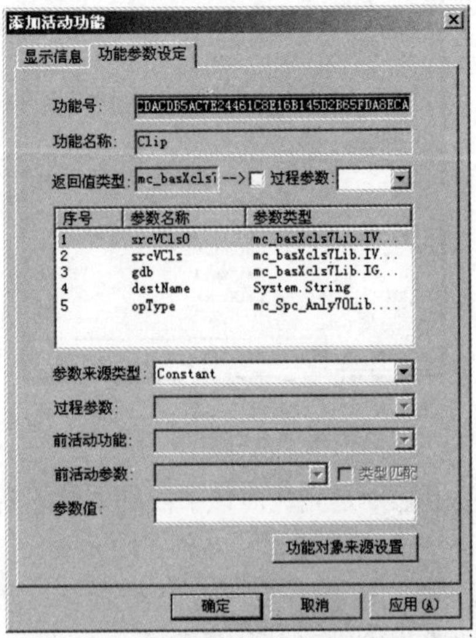

图 5-66　裁剪分析功能参数设定对话框

裁剪分析流程中涉及的功能节点搭建至此就已全部完成，效果如图 5-67 所示。

4）第四步：输入相交分析相关节点

本步骤将对两个简单要素类进行相交分析。在前文的裁剪分析后得到一个被裁剪后的简单要素（部分土地利用规划图），在叠加分析流程中，将该裁剪分析结果图层作为一个被叠加的要素，则还需要另一个简单要素图层作为叠加要素。因此，增加一个普通节点“打开被叠加区要素”，用以得到一个简单要素类对象，参与叠加分析，具体步骤如下。

（1）右键单击流程窗口，在弹出的右键菜单中选择“输入节点”操作，添加“打开被叠加区要素”普通节点。

（2）将功能仓库中的 MapGIS 基础功能库\MapGISobjManage.dll 库\MapGISObjManage.VectorCls 中的第二个 Open（即通过 URL 打开对象）方法拖动到“打开被叠加区要素”普通节点上。单击“应用”和“确定”按钮，完成添加功能。

（3）添加用于存储叠加分析结果的节点。按照前文的方法，添加一个“保存叠加结果到 GDB”普通节点，用于存储叠加分析结果要素，并将 MapGIS 基础功能库\MapGISobjManage.dll 库\MapGISObjManage.GDataBase 中的 OpenByURL 方法拖动到“保存叠加结果到 GDB”普通节点上，单击“应用”和“确定”按钮，完成将功能函数添加到流程节点上的操作，对于各节点参数设定的操作将在 5.3.3.3 节“节点属性设置”中统一讲述。

（4）添加“OverLay”普通节点，用于执行叠加分析。按照前文的方法，添加名叫“叠加分析”的普通节点，并拖动功能仓库\MapGIS 基础功能库\MapGisSpcAnly.dll 库\MapGisSpcAnly.AnlyOverlay 下的 OverLay 方法到“叠加分析”普通节点上，如图 5-68 所示。随即弹出“功能参数设定”对话框，具体的参数将在 5.3.3.3 节“节点属性设置”中统一讲述，在此不再详述，只是需要勾选“过程参数”前的复选框，同时指定过程参数“rtnStr”，这样该过程参数才会得到叠加分析后的结果返回类型。功能参数设定页面如图 5-69 所示。

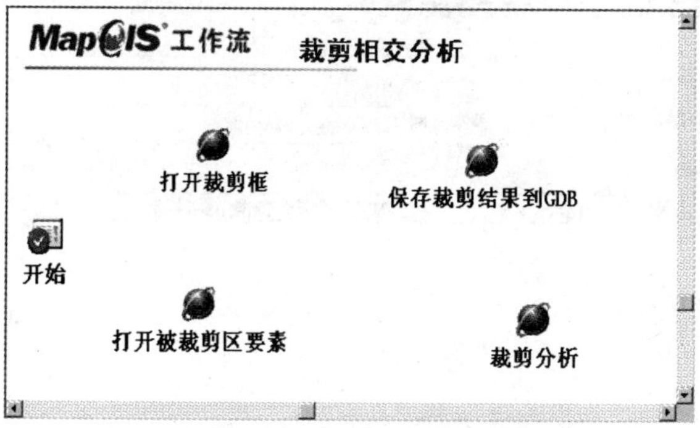

图 5-67　裁剪分析流程

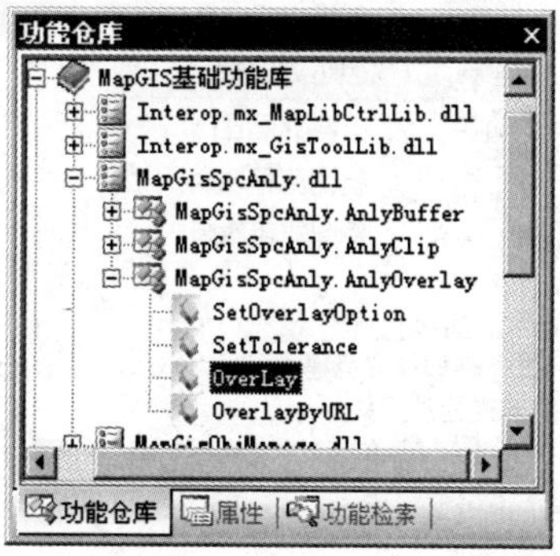

图 5-68　叠加分析操作

5）第五步：连接各个功能节点

右键单击流程窗口，选择“连接节点”操作，依次连接窗口中各节点，连接后如图 5-70 所示，如此，一套用以依次进行裁剪分析、相交分析的系统工作流程即设计完成，接下来还需设置流程中涉及的相关参数，配置节点参数属性，以及进行界面设计等。

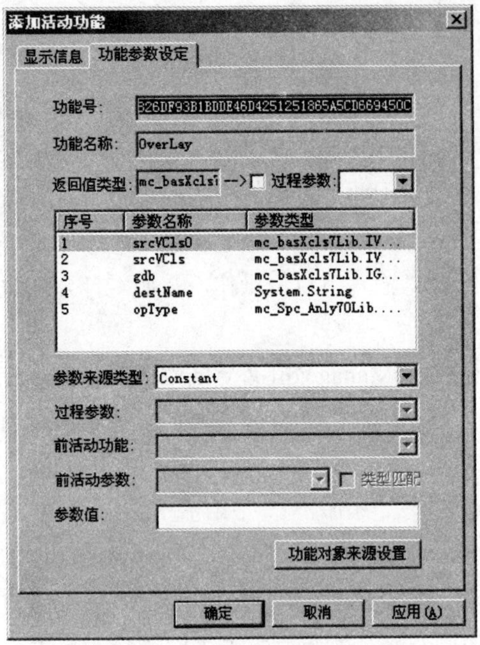

图 5-69　叠加分析参数设定页面

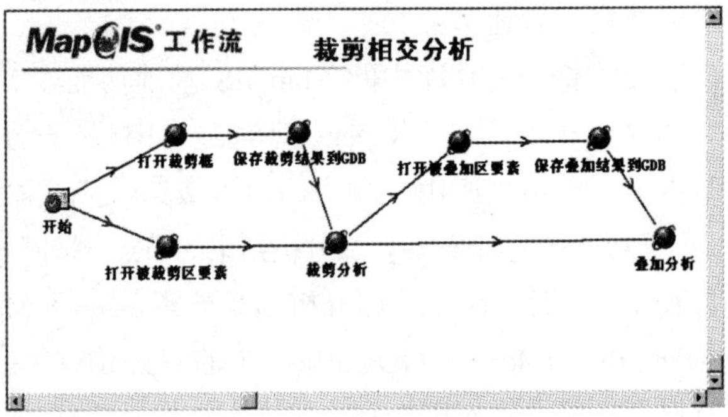

图 5-70　流程模拟成功

5.3.3.2　新建流程参数

在工作流编辑器中，右键单击流程“裁剪相交分析”，选择“编辑流程参数”，如图 5-71 所示。选择“编辑流程参数”后，弹出如图 5-72 对话框。

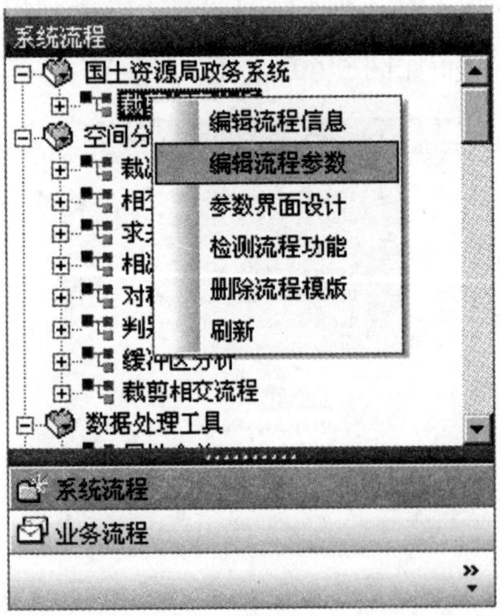

图 5-71　编辑流程参数

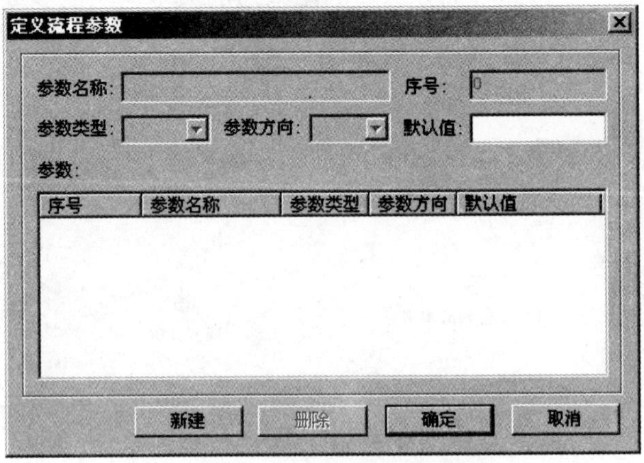

图 5-72　新建流程参数

单击“新建”按钮，如图 5-73 所示。修改参数名、参数类型、以及参数方向等，编辑参数属性对话框，如图 5-74 所示。

同理，依次新建 9 个流程参数，各参数的相关属性设置，请参见表 5.2。

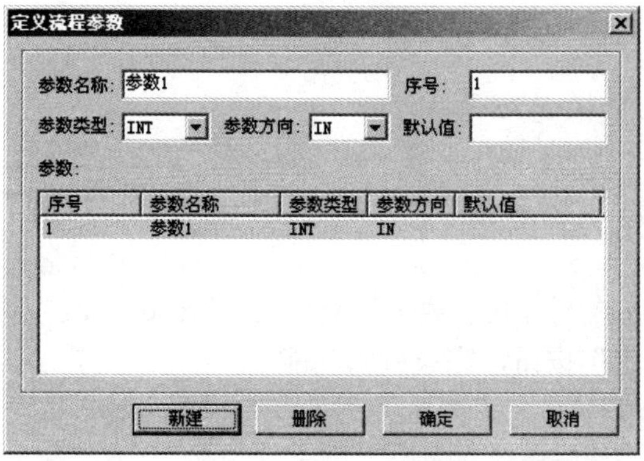

图 5-73　新建流程参数

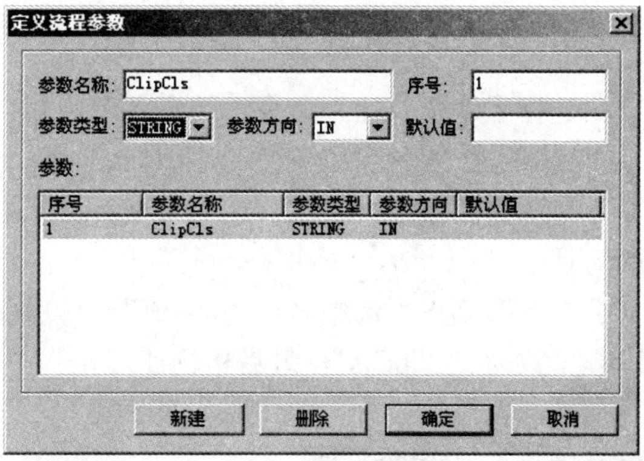

图 5-74　编辑参数属性

表 5.2　参数属性设置表

序　号	参 数 名 称	参 数 类 型	参 数 方 向	参 数 说 明
1	ClipCls	STRING	IN	裁剪框
2	ClipedCls	STRING	IN	被裁剪区要素
3	SaveClipResult	STRING	IN	保存裁剪结果
4	ClipResultName	STRING	IN	裁剪结果名称
5	ClipType	INT	IN	裁剪类型
6	OverLayCls	STRING	IN	被叠加区要素
7	OverLayResultName	STRING	IN	叠加结果名称
8	SaveOverLayResult	STRING	IN	保存叠加结果
9	rtnStr	INT	OUT	输出结果类型

流程参数设计完成后，如图 5-75 所示。

图 5-75　流程中涉及的所有参数

注　意

IN 代表参数类型为输入参数，用于接收参数，OUT 类型则为输出参数，运行结束后将输出相应的结果返回值。本实例中需将系统流程与 WebGIS 结合，需使用返回值判断工作流是否正常执行，因此需在定义流程参数时将最后一个参数定义为 OUT 参数方向，本例为 rtnStr 参数存储工作流执行后的返回值。

5.3.3.3 节点属性设置

选择“编辑节点”命令，编辑各节点属性，如图 5-76 所示。

1）设置“打开裁剪框”节点属性

方法为：选中“编辑节点”命令后，单击节点“打开裁剪框”，随即弹出如图 5-77 所示的对话框。

在参数列表中选中名称为“Url”的参数，依次设置其参数来源类型为“ProcessPara”，过程参数为“ClipCls”，最后单击“应用”、“确定”按钮，完成编辑功能。

同理，设置节点“打开被裁剪区要素”的参数属性，参数来源类型亦为“ProcessPara”，过程参数为“ClipedCls”。

注 意

① 节点“打开裁剪框”以及节点“打开被裁剪区要素”对应的参数返回值类型均为 mc_basXcls7Lib.IVectorCls（简单要素类），即操作对象。

②“功能对象来源设置”，一般采用默认方式，如图 5-78 所示，一般不必修改。

图 5-76　编辑节点

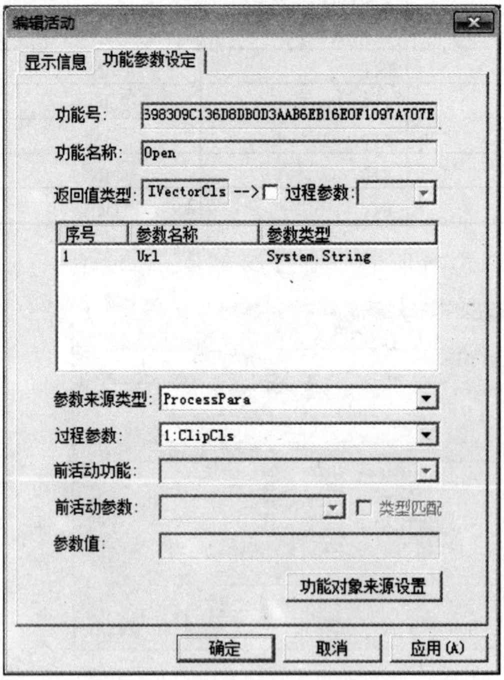

图 5-77　功能参数设定

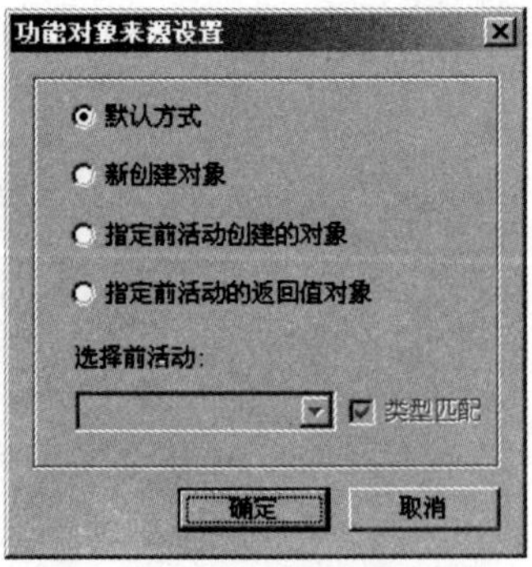

图 5-78　功能对象来源设置

2）设置“保存裁剪结果到 GDB”节点属性

方法与设置“打开裁剪框”节点属性一样，参数设置如图 5-79 所示。

参数来源类型为“ProcessPara”，过程参数为“SaveClipResult”，单击“确定”按钮，完成设置。

3）设置“裁剪分析”节点属性

方法与设置“打开裁剪框”节点属性一样，“裁剪分析”节点参数设置如图 5-80 所示。

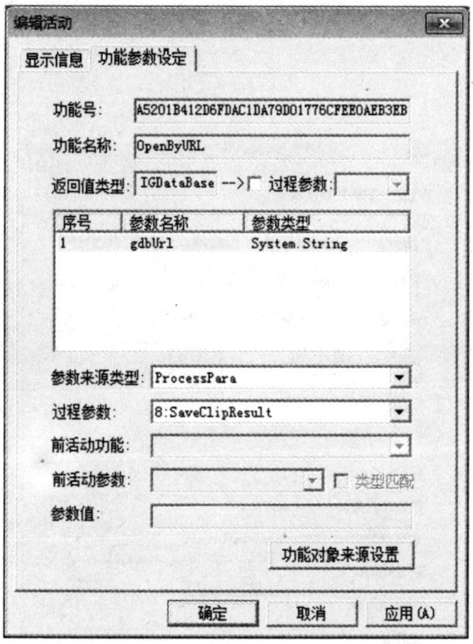

图 5-79　功能参数设定

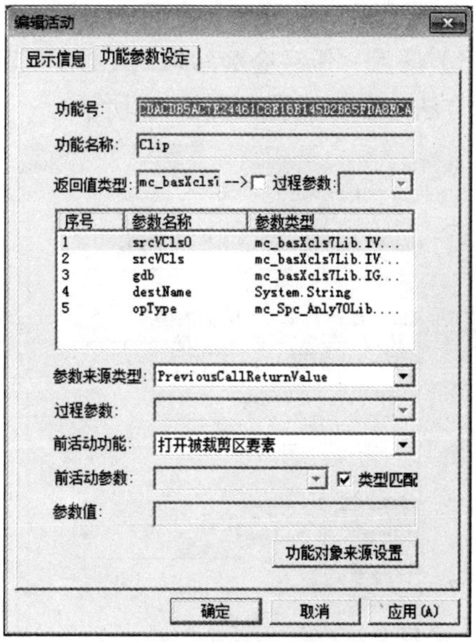

图 5-80　功能参数设定

参数列表设置请参见表 5.3。

表 5.3　参数属性设置

序　　号	参 数 类 型	参数来源类型	过 程 参 数	前活动功能
1	srcVCls0	PreviousCallReturnValue		打开被裁剪区要素
2	srcVCls	PreviousCallReturnValue		打开裁剪框
3	gdb	PreviousCallReturnValue		保存裁剪结果到 GDB
4	destName	ProcessPara	ClipResultName	
5	opType	ProcessPara	ClipType	

注　意

① 如图 5-80 所示，以参数“srcVCls”为例，其参数类型为 TVectorCls（简单要素类），即对象，表示该参数的值必须为一个对象（确切说是简单要素类）。而用户在做裁剪分析最初只能输入如 string、int、date 等类型参数值，因此，必须通过一个功能函数将诸如 string、int、date 等类型参数值转换成对象，再将转换后的对象传递给裁剪分析节点，这样裁剪分析功能才能针对对象而实现。所以其参数来源于前面某功能函数调用的返回对象（PreviousCallReturnValue），前活动功能为“打开裁剪框”。

② 当设置“srcVCls0”、“srcVCls”参数的值为“前活动功能”的返回值时，判别主动类与被动类（具体地，裁剪与被裁剪要素如何判定）的方法为：将鼠标指针停留在“srcVCls0”或“srcVCls”参数名上，随即出现“主动类、被动类”提示信息。例如“srcVCls0”为被裁矢量类，“srcVCls”为裁剪框。同样的操作可以得到其他参数的提示信息，例如，将鼠标停留在“opType”，得到“裁剪操作（内裁 3；外裁 4）”提示信息，即内裁的对应值为 3，外裁的对应值为 4，这一点在参数界面设计时很关键。

4）设置“打开被叠加区要素”节点属性

方法：参数来源类型为“ProcessPara”，过程参数为“5:OverLayCls”，单击“确定”按钮，完成设置，如图 5.81 所示。

5）设置“保存叠加结果到 GDB”节点属性

方法：参数设置如图 5-82 所示。

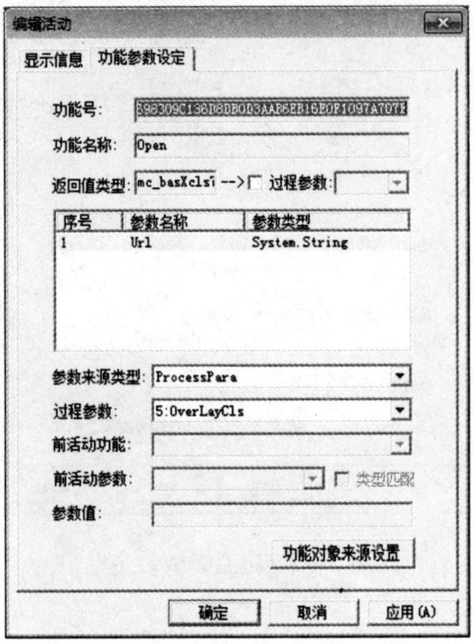

图 5-81　打开被叠加区要素功能参数设定

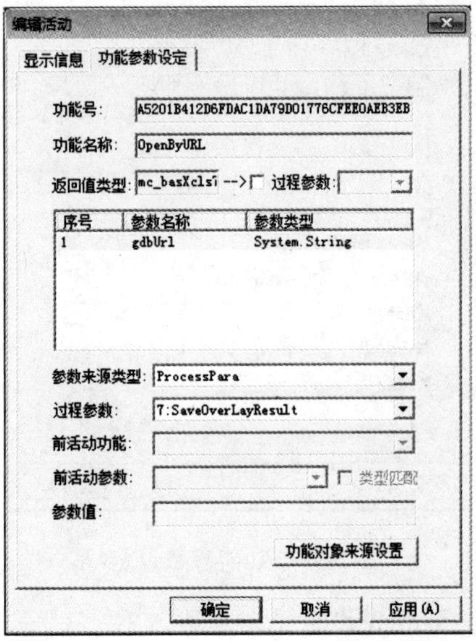

图 5-82　保存叠加结果到 GDB 功能参数设定

参数来源类型为“ProcessPara”，过程参数为“7:SaveOverLayResult”，最后单击“确定”按钮，完成设置。

6）设置“相交分析（即叠加分析）”节点属性

设置叠加分析节点参数，如图 5-83 所示。

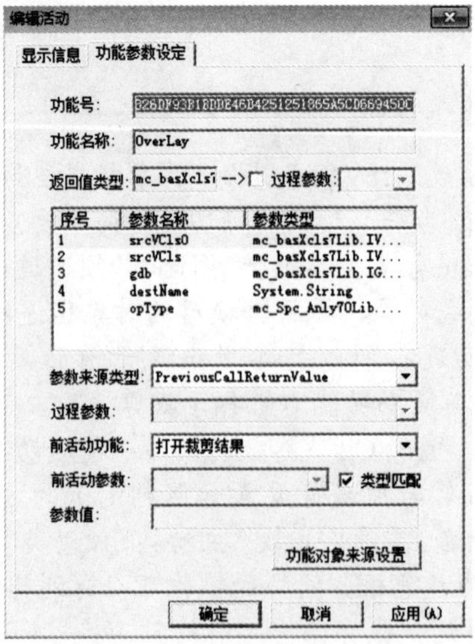

图 5-83　功能参数设定

参数设置参见表 5.4。

表 5.4　参数属性设置

序　　号	参 数 名 称	参数来源类型	过 程 参 数	前活动功能	值
1	srcVCls0	PreviousCallReturnValue		打开被叠加区要素	
2	srcVCls	PreviousCallReturnValue		裁剪分析	
3	gdb	PreviousCallReturnValue		保存叠加结果到 GDB	
4	destName	ProcessPara	OverLayResultName		
5	opType	Constant			1

说　明

opType 参数来源类型为 Constant，参数值为 1，此值获取方式与 5.3.3.3 节中编辑节点“裁剪分析”有类似获取说明。

综上所述，对所有流程节点的属性设置操作就已经完成了，在设置属性节点时，涉及各个参数的来源类型，包括以下几种类型。

① Constant：常数；

② ProcessPara：过程参数，即流程参数；

③ PreviousCallReturnValue：前面某功能函数调用的返回值或返回对象；

④ PreviousCallInputParamater：前面某功能入口参数；

⑤ SystemTypeMissing：系统默认值；

⑥ SystemReflectionMissingValue：该参数不需要设置任何值；

⑦ DirectionOut：该参数不需要设置任何值，指明是输出参数；

⑧ FLSNULL：设置参数为空；

⑨ DBNull：数据库中某字段值为空；

⑩ PreviousObject：前面某功能函数创建的对象。

注　意

③、④、⑨三种方式需要选择“前活动功能”，④需要选择“前活动参数”，“类型匹配”功能可帮助过滤类型不匹配的活动。

在选择参数来源类型时，需根据功能需求选择，然后着手完成参数界面设计相关功能。

5.3.3.4　参数界面设计

在工作流编辑器中鼠标右击流程“裁剪相交分析”，在右键菜单中选择“参数界面设计”，如图 5-84 所示。

选择“参数界面设计”命令后，弹出如图 5-85 所示的对话框。

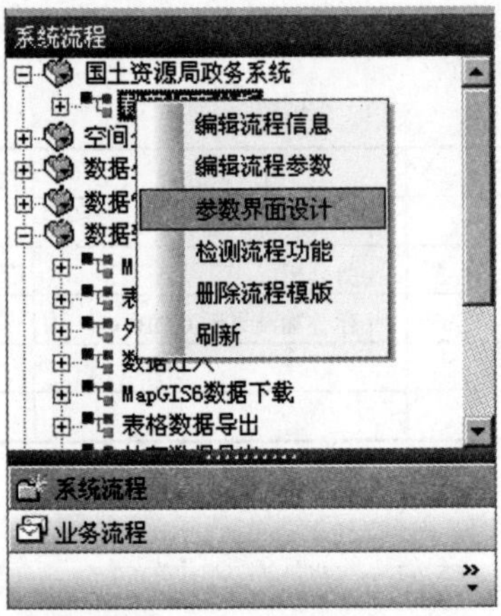

图 5-84　参数界面设计

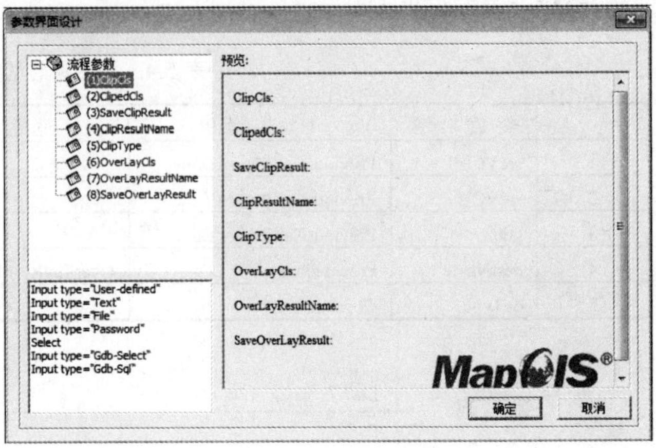

图 5-85　参数界面设计

单击选中“流程参数”栏的“ClipCls”，再双击对话框左下角“Input type="Gdb-Select"”，弹出如图 5-86 所示的对话框。

数据类型选择“简单要素类:sfcls”，其他可自定义设置，如图 5-86 所示，单击“确定”按钮，完成设置操作。

其他节点进行类似设置，设置时请参照表 5.5 对应的说明。

表 5.5　流程参数设置

流 程 参 数	参 数 设 置	明 细 说 明
ClipCls	Input type="Gdb-Select"	数据类型：简单要素类
ClipedCls	Input type="Gdb-Select"	数据类型：简单要素类
ClipResultName	Input type="Text"	
ClipType	Select	明细设置如图所示
SaveClipResult	Input type="Gdb-Select"	数据类型：地理数据库
OverLayCls	Input type="Gdb-Select"	数据类型：简单要素类
OverLayResultName	Input type="Text"	
SaveOverLayResult	Input type="Gdb-Select"	数据类型：地理数据库

设置“裁剪类型”的属性选项，如图 5-87 所示。

图 5-86　Gdb-Select 属性设置

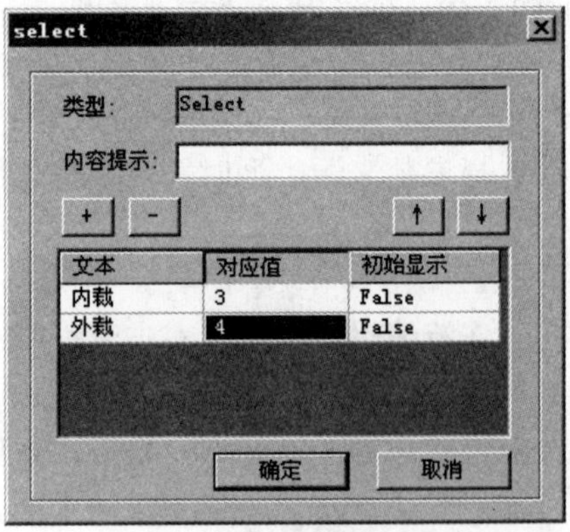

图 5-87　select 属性设定

“内裁”的对应值为 3，“外裁”的对应值为 4，在 5.3.3.3 节介绍设置“Clip”节点属性时已经讲述了如何获取这两个值的相关说明，界面设计好后，如图 5-88 所示。

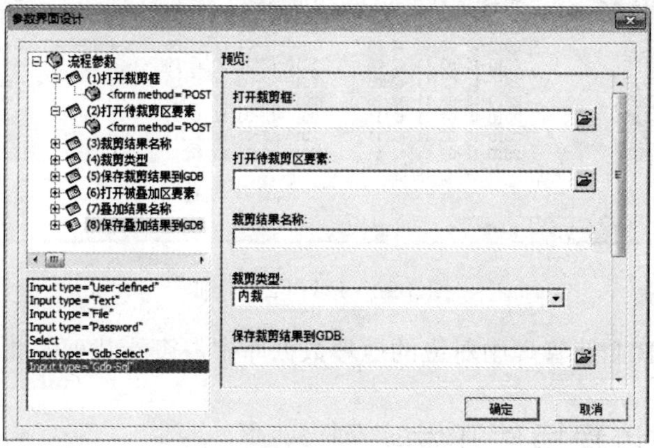

图 5-88　参数界面设计完成

5.3.3.5　测试系统流程

单击“▶”图标，弹出如图 5-89 所示的对话框。

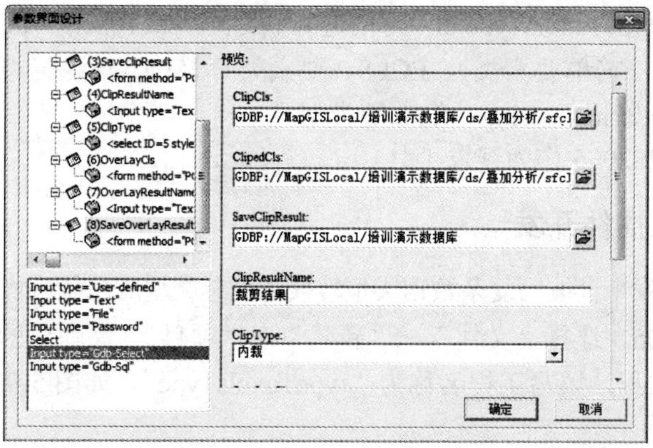

图 5-89　流程运行测试

单击“确定”按钮运行流程，运行结束后，弹出如图 5-90 所示的对话框，单击“确定”按钮，弹出如图 5-91 所示的对话框。

图 5-90　运行结束

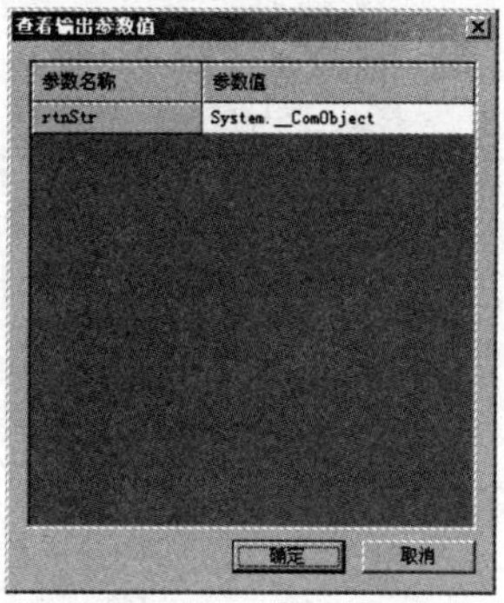

图 5-91　OUT 类型参数输出结果

查看系统流程执行过程细节，如图 5-92 所示。

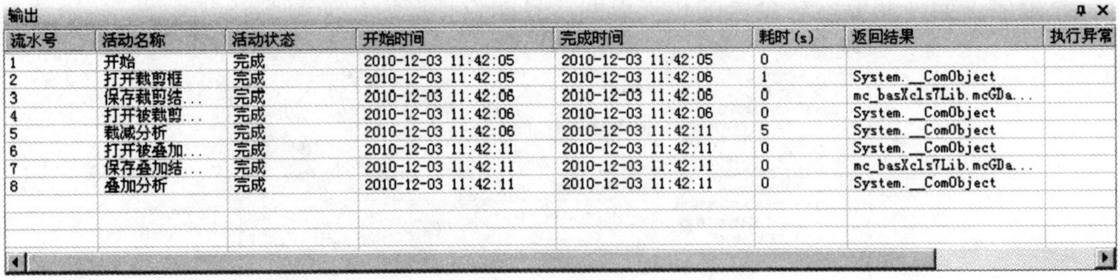

输出

流水号	活动名称	活动状态	开始时间	完成时间	耗时 (s)	返回结果	执行异常
1	开始	完成	2010-12-03 11:42:05	2010-12-03 11:42:05	0		
2	打开裁剪框	完成	2010-12-03 11:42:05	2010-12-03 11:42:06	1	System.__ComObject	
3	保存裁剪结...	完成	2010-12-03 11:42:06	2010-12-03 11:42:06	0	mc_basXcls7Lib.mcGDa...	
4	打开被裁剪...	完成	2010-12-03 11:42:06	2010-12-03 11:42:06	0	System.__ComObject	
5	裁减分析	完成	2010-12-03 11:42:06	2010-12-03 11:42:11	5	System.__ComObject	
6	打开被叠加...	完成	2010-12-03 11:42:11	2010-12-03 11:42:11	0	System.__ComObject	
7	保存叠加结...	完成	2010-12-03 11:42:11	2010-12-03 11:42:11	0	mc_basXcls7Lib.mcGDa...	
8	叠加分析	完成	2010-12-03 11:42:11	2010-12-03 11:42:11	0	System.__ComObject	

图 5-92　运行日志明细

同时，可到 GDB 企业管理中对应的地理数据库中，查看裁剪、相交分析结果。

5.3.4　系统流程插件开发实例

编写 MapGIS 搭建平台系统流程插件与编写普通的.NET 插件完全相同，只需在 VS2005/2008 开发平台中创建一个类库工程项目，在工程项目的 CS 类文件中编写相应的函数方法，保存并编译工程，最后生成*.dll 插件文件。

本节将以编写 typeToxclsType.dll 为例进行讲述。typeToxclsType.dll 插件主要用于将 MapGIS 中的 SFCLS（简单要素类）、FCLS（要素类）、ACLS（注记类）等复杂数据类型转换成简单数据类型，如 int、string、float 等类型。

在本例中采用 VS2005 作为开发工具。

5.3.4.1　系统插件开发

使用 VS2005 开发平台编写复杂数据类型转换为简单类型的系统流程插件过程如下所述。

（1）打开 VS2005，选择“文件”→“新建”→“项目”，在弹出的“新建项目”对话框中，选择“类库”工程，填写工程名称为“typeToxclsType”，如图 5-93 所示，单击“确定”按钮，创建工程。

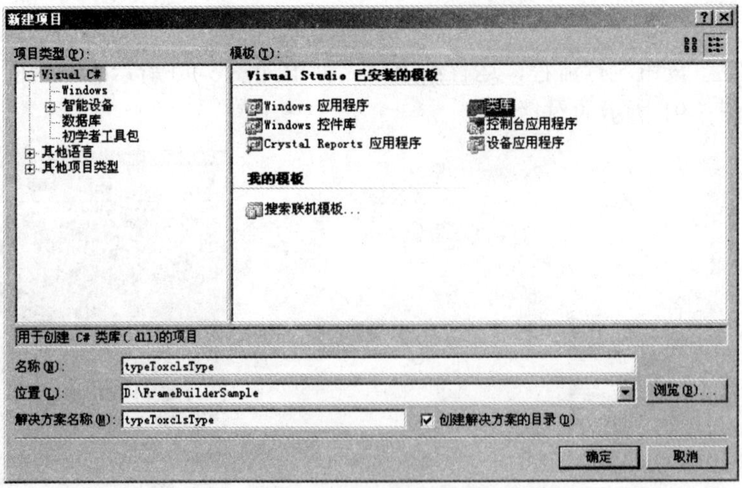

图 5-93　新建 typeToxclsType 工程

工程创建成功后，VS2005 显示新建的 typeToxclsType 工程，如图 5-94 所示。

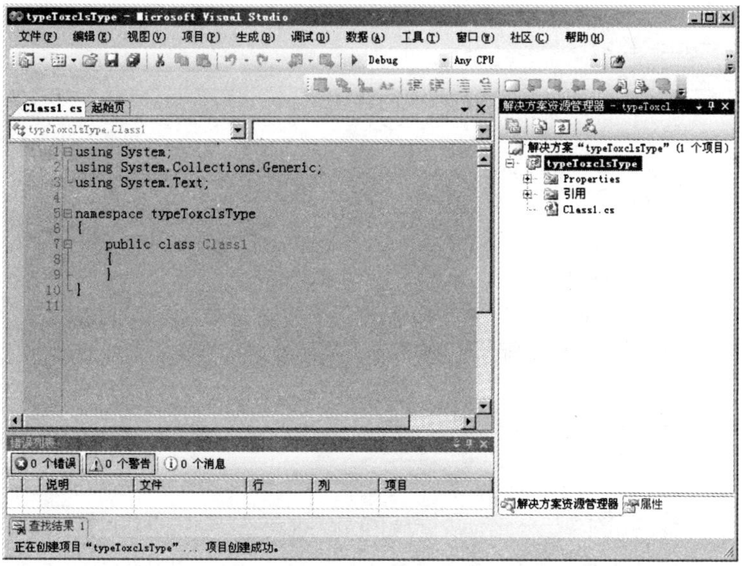

图 5-94 VS2005 中显示的 typeToxclsType 工程

（2）在图 5-94 的“解决方案资源管理器”中，右键单击 typeToxclsType 工程下的“引用”，选择“添加引用”，在弹出的“添加引用”对话框中选择 MapGIS 安装目录下的 program 文件下的 Interop.mc_basObj7Lib.dll 文件，如图 5-95 所示的添加引用，单击“确定”按钮，引用该 DLL 文件到 typeToxclsType 工程中，添加引用后的项目引用内容如图 5-96 所示。

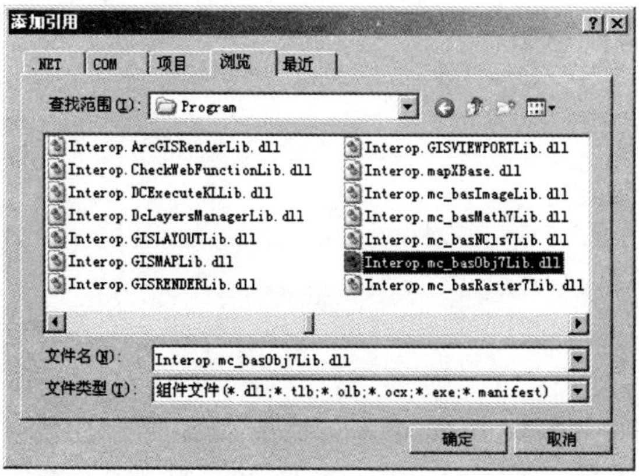

图 5-95 添加引用

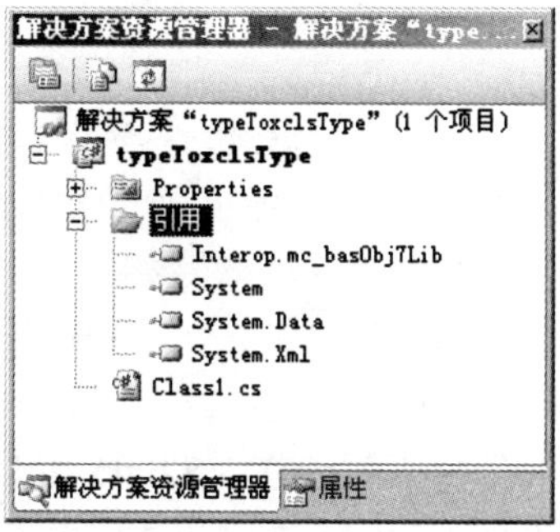

图 5-96 添加 Interop.mc_basObj7Lib.dll 文件后

注 意

Interop.mc_basObj7Lib.dll 文件中包括 MapGIS 中相关的 Object 对象的定义，包括 SFCLS、FCLS、ACLS 等 MapGIS 自定义复杂类型。

（3）双击打开 Class1.cs 文件，引用 mc_basObj7Lib 名称空间，编写 Class1.cs 类的构造函数 Class1()，以及实现转换类型的函数 typeToxclsType()，代码如下：

```
using System;
using System.Collections.Generic;
using System.Text;
using mc_basObj7Lib;
namespace typeToxclsType
{
    public class Class1
    {
        public Class1()
        { }
        public meXClsType typeToxclsType(string type)
        {
            meXClsType meXSFCls = meXClsType.meXSFCls; //初始化要素类型为简单要素类
            string str = type;
            if (str == null)
            { return meXSFCls; //如果输入的要素类型为空则返回为简单要素类}
            //判断要素的类型，sfcls为简单要素类，fcls为要素类，acls为注记类
            if (!(str == "sfcls"))
            {
                if (str != "fcls")
                {
                    if (str != "acls")
                    { return meXSFCls; }
                    return meXClsType.meXACls;
                }
            }
            else
            { return meXClsType.meXSFCls; }
            return meXClsType.meXFCls;
        }
    }
}
```

（4）保存工程，在 VS2005 工具栏中选择生成的方式（Debug 或 Release），在“解决方案资源管理器”中，右键单击 typeToxclsType 工程，选择“生成”，在 VS2005 状态栏中将显示生成的进度以及生成的结果，显示“生成成功”后，打开 typeToxclsType 工程目录下的 Debug 或 Release 目录下，查看生成的 typeToxclsType.dll，如图 5-97 所示。

注 意

Debug 指调试版本程序，以该种形式编译程序，代码可以调试，在程序编写的过程中建议编写 Debug 版本，方便调试；

Release 版本则是指发布版本，不支持调试功能，当程序编写完成，确认无误时，可将程序以此种方式编译，生成发布版本的 DLL 文件，用于程序调用。

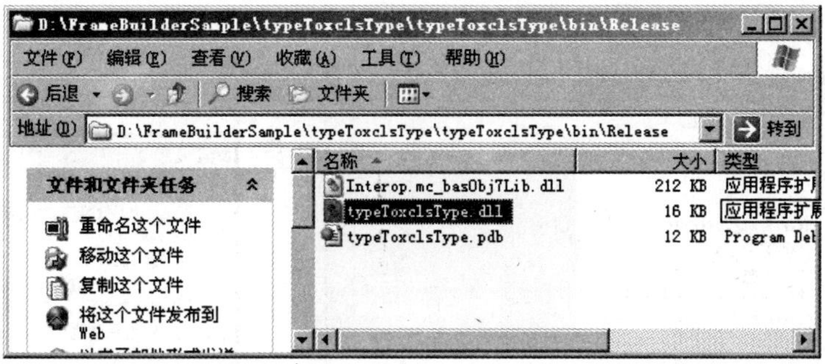

图 5-97　生成的 typeToxclsType.dll 文件

到此为止，系统流程插件 typeToxclsType.dll 就已经编写完成，接下来需要将该插件注册到 MapGIS 功能仓库中，并利用该方法搭建业务流程，将在 5.4.2 节中详细讲述。

5.3.4.2　系统插件调用

安装目录..\FrameBuilder\workflow\FunctionLibrary 文件夹下新建三个级别的文件夹，例如，新建一级文件夹“test”，二级文件夹“test1”，在“test1”文件夹下再建“Dll,Other,Temp”三个文件夹，将编写的库“typeToxclsType.dll”复制在 DLL 文件夹下。

1）功能函数注册

第一步：在功能仓库面版中，在任意一个位置点单击鼠标右键，选择注册文件，如图 5-98 所示。

单击“注册文件”，弹出如图 5-99 所示的对话框。

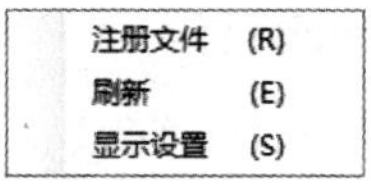

图 5-98　注册文件

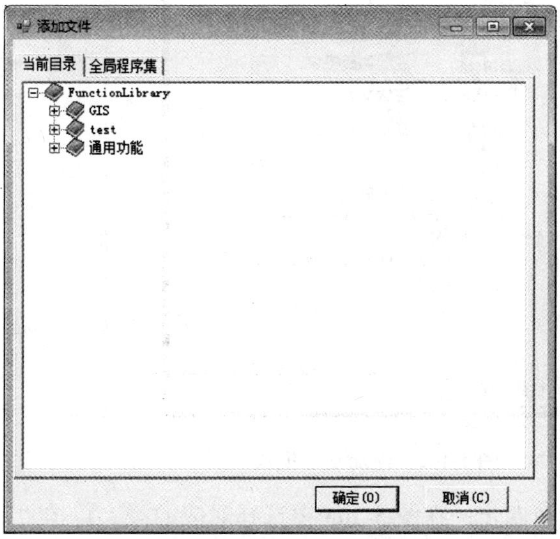

图 5-99　“添加文件”对话框

第二步：展开“test”，找到“typeToxclsType.dll”，如图 5-100 所示。

单击“确定”按钮，“typeToxclsType.dll”被加载到功能仓库中，如图 5-101 所示。

第三步：右击“typeToxclsType.dll”，选择“注册功能模块”，如图 5-102 所示。

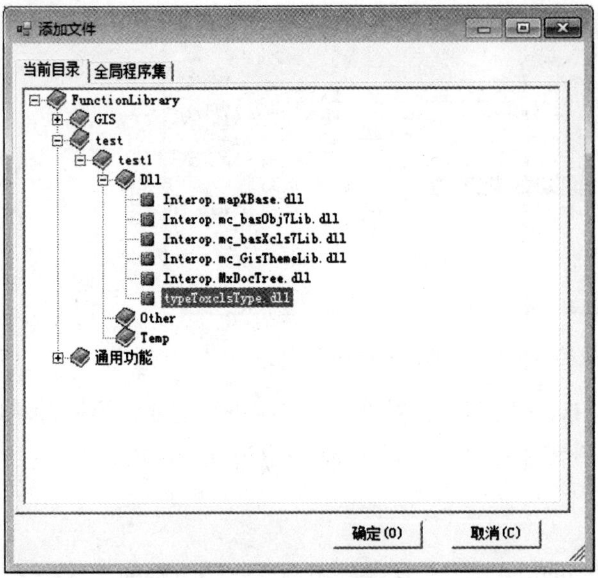

图 5-100 选择 DLL

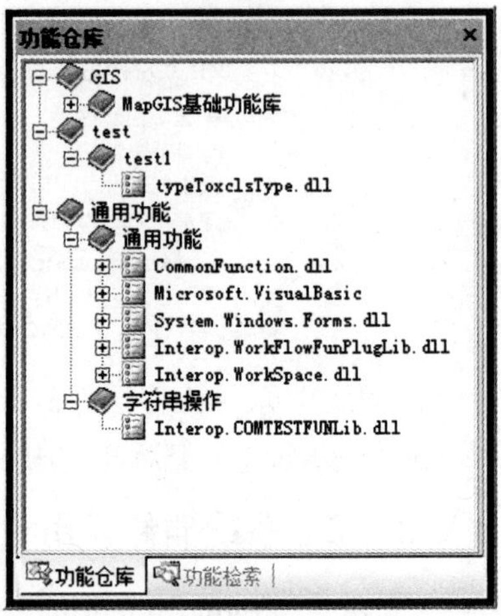

图 5-101 注册后预览

选择 typeToxclsType.dll 中的功能模块，如图 5-103 所示，单击“确定”按钮，注册对应的模块。

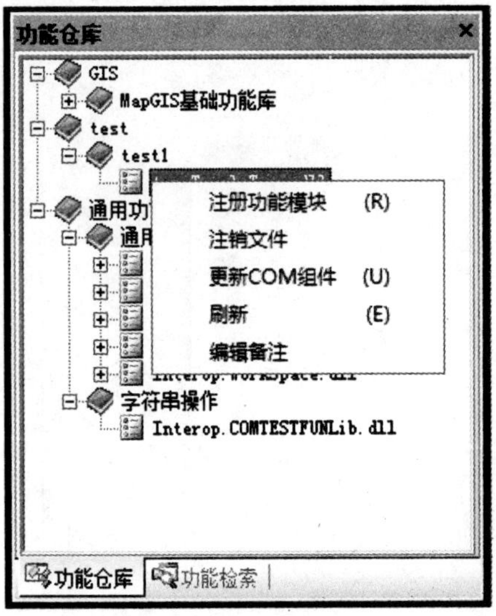

图 5-102 注册功能模块

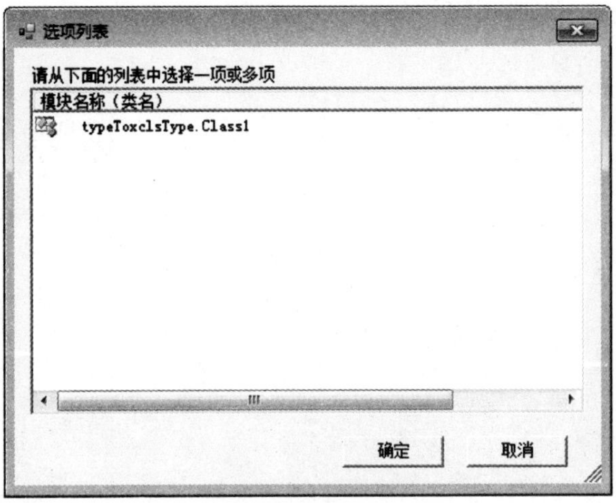

图 5-103 选择类

第四步：在图 5-103 中选择对应的类，单击“确定”按钮，如图 5-104 所示。

第五步：右击图 5-104 中“typeToxclsType.Class1”，弹出如图 5-105 所示的右键菜单。选择图 5-105 中的“注册功能”，弹出如图 5-106 所示的对话框。

第六步：在图 5-106 中选择所需的功能接口，这里选择所有功能，单击“确定”按钮后，弹出如图 5-107 所示的窗口。

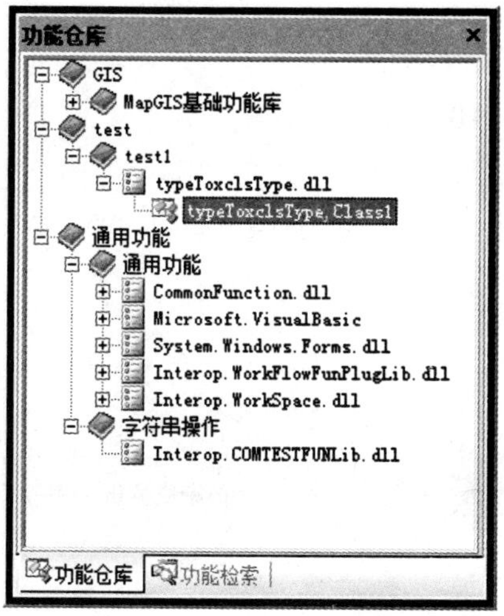

图 5-104　选择注册类后

图 5-105　注册功能

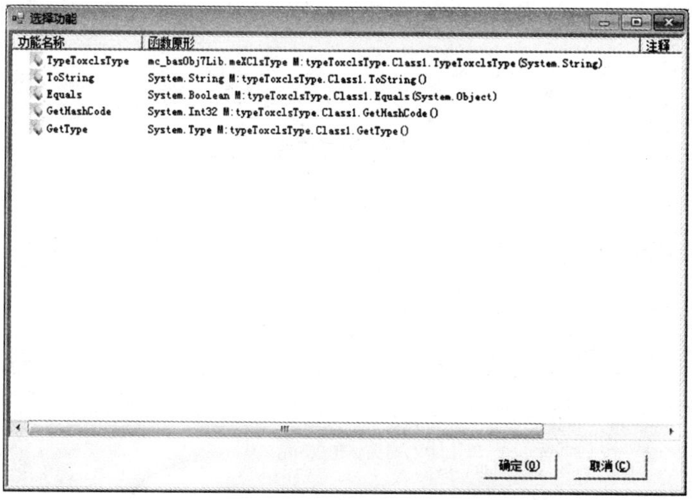

图 5-106　“选择功能”对话框

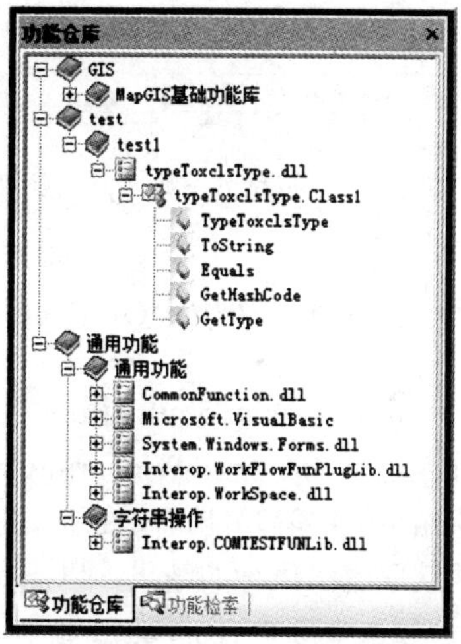

图 5-107　注册功能后

2）功能调用

第一步：输入普通节点，名称为“数据类型转换”，如图 5-108 所示。

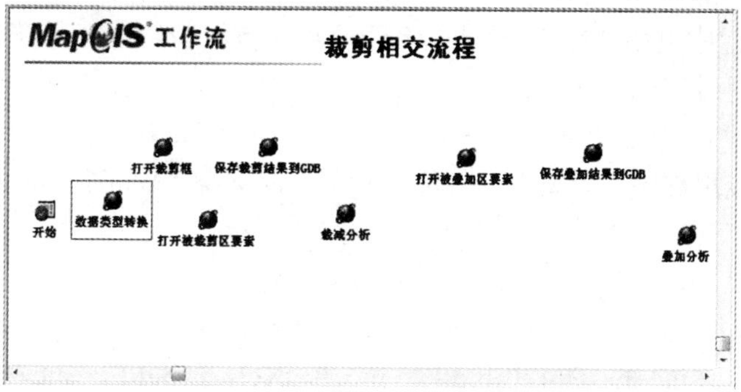

图 5-108　输入节点

第二步：绑定功能插件，将指定的某插件拖动到该节点上，随即弹出对话框，如图 5-109 所示。

第三步：连接各个功能节点，效果如图 5-110 所示。

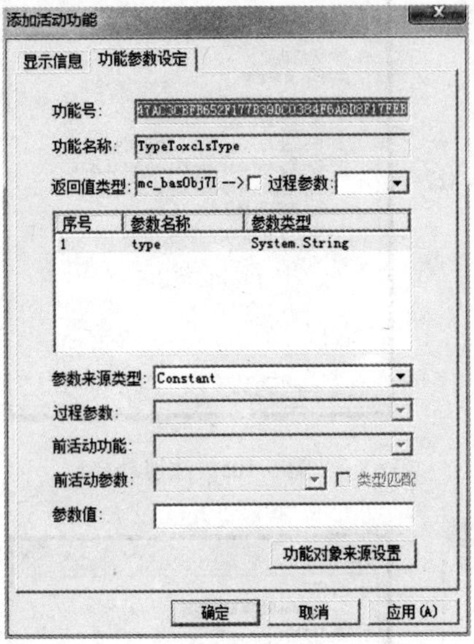

图 5-109 数据类型转换节点参数设定

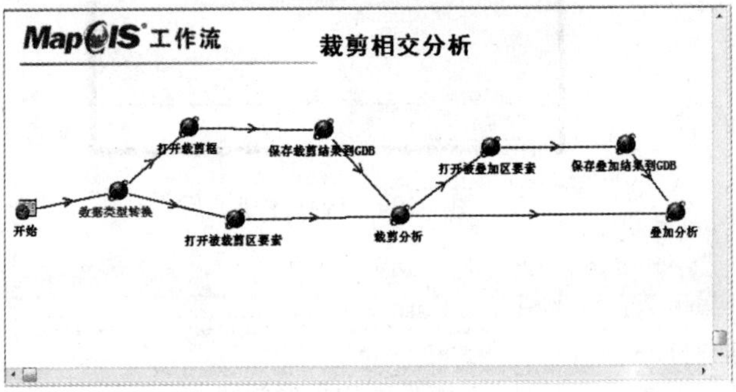

图 5-110 连接节点后

5.3.5 WinForm 工程调用系统流程示例

本节以 WinForm 工程的形式实现代码级别的系统流程调用功能，将以 5.3.3 节搭建的系统流程为例，开发 WinFormRunWF 项目，实现包括执行系统流程、显示执行结果图层、删除结果图层等功能，将在下文中讲述。旨在教会用户如何在应用程序中使用这些系统流程，并获取流程执行的结果，以满足各种基于 C/S 模式下的应用系统所需。

5.3.5.1 执行系统流程

本节将在 5.3.4 节的基础上，讲解如何在 C/S 模式下调用并执行 5.3.4 节搭建的系统流程，生成新的结果图层，并查看该图层的信息等功能。将在以下章节中介绍具体的实现方法。

1）创建 WinForm 工程，添加所需引用

在 WinForm 工程中调用 5.3.4 节设计的系统流程实例，须在 VS2005 下创建一个 Windows 应用程序，具体实现过程如下所述。

（1）启动 VS2005，单击“文件”→“新建”→“项目”，在弹出的“新建项目”对话框中选择“Windows 应用程序”为模板，并填写应用程序名称“WinFormRunWF”，如图 5-111 所示。

（2）单击图 5-111 中“确定”按钮，完成项目创建。

（3）为该项目添加引用，将 MapXView.dll、GISDocTree.dll、WorkSpace.dll、mapXBase.dll、mc_basNCls7Lib.dll、mc_basObj7Lib.dll、mc_basXcls7Lib.dll、mc_GisThemeLib.dll、mx_MapLibCtrlLib.dll、WorkflowRunTimeComLib.dll 等引用到该项目中，以供调用。

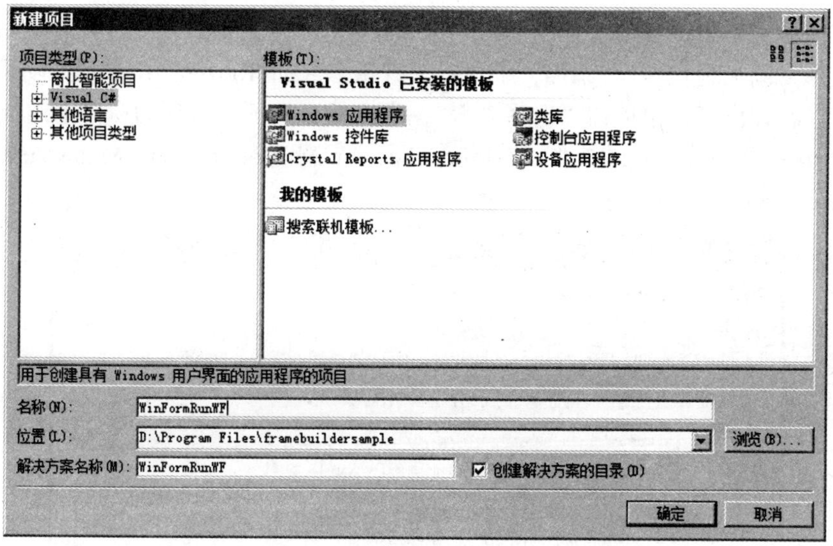

图 5-111　新建 Windows 应用程序项目

方法为：在 WinFormRunWF 工程的“解决方案资源管理器”面板中，右键单击该工程，选择“添加引用”菜单，在弹出的“添加引用”对话框中选择“浏览”属性页，并将查找范围指向../MapGIS */program 文件夹，查找上述 DLL，单击“确定”按钮，引入工程中。

2）界面设计

此界面是该应用程序在执行系统流程时，与用户进行交互的程序界面，具体设计方法及步骤如下所述。

第一步：切换到设计窗口。在 VS2005 主界面右边，解决方案资源管理器窗口，项目名称“WinFormRunWF”下的子节点 Form1.cs 处，单击鼠标右键，选择“查看设计器”，切换到设计器窗口，如图 5-112 所示。

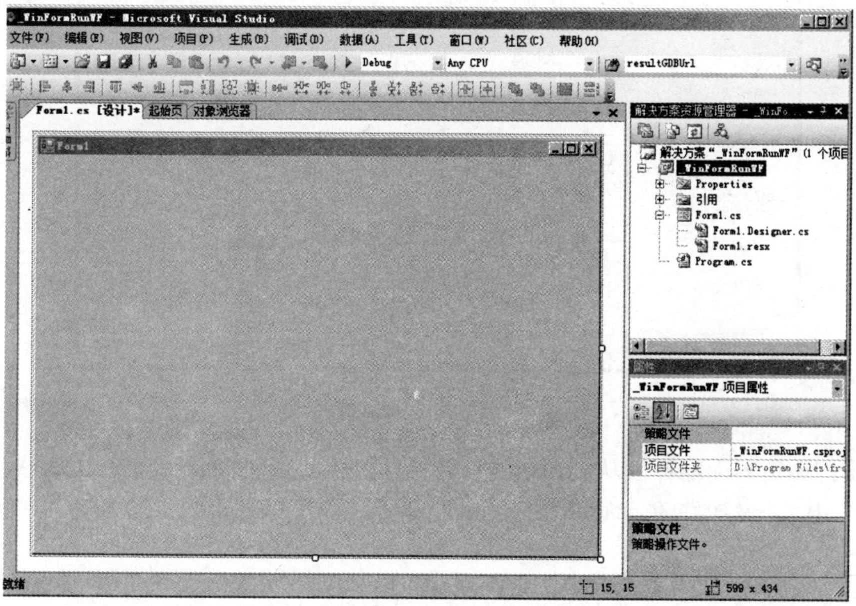

图 5-112　新建项目后的 VS2005 主界面

第二步：调用 COM 组件。在 VS2005 主界面左边，找到工具箱视窗，在工具箱窗口空白处右键选择“添加选项卡”，添加一个自定义选项卡（如 RunWF）；添加成功后，右键选择该选项卡，在弹出窗口中单击“选择项”，在弹出的选择工具箱项的窗口中选择 COM 组件；然后逐一选择要添加的 GIS 控件：MxEditConnector、MxDoctreeView、MapXView、GisTool、MxWorkspace，如图 5-113 所示。

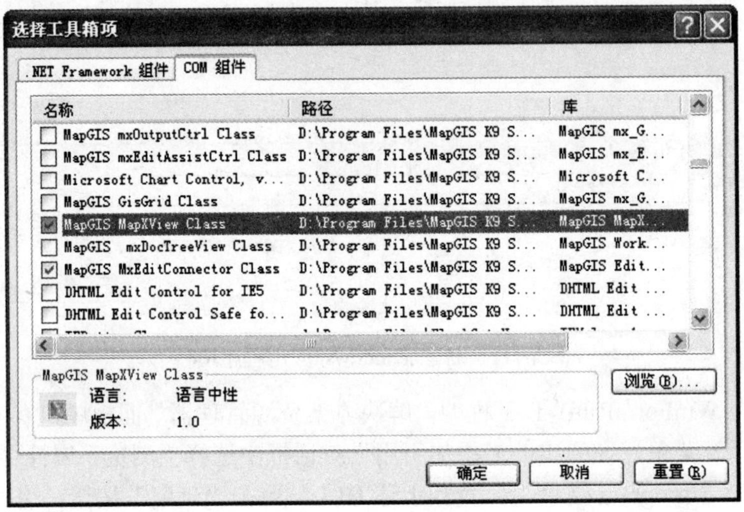

图 5-113　控件选择界面

第三步：窗口布局设置。在设计视图中进行窗口布局设置，从工具箱中找到一个切分容器 SplitContainer，拖入 Form1 窗口中，适当调整容器拆分比例，如图 5-114 所示。

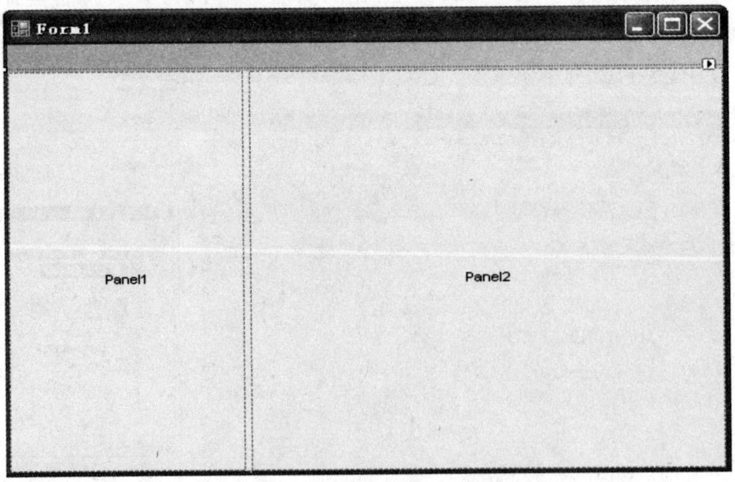

图 5-114　界面布局界面

第四步：调用界面控件。从工具箱的公共控件栏中找到 Button 及 TextBox 控件，拖入 Panel1 子窗口中，设计好的界面如图 5-115 所示。

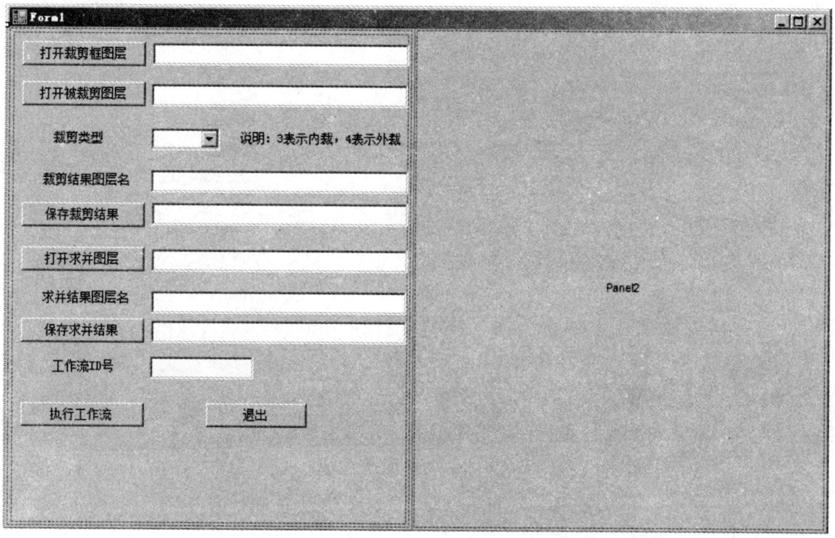

图 5-115　控件调用完成后的 form 界面

3）后台代码实现

（1）引用命名空间，在 form.cs 代码窗口添加引用命名空间代码，具体方法为：在 VS2005 主界面右边，解决方案资源管理器窗口，项目名称“WinFormRunWF”下的子节点 Form1.cs 处，单击鼠标右键，选择“查看代码”，引入如下命名空间。

```
using WorkflowRunTimeComLib;
using System.Xml;
using System.Xml.Serialization;
using System.IO;
using MapXView;
using WorkSpace;
using mc_basXcls7Lib;
using mapXBase;
using mx_GisToolLib;
```

（2）增加以下几个参数定义。

```
public mcSFeatureCls m_SFCLs;
public IXDisplay display;
public mcGDBServer server = new mcGDBServer();
public mcGDataBase gdb = null;
public mcSFeatureLayer sfLayer = new mcSFeatureLayer();
public mx_GisToolLib.mcGDBTool gisTool = new mcGDBTool();
```

（3）执行系统流程功能的函数代码。

```
//执行工作流
public string RunWorkFlow(string connectStr, int flowID, string[] inputParaValue)
{
    string rtnStr = null;
```

```
    try
    {//创建工作流运行实例类对象
      WorkflowRunTimeClass m_WorkFlowRunTime = new WorkflowRunTimeClass();
      WorkflowInstance m_WorkFlowInstance = new WorkflowInstance();
                                                  //创建工作流实例对象
      m_WorkFlowInstance = m_WorkFlowRunTime.CreateWorkflowInstance2 (connectStr,
      flowID);
                                                  //设置工作流实例的参数
      if (m_WorkFlowInstance != null)
      {//给传入参数赋值
    int i = 0;
    for (i = 0; i < m_WorkFlowInstance.GetFlowParaList().count; i++)
    {
m_WorkFlowInstance.InputParaValue(i+1, inputParaValue[i]);
    }
    m_WorkFlowInstance.SetHaveMsgBox(false);   //关闭MessgeBox框提示信息
    m_WorkFlowInstance.SetIsWriteLog(false);   //不书写工作流运行实例日志信息
    m_WorkFlowInstance.Run();//执行工作流实例
    string error = m_WorkFlowInstance.GetLastError();
                                                  //获取执行系统流程错误日志信息
}
    }
    catch (Exception ex)
    {
       throw new Exception(ex.Message);
    }
    return rtnStr;
}
```

（4）添加按钮 Click 事件功能函数代码。在设计界面，双击“执行工作流”按钮，代码窗口自动为该按钮增加 Click 事件函数，具体函数代码如下。

```
private void runThisWorkFlow_Click(object sender, EventArgs e)
{
    string[] strs = new string[8] { txtLayer1.Text.ToString(), txtLayer2.Text.
       ToString(), txtGDBUrl1.Text.ToString(), ClipName. Text.ToString(),
       BoxClipType.Text.ToString(), txtLayer3.Text.ToString(), OLName. Text.
       ToString(), txtGDBUrl2.Text.ToString() };
//此处的参数顺序应与系统流程中参数顺序一致
    string flowid=workFlowID.Text;
    int wFlowID = Convert.ToInt32 (flowid);        //将流程编号转换为整型
    RunWorkFlow(" Provider=Microsoft.Jet.OleDb.4.0;Data Source=
       D:\\DcWorkFlow.mdb", wFlowID, strs);
    MessageBox.Show("执行成功!");                   //执行完成提示
}
```

注 意

该函数名称 button1_Click 与对应的按钮 name 一致，name 可到按钮的属性窗口查看。

同样地，其余按钮绑定的 Click 事件对应的函数代码如下。

```
//打开裁剪框图层按钮调用的事件
private void btnClipsLayer_Click(object sender, EventArgs e)
{
    string str1 = gisTool.OpenXCls(mc_basObj7Lib.meXClsType.meXSFCls);
    txtLayer1.Text = str1.ToString();
}
//打开被裁剪图层按钮调用的事件
private void btnClipedLayer_Click(object sender, EventArgs e)
{
    string str2 = gisTool.OpenXCls(mc_basObj7Lib.meXClsType.meXSFCls);
    txtLayer2.Text = str2.ToString();
}
//保存裁剪结果按钮调用的事件
private void btnSaveResult_Click(object sender, EventArgs e)
{
    string resultGDBurl = gisTool.OpenGDB2();
    txtGDBUrl1.Text = resultGDBurl.ToString();
}
//打开求并图层按钮调用的事件
private void btnOpenOverlay_Click(object sender, EventArgs e)
{
    string str3 = gisTool.OpenXCls(mc_basObj7Lib.meXClsType.meXSFCls);
    txtLayer3.Text = str3.ToString();
}
//保存求并结果图层按钮调用的事件
private void btnSaveOverlayResult_Click(object sender, EventArgs e)
{
    string resultGDBurl = gisTool.OpenGDB2();
    txtGDBUrl2.Text = resultGDBurl.ToString();
}
//执行退出应用程序
private void exitApplication_Click(object sender, EventArgs e)
{
    Application.Exit();
}
```

设置 TextBox 控件的 name 属性值，可参照表 5.6 所示的设置。

表 5.6　参数设置

TextBox 所在位置	Name
"打开裁剪框图层"按钮后的 TextBox	txtLayer1
"打开裁剪框图层"按钮后的 TextBox	txtLayer2
裁剪类型	BoxClipType
裁剪结果图层名	ClipName
保存裁剪结果	txtGDBUrl1
打开求并图层	txtLayer3
求并结果图层名	OLName
保存求并结果	txtGDBUrl2
工作流 ID	workFlowID

注　意

裁剪类型对应的下拉框里的选项可到属性中 Item 栏设置。

5.3.5.2　显示结果图层

在 5.3.5.1 节的基础上，本节将完成查看分析结果图层的功能，并显示在 Form 窗体中。具体设计如下所述。

1）界面设计

在 5.3.5.1 节的基础上，添加 MapGIS 视图控件 MapXView（用于显示结果图层），MapGIS 工作空间控件 MxWorkspace，以及"显示结果图层"按钮，具体实现方法如下。

（1）在 VS2005 工具箱中添加 MapXView 和 MxWorkspace 控件，方法为：将 Form1 切换至设计页面，打开 VS2005 的工具箱，在空白处单击右键，在弹出的菜单中选择"添加选项卡"，输入选项卡的名称（如 MapGIS），然后在该选项卡下的空白处单击右键，选择"选择项"，在弹出的"选择工具箱项"对话框中，选择"COM 组件"属性页，单击其上的"浏览"按钮，在../MapGIS */program 文件夹下查找 MapXView.dll 和 Workspace.dll，添加到工具箱中，添加后如图 5-116 所示。

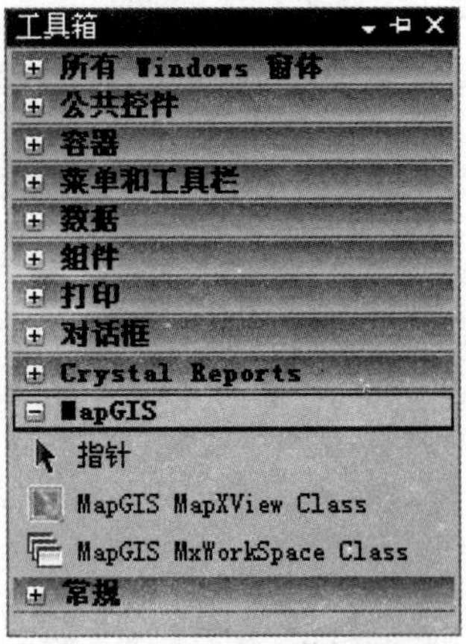

图 5-116　MapGIS 控件

（2）从工具箱的"MapGIS"选项卡中往 Panel2 子窗口拖入"MapGIS MapXView Class"控件，右键单击控件，选择"属性"菜单，在右边属性窗口中，修改 MapXView 控件的 Dock 和 Name 属性。

（3）按照相同的方法，拖入"MapGIS MxWorkSpace Class"控件，修改该控件的 Name 属性。

（4）从工具箱中拖入一个 Button 按钮，设置该按钮的 Text 属性值为"显示结果图层"，Name 属性值为"showMap"，效果如图 5-117 所示。

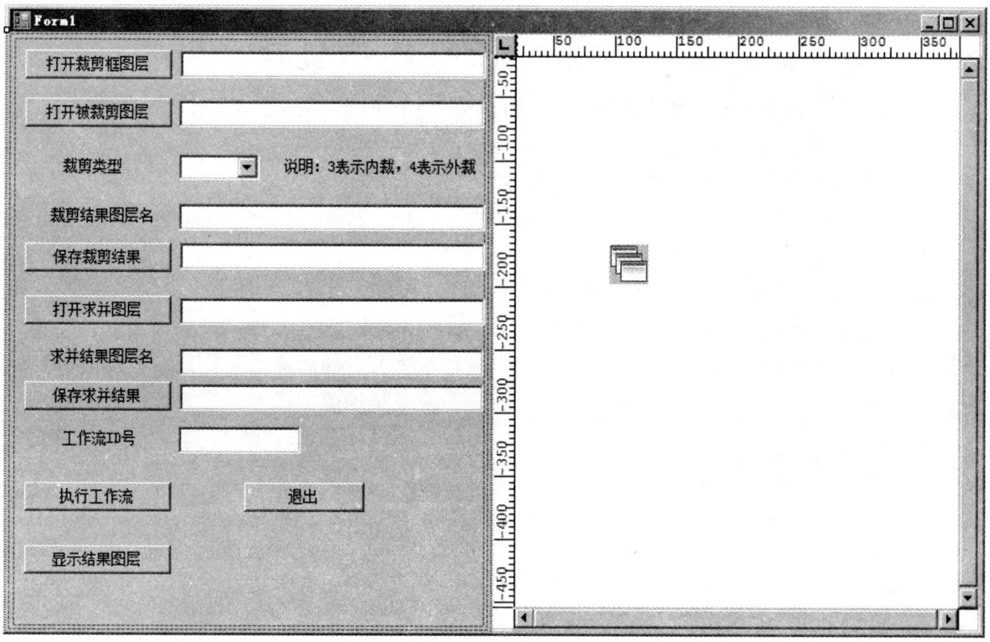

图 5-117　调用控件到界面

2）后台代码实现

双击“显示结果图层”按钮，在代码窗口自动为该按钮增加了 Click 事件函数 showMap_Click()，显示结果图层代码如下：

```
//显示结果图层
private void showMap_Click(object sender, EventArgs e)
{
    axMapXView1.WorkSpace = axMxWorkSpace1.ToInterface;//关联视图和工作空间控件
    this.axMxWorkSpace1.Close(EnumCloseMode.NoDlgDiscard);//关闭且不保存当前文档
    this.axMxWorkSpace1.New();                    //新建地图文档
    //链接本地数据库
    //string resGDBURL = txtGDBUrl.Text;
    string resGDBURL2 = txtGDBUrl2.Text;
    string[] temp = resGDBURL2.Split('/');//获取裁剪相交分析结果信息
    string gisServer = temp[2];                   //地理数据库服务信息
    string gdbName = temp[3];                     //获取地理数据库名称
    this.server.Connect(gisServer, "", "");
    try
    {
        //1.打开地理数据库
        gdb = server.get_gdb(gdbName);            //获取数据库名称并打开
        IVectorCls vecCls = null;                 //定义一个矢量数据接口
        vecCls = gdb.get_XClass(mc_basObj7Lib.meXClsType.meXSFCls) as IVectorCls;
        //获取指定类型的数据对象的信息
        //2.打开简单要素类
```

```
        vecCls.Open(OLName.Text, 0);    //打开指定的图层
        sfLayer.XClass = (IBasCls)vecCls;
        //将打开的简单要素类图层对象赋给简单要素类对象
        //3.添加图层
        //将打开的简单要素类图层添加到workSpace中的地图文档中
        this.axMxWorkSpace1.MapCollection.get_Item(0).Appendlayer((IXMapLayer)
        sfLayer);
        //将workSpace工作空间对象中的第一个地图设为激活的地图
        this.axMxWorkSpace1.ActiveMap = this.axMxWorkSpace1.MapCollection.get_Item(0);
        sfLayer.Active = true;          //将打开的简单要素类图层设为激活状态
        this. axMapXView1.Restore();    //复位地图
    }
    catch (Exception)
    {
        return;
    }
}
```

5.3.5.3 删除结果图层

为便于连续使用该程序调用系统流程，并查看执行结果，因此，本章中新添加“删除结果图层”的功能，删除已打开的图层，以便查看新生成的结果图层。具体实现方法与 5.3.5.2 节显示结果图层类似，增加一个 Button 按钮，设置其 Text 属性为“删除结果图层”，在该 Click 按钮中绑定相应函数，相应函数代码如下：

```
private void deleteOverlayResult_Click(object sender, EventArgs e)
{
    if (this.axMxWorkSpace1.MapCollection.Count > 0)
    {
        if (this.axMxWorkSpace1.MapCollection.get_Item(0).LayerCount > 0)
            //删除地图文档中第一个图层
        this.axMxWorkSpace1.MapCollection.get_Item(0).RemoveLayer(this.
        axMxWorkSpace1.MapCollection.get_Item(0).get_Layer(1));
        this. axMapXView1.Refresh();
    }
}
```

5.3.5.4 应用程序调试

设计完整的应用程序界面，如图 5-118 所示。

使用快捷键 F5 或单击 VS2005 工具条栏处的 ▶ 按钮，调试应用程序，启动调试后，弹出 Form1 窗体，分别输入相应数据及参数，执行后的结果如图 5-119 所示。

至此，WinForm 工程中调用系统流程即开发完毕。

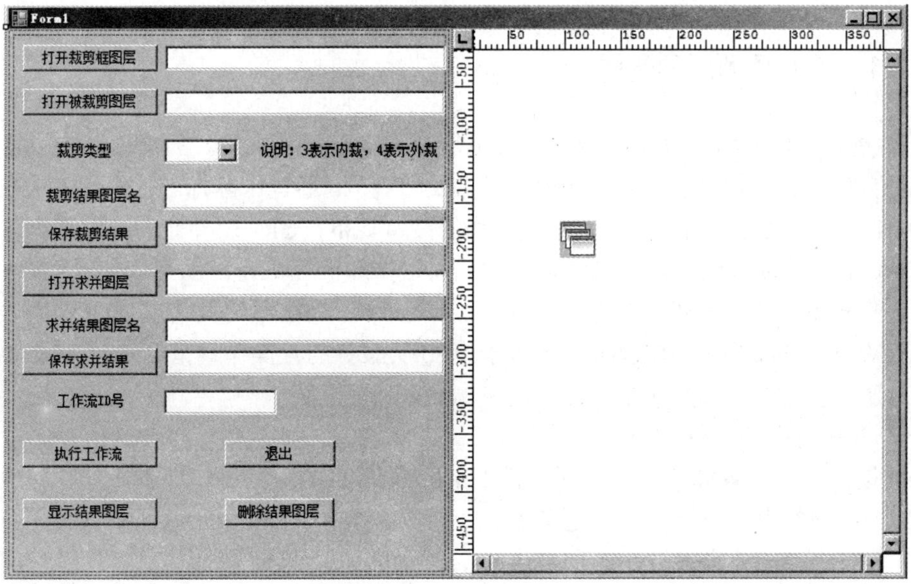

图 5-118　设计完成的程序界面

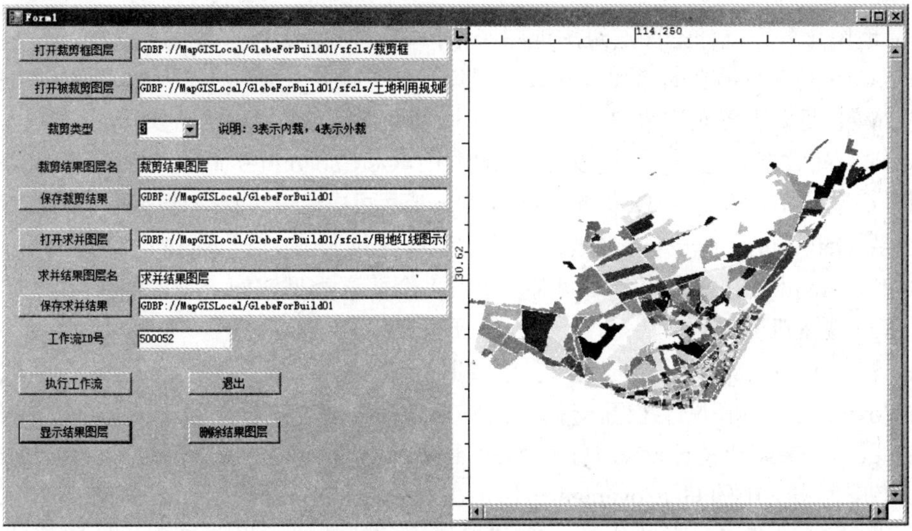

图 5-119　调试成功后的界面

5.4　基于 OGC 服务的 WebGIS 系统流程插件开发实例

在 5.3.4 节和 5.3.5 节中，分别介绍了如何编写一个系统流程插件并通过 WinForm 程序调用系统工作流等功能，实现了 C/S 模式下的系统流程调用的功能；而在本节中，则将引入 OGC 服务的概念，将 OGC 服务功能集成到功能仓库中，以搭建流程的形式实现地图显示与要素查询等 WebGIS 功能，并将介绍如何在 B/S 模式下执行系统流程的方法。因此，在进行流程搭建与二次开发前，需首先了解 OGC 服务的概念与特性。

5.4.1 OGC 服务概述

OGC 是开放地理信息系统协会（Open GIS Consortium，OGC）的简称，OpenGIS 致力于为地理信息系统间的数据和服务互操作提供统一规范。通过国际标准化组织（ISO/TC211）或技术联盟（如 OGC）制定空间数据互操作的接口规范，GIS 软件商的开发遵循这一接口规范的空间数据的读写函数，可以实现异构空间数据库的互操作。OGC 和 ISO/TC211 共同推出了基于 Web 地图服务的互操作规范 WMS（Web Map Service），基于 Web 要素服务的互操作规范 WFS（Web Feature Service），基于 Web 层服务的互操作规范 WCS（Web Coverage Service）等。

1）Web 地图服务（WMS）

Web 地图服务（WMS）利用具有地理空间位置信息的数据制作地图，其中将地图定义为地理数据可视的表现。这个规范定义了三个操作：GetCapabitities 返回服务级元数据，它是对服务信息内容和要求参数的一种描述；GetMap 返回一个地图影像，其地理空间参考和大小参数是明确定义了的；GetFeatureInfo（可选）返回显示在地图上的某些特殊要素的信息[10]。

2）Web 要素服务

Web 地图服务返回的是图层级的地图影像；Web 要素服务（WFS）返回的是要素级的 GML 编码，并提供对要素的增加、修改、删除等事务操作，是对 Web 地图服务的进一步深入。OGC Web 要素服务允许客户端从多个 Web 要素服务中取得采用地理标记语言（GML）编码的地理空间数据。这个规范定义了五个操作：GetCapabilites 返回 Web 要素服务的性能描述文档（用 XML 描述）；DescribeFeatureType 返回描述可以提供服务的任何要素结构的 XML 文档；GetFeature 为一个获取要素实例的请求提供服务；Transaction 为事务请求提供服务；LockFeature 处理在一个事务期间对一个或多个要素类型实例上锁的请求[10]。

3）Web 覆盖服务

Web 覆盖服务（WCS）面向空间影像数据，它将包含地理位置值的地理空间数据作为“覆盖（Coverage）”，在网上相互交换。网络覆盖服务由三种操作组成：GetCapabilities、GetCoverage 和 DescribeCoverageType。GetCapabilities 操作返回描述服务和数据集的 XML 文档。网络覆盖服务中的 GetCoverage 操作是在 GetCapabilities 确定什么样的查询可以执行、什么样的数据能够获取之后执行的，它使用通用的覆盖格式返回地理位置的值或属性。DescribeCoverageType 操作允许客户端请求由具体的 WCS 服务器提供的任一覆盖层的完全描述[10]。

5.4.2 应用概述

OGC 服务提供一套统一的空间数据互操作的接口规范，具有以下特点。

- 互操作性：在不同的信息系统之间实现无障碍的连接和交换；
- 开放性：接口规范公开，方便其他系统进行调用；
- 可移植性：平台无关性，跨越多种硬件、操作系统、软件环境；
- 兼容性：兼容其他广泛应用的工业标准。

因此，任何 GIS 软件只要遵循 OGC 标准规范的空间数据的读写函数，则可以实现异构空间数据库的互操作，完成异构功能的整合。

用户只需知道第三方 GIS 软件提供的 OGC 服务地址，并注册到系统流程的功能仓库中，则可实现包括地图显示、查询、编辑、空间分析在内的 WebGIS 功能，完成 WebGIS 项目流程搭建。

本章将利用 MapGIS K9 IGS 平台提供的 OGC 服务 WMS 和 WFS 实现地图显示与要素查询两个功能，具体 OGC 的配置请参照 MapGIS K9 IGS 平台提供的帮助文档或者参照《基于搭建式的 WebGIS 开发教程》，在此不再详述。

5.4.3 基于 WMS 服务的地图显示功能流程搭建

MapGIS 搭建平台提供的工作流编辑器只能接收简单类型参数，如 String、INT、FLOAT、Bool、DATA、DATATIME 等，而实际的项目中则更多为复杂类型的参数，如 Byte[]类型，以及简单要素类（sfcls）等类型，因此，可通过编写复杂类型向简单转换的流程插件，支持更多类型，搭建出更完善的系统流程。

本章将利用 WMS 服务的 GetMap 接口实现地图图像显示功能，由于 WMS 中 GetMap 接口返回值为 Byte[]类型，因此需要编写转换插件，实现 Byte[]类型转换为 String 类型功能，并以 String 类型参数输出工作流执行结果；在此功能基础上，还需将编写好的插件注册到功能库中，再利用工作流编辑器搭建所需系统流程。在 5.4.3.1 节中将详细讲述具体的实现过程。

5.4.3.1 基于 WMS 的系统流程插件编写

本章采用微软公司的 Visual Studio 2005（简称为 VS2005）作为开发工具，编写插件流程如下。

1）新建 ProWMS 类库工程

（1）方法：打开 VS2005，选择“文件”→“新建”→“项目”，新建一个类库工程，输入工程名为 ProWMS，新建 ProWMS 类库工程如图 5-120 所示。

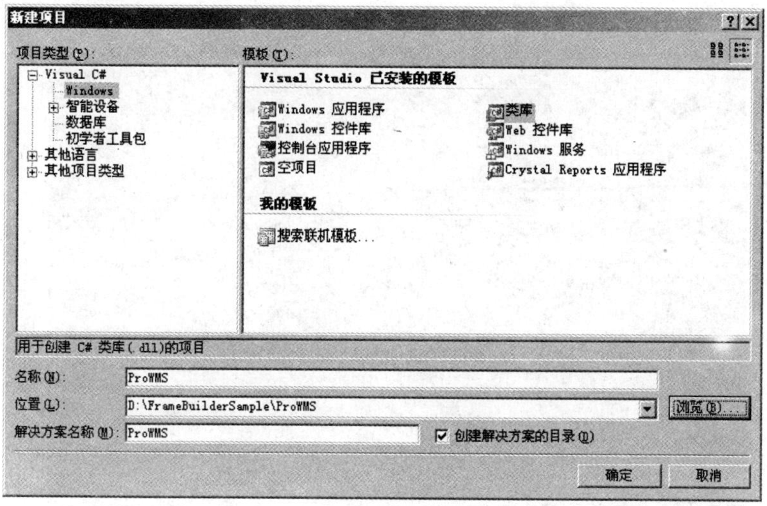

图 5-120　新建 ProWMS 类库工程

（2）单击图 5-120 中的“确定”按钮，生成 ProWMS 工程，效果如图 5-121 所示。

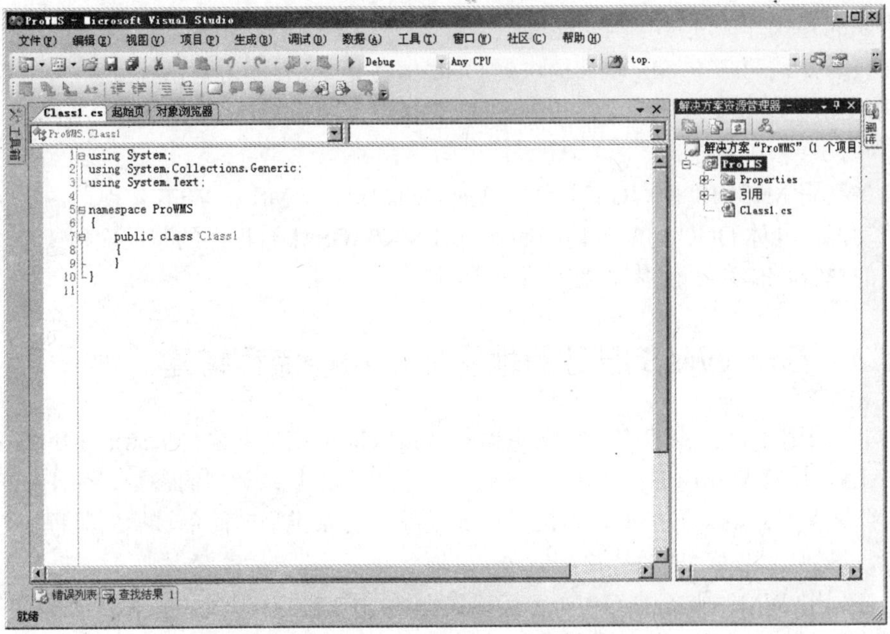

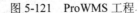

图 5-121　ProWMS 工程

2）利用服务代理类的方式，在类库工程中引入 WMS 服务

不论是 Form 工程，或是 Web 站点，都可以采用“添加 Web 引用”的方式，通过服务的 URL 地址，将 Web 服务引用到工程中。而类库工程由于自身的特殊性，不能直接引用 Web 服务功能，需使用服务代理类来辅助完成引用 Web 服务的功能。生成服务代理类的方法如下所述。

（1）生成服务代理类需使用 VS2005 自带的命令提示符，“开始”→“Microsoft Visual Studio 2005”→“Visual Studio Tools”→“Visual Studion 2005 命令提示”，在弹出的命令提示符对话框中，输入“wsdl /n: ProWMS/protocol:SOAP /l:CS /o:WMSProxy.cs http://192.168.17.49/MapgisOGCWebService/SOAP/WMS.asmx?wsdl”，按“Enter”键，如图 5-122 所示。

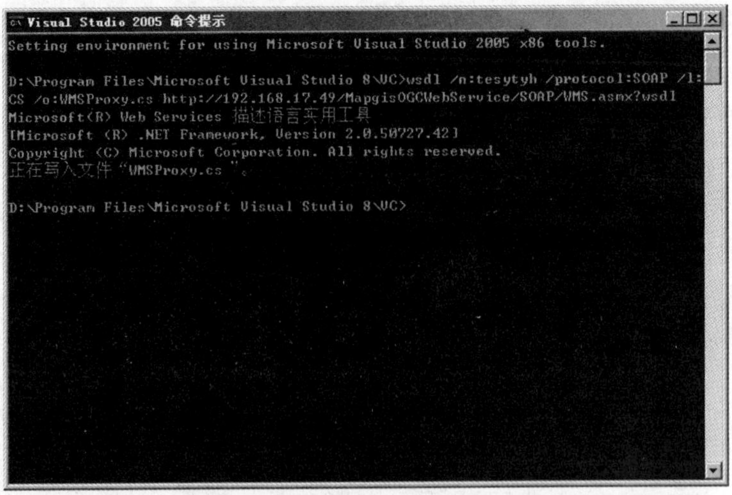

图 5-122　生成代理类命令提示框

注 意

生成代理类命令参数解析：

- ProWMS：需要使用代理类的工程名称；
- WMSProxy.cs：生成代理类的文件名称；
- http://192.168.17.49/MapgisOGCWebService/SOAP/WMS.asmx：需要引用的服务的 URL 地址。

（2）在 VS2005 的安装目录下（如 d:\Program Files\Microsoft Visual Studio 8\VC）查找生成的 WMSProxy.cs 代理类文件。

（3）将生成的 WMSProxy.cs 代理类文件复制到 ProWMS 工程中，如图 5-123 所示。

3）引入 System.Web.Services 命名空间

（1）添加 Web 服务引用，在 VS2005 的“解决方案资源管理器”中，右键单击 ProWMS 工程，选择“添加引用”，如图 5-124 所示。添加“System.Web.Services”和“System.Web.EnterpriseServices”引用，如图 5-125 和图 5-126 所示。添加引用后的“解决方案资源管理器”如图 5-127 所示。

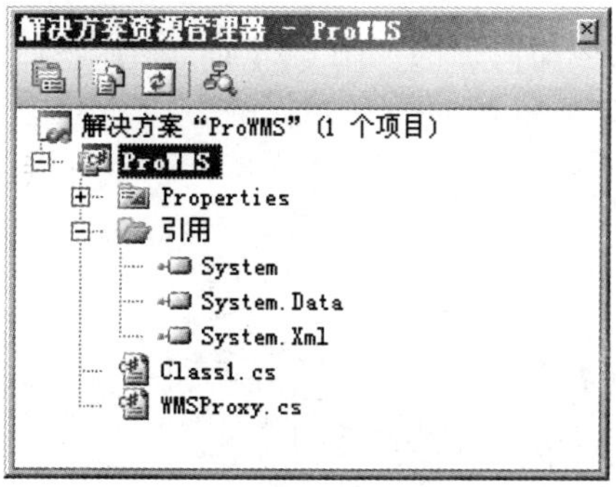

图 5-123　引入代理类到 ProWMS 工程

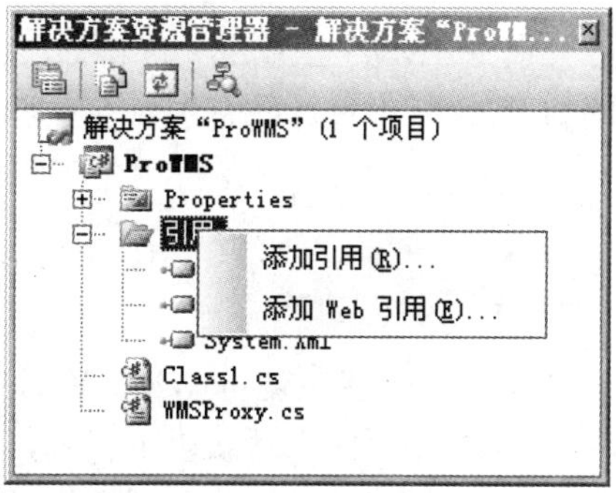

图 5-124　添加引用

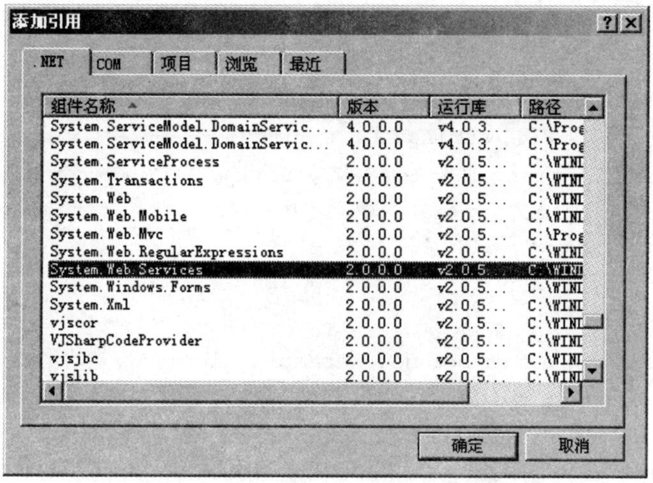

图 5-125　添加 System.Web.Services 引用

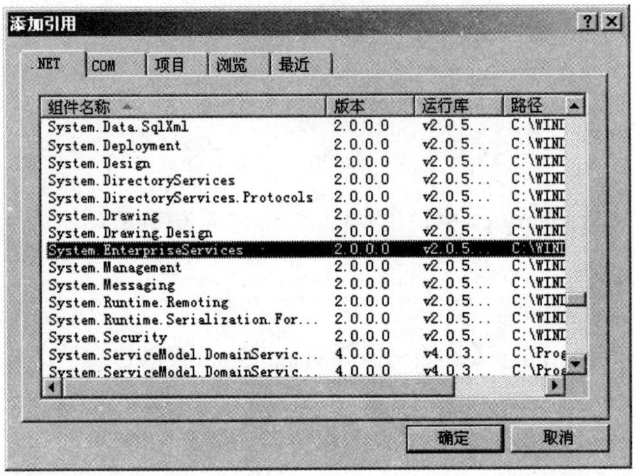

图 5-126　添加 System.Web.EnterpriseServices 引用

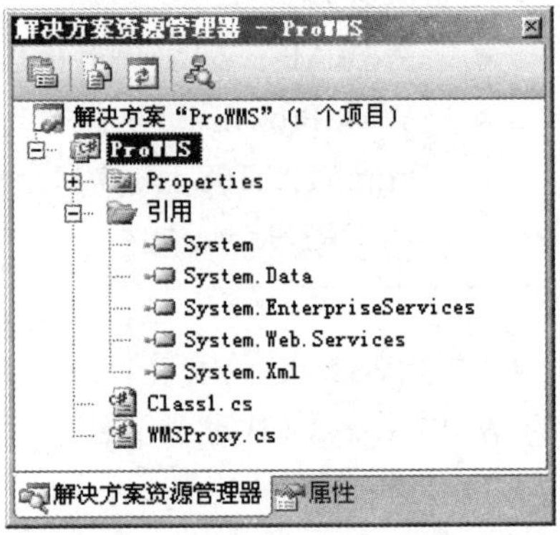

图 5-127　添加引用后的 ProWMS 工程

（2）在 ProWMS 工程的 Class1.cs 页面中引入 Web 服务所需的命名空间，如下所示：

```
using System.Web.Services;
using System.Web.Services.Protocols;
```

（3）在 ProWMS 工程的 Class1.cs 页面中引入其他命名空间，主要用于序列化，这些命名空间如下：

```
using System.Xml;
using System.Xml.Serialization;
using System.IO;
```

4）编写代码，实现调用 WMS 的 GetMap 功能执行显示地图操作，并以 String 类型返回

在 Class1.cs 页面中写入以下代码，调用 WMS 服务 GetMap 接口实现地图显示，并将 Byte[]输出类型转换为 String 类型，代码如下：

```
public class Class1
    {
     string postbt;
     public string GetMap(string VERSION, string REQUEST, string LAYERS,
         string STYLES, string CRS, string BBOX, int WIDTH, int HEIGHT, string
         FORMAT, string TRANSPARENT, string BGCOLOR, string EXCEPTIONS,
         string TIME, string ELEVATION)
         {
    try
    {
         WebMapService my = new WebMapService();//初始化WebMapService对你
         byte[] bt = my.GetMap("1.3.0", REQUEST, LAYERS, STYLES, CRS, BBOX,
          (int)WIDTH, (int)HEIGHT, FORMAT, TRANSPARENT, BGCOLOR, EXCEPTIONS,
         TIME, ELEVATION);//调用WMS服务中的GetMap接口返回二进制流
         //序列化返回结果bt
```

```
            XmlSerializer xmlSeri = new XmlSerializer(bt.GetType());
            StringWriter sw = new StringWriter();
            xmlSeri.Serialize(sw, bt);
            postbt = sw.ToString();   //将序列化的结果存入postbt变量中
        }
        catch (Exception ex)
        {
    throw new Exception(ex.Message);
        }
        return postbt;                      //返回序列化后的值
      }
    }
```

调用 GetMap 函数后，将 WMS 服务下 GetMap 接口返回的 Byte[]类型值序列化成 XML 文档，以 String 类型的 postbt 变量返回，由此转换成简单类型后，可将此插件直接用于系统流程。

5）保存并编译工程，查看工程下生成的 ProWMS.dll 文件

方法：在 VS2005 的工具条上选择编译的方式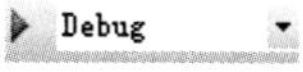

，可以选择 Debug 或者 Release，右键“解决方案资源管理器”中的 ProWMS 工程，选择“生成”项，在 VS2005 状态栏中显示“生成成功”，表示编译通过。可以在工程下的 Debug 和 Release 文件夹下查找生成的 ProWMS.dll 文件。

注 意

Debug：调试类型，可用于程序调试；

Release：发布类型，不可用于程序调试。

综上所述，系统流程插件 ProWMS.dll 编写完成，接下来需要完成将 ProWMS.dll 放入功能仓库中，并完成系统流程的搭建，将在 5.4.3.2 节中详细讲述。

5.4.3.2 基于 WMS 服务的地图显示功能流程搭建

5.4.3.1 节已将返回类型为 String 类型的 ProWMS.dll 插件注册到功能仓库中了，在本节中将利用 5.4.3.1 节生成的 ProWMS.dll 插件，完成系统流程搭建操作，插件注册与流程搭建的具体操作方法如下所述。

1）注册 ProWMS.dll 插件到功能仓库中

安装 MapGIS 搭建平台后，打开安装盘下生成的..\FrameBuilder\workflow\FunctionLibrary 文件夹，在此文件夹下建立如图 5-128 所示的文件目录，将 ProWMS.dll 文件复制到..\program\FunctionLibrary\TestGetMap\TestGetMap\Dll 文件夹下，如图 5-129 所示。

打开工作流编辑器，选择“开始”→“MapGIS 资源中心”→“MapGIS 数据中心”→“工作流编辑器”，在弹出的工作流编辑器中右边的“功能仓库”栏中，右键选择“注册文件”，如图 5-130 所示。

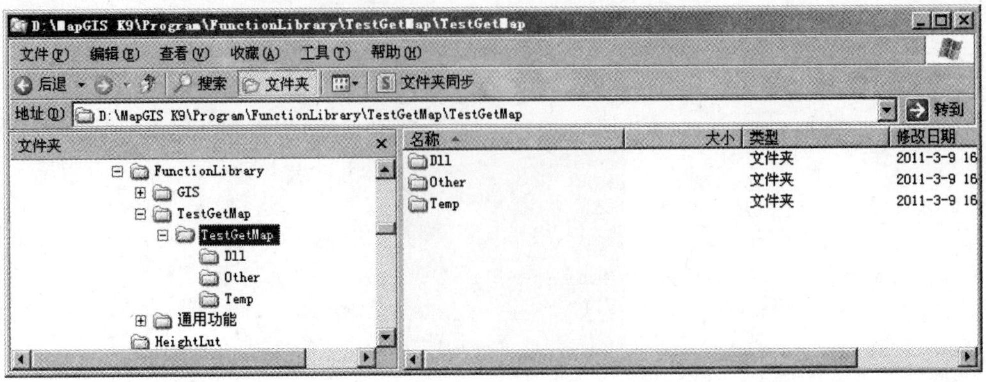

图 5-128 建立 TestGetMap 目录结构

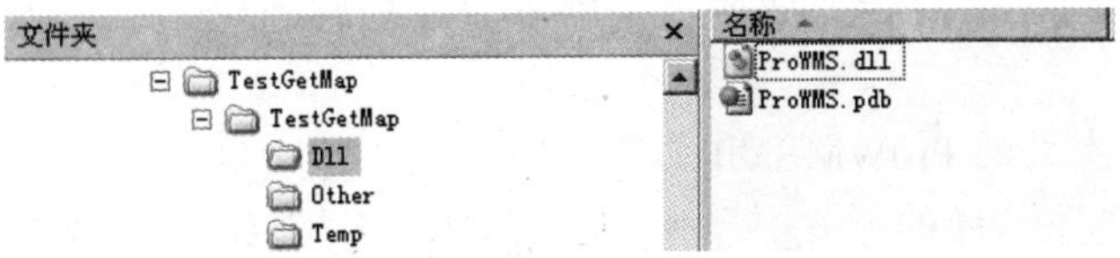

图 5-129 引入 ProWMS.dll 库

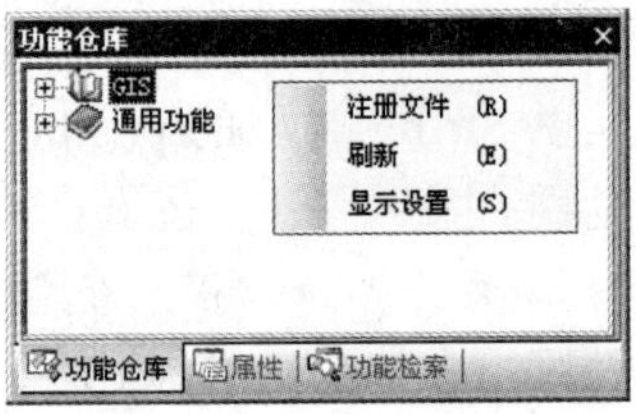

图 5-130 在工作流编辑器的功能仓库中注册文件

单击“注册文件”后，在弹出的“添加文件”对话框中，找到 TestGetMap\TestGetMap\Dll 文件夹，选中“ProWMS.dll”，如图 5-131 所示。单击“确定”按钮，将文件注册到功能仓库中，在工作流编辑器的功能仓库中出现新建的 TestGetMap 节点，如图 5-132 所示。

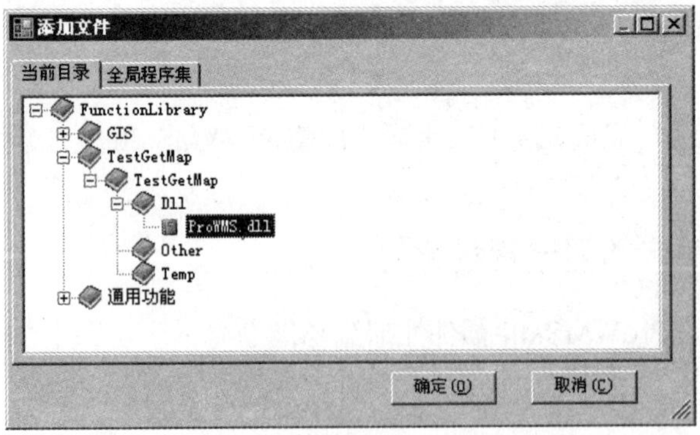

图 5-131 注册 ProWMS.dll 库到功能库

图 5-132 注册 ProWMS.dll 后的功能仓库

选中图 5-132 功能仓库 TestGetMap 下的 ProWMS.dll，右键选择“注册功能模块”，在弹出的“选择列表”对话框中选择 ProWMS.Class1，如图 5-133 和图 5-134 所示。

单击图 5-134 中的“确定”按钮，在工作流编辑器的功能仓库中显示刚完成注册的功能模块，如图 5-135 所示。

右键单击图 5-135 中的“ProWMS.Class1”，选择“注册功能”菜单，将“GetMap”功能注册到功能仓库中，在弹出的“选择功能”对话框中选择“GetMap”，如图 5-136 和图 5-137 所示。

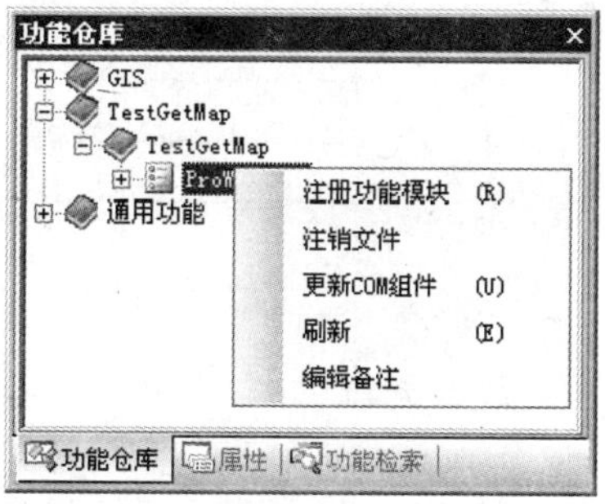

图 5-133 注册功能模块

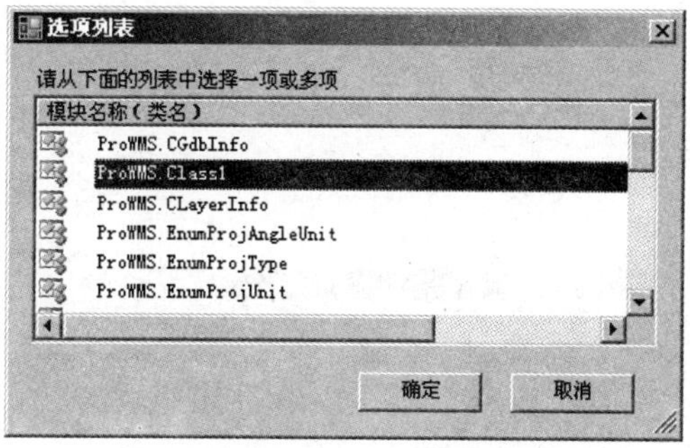

图 5-134 注册 ProWMS.dll 中的 Class1 库

图 5-135 注册功能模块后的功能仓库

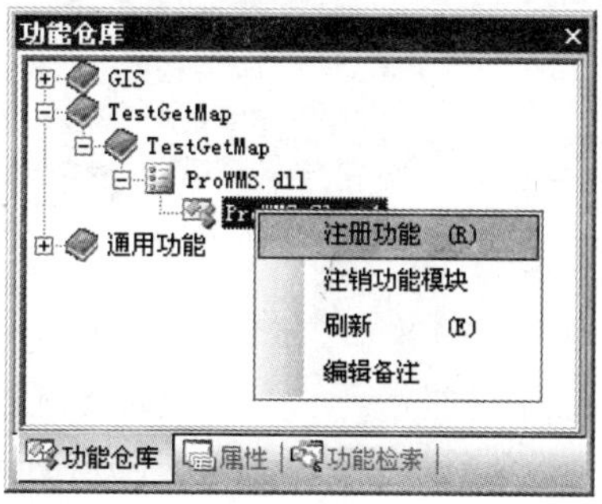

图 5-136 注册功能

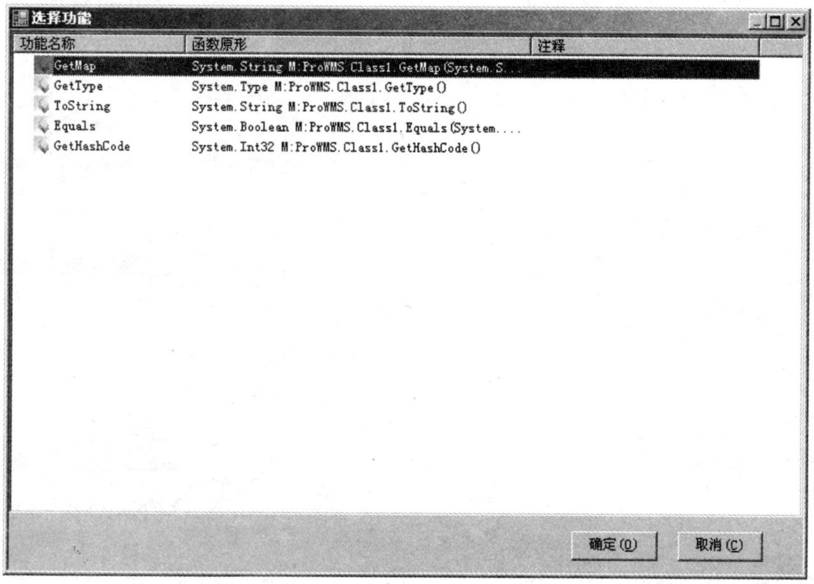

图 5-137 注册 GetMap 功能

单击图 5-137 中的“确认”按钮，注册到功能仓库中，如图 5-138 所示。

2）搭建基于 WMS 服务的地图显示流程

单击工作流编辑器（WorkFlowManage）的文件菜单，选择“新建”，新建一个系统流程，名称为 WMS_GetMap，在“所属类别”处输入新的类别（如 testGetMap），如图 5-139 所示。

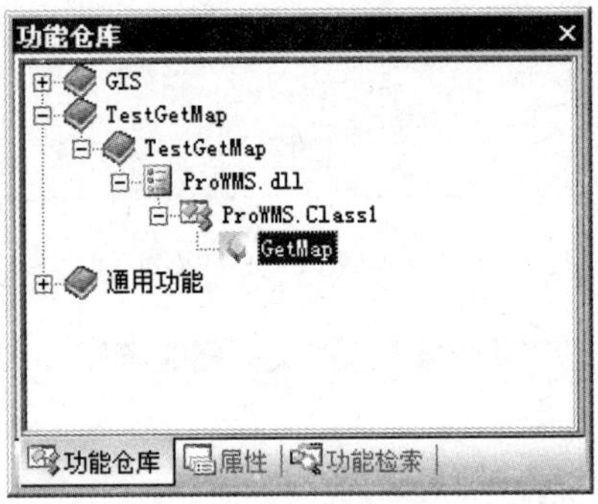

图 5-138　注册 GetMap 功能后的功能仓库

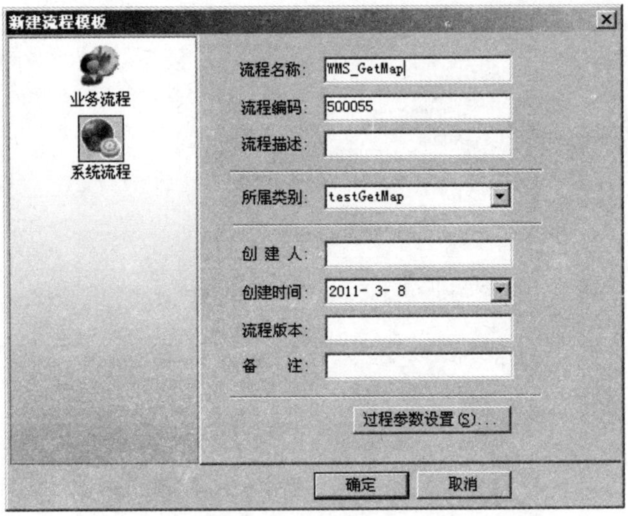

图 5-139　添加 WMS_GetMap 系统流程

单击图 5-139 中的“确定”按钮，在工作流编辑器（WorkFlowManage）左侧的“系统流程”栏中，显示新的类别和系统流程，如图 5-140 所示。

单击工作流编辑器（WorkFlowManage）的“编辑”菜单，选择“输入节点”，在主视窗中左键单击，输入一个开始节点，命名为 Start，节点类型为“开始节点”，如图 5-141 所示，单击“确定”按钮，完成添加。

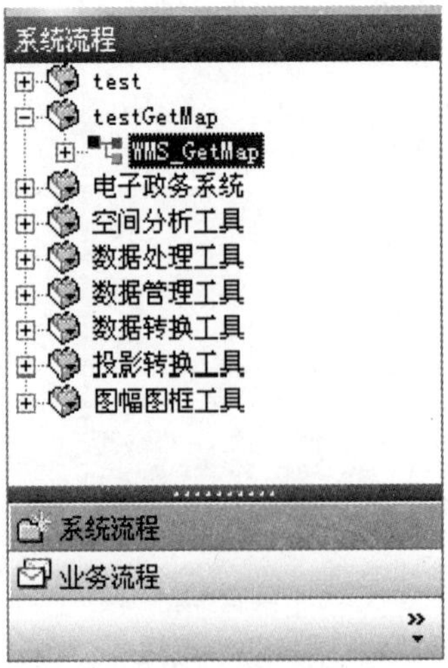

图 5-140　WMS_GetMap 系统流程节点

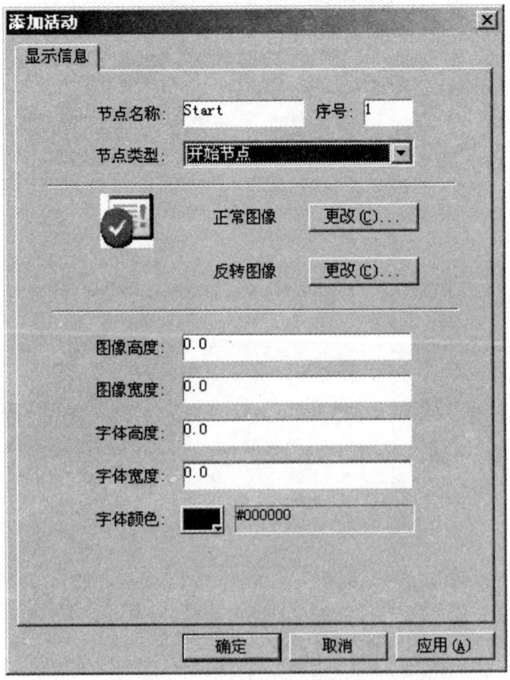

图 5-141　Start 开始节点

再输入一个节点，名称为 GetMap，节点类型为“普通节点”，如图 5-142 所示，单击“确定”按钮，完成添加。

3）绑定功能仓库中的 GetMap 功能

将功能仓库中的“TestGetMap”功能项下的 GetMap 功能拖动到“GetMap”节点上，弹出“添加活动功能”对话框，如图 5-143 所示。

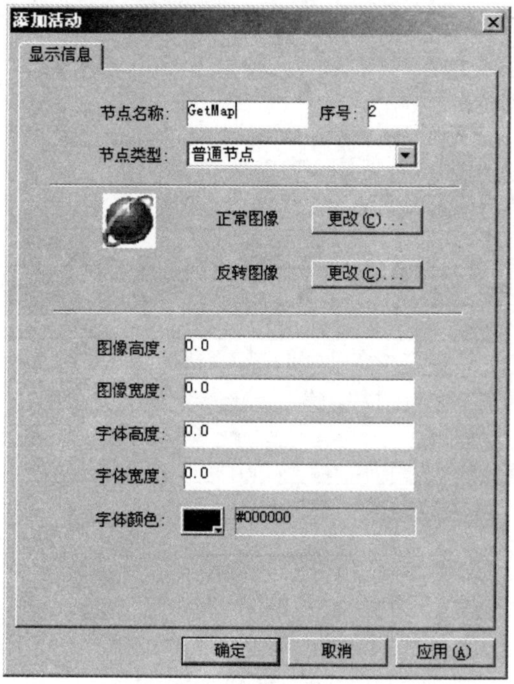

图 5-142　GetMap 普通节点

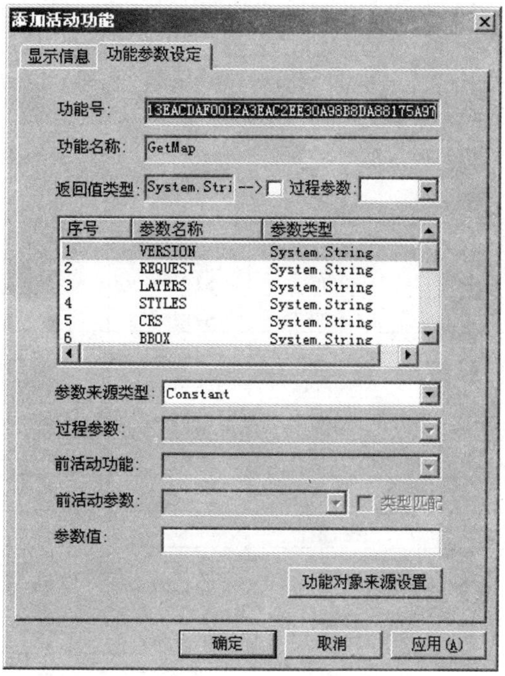

图 4-143　GetMap 节点功能参数

4）连接节点

方法：选择“编辑”菜单的“连接节点”菜单，将两个节点连接在一起，如图 5-144 所示。

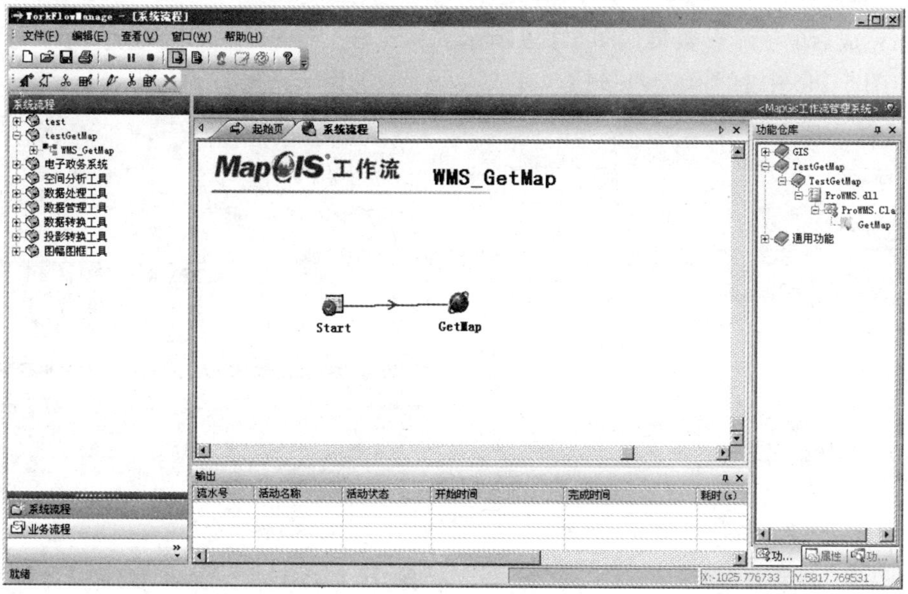

图 5-144　搭建后的 WMS_GetMap 流程

5）编辑流程参数

在工作流编辑器的系统流程面板中，右键单击testGetMap类别下的WMS_GetMap流程，选择“编辑流程参数”，在弹出的“定义流程参数”对话框中设置需输入的参数，在编写输入参数时需与GetMap功能中的功能参数对应。单击图5-145中的“新建”按钮，在参数名称中输入参数名，在参数类型中选择类型，参数方向若为输入参数则选择IN，为输出参数则选择OUT，在默认值栏中输入该参数的默认值。

依次添加如表5.7所示的参数。

表5.7 GetMap参数

序　号	参数名称	参数类型	参数方向	参数说明
1	VERSION	STRING	IN	WMS服务版本号
2	REQUEST	STRING	IN	请求服务名，在此为GetMap
3	LAYERS	STRING	IN	显示图层名，多个图层间用逗号（,）隔开
4	STYLES	STRING	IN	每个请求图层的用（,）分隔的描述样式
5	CRS	STRING	IN	空间坐标参考系
6	BBOX	STRING	IN	显示范围（左下角，右上角，坐标值用（,）隔离）
7	WIDTH	INT	IN	输出地图图片的像素宽
8	HEIGHT	INT	IN	输出地图图片的像素高
9	FORMAT	STRING	IN	输出图像的类型，支持三种类型的图片，image/gif、image/png、image/jpg
10	TRANSPARENT	STRING	IN	输出图像背景是否透明显示标志，true或false
11	BGCOLOR	STRING	IN	十六进制的背景颜色，如#ffffff（黑色）
12	EXCEPTIONS	STRING	IN	异常处理文档（默认值：xml）
13	TIME	STRING	IN	时间
14	ELEVATION	STRING	IN	高程
15	Rtn	STRING	OUT	返回结果

添加完成后的流程参数页如图5-149所示。

单击图5-146中的“确定”按钮，完成流程参数的定义。

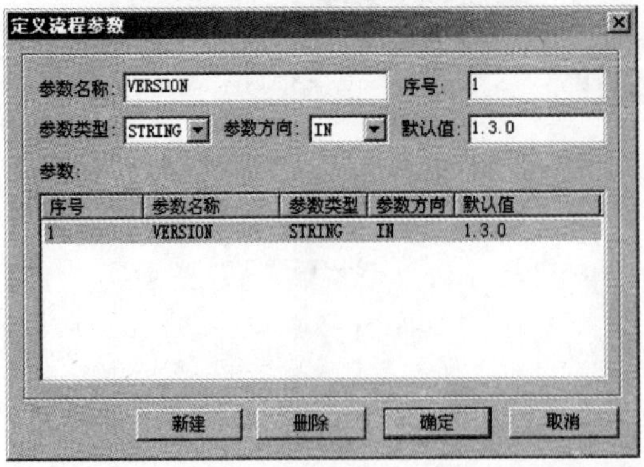

图5-145 定义WMS_GetMap流程参数

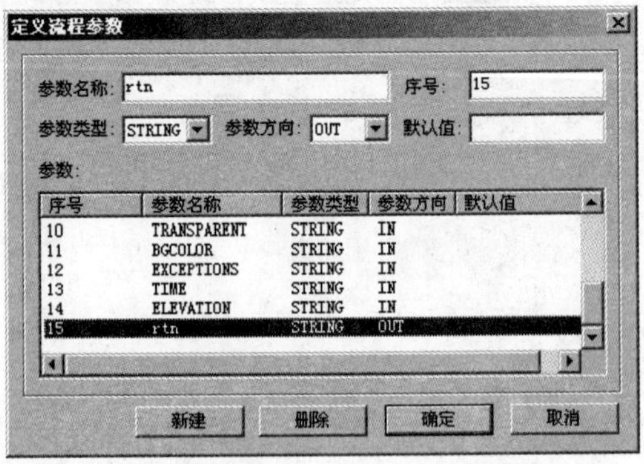

图5-146 定义完成的流程参数

注　意

最后一个参数 rtn 一定是 OUT 类型的，用于接收系统流程的返回值，并且可通过该返回值判断工作流是否正常执行。

6）GetMap 系统流程节点功能参数设定

在“工作流编辑器”中双击“GetMap”流程节点，弹出“编辑活动”对话框，设置各功能的功能参数，如表 5.8 所示。

表 5.8　GetMap 节点参数

序号	参数名称	参数来源类型	过程参数
1	VERSION	ProcessPara	VERSION
2	REQUEST	ProcessPara	REQUEST
3	LAYERS	ProcessPara	LAYERS
4	STYLES	ProcessPara	STYLES
5	CRS	ProcessPara	CRS
6	BBOX	ProcessPara	BBOX
7	WIDTH	ProcessPara	WIDTH
8	HEIGHT	ProcessPara	HEIGHT
9	FORMAT	ProcessPara	FORMAT
10	TRANSPARENT	ProcessPara	TRANSPARENT
11	BGCOLOR	ProcessPara	BGCOLOR
12	EXCEPTIONS	ProcessPara	EXCEPTIONS
13	TIME	ProcessPara	TIME
14	ELEVATION	ProcessPara	ELEVATION

按表 5.8 所示的参数设置对应的参数来源类型和过程参数。

设置过程参数方法：选择“编辑活动”对话框“功能参数设定”页中的“过程参数”选框，选择 OUT 类型的 rtn 字段为过程参数，如图 5-147 所示，单击“确定”按钮，完成功能参数设定。

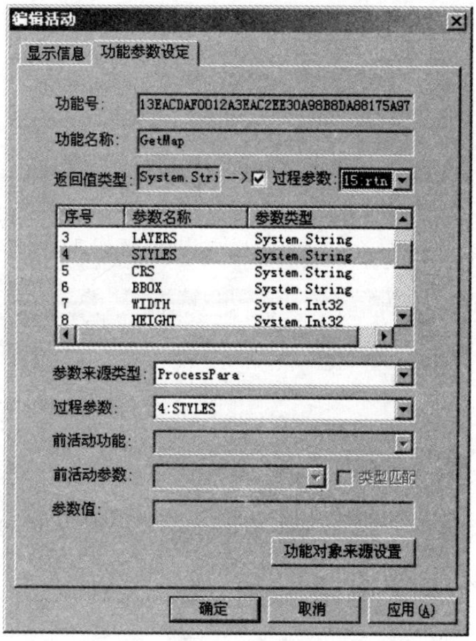

图 5-147　设置 GetMap 节点的功能参数值

7）参数界面设计

在工作流编辑器中，鼠标右击流程“WMS_GetMap”，在右键菜单中选择“参数界面设计”，弹出如图 5-148 所示的对话框。

由于 WMS_GetMap 中的参数都是 STRING 类型，因此在此处选择输入框的类型都为“Input type="text"”类型，方法为：在图 5-148 的流程参数中选择参数，如 VERSION，在其下的框中双击选择“Input type="text"”，弹出对话框中输入描述信息，单击“确定”按钮，完成添加，如图 5-149 所示。按照此方法依次设置其余设置各参数的输入框类型后的参数界面设计如图 5-149 所示。

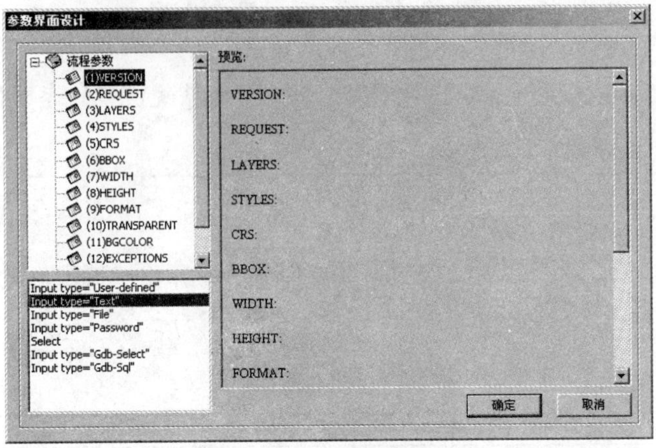

图 5-148　参数界面设计

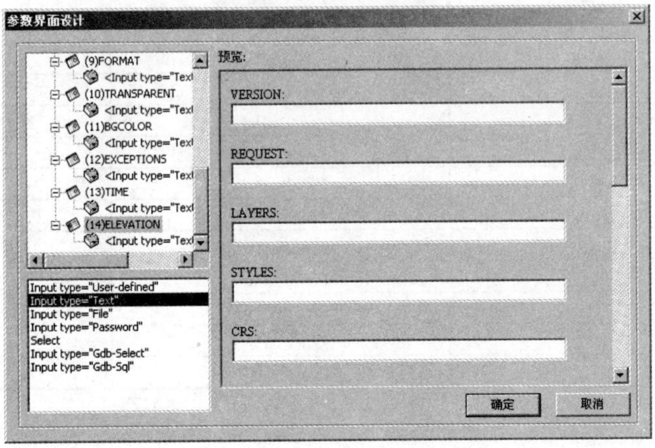

图 5-149　设置各个参数的 Input 类型

单击图 5-149 中的“确定”按钮，完成界面设计。

8）测试系统流程

单击工具栏上的 ▶ 图标，运行系统流程，输入参数值，运行效果如图 5-150 所示。

单击图 5-150 中的“确定”按钮，运行系统流程，运行结束后弹出“查看输出参数值”对话框，显示输出结果信息，如图 5-151 所示。

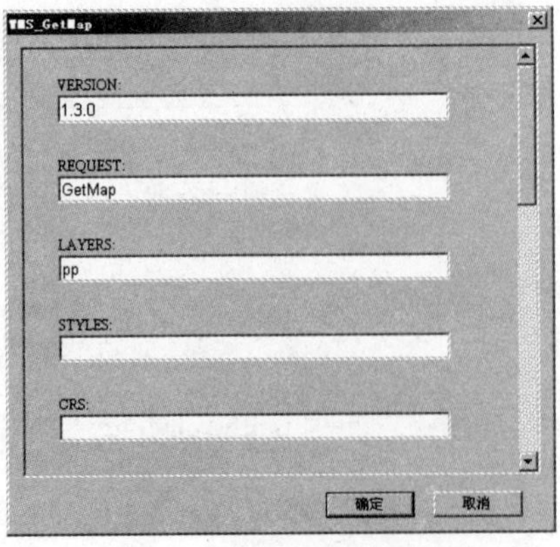

图 5-150　填写对应参数

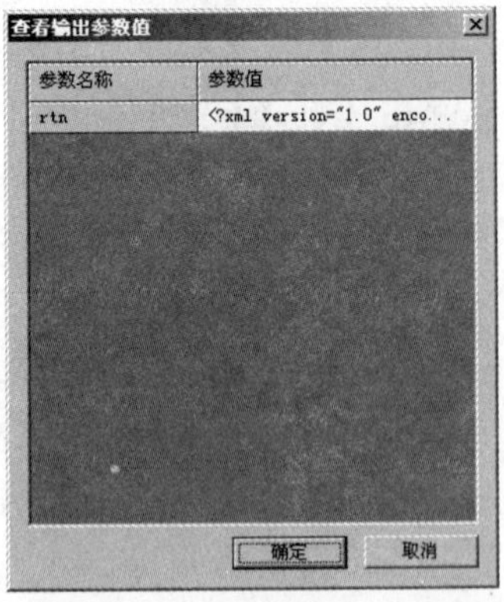

图 5-151　执行工作流后的返回值

如图 5-152 所示，工作流编辑器的“输出”窗口中显示流程运行信息。

输出
流水号 活动名称 活动状态 开始时间 完成时间 耗时(s) 返回结果 执行异常
1 Start 完成 2011-03-08 16:57:25 2011-03-08 16:57:25 0
2 GetMap 完成 2011-03-08 16:57:25 2011-03-08 16:57:30 5 <?xml version="1.0" ...

图 5-152　执行工作流的输出框

到此为止，基于 WMS 服务的地图显示流程就已经搭建完成，可将返回的 XML 文件以图片的形式显示在网页中，查看地图显示是否正常，该部分操作将在 5.4.5 节中讲述。

5.4.4　基于 WFS 服务的查询要素功能流程搭建

在 5.4.3 节中讲述了如何通过插件的形式，实现与工作流编辑器的结合，搭建对应的系统流程的功能。若功能参数本身以简单类型的形式返回时，则可直接以“添加 Web 引用”的形式，将服务功能集合到功能仓库中，用于流程搭建。

在 5.4.3 节的基础上，添加一个 GetFeature 的功能，通过调用 WFS 服务 GetFeature 接口，实现查询要素的功能，具体的实现步骤如下。

1）以添加 Web 引用的方式，添加 GetFeature 接口到功能仓库中

方法：在工作流编辑器的功能仓库面板中，右键单击 TestGetMap，在弹出的右键菜单中选择“注册文件”，随即弹出的“添加文件”对话框中，选择“TestGetMap”下的 Dll 目录，右键单击该 Dll 目录，在弹出的菜单中选择“添加 Web 引用”，如图 5-153 所示。

单击图 5-153 中的“添加 Web 引用”菜单，弹出“添加 Web 引用”对话框，在 URL 地址栏中输入 WFS 的地址（http://192.168.17.49/MapgisOGCWebService/SOAP/WFS.asmx），单击“Go”按钮，链接到该 URL 地址，并显示 WFS 信息。再在“添加 Web 引用”对话框的“Web 引用名”文本框中输入服务名称，该服务名称用于工作流编辑器功能调用，如图 5-154 所示。

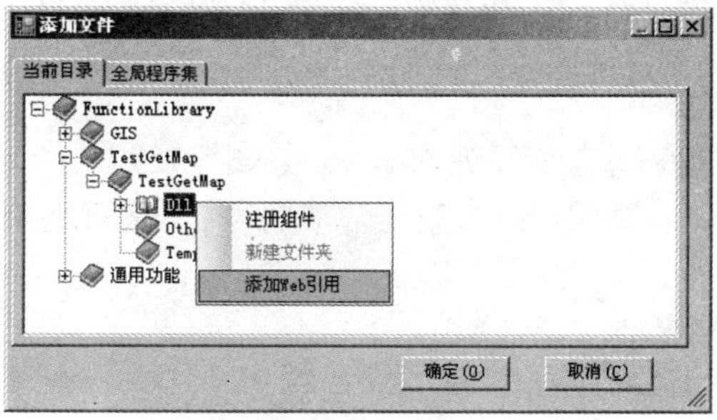

图 5-153　在功能仓库中以注册文件的形式添加 Web 引用

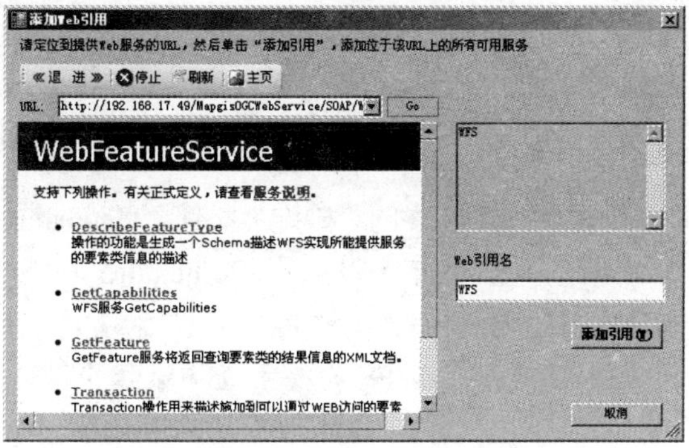

图 5-154　输入 Web 服务的 URL 地址

单击图 5-154 中的“添加引用”按钮，添加 Web 服务到 TestGetMap 下，如图 5-155 所示。

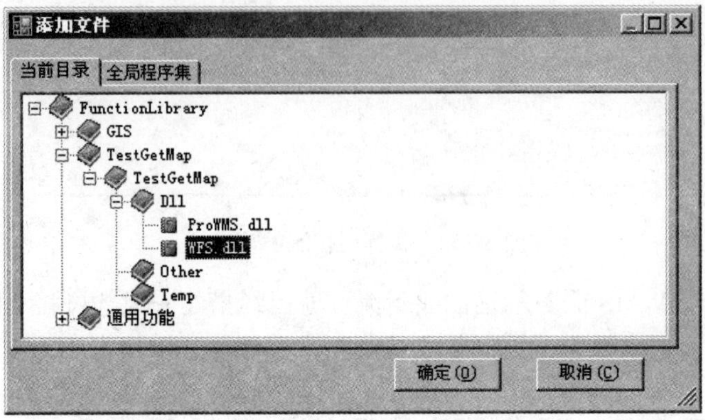

图 5-155　注册引入的 WFS 服务到功能仓库

单击图 5-155 中的“确定”按钮，WFS 服务就以类似 Dll 的形式引入功能仓库中，在功能仓库中右键单击“WFS.dll”，在弹出的右键菜单中选择“注册功能模块”，弹出如图 5-156 所示的对话框，选择 WFS.WebFeatureService 类名，该类为 WFS 的名称空间，单击“确定”按钮，完成功能模块的添加。

添加完成后，随即在功能仓库的 WFS.dll 下生成 WFS.WebFeatureService 类名，如图 5-157 所示，右键单击该类名，在弹出的右键菜单中选择“注册功能模块”，弹出“选择功能”对话框，选择“GetFeature”，如图 5-158 所示。

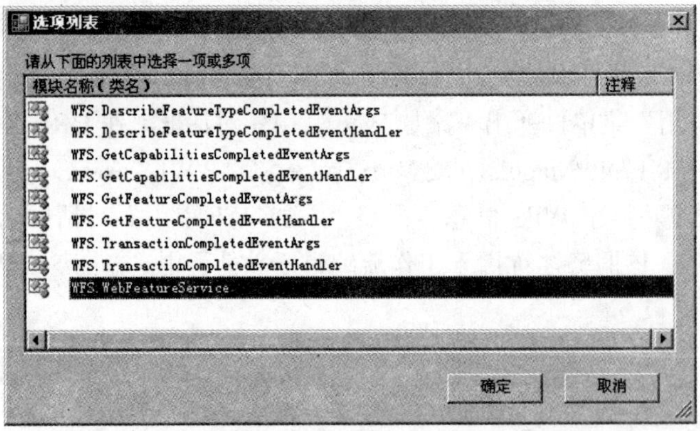

图 5-156　注册 WFS.WebFeatureService 功能模块

图 5-157　注册功能模块后的功能仓库

单击图 5-158 中的“确定”按钮，GetFeature 功能就添加到功能仓库中，如图 5-159 所示。

至此为止，WFS 服务的 GetFeature 功能引入到功能仓库中就已经完成，接下来可利用该功能搭建系统流程。

2）搭建基于 WFS 的要素查询流程

（1）单击工作流编辑器（WorkFlowManage）的文件菜单，选择“新建”项，新建一个系统流程，名称为 WFS_GetFeature，在“所属类别”处输入新的类别，如 testGetFeature，单击“确定”按钮，在工作流编辑器（WorkFlowManage）左侧的“系统流程”栏中，显示刚新建的类别和系统流程，如图 5-160 所示。

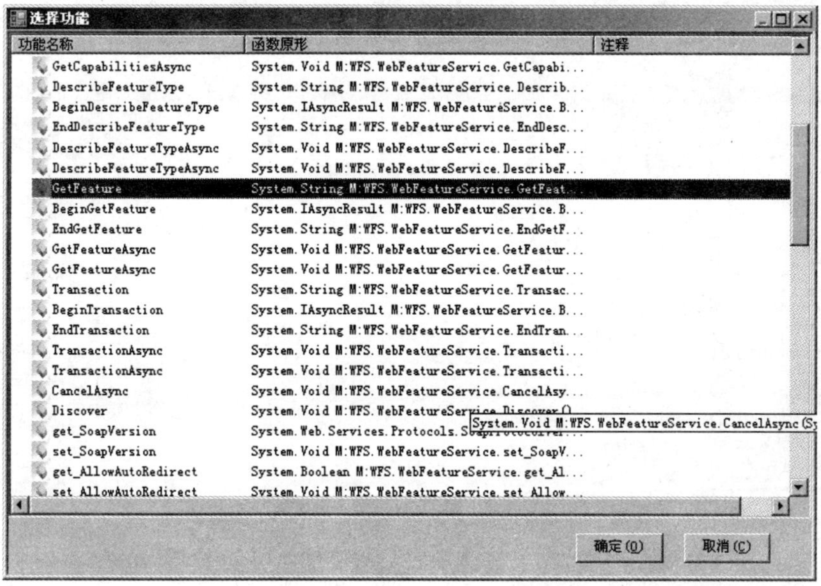

图 5-158　注册 GetFeature 功能

图 5-159　注册 GetFeature 功能后的功能仓库

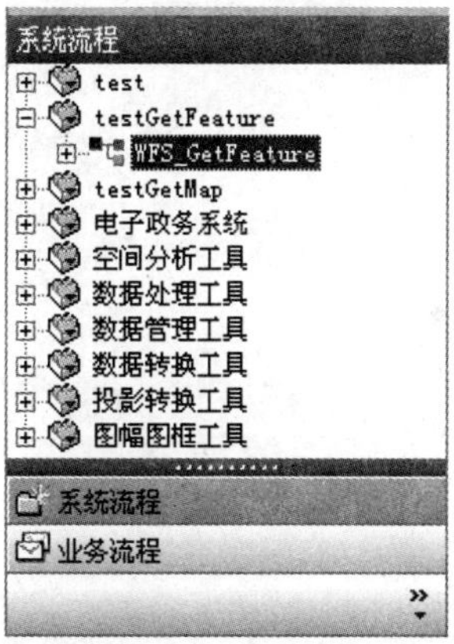

图 5-160　添加 WFS_GetFeature 流程

（2）单击工作流编辑器（WorkFlowManage）的“编辑”菜单，选择“输入节点”，在主视窗中单击左键，输入一个开始节点，命名为 Start，节点类型为“开始节点”，单击“确定”按钮，完成添加。

（3）再输入一个节点，名称为 GetFeature，节点类型为“普通节点”，单击“确定”按钮，完成添加。

添加完成后的 WFS_GetFeature 流程如图 5-161 所示。

（4）单击“保存”按钮，保存配置。

3）绑定功能仓库中的 GetFeature 功能

将功能仓库中 “TestGetMap”\WFS.dll 下的 GetFeature 功能拖动到“GetFeature”节点上，弹出“添加活动功能”对话框，如图 5-162 所示。在后续章节中将讲述如何设置各个功能参数，在此不再详述。单击图 5-162 中的“确定”按钮，完成功能接口的绑定。

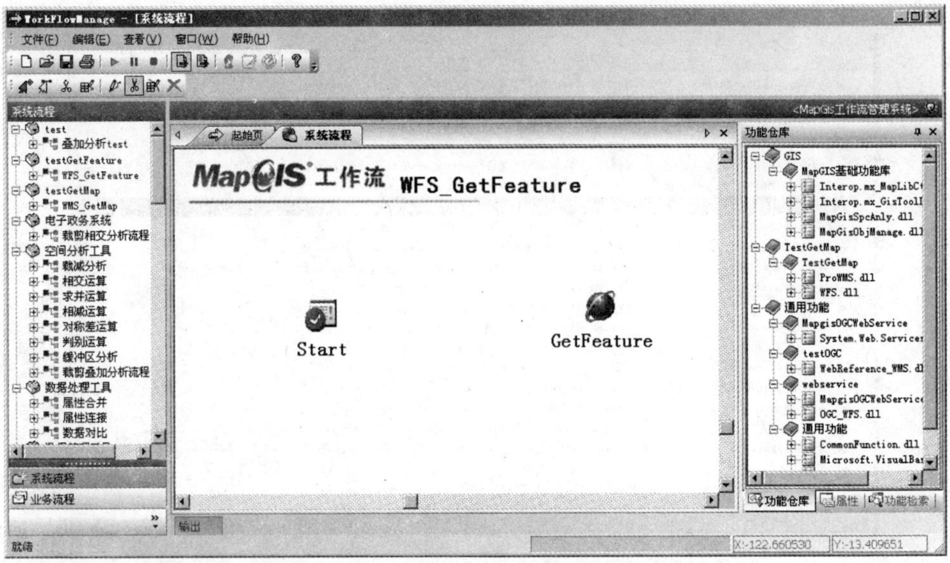

图 5-161　添加 WFS_GetFeature 流程两节点

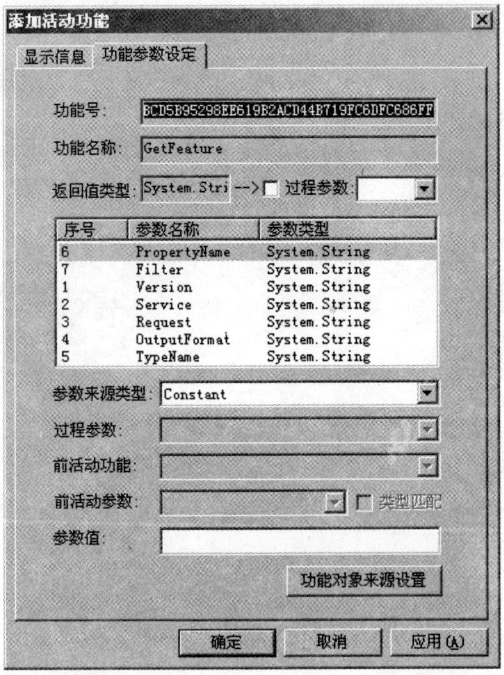

图 5-162　设置 GetFeature 节点的功能参数

4）连接流程节点

方法：选择“编辑”菜单下的“连接节点”菜单，将两个节点连接在一起，如图 5-163 所示。

5）编辑流程参数

在工作流编辑器的系统流程面板中，右键单击 testGetFeature 类别下的 WFS_GetFeature 流程，选择“编辑流程参数”，在弹出的“定义流程参数”对话框中设置需输入的参数，在编写输入参数时需与 GetFeature 功能中的功能参数对应。

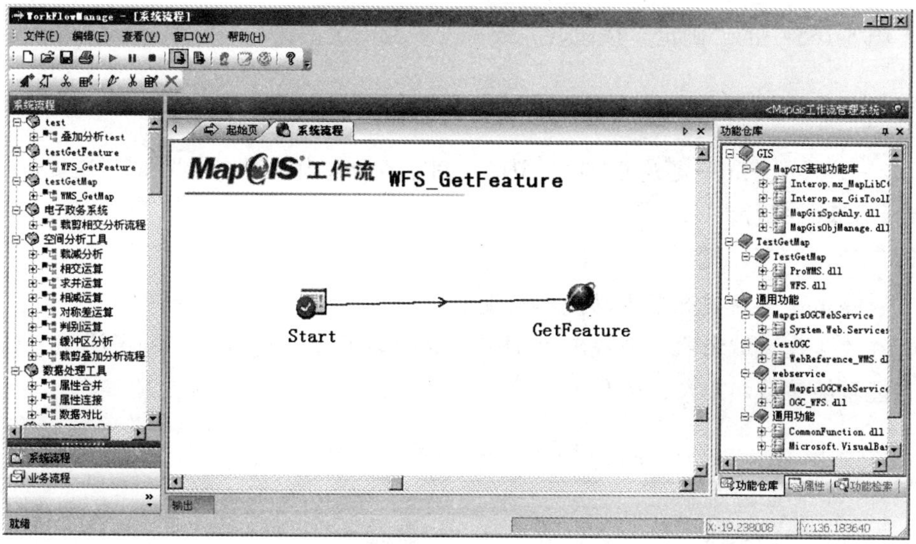

图 5-163　连接流程节点

单击图 5-164 中的“新建”按钮，在参数名称中输入参数名，在参数类型中选择类型，参数方向若为输入参数则选择 IN，若为输出参数则选择 OUT，在默认值栏中输入该参数的默认值，如图 5-165 所示。

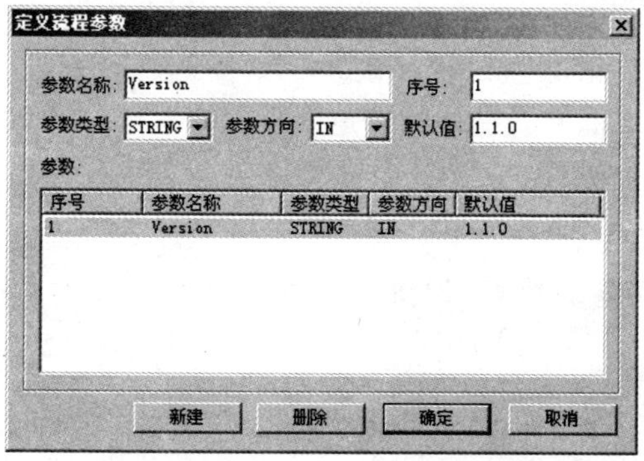

图 5-164　定义 WFS_GetFeature 流程参数

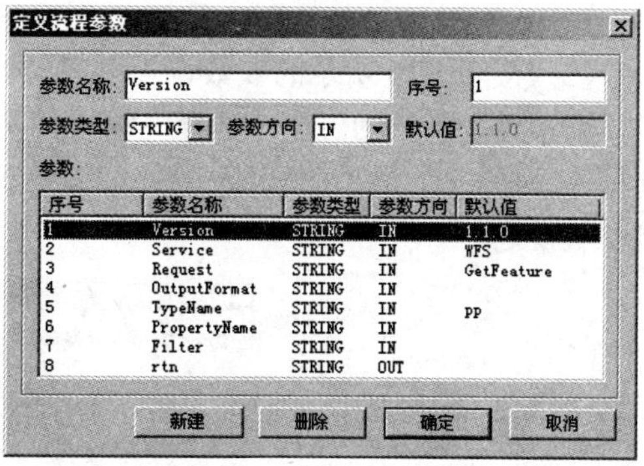

图 5-165　设置完成后的流程参数页面

按照表 5.9 所示依次添加参数。

表 5.9　GetFeature 流程参数

序　号	参数名称	参数类型	参数方向	参数说明
1	Version	STRING	IN	版本号
2	Service	STRING	IN	服务名称：WFS
3	Request	STRING	IN	请求名称：GetFeature
4	OutputFormat	STRING	IN	返回值的显示格式
5	TypeName	STRING	IN	请求的图层列表
6	PropertyName	STRING	IN	需要返回的要素属性列表
7	Filter	STRING	IN	查询要素的条件
8	rtn	STRING	OUT	输出返回值

添加完成后的流程参数页，如图 5-165 所示。

单击图 5-165 中的“确定”按钮，完成流程参数的定义。

注 意

最后一个参数 rtn 一定是 OUT 类型的，用于存储工作流执行结果，可通过该值判断工作流是否正常执行。

6）GetFeature 系统流程节点功能参数设定

（1）在“工作流编辑器”中双击“GetFeature”流程节点，弹出“编辑活动”对话框，设置各功能功能参数，如表 5.10 所示。

表 5.10 GetFeature 参数

序 号	参 数 名 称	参数来源类型	过 程 参 数
1	Version	ProcessPara	Version
2	Service	ProcessPara	Service
3	Request	ProcessPara	Request
4	OutputFormat	ProcessPara	OutputFormat
5	TypeName	ProcessPara	TypeName
6	PropertyName	ProcessPara	PropertyName
7	Filter	ProcessPara	Filter

（2）按表 5.10 所示的参数设置对应的参数来源和设置过程参数。

设置过程参数的方法：选择“编辑活动”对话框“功能参数设定”页中的“过程参数”选框，选择 OUT 类型的 rtn 字段为过程参数，如图 5-166 所示，单击“确定”按钮，完成功能参数设定。

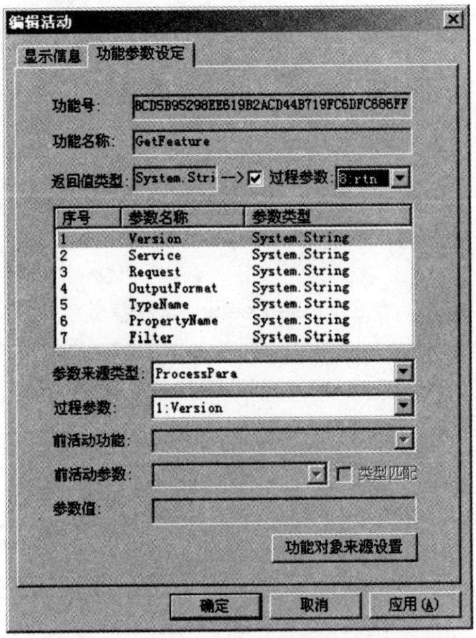

图 5-166 设置 GetFeature 函数参数值

7）参数界面设计

（1）在工作流编辑器中，右击流程“WFS_GetFeature”，右键菜单中选择“参数界面设计”，选择“参数界面设计”，弹出如图 5-167 所示的对话框。

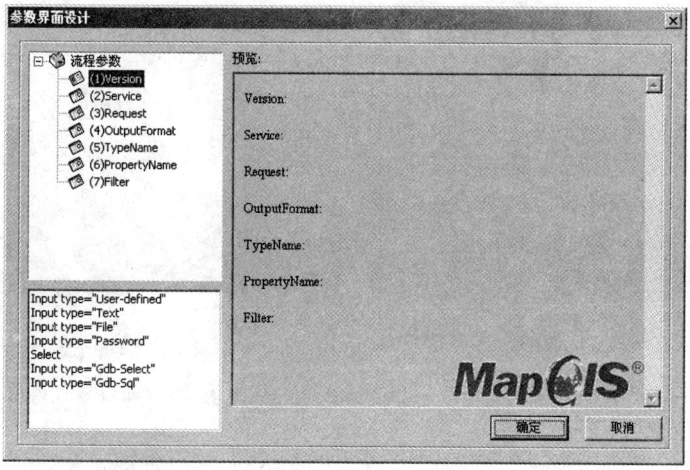

图 5-167　参数界面设计

（2）由于 WFS_GetFeature 流程中的参数都是 STRING 类型，因此在此处选择输入框的类型都为“Input type="text"”类型。

设置方法：如图 5-167 所示，在流程参数框中选择需要设计的参数，如 Version，在其下的框中双击选择“Input type="text"”，弹出对话框中输入描述信息，单击“确定”按钮，完成添加，如图 5-168 所示。按照该方法依次设置其余各参数的输入框类型，然后得到参数界面，如图 5-169 所示。

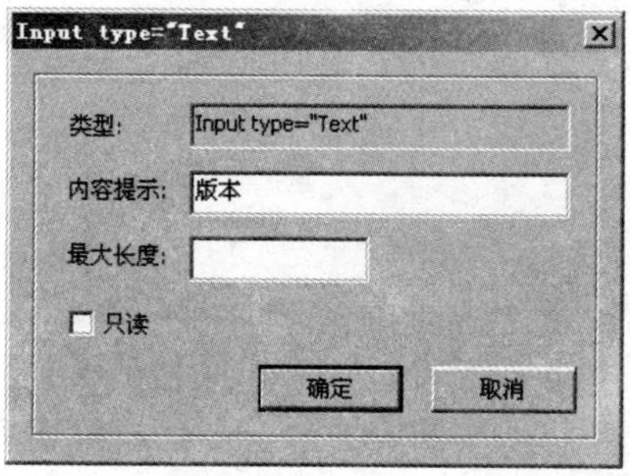

图 5-168　Input type="text"类型提示框

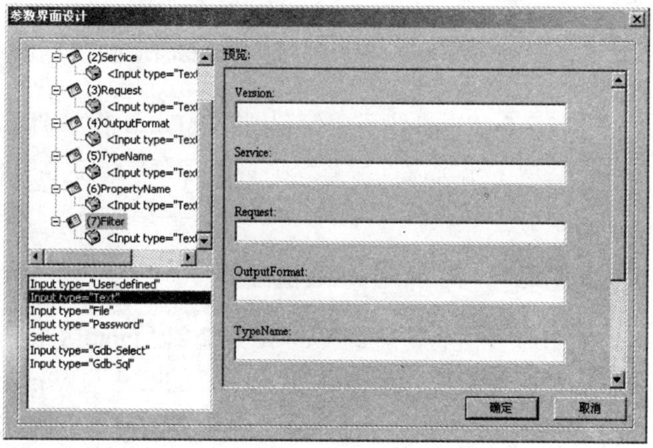

图 5-169　设置完成后的参数界面

（3）单击图 5-169 中的“确定”按钮，完成界面设计。

8）测试系统流程

保存并运行流程，单击 ▶ 图标，在弹出的对话框输入参数，如图 5-170 所示。

单击图 5-170 中的“确定”按钮，运行系统流程，运行结束后弹出“查看输出参数值”对话框，显示输出结果信息，如图 5-171 所示。

工作流编辑器的“输出”窗口中将显示运行信息，如图 5-172 所示。

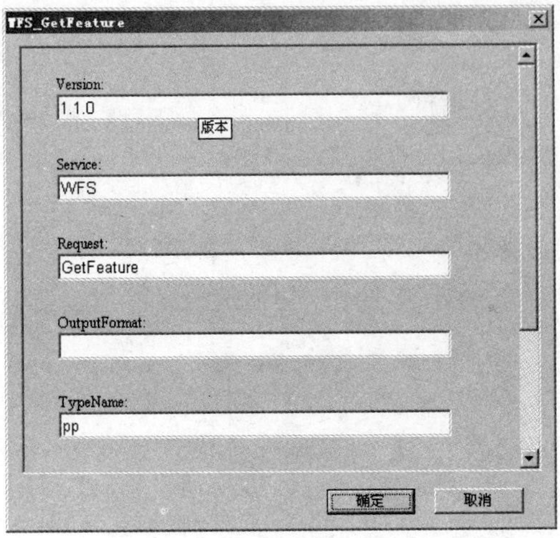

图 5-170　运行流程

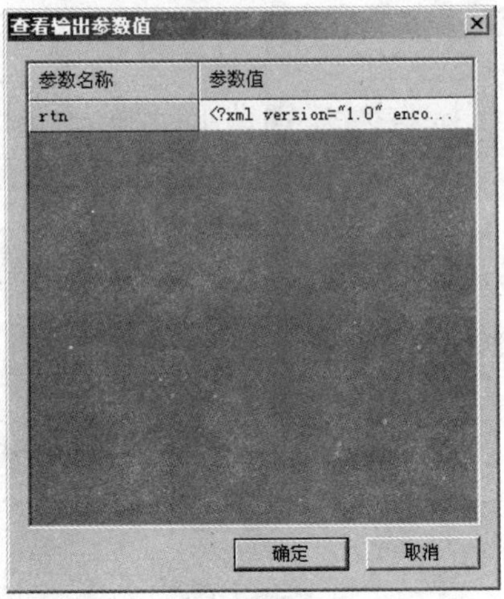

图 5-171　流程执行完成后的输出值

输出
流水号
活动名称
活动状态
开始时间
完成时间
耗时(s
1
Start
完成
2011-03-08 20:20:58
2011-03-08 20:20:58
0
2
GetFeature
完成
2011-03-08 20:20:58
2011-03-08 20:20:58
0

图 5-172　流程执行信息

到此为止，基于 WFS 服务的要素查询流程就已经搭建完成，可将返回的 XML 文件保存在本地，或者以网页的形式查看，该部分操作将在 5.4.5 节中讲述。

5.4.5　Web 站点调用系统流程示例

在 5.3.5 节中讲解了如何利用 WinForm 程序调用 5.3.3 节搭建的系统流程，并显示执行结果，展现了系统流程与 C/S 项目的结合。在本节中将以 Web 站点的形式，展现如何在 B/S 架构下执行系统流程并显示执行结果。

5.4.5.1　添加用户组权限

本节主要内容为通过 Web 站点调用 MapGIS K9 平台下的 WorkFlowRunTimeCom.dll 组件，执行系统流程。而 Web 站点运行的账户与 WinForm 程序运行的账户不同，若直接使用 Web 站点调用组件时，可能会出现众多的问题。因此，在 Web 上调用组件时，需赋予该组件所在的文件夹 Web 站点所需账户，以及对应账户具有完全控制该文件夹的权限，过程如下所述。

1）Win2003 操作系统下用户的添加与赋权

（1）打开安装 MapGIS 平台后生成的 MapGIS K9 文件夹，右键单击 Program 文件夹，选择“属性”，在弹出的属性对话框中选择“安全”页，单击该页中的“添加”按钮，在弹出的“选择用户或组”对话框中单击“高级”按钮，如图 5-173 所示，在弹出的页面中单击“立即查找”按钮，在搜索结果栏中显示所有的权限信息，如图 5-174 所示。

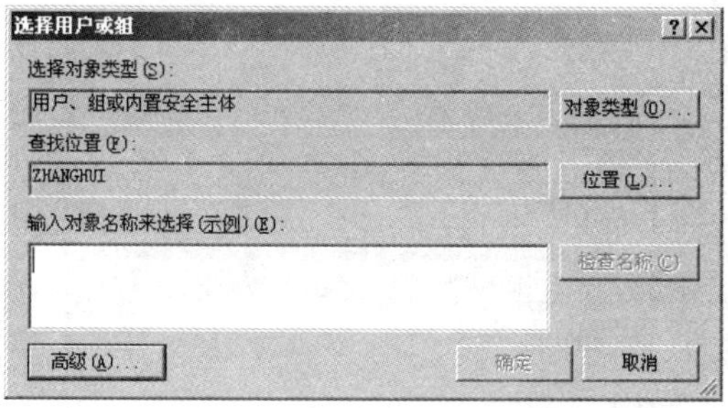

图 5-173　选择用户或组页面

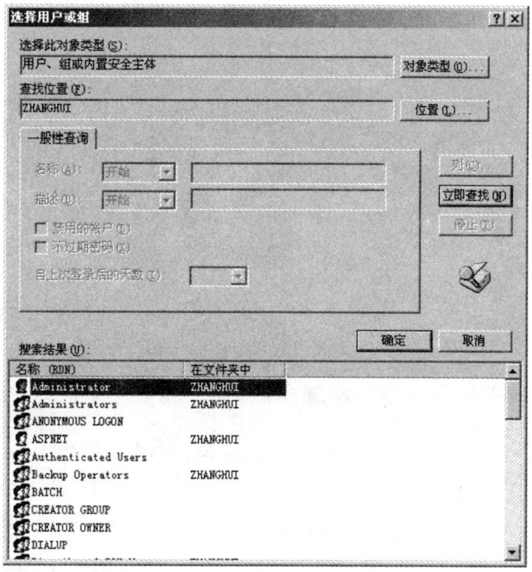

图 5-174　选择所需用户

（2）拖动滚动条，添加如下几个账户：NETWORK SERVICE、ASPNET、IUSR_机器名、IIS_WPG 等用户，并赋予“完全控制”权。

方法：在图 5-174 所示的搜索结果栏中选择中对应的权限，如 NETWORK SERVICE，单击“确定”按钮，返回到“选择用户或组”对话框，显示所选择的所有权限信息，如图 5-175 所示。

（3）单击图 5-175 中的“确定”按钮，完成添加，返回到“属性”对话框的“安全”页，在“组或用户名称”栏中，选择对应的用户，在下方的权限位置添加“完全控制”权限，如图 5-176 所示的 NETWORK SERVICE 用户。

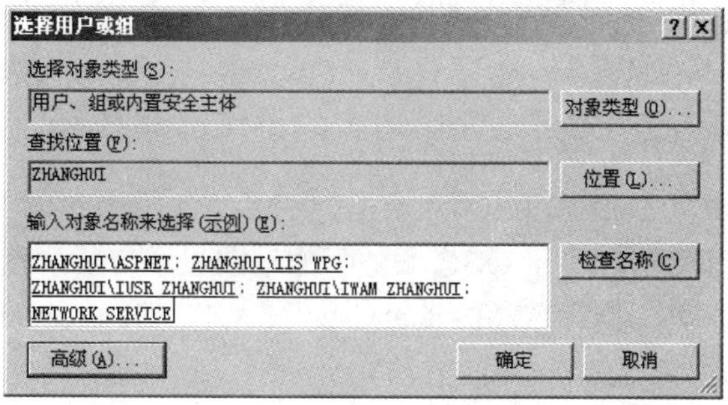

图 5-175　已选择所需用户

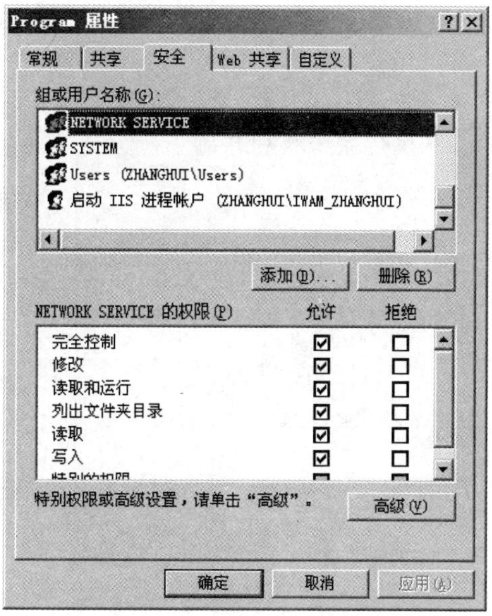

图 5-176　添加完全控制权限

（4）依次添加其余账户，并赋予“完全控制”权限。设置完成后，单击“确定”按钮，完成设置。

2）Win XP 系统下的用户的添加与赋权

Win XP 系统需对文件夹进行一些特殊设置，才能设置安全性，设置方法如下所述。

（1）打开 MapGIS K9 文件夹，在菜单栏中选择“工具”→“文件夹选项”，在弹出的“文件夹选项”对话框中选择“查看”属性页，在“高级设置”中，将“使用简单文件共享（推荐）”项的勾去掉，如图 5-177 所示。

（2）右键单击 Program 文件夹，在弹出的对话框中选择“安全”属性页，如图 5-178 所示。

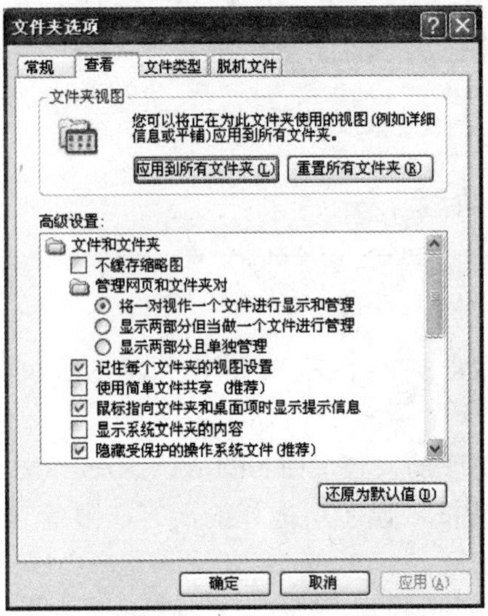

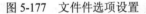

图 5-177　文件件选项设置

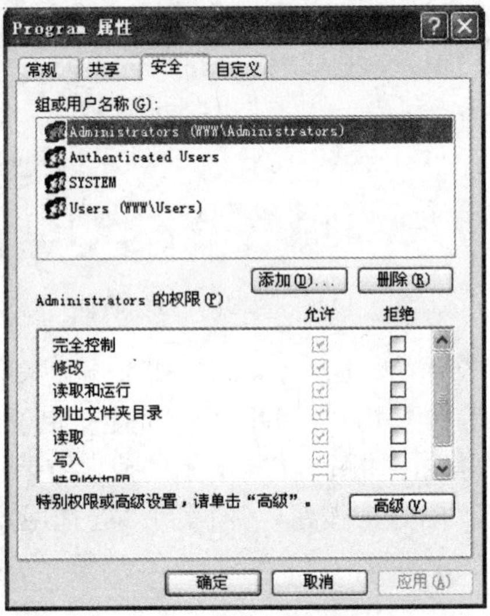

图 5-178　安全属性

（3）接下来完成添加 NETWORK SERVICE、ASPNET、IUSR_机器名、IIS_WPG 等用户并赋予“完全控制”权限，该部分的操作与 Win2003 相同，在此不再详述。

3）Win 7 系统下的用户添加与赋权

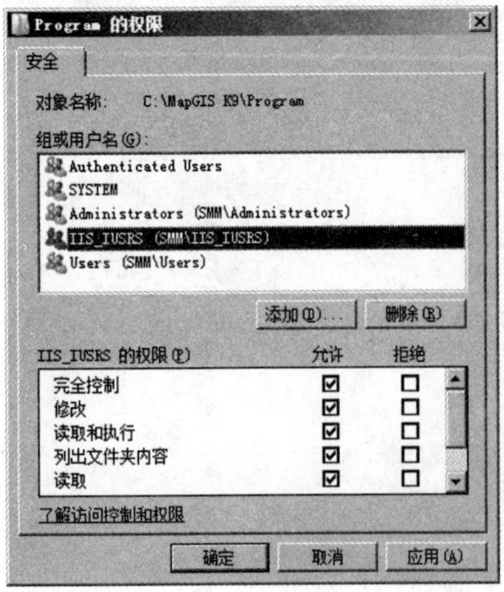

图 5-179　Win7 下的 IIS_IUSRS 用户

在 Win7 系统下，对 Program 文件夹添加用户与赋予完全控制权限与 Win2003 基本相同，不同的是 Win7 系统只需给 program 文件夹赋予一个 IIS_IUSRS 用户，添加该用户并赋予“完全控制”权限，其操作方法与 Win2003 相同，在此不再详述，操作完成后，如图 5-179 所示。

5.4.5.2　基于 Web 站点的系统流程执行

本章以 5.4.3 节和 5.4.4 节搭建的系统流程为基础，执行系统流程，显示 OGC 服务下的地图显示与要素查询功能。需要执行 WMS_GetMap 和 WFS_GetFeature 两个流程，执行工作流的方法完全相同，在此将执行工作流代码编写为公有函数，供执行流程调用，具体过程如下所述。

1）创建 Web 网站，添加所需的引用

（1）启动 VS2005，选择“文件”→“新建”→“网站”，在弹出的“新建网站”对话框中选择“ASP.NET 网站”为模板，并填写应用程序名称“OGCWorkFlowTest”，如图 5-180 所示。

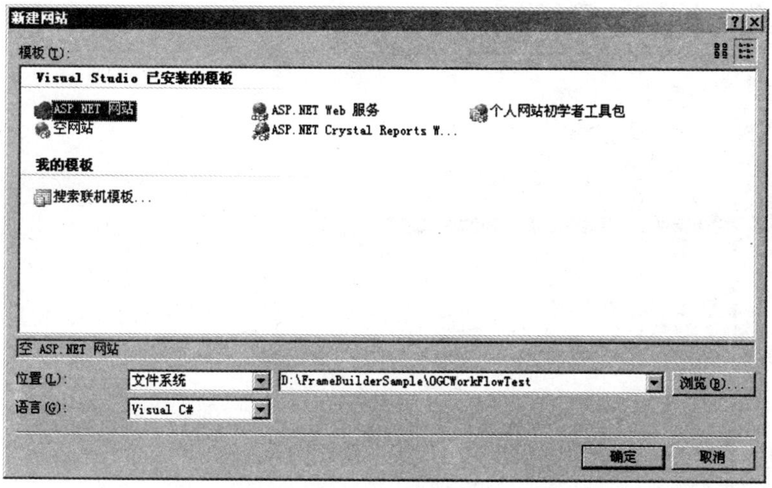

图 5-180　创建 OGCWorkFlowTest 站点

（2）为该网站添加引用。方法：在 OGCWorkFlowTest 站点的“解决方案资源管理器”面板中，右键单击该工程，在弹出的右键菜单中选择“添加引用”功能，在“浏览”页中查找范围中指向../MapGIS K9/program 文件夹，查找所需 WorkFlowRunTimeCom.dll 组件，引入到工程中，如图 5-181 所示。

（3）单击“确定”按钮，成功创建项目。

2）界面设计

OGCWorkFlowTest 站点 Default.aspx 界面设计过程如下所述。

（1）双击打开 Default.aspx 页面，选择“设计”版面，设计一个简单的框架，插入一个 1 行 1 列的表格，如图 5-182 所示。

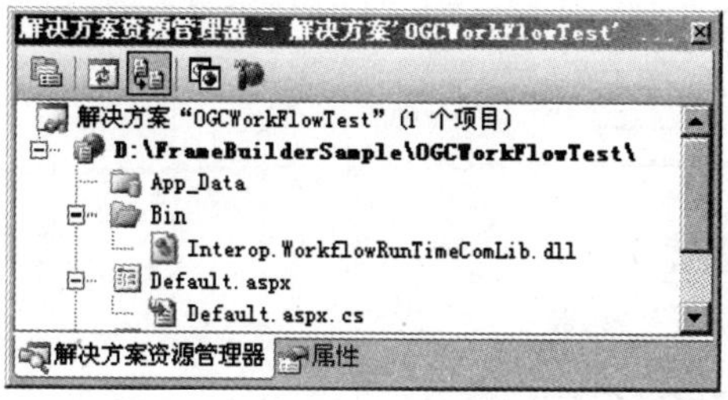

图 5-181　引入 WorkFlowRunTimeCom.dll 组件

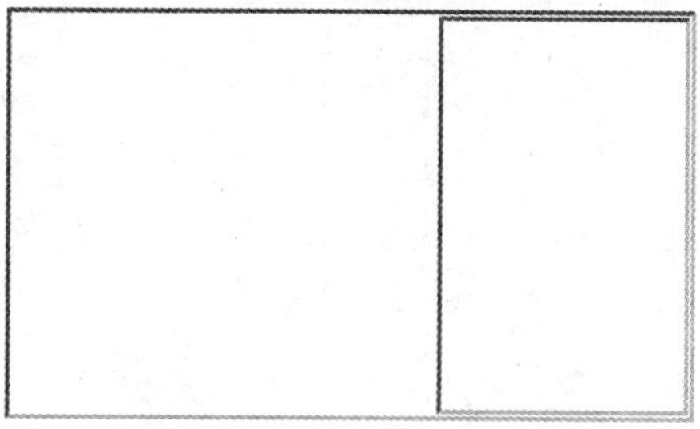

图 5-182　Default.aspx 界面设计

（2）在 VS2005 工具条中的“标准”控件中选择 RadioButtonList 控件，拖入图 5-182 中的左列，设置控件的属性信息，前台代码如下：

```
<asp:RadioButtonList ID="RadioButtonList1" runat="server" AutoPostBack="True"
            OnSelectedIndexChanged="RadioButtonList1_SelectedIndexChanged"
```

```
        RepeatDirection="Horizontal" Height="75px">
        <asp:ListItem Value="wms">利用WMS取得地图图像</asp:ListItem>
        <asp:ListItem Value="wfs">利用WFS查询要</asp:ListItem>
    </asp:RadioButtonList>
```

（3）页面设计如图 5-183 所示。

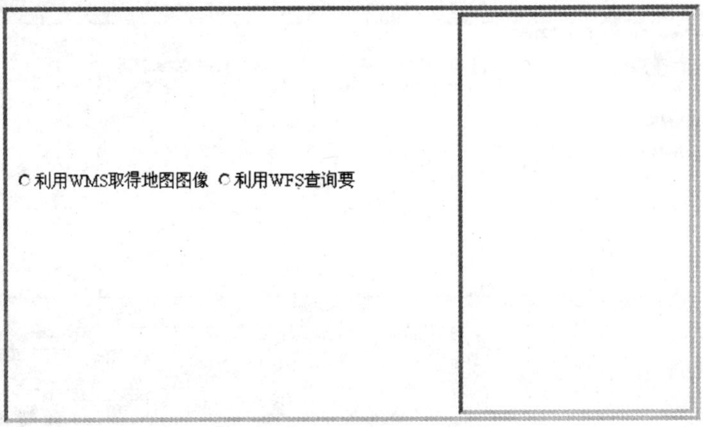

图 5-183　加入 RadioButtonList 控件

（4）设计完成后，单击“保存”按钮，保存工程。

（5）在图 5-183 右列拖入一个 Panel 的标准控件，设置其 ID 值为 PanWMS，用于存放 WMS_GetMap 流程所需的输入参数设置，PanWMS 控件里面的界面设计如图 5-184 所示。

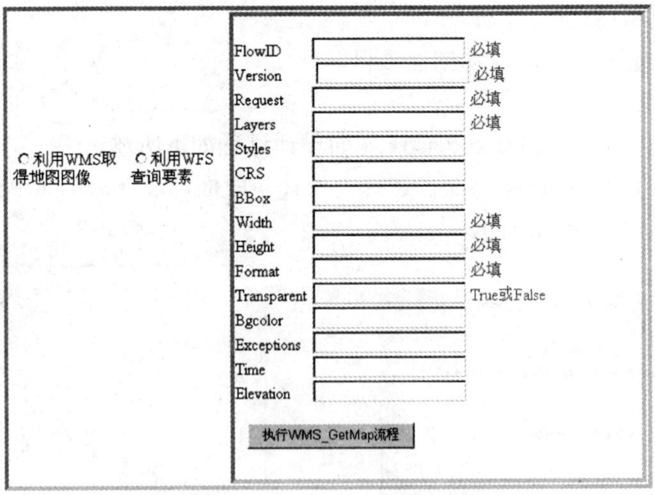

图 5-184　WMS_GetMap 流程参数页面

前台代码如下：

```
 <asp:Panel ID="PanWMS" runat="server" Height="414px" Width="350px">
<asp:Label ID="Label1" runat="server" Height="19px" Text="FlowID" Width=
"74px"></asp:Label>
<asp:TextBox ID="txtFlowID" runat="server"></asp:TextBox>
```

```
<asp:Label ID="Label24" runat="server" ForeColor="Red" Text="必填"></asp:
Label><br />
<asp:Label ID="Label2" runat="server" Height="19px" Text="Version" Width=
"74px"></asp:Label> 
<asp:TextBox ID="txtVer" runat="server"></asp:TextBox>
<asp:Label ID="Label25" runat="server" ForeColor="Red" Text="必填">
</asp:Label> <br />
<asp:Label ID="Label3" runat="server" Height="19px" Text="Request" Width=
"74px"></asp:Label>
<asp:TextBox ID="txtReq" runat="server"></asp:TextBox>
<asp:Label ID="Label26" runat="server" ForeColor="Red" Text="必填">
</asp:Label><br />
<asp:Label ID="Label4" runat="server" Height="19px" Text="Layers" Width=
"74px"></asp:Label>
<asp:TextBox ID="txtLay" runat="server"></asp:TextBox>
<asp:Label ID="Label27" runat="server" ForeColor="Red" Text="必填">
</asp:Label><br />
<asp:Label ID="Label5" runat="server" Height="19px" Text="Styles" Width=
"74px"></asp:Label>
<asp:TextBox ID="txtSty" runat="server"></asp:TextBox><br />
<asp:Label ID="Label6" runat="server" Height="19px" Text="CRS" Width=
"74px"></asp:Label>
<asp:TextBox ID="txtCRS" runat="server"></asp:TextBox><br />
<asp:Label ID="Label7" runat="server" Height="19px" Text="BBox" Width=
"74px"></asp:Label>
<asp:TextBox ID="txtBBox" runat="server"></asp:TextBox><br />
<asp:Label ID="Label8" runat="server" Height="19px" Text="Width" Width=
"74px"></asp:Label>
<asp:TextBox ID="txtWid" runat="server"></asp:TextBox>
<asp:Label ID="Label28" runat="server" ForeColor="Red" Text="必填
"></asp:Label><br />
<asp:Label ID="Label9" runat="server" Height="19px" Text="Height" Width=
"74px"></asp:Label>
<asp:TextBox ID="txtHei" runat="server"></asp:TextBox>
<asp:Label ID="Label29" runat="server" ForeColor="Red" Text="必填">
</asp:Label><br />
<asp:Label ID="Label10" runat="server" Height="19px" Text="Format" Width=
"74px"></asp:Label>
<asp:TextBox ID="txtFor" runat="server"></asp:TextBox>
<asp:Label ID="Label36" runat="server" ForeColor="Red" Text="必填">
</asp:Label><br />
<asp:Label ID="Label11" runat="server" Height="19px" Text="Transparent"
Width="74px"></asp:Label>
<asp:TextBox ID="txtTra" runat="server"></asp:TextBox>
```

```
<asp:Label ID="Label30" runat="server" ForeColor="Red" Text="True或False"
Width="82px"></asp:Label><br />
<asp:Label ID="Label12" runat="server" Height="19px" Text="Bgcolor" Width
="74px"></asp:Label>
<asp:TextBox ID="txtBgc" runat="server"></asp:TextBox><br />
<asp:Label ID="Label13" runat="server" Height="19px" Text="Exceptions"
Width="74px"></asp:Label>
<asp:TextBox ID="txtExc" runat="server"></asp:TextBox><br />
<asp:Label ID="Label14" runat="server" Height="19px" Text="Time" Width
="74px"></asp:Label>
<asp:TextBox ID="txtTime" runat="server"></asp:TextBox><br />
<asp:Label ID="Label15" runat="server" Height="19px" Text="Elevation"
Width ="74px"></asp:Label>
<asp:TextBox ID="txtEle" runat="server"></asp:TextBox> <br />
<asp:Button ID="Button1" runat="server" OnClick="Button1_Click" Text="执
行WMS_GetMap流程" Width="168px" /></asp:Panel>
```

注 意

诸如 FlowID、Version 等为 Label 框，设置其 Text 属性值；部分控件为文本控件，在“工具箱”中查找“标准”控件中 TextBox 控件，拖入设计界面，设置其 ID 值与 Text 值；最后一个控件为 Button 控件，用于提交所有的信息，并执行流程。

（6）再拖入一个 Panel 的标准控件，设置其 ID 值为 PanWFS，用于存放 WFS_GetFeature 流程所需的输入参数设置，PanWFS 控件里面的布局信息，如图 5-185 所示的 True 或 False。

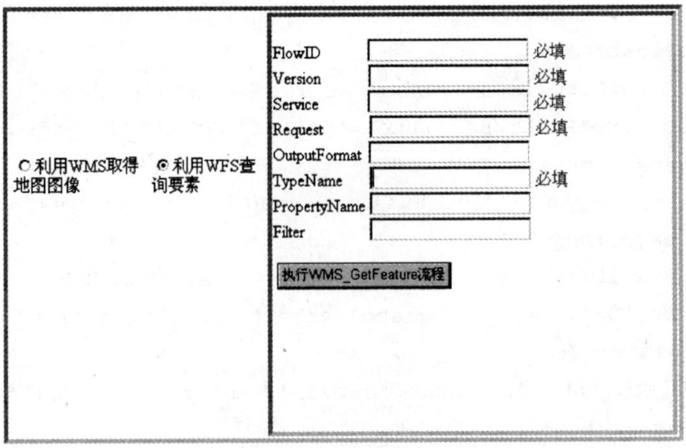

图 5-185　WFS_GetFeature 流程参数页面

前台代码如下：

```
<asp:Panel ID="PanWFS" runat="server" Height="200px" Width="305px" Visible=
"False">
```

```
<asp:Label ID="Label16" runat="server" Height="19px" Text="FlowID" Width=
"88px"></asp:Label>
<asp:TextBox ID="WFStxtFlowId" runat="server">500056</asp:TextBox>
<asp:Label ID="Label31" runat="server" ForeColor="Red" Text="必填">
</asp:Label><br />
<asp:Label ID="Label17" runat="server" Height="19px" Text="Version" Width=
"89px"></asp:Label>
<asp:TextBox ID="WFStxtVer" runat="server">1.1.0</asp:TextBox>
<asp:Label ID="Label32" runat="server" ForeColor="Red" Text="必填">
</asp:Label><br />
<asp:Label ID="Label18" runat="server" Height="19px" Text="Service"
Width="88px"></asp:Label>
<asp:TextBox ID="txtSer" runat="server">WFS</asp:TextBox>
<asp:Label ID="Label33" runat="server" ForeColor="Red" Text="必填">
</asp:Label><br />
<asp:Label ID="Label19" runat="server" Height="19px" Text="Request"
Width="90px"></asp:Label>
<asp:TextBox ID="WFStxtReq" runat="server">GetFeature</asp:TextBox>
<asp:Label ID="Label34" runat="server" ForeColor="Red" Text="必填">
</asp:Label><br />
<asp:Label ID="Label20" runat="server" Height="19px" Text="OutputFormat"
Width="89px"></asp:Label>
<asp:TextBox ID="txtOutF" runat="server"></asp:TextBox><br />
<asp:Label ID="Label21" runat="server" Height="19px" Text="TypeName"
Width="90px"></asp:Label>
<asp:TextBox ID="txtTypeName" runat="server">pp</asp:TextBox>
<asp:Label ID="Label35" runat="server" ForeColor="Red" Text="必填">
</asp:Label><br />
<asp:Label ID="Label22" runat="server" Height="19px" Text="PropertyName"
Width="74px"></asp:Label>
<asp:TextBox ID="txtPro" runat="server"></asp:TextBox><br />
<asp:Label ID="Label23" runat="server" Height="19px" Text="Filter"
Width="90px"></asp:Label>
<asp:TextBox ID="txtFilter" runat="server"></asp:TextBox><br />
<asp:Button ID="Button2" runat="server" OnClick="Button2_Click" Text="执
行WMS_GetFeature流程"
Width="168px" /><br /></asp:Panel>
```

注 意

设计界面时，需拖入工具栏中“标准”工具下的 Label、TextBox 和 Button 控件，控件的 Text、ID 等属性的设置，可参见上述代码。

（7）保存工程，右键单击“解决方案资源管理器”中的 OGCWorkFlowTest 站点，选择“生成网站”，VS2005 任务栏中显示“生成成功”，网站生成成功。

综上所述，OGCWorkFlowTest 站点界面设计基本完成，然后编写代码实现对应功能。

3）编写工作流执行函数

在 Default.aspx.cs 页面，编写一个公用方法 RunWorkFlow()，实现执行工作流功能。该函数需调用 WorkflowRunTimeComLib.dll 库中的 Run 函数执行工作流，具体的实现过程如下。

在 Default.aspx.cs 页面中引入 WorkflowRunTimeComLib 命名空间，代码如下：

```
using WorkflowRunTimeComLib;
```

在 Default.aspx.cs 页面中编写 RunWorkFlow()函数，执行工作流，代码如下：

```
 //执行工作流函数，connectStr工作流数据库连接字符串，flowID工作流ID值，
inputParaValue工作流执行的输入参数
     public string RunWorkFlow(string connectStr, int flowID, string[]
inputParaValue)
     {
        string rtnStr = null;
        try
        {//初始化工作流运行实例
           WorkflowRunTimeClass m_WorkFlowRunTime = new WorkflowRunTimeClass();
           WorkflowInstance m_WorkFlowInstance = new WorkflowInstance();
            //初始化工作流实例
           m_WorkFlowInstance = m_WorkFlowRunTime.CreateWorkflowInstance2
           (connectStr, flowID);//根据输入的工作流ID号和字符串信息创建工作流实例
           if (m_WorkFlowInstance != null)//判断工作流实例是创建成功
           {//给传入参数赋值
              int i = 0;
              for (i = 0; i < inputParaValue.Length; i++)
              {
          m_WorkFlowInstance.InputParaValue(i + 1, inputParaValue[i]);
               //循环取工作流输入参数值
              }
              m_WorkFlowInstance.SetHaveMsgBox(false);//关闭弹出提示框功能
              m_WorkFlowInstance.SetIsWriteLog(false);//关闭写日志功能
              m_WorkFlowInstance.Run();//执行工作流实例
              string error = m_WorkFlowInstance.GetLastError();//获取错误信息
              rtnStr = m_WorkFlowInstance.GetOutParaValue(i + 1);
               //获取工作流输出信息
           }
        }
        catch (Exception ex)
        {
           throw new Exception(ex.Message);
        }
        return rtnStr;//返回工作流执行输出信息
     }
```

保存工程并编译。

4）添加 Web.config 页面，用于配置工作流所需数据库信息

（1）在“解决方案资源管理器”中，右键单击 OGCWorkFlowTest 站点→添加新项，在弹出的“添加新项”对话框中的模板栏中选择“Web 配置文件”，在名称处填写“Web.config”，单击“添加”按钮，完成添加操作，如图 5-186 所示。

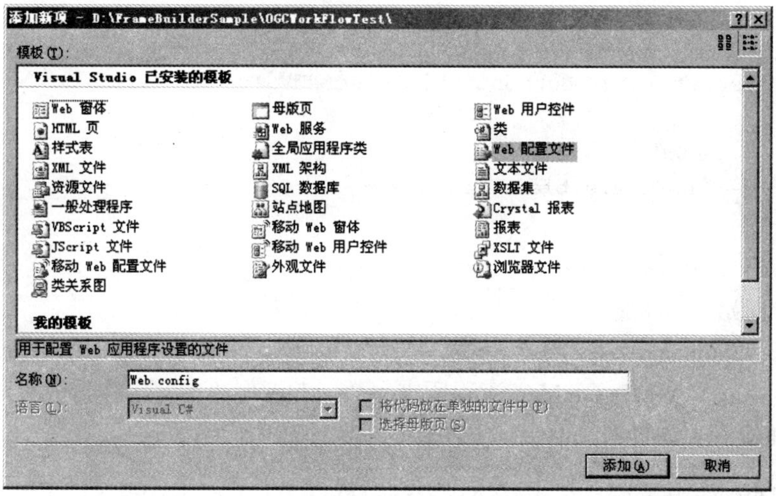

图 5-186　添加 Web.config 页面

（2）在 VS2005 中，双击打开 Web.config 文件，在<AppSetting>节点间添加如下代码：

```
<appSettings>
        <!--工作流数据库的连接-->
        <add key="WorkFlowConn" value="Provider=Microsoft.Jet.OleDb.
        4.0;Data Source=D:\\MapGIS K9\\Program\\DcWorkFlow.mdb"/>
        </appSettings>
```

注　意

WorkFlowConn 处填写为 WMS_GetMap 和 WFS_GetFeature 流程所使用的数据库。

（3）打开 Default.aspx.cs 页面，引用命名空间，用于读取配置文件中的数据库连接字符串。

```
using System.Configuration;
```

（4）保存工程并编译。

5）地图图像显示功能实现

在 Default.aspx.cs 页面，使用 C#语言编写对应功能代码实现功能，具体实现步骤如下所述。

（1）在 Default.aspx 页面中，双击 RadioButtonList 选框，添加 SelectedIndexChanged 事件，编写代码，用于实现，选择单框时显示或者隐藏对应的 PanWMS 和 PanWFS 控件，具体如下：

```
protected void RadioButtonList1_SelectedIndexChanged(object sender, EventArgs e)
    {
        //控制客户端单选框，以及Panel控件是否显示
        if (RadioButtonList1.SelectedValue == "wms")
        {
            PanWMS.Visible = true;
            PanWFS.Visible = false;
        }
        else if (RadioButtonList1.SelectedValue == "wfs")
        {
            PanWMS.Visible = false;
            PanWFS.Visible = true;
        }
    }
```

（2）保存网站。

（3）打开 Default.aspx 设计页面，双击“执行 WMS_GetMap 流程”按钮，添加 Click 事件，在该事件中获得 WMS_GetMap 流程所需参数，并调用“编写工作流执行函数”中编码的 RunWorkFlow 函数，执行工作流，该 Click 事件的具体代码如下：

```
protected void Button1_Click(object sender, EventArgs e)
    {
        int flowID = Convert.ToInt32(txtFlowID.Text);
        //定义flowID，用于接收用户输入的工作流ID号
        //定义String类型数组，用于接收用户输入的工作流参数信息
         string[] input = new string[] { txtVer.Text.ToString(), txtReq.Text.
            ToString(), txtLay.Text.ToString(), txtSty.Text.ToString(), txtCRS.
            Text, txtBBox.Text, txtWid.Text, txtHei.Text, txtFor.Text, txtTra.
            Text, txtBgc.Text, txtExc.Text, txtTime.Text, txtEle.Text };
        //定义string类型变量，用于存储调用RunWorkFlow函数执行工作流的返回结果
        string rtnWMS = RunWorkFlow(ConfigurationManager.AppSettings
         ["WorkFlowConn"], flowID, input);
        Session["rtnWMS"] = rtnWMS;//将工作流返回值存入缓存Session中
        Response.Write("<script>window.open('ResultShow.aspx','_blank')</script>");
            //跳转到ResultShow.aspx页面
    }
```

WMS_GetMap 流程执行结果存储在 rtnWMS 中，并将该值存入 Session 中，以传递给下一页面 ResultShow.aspx，显示执行结果。

（4）添加 ResultShow.aspx 页面，方法为：在“解决方案资源管理器”中，右键单击 OGCWorkFlowTest 站点→添加新项，在弹出的“添加新项”对话框中的模板栏中“Web 窗体”，在名称栏中输入 ResultShow.aspx，单击“添加”按钮，完成添加操作。

（5）打开 ResultShow.aspx.cs 页面，引入序列化 XML 文档需使用的命名空间，代码如下：

```
using System.Xml;
using System.Xml.Serialization;
using System.IO;
```

（6）在 ResultShow.aspx.cs 页面的 Page_Load 事件中添加代码，实现序列化，并将二进制字节流输出到 HTTP 输出流中，代码如下：

```
protected void Page_Load(object sender, EventArgs e)
    {
        string ee = (string)Session["rtnWMS"];//接收Default.aspx页面传入的Session值
        //反序列化string类型对象为Byte[]类型
        StringReader sr = new StringReader(ee);
        XmlSerializer xmlSerial = new XmlSerializer(typeof(byte[]));
        byte[] mpjParam = (byte[])xmlSerial.Deserialize(sr);
        Context.Response.BinaryWrite(mpjParam);
        //将结果图像二进制字符串写入到HTTP输出流中
    }
```

（7）保存并编译工程，设置“解决方案资源管理器”中，右键单击 Default.aspx 页面，在弹出的右键菜单中选择“设为起始页”。

（8）按 F5 快捷键，运行工程，在弹出的 Default.aspx 页面中，选择“利用 WMS 取得地图图像”单选框，在右边的 PanWMS 面板中，填写对应的参数，如图 5-187 所示。

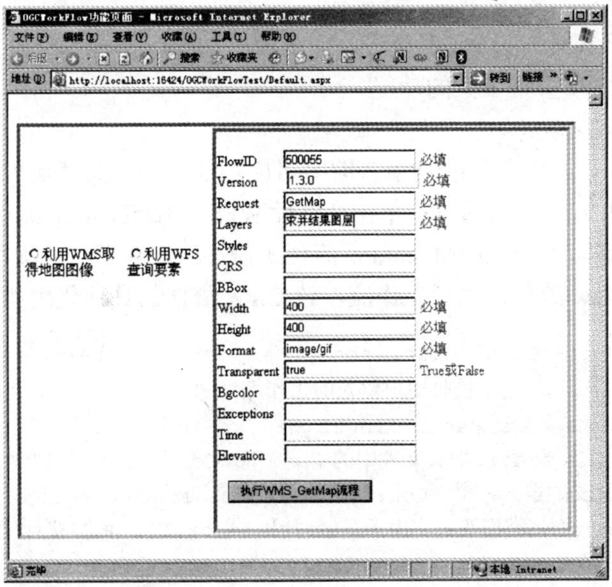

图 5-187　填写 WMS_GetMap 流程参数

注　意

此处填写的图层名（Layers）参数的值为 5.3 节裁剪相交分析流程生成的结果图层名“求并结果图层”，如图 5-119 所示的调试成功后的界面。

（9）单击图 5-187 中的“执行 WMS_GetMap 流程”按钮，执行流程，并将结果显示在 ResultShow.aspx 页面，如图 5-188 所示。

图 5-188 结果显示

综上所述，基于 WMS 服务实现显示地图图像的功能，就已经介绍完成。接下来，完成如何利用 WFS 服务实现查询要素的功能。

6）查询要素功能实现

在 Default.aspx.cs 页面，使用 C#语言编写对应功能代码，具体实现步骤如下所述。

（1）打开 Default.aspx 设计页面，单击“执行 WFS_GetMFeature 流程”按钮，添加 Click 事件，在该事件中获得 WFS_GetMFeature 流程所需参数，并调用“编写工作流执行函数”中编码的 RunWorkFlow 函数，执行工作流，该 Click 事件的具体代码如下：

```
protected void Button2_Click(object sender, EventArgs e)
    { //定义flowID，用于接收用户输入的工作流ID号
      int flowID = Convert.ToInt32(WFStxtFlowId.Text);
        //读取Web.config配置文件中的WorkFlowConn节点下的数据库连接信息
        string connectStr = ConfigurationManager.AppSettings["WorkFlowConn"];
        //定义string类型变量，用于存储调用RunWorkFlow函数执行工作流的返回结果
        string[] input = new string[] { WFStxtVer.Text.ToString(), txtSer.
        Text.ToString(),
        WFStxtReq.Text.ToString(), txtOutF.Text.ToString(), txtTypeName.
        Text.ToString(),
        txtPro.Text.ToString(), txtFilter.Text.ToString() };
        //定义string类型变量，用于存储调用RunWorkFlow函数执行工作流的返回结果
        string rtnWFS = RunWorkFlow(connectStr, flowID, input);
        //接收工作流返回参数存入GetFeatureResult.xml文档中
        File.WriteAllText(Server.MapPath("./") + "test.xml", rtnWFS);
        Response.Redirect("test.xml");
        //跳转到GetFeatureResult.xml页面，在网页中显示执行结果
    }
```

（2）保存并编译工程。

（3）按 F5 快捷键，运行工程，在弹出的“Default.aspx”页面中，选择“利用 WFS 取得地图图像”单选框，在右边的 PanWFS 面板中填写对应的参数，如图 5-189 所示。

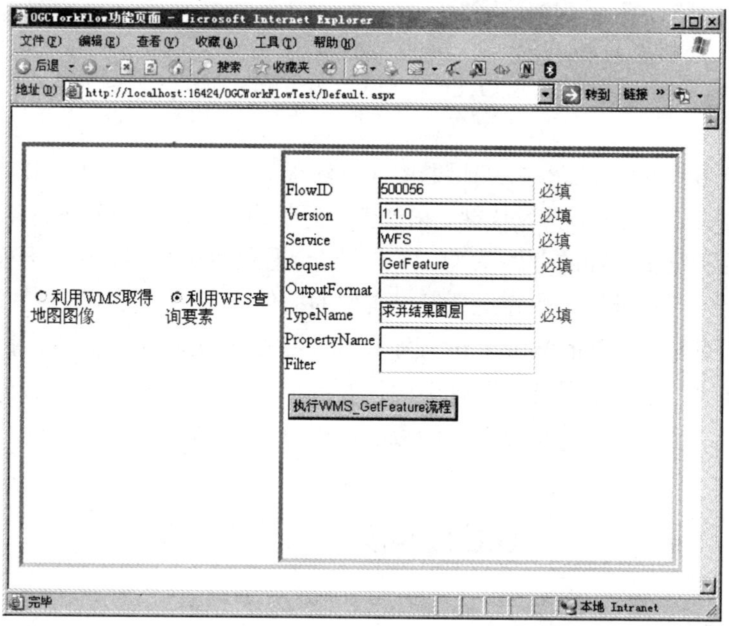

图 5-189　WFS_GetMFeature 流程参数页面

（4）WFS_GetMFeature 流程执行结果存储在 test.xml 文件中，并以网页的形式显示，在 test.xml 页面中记录了 TypeName 中图层所包含的要素，以及要素对应的空间坐标信息。执行结果如图 5-190 所示。

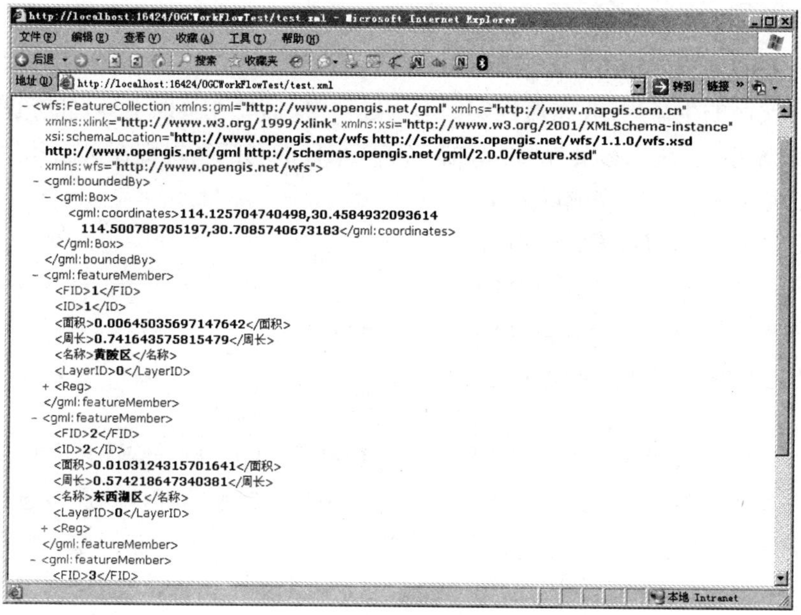

图 5-190　WFS_GetMFeature 流程结果页面

至此为止，基于 OGC 流程的 Web 站点调用工作流示例就全部编写完成，OGC 服务的配置与接口说明、使用方法等请参见 MapGIS K9 IGS 平台提供的帮助文档，或者参看《基于搭建式的 WebGIS 开发教程》，在此不再详述。

5.5 小　　结

本章以实例形式介绍了工作流编辑器中业务流程的模拟设计，采用工作流编辑器设计流程具有实用性强、上手容易、开发快捷、拓展性强等特点，用户只需要熟悉开发的业务流程，即可在短时间内开发出所需的业务系统。而在系统流程插件开发时，要求开发者具有一定的编写代码的经验，才能准确、快速地开发出有用的插件，用于项目扩展。

本章介绍了 C/S 模式下的 WinForm 程序和 B/S 模式下的 Web 站点调用系统流程的方法，充分体现了工作流的“一次设计，两种架构”的特点。同时，将 OGC 服务以一种 GIS 功能的形式，集成到功能仓库中，搭建对应的流程，实现基于 OGC 服务的 WebGIS 功能。

5.6 问题与解答

1．怎样开发工作流的节点页面？

解答：应用于工作流的业务逻辑实现页面，都受控于流程节点，因此流程需识别这些页面，而这些页面除了需要实现具体的业务逻辑以外，还需要添加一些必要的元素，以保证流程节点可识别并控制这些页面。这些限制要求包括：

- 页面必须从 MapgisEgov.Config.WorkFlowPage 或 MapgisEgov.EgovInterface.WfPage 派生；
- 运行期间需要 FlowID、CaseNo、Index0、ActiveID、EventCode 等必要 url 参数。

根据流程实例的生命周期，在流程实例运行过程中，需要在页面上处理的流程事件包括。创建、设置步骤完成、进入移交界面、归档，这些事件的功能实现都在页面基类中，在适当的时机调用合适的方法即可完成以下操作：

- 创建：this.SaveThisCaseInfo()；
- 设置步骤完成：this.SetThisStepFinish()；
- 进入移交界面：this.ScriptSetGoHandOver()；
- 归档：this.SetThisCaseArchives()。

2．系统流程中有分支情况时，如何利用条件控制流转方向？

解答：可通过编辑连接方式，对流程流转进行灵活控制。单击某连接之后，如图 5-191 所示，根据需要，在条件表达式中给出条件；如果满足给定的条件，此连接通过。

提示：用鼠标直接将可选对象拖入条件表达式中，再在可选操作中选择某一运算符，给定条件。如图 5-191 所示的条件表达式，输入 a，b 两个数，如果两数之和大于或等于 50，就继续向下运行。

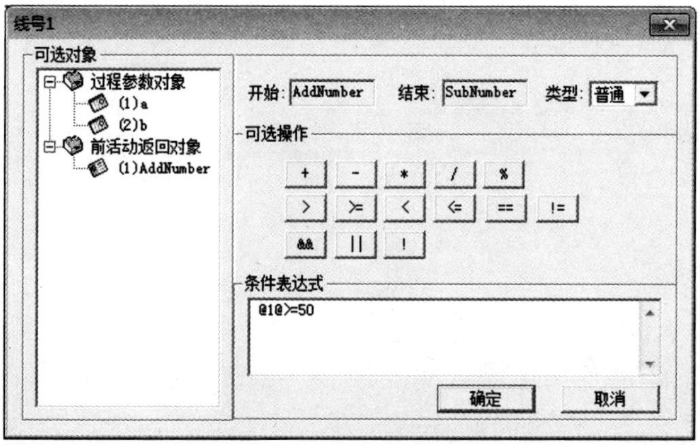

图 5-191　编辑系统流程连接

3．打开工作流，弹出空白报错对话框，且工作流框架没有相关视图，如何解决？

解答：…\FrameBuilder\workflow 文件夹下有“注册工作流组件.bat”，单击运行即可。

4．在 Web 站点或者 Web 服务站点调用工作流时，执行结果为空时，如何解决？

解答：出现此种情况是因为未给 WorkFlowRunTimeCom.dll 组件所在 Program 文件夹添加 NETWORK SERVICE、ASPNET、IUSR_机器名、IIS_WPG 等用户和赋予“完全控制”权限，可参照 5.4.5.1 节添加用户，并给用户赋权。

5.7　练　习　题

1．设计一个系统流程，首先对一个线要素做缓冲区分析，再将缓冲区分析结果与另一个区要素进行叠加分析。

2．开发一个业务流程插件，实现当某案件在一定时间内未办理即被自动移交给节点的代办人办理的功能，这段时间的具体值及代办人由用户设定。

3．开发一个公文发文的业务流程，可参考 MapGIS 搭建平台的帮助手册。

4．按照 5.4 节所讲述内容，实现 OGC 服务中 WCS 服务中的 GetCoverage 功能。

第6章

自定义表单搭建实例

自定义表单设计器可用于设计业务流程所需的各种表单，而这些表单可与5.1节单独选址建设用地审批流程相关联，设计各流程节点对应的功能表单。MapGIS搭建平台提供的表单设计器可方便地连接业务数据库，快速地对数据库进行添加、删除、更新等操作，满足业务系统的各种需求。如果待开发的系统未涉及相关业务审批流程，也可利用表单设计器设计普通的表单页面。

本章以第5章中搭建的业务流程为基础，讲解如何利用MapGIS搭建平台的表单设计器设计相关业务审批流程表单页面，并与数据库进行绑定。

在使用表单设计器设计流程表单前，请参见MapGIS搭建平台提供的帮助文档，首先正确地安装并配置搭建平台和自定义表单客户端后，再进行表单设计，在此不再详述具体的安装与配置操作。

目的要求

本章沿用第 5 章实例，利用 VFD 表单设计器，快速开发第 5 章涉及的业务流程功能页面。在本章中，将详细介绍各流程页面中各种功能点的实现方法，需掌握表单页面的设计、我的查询及我的更新建立方法、控件属性的配置、功能插件的调用及配置方法等，还需掌握强大的 SQL 编程能力，熟悉 Web 页面美化方法、脚本语句的编写，以及熟悉功能插件的拓展开发方法。

主要内容

- 界面美化方法；
- 页面控件的调用及属性配置；
- 我的更新及我的查询的建立及配置；
- 页面参数的应用配置；
- 页面控件与数据源的绑定；
- 功能插件的调用及开发。

重点难点

本章的重点在于页面控件的属性配置，页面参数的理解与应用配置，我的更新及我的查询数据索引的建立配置，功能插件的调用及开发。对于 Web 开发不太熟悉的开发人员，对理解诸如页面参数等概念及运行机制相对较难，在学习 Web 开发基础方面相关书籍的同时，多与开发实践结合，是掌握这部分的关键。

6.1 建设用地审批表单制作实例

本章沿用第 5 章工作流部分提供的需求案例，即国土资源厅单独选址建设用地管理系统。

6.2 表单搭建实例概述

在第 5 章工作流部分，已经设计完成业务流程功能，本章将介绍如何利用 VFD 表单设计器开发与每个节点对应的功能页面，即 Web 页面，供权限用户完成各节点活动任务。例如流程开始节点，窗口人员在收到申请单位的申请及相关资料时，需填写建设用地签审单，上传相关材料并入库，同时激活用地审批流程，移交给下一节点办理人员审核；下一节点人员要对该申请案件进行审核，同时，该节点办理人员需要对审核意见进行记录，还需要录入相关审核信息的入口。类似地，在整个流程中，每个节点对应的功能页面都提供查看前一节点提交的审查或审核信息的功能。

6.3 实例数据组织设计

开发表单页面之前，请务必创建所需数据库表。

6.3.1 业务数据库表

建表说明：数据库表字段名称建议采用英文命名，但为便于阅读理解起见，这里均采用中文名。建设用地内审数据库如表 6.1 所示。开垦费计算表如表 6.2 所示。

表 6.1　建设用地内审数据库表

字 段 名	类 型	允 许 空	说 明
ID0	Number	否	主键
案件编号	VARCHAR(32)	否	唯一
收件日期	DATETIME	是	
用地申请单位	VARCHAR(128)	否	
单位性质	VARCHAR(32)	是	
联系人	VARCHAR(32)	是	
联系电话	VARCHAR(32)	是	
案件名称	VARCHAR(32)	是	
项目名称	VARCHAR(128)	是	
申请用地面积	float (8)	是	
转用农用地面积	float (8)	是	
利用处经办人意见	VARCHAR(128)	是	
利用处经办人	VARCHAR(32)	是	
利用处审核意见	VARCHAR(128)	是	

（续表）

字 段 名	类　型	允 许 空	说　明
耕保处经办人意见	VARCHAR(128)	是	
耕保处经办人	VARCHAR(32)	是	
耕保处经办日期	DATETIME	是	
耕保处审核意见	VARCHAR(128)	是	
耕保处审核人	VARCHAR(32)	是	
耕保处审核日期	VARCHAR(128)	是	
财务处审查意见	VARCHAR(128)	是	
财务处审查人	VARCHAR(32)	是	
财务处审查日期	DATETIME	是	
财务处审核意见	VARCHAR(128)	是	
财务处审核人	VARCHAR(32)	是	
财务处审核日期	DATETIME	是	
扫描人	VARCHAR(32)	是	
征用集体土地	float (8)	是	
利用处经办日期	DATETIME	是	
利用处审核人	VARCHAR(32)	是	
利用处审核日期	DATETIME	是	
扫描日期	DATETIME	是	
政府意见扫描名称	VARCHAR(32)	是	
政府意见扫描	NVARCHAR(32)	是	
归档日期	DATETIME	是	
备注	VARCHAR(128)	是	
区域等级	VARCHAR(32)	是	
圈内外情况	VARCHAR(32)	是	
开垦费合计	Float(8)	是	

表 6.2　开垦费计算表

字 段 名	类　型	允 许 空	说　明
ID1	INT	否	主键
案件编号	VARCHAR(32)	否	唯一
地类	VARCHAR(32)	是	
耕地面积	float (8)	是	
计算标准	float (8)	是	
应收金额	float (8)	是	
申请用地面积	float (8)	是	

6.3.2　建表 SQL 语句

1）“建设用地审批”建表 SQL

```
create table 建设用地审批
(
  ID0      int primary key IDENTITY (1, 1) NOT NULL,
  案件编号      VARCHAR(32) not null unique,
```

```
  收件日期      DATETIME,
  用地申请单位    VARCHAR(128),
  单位性质      VARCHAR(32),
  联系人       VARCHAR(32),
  联系电话      VARCHAR(32),
  案件名称      VARCHAR(32),
  项目名称      VARCHAR(128),
  申请用地面积    float (8),
  转用农用地面积   float (8),
  利用处经办人意见 VARCHAR(128),
  利用处经办人    VARCHAR(32),
  利用处审核意见   VARCHAR(128),
  耕保处经办人意见 VARCHAR(128),
  耕保处经办人    VARCHAR(32),
  耕保处经办日期   DATETIME,
  耕保处审核意见   VARCHAR(128),
  耕保处审核人    VARCHAR(32),
  耕保处审核日期   DATETIME,
  财务处审查日期   VARCHAR(128),
  财务处审查意见  VARCHAR(128),
  财务处审查人    VARCHAR(32),
  财务处审核日期   DATETIME,
  财务处审核意见   VARCHAR(128),
  财务处审核人    VARCHAR(32),
  扫描人       VARCHAR(32),
  征用集体土地    float (8),
  利用处经办日期   DATETIME,
  利用处审核人    VARCHAR(32),
  利用处审核日期   DATETIME,
  扫描日期      DATETIME,
  政府意见扫描名称 VARCHAR(32),
  政府意见扫描    NVARCHAR(32),
  归档日期      DATETIME,
  备注       VARCHAR(128),
  区域等级      VARCHAR(32),
  圈内外情况     VARCHAR(32),
  开垦费合计     float (8)
)
```

2）"开垦费记录表" 建表 SQL

```
create table 开垦费记录表
(
  ID1  int primary key IDENTITY (1, 1) NOT NULL,
  案件编号 VARCHAR(32) not null,
```

```
  地类   VARCHAR(32),
  耕地面积 float (8),
  计算标准 float (8),
  应收金额 float (8)
)
```

6.4 实例基础功能实现

1）*表单页面存放约定*

在路径..\rameBuilder\fw2005\ SubSysFlowFile 下创建如下关系文件夹，页面存放如下所示。

```
├SubSysFlowFile  子系统
│ ├Archives    流程大类名
│ │ ├InnerBulletin   流程名
│ │ │ ├ *.vfd     流程页面
```

2）*流程页面传递的参数*

工作流模板中每个事件所绑定的页面被称为流程页面，即用户单击业务箱中某一案卷后跳转到的页面。流程页面传递的参数如下所示。

```
EventCode  事件号
IndexID0    案件记录主键值
CaseNo     案件编号
UndertakeMan  承办人代码
FlowID（或FlowCode）    流程ID
ActiveID        活动ID
```


6.4.1 窗口受理页面开发

6.4.1.1 界面设计

第一步：在“开始菜单”中找到“MapGIS 搭建平台”快捷菜单，选择并打开“自定义表单客户端”程序，如图 6-1 所示。

第二步：新建项目。单击表单设计器（或称为自定义表单客户端）中的“文件”菜单，选择“新建项目”菜单，如图 6-2 所示。

输入项目名称，如“GlebeForBuild”，如图 6-3 所示，然后单击“保存”按钮。

第三步：添加新表单。如图 6-4 所示，鼠标右键单击该项目名称，选择“添加新建项”命令。

选择“添加新建项”命令后，弹出如图 6-5 所示的连接表单服务对话框，单击“确定”按钮。

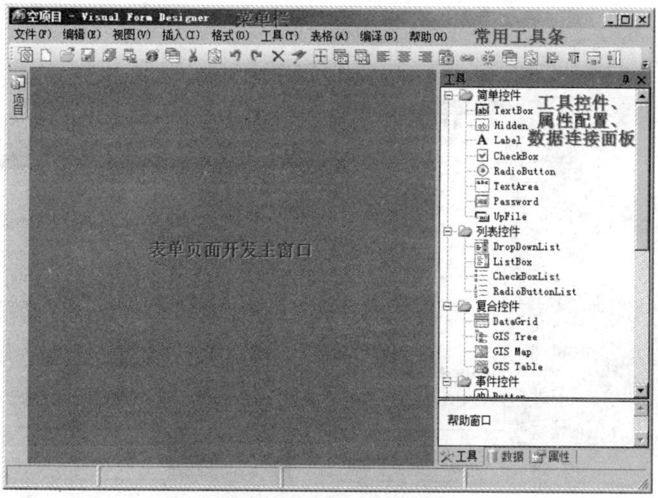

图 6-1　表单设计器主界面

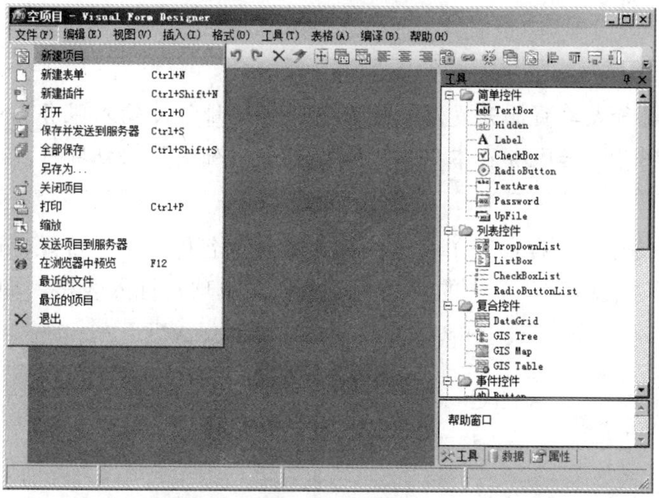

图 6-2　新建项目

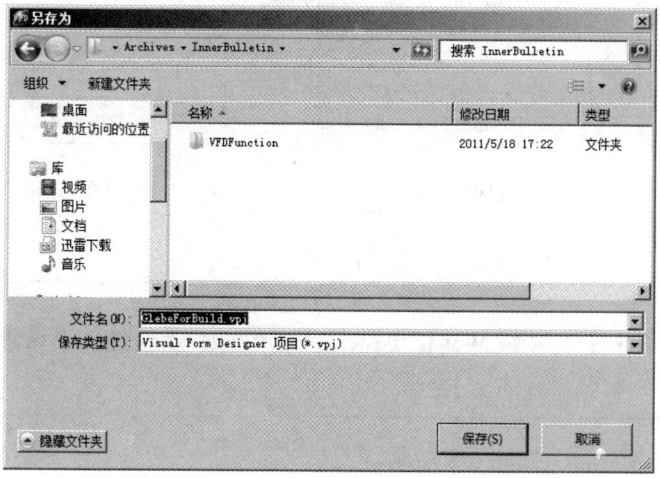

图 6-3　保存项目

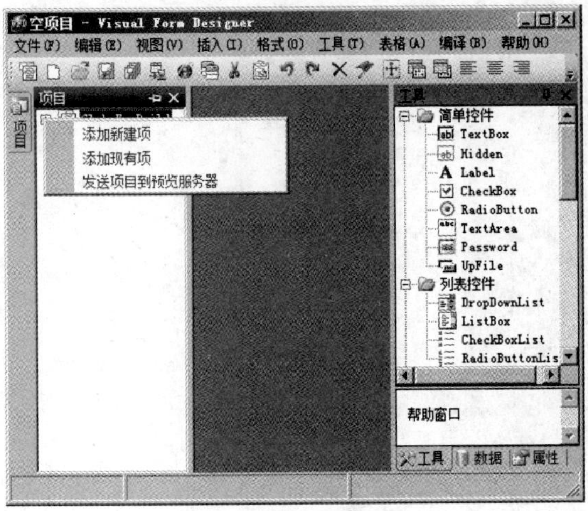

图 6-4 添加新建项

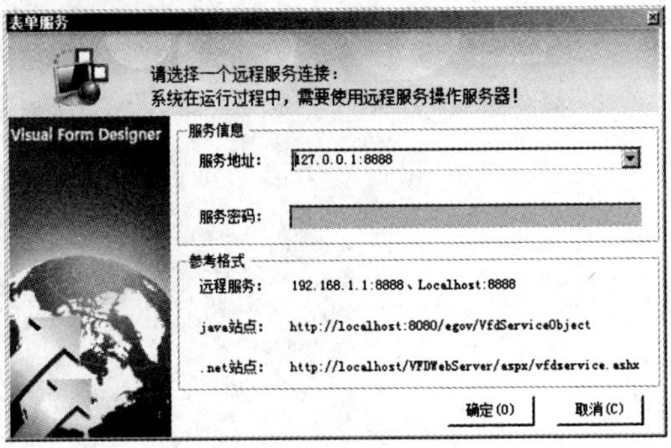

图 6-5 连接表单服务器

注 意

若在客户端进行表单页面开发时，则在“服务地址”处输入服务器所在 IP 地址，单击“确定”按钮即可；若服务在本机，则直接单击“确定”按钮即可。

单击“保存”按钮，保存该表单页面。输入本表单名称“jsyd_cksj.vfd”，如图 6-6 所示。

第四步：选择“表格”菜单中的“插入表格”菜单项，插入表格，如图 6-7 所示。

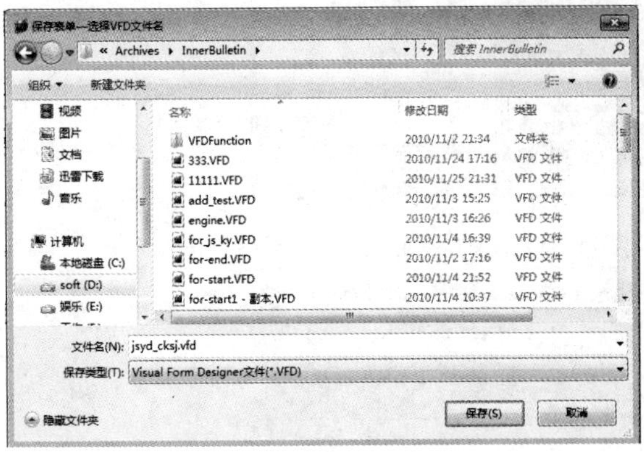

图 6-6 输入表单名称并保存

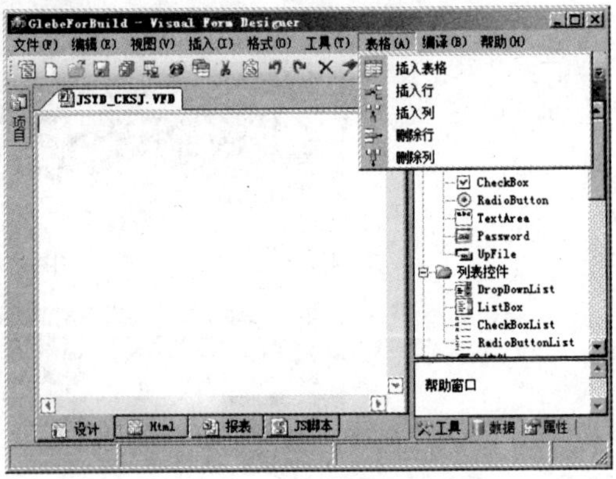

图 6-7 插入表格

说 明

亦可在第三方软件（例如 Word、Excel、FrontPage 等软件）中设计相应表格，再复制粘贴到表单设计器中。

选择“插入表格”后，如图 6-8 所示。

插入一个 6 行 6 列的表格，如图 6-9 所示。

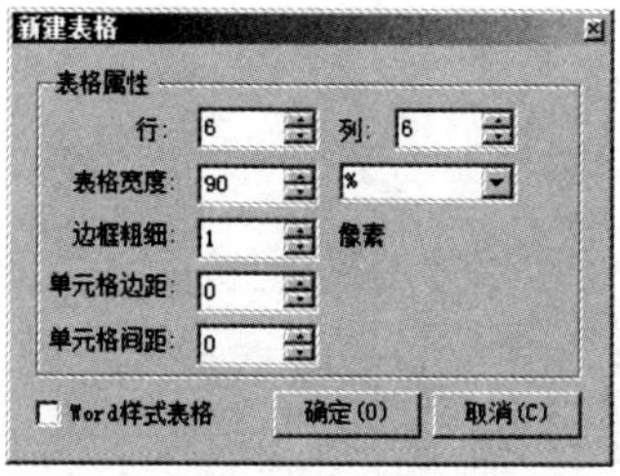

图 6-8　输入表格行列数

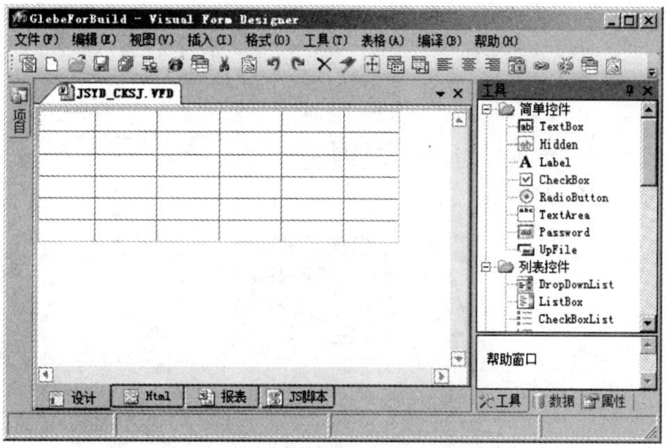

图 6-9　插入表格预览

最后，选中该表格。方法为：将鼠标指针放在表格边框处，待鼠标指针变成十字后，即可选中该表格，单击工具条处“居中对齐”按钮（≣），将该表格居中。

6.4.1.2　界面美化

在美化界面之前，将以下 css 代码全部添加到 fw2005→App_Themes→Default 文件夹下的 VfdCss.css 文件中。

```
.crm_inputs{ margin:2px 5px; height:22px;}
.crm_btn{ margin:2px 0px;}
```

注　意

以上样式表代码前面有小数点。

若在用表单设计器设计表单的过程中，无法看到与本书同步的样式效果，请添加一段样式代码到..\FrameBuilder\Visual Form Designer\Modal 文件夹下的 style.css 文件中，代码如下。

```
.DataGrid
{
            border-collapse: separate;
            border-style:none;
            border-width:1px;
            border-color:#FFC0FF;
}
.DataGridHead
{
            background-color:#34b4ef;
            font-weight:bold;
            color:white;
}
```

1）调整行列布局

将首行合并为一列，方法为：单击选中某单元格，单击鼠标右键，在弹出的右键菜单中选择“右合并”，即可成功合并一次；重复此操作，直至将首行合并为一列为止。

同样地，将第三行的二、三、四列合并为一列，将最后一行合并为一列，合并后如图 6-10 所示。

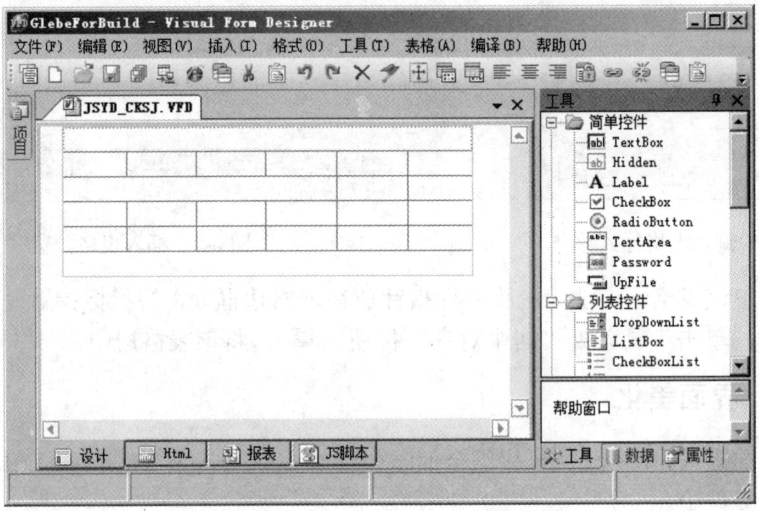

图 6-10　表格行列布局调整后的效果

2）表格美化

第一步：美化 table 表。方法为：在表单设计器中，单击右侧“属性”选项页，切换到属性面板，选中表格（鼠标指针停靠在表格边界线处，待指针图标变成十字时，即可单击选中表格），修改 CSS 样式值为“datagrid”即可，如图 6-11 所示。

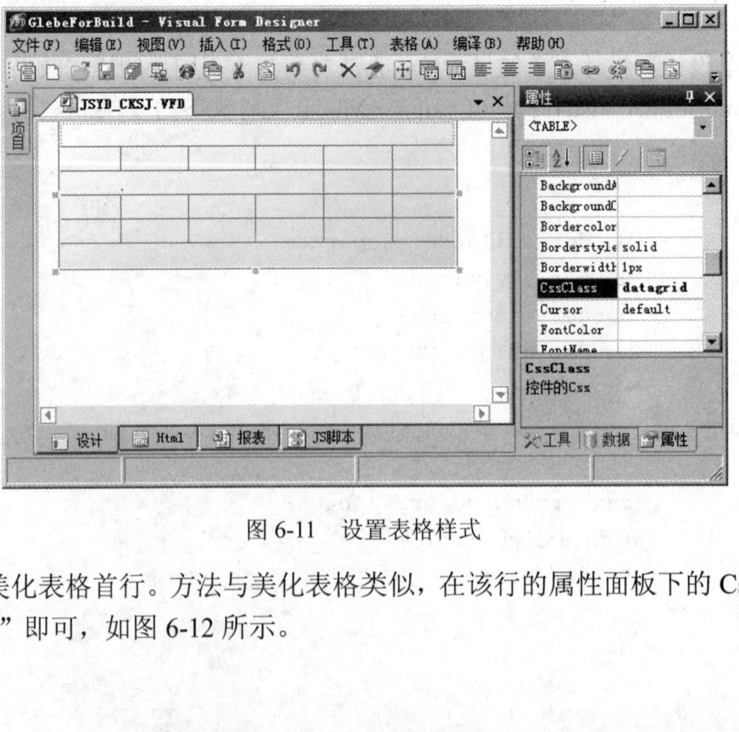

图 6-11　设置表格样式

第二步：美化表格首行。方法与美化表格类似，在该行的属性面板下的 CssClass 处输入“DataGridHead”即可，如图 6-12 所示。

图 6-12　首行美化后

说　明

边框经第一步后被调整为蓝色，且表格宽度及样式得到调整；经第二步后，首行被修改为蓝色。

第三步：按照图 5-2 所示的“窗口收件”页面录入各字段名，如图 6-13 所示。

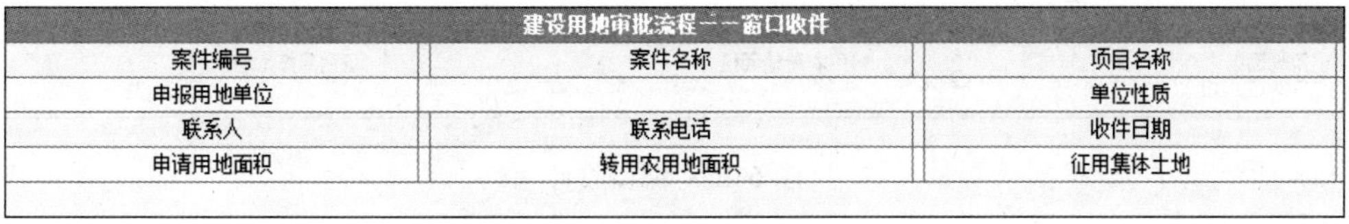

建设用地审批流程——窗口收件		
案件编号	案件名称	项目名称
申报用地单位		单位性质
联系人	联系电话	收件日期
申请用地面积	转用农用地面积	征用集体土地

图 6-13　美化、录入字段后的界面

第四步：固定第二行各单元格宽度，这里以百分比控制为例，第二行文字所在单元格宽度固定为 15%，如表 6.3 所示。

表 6.3　宽度示意表

建设用地审批流程——窗口收件					
案件编号 （15%）	宽 18%	案件名称 （15%）	宽 18%	项目名称 （15%）	宽 19%

方法：单击“案件名称”所在单元格，并切换到属性面板，找到样式栏下的“Width”属性，并输入宽度“15%”，如图 6-14 所示。

同样的方式，固定该行其他单元格宽度。修改后，效果如图 6-15 所示。最后，保存该页面。

6.4.1.3　控件调用

为该页面添加相应工具控件，如 TextBox、TextArea、CheckBox 等 Input 控件，以及 Button 类事件控件，从工具库中将所需控件直接拖拽到表单设计窗口对应位置即可，工具控件库如图 6-16 所示。

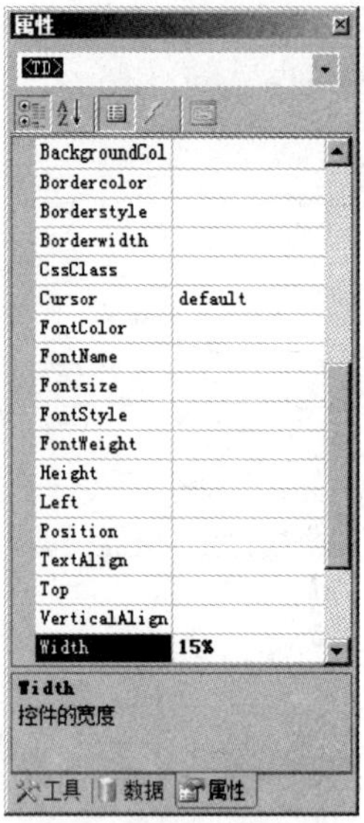

图 6-14　固定 TD 宽度

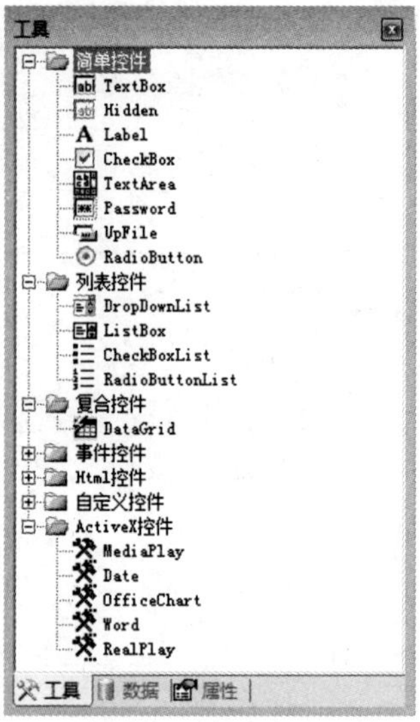

图 6-16　工具控件库

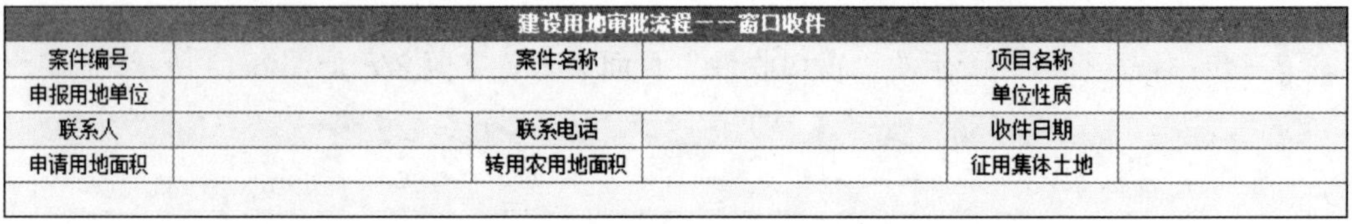

建设用地审批流程——窗口收件					
案件编号		案件名称		项目名称	
申报用地单位				单位性质	
联系人		联系电话		收件日期	
申请用地面积		转用农用地面积		征用集体土地	

图 6-15　窗口收件

控件调用方法：鼠标左键点选某控件，并按住左键不放，拖动其到设计窗口相应位置，松开左键，即实现工具控件调用。

（1）调用 TextBox 控件及样式配置。例如，为“案件编号”配置一个“TextBox”控件，将该控件从工具窗口拖动到申请编号后，如图 6-17 和图 6-18 所示。

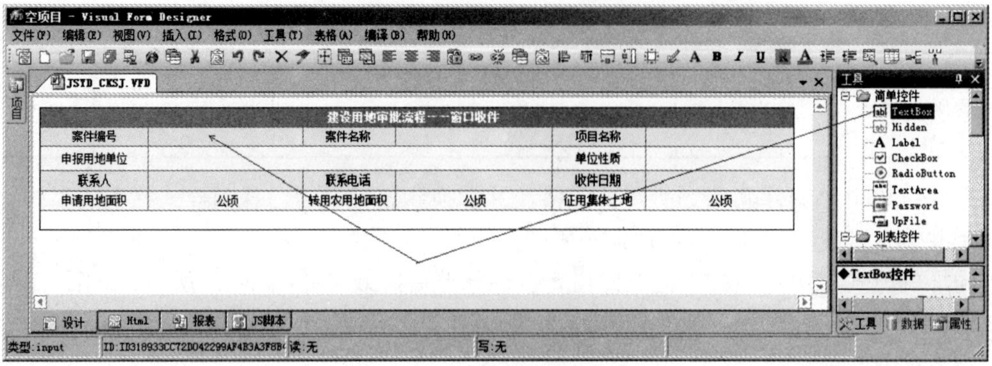

图 6-17　调用控件

调整该 TextBox 的外观，方法为：单击选中该 TextBox，单击的“属性”按钮，切换到该控件的属性信息配置窗口，找到“样式”栏，在 CssClass 处输入“Inputbox crm_inputs”，Height 和 Width 均输入“99%”，如图 6-19 所示。

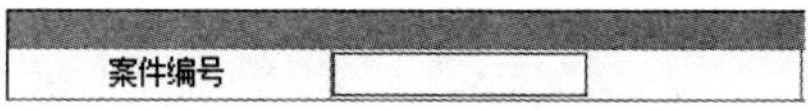

图 6-18　控件调用

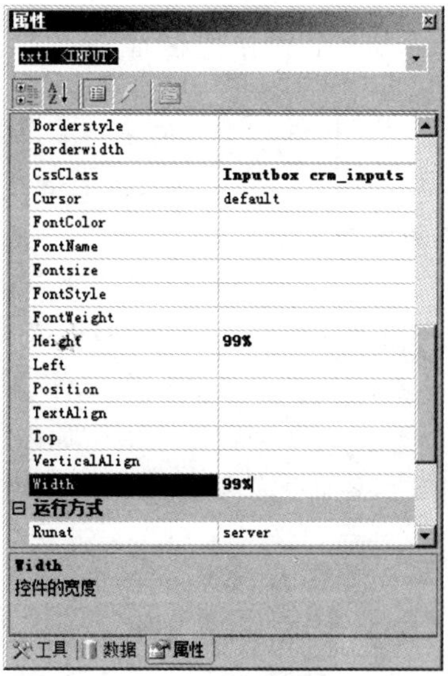

图 6-19　修改 TextBox 外观

本页面有多处用到该 TextBox，为了避免重复配置样式，只需将配置后的 TextBox 复制粘贴到该页面相应位置即可，各控件高宽建议均设为 99%，个别控件可进行灵活调整。

（2）调用 DropDownList 控件及样式配置。为“单位性质”配置 DropDownList 控件，方法：在 css 处输入“Inputbox crm_inputs”，配置好后的界面如图 6-20 所示。

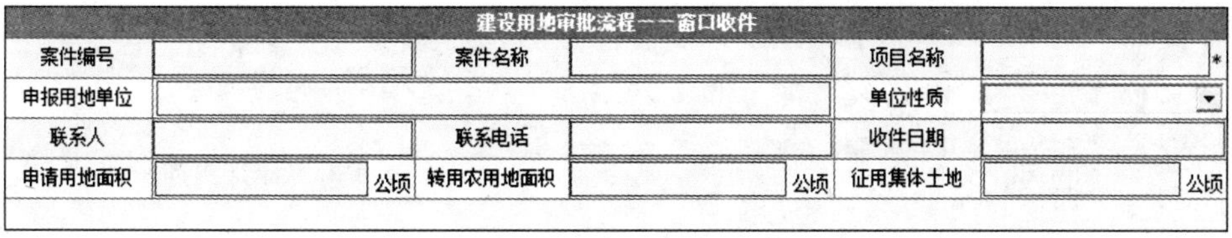

图 6-20　TextBox 控件调用预览

注　意

“项目名称”后输入“*”，以提示项目名称为必填项。

（3）调用 Button 控件及样式配置。拖动一个 Button 按钮到最后一行，并居中，Button 的高、宽分别为 23px 和 80px，CssClass 属性处输入“tbbutton crm_btn”，然后再将此 Button 复制三个，所有 button 依次改名为“叠加查询”、“保存”、“移交”、“返回在办箱”。配置好后的表单页面，如图 6-21 所示。

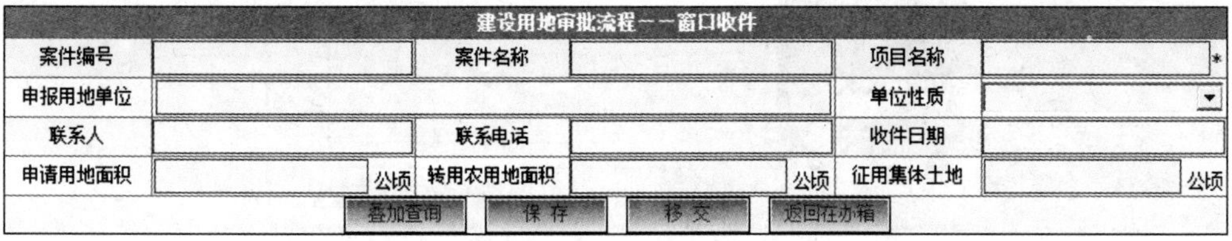

图 6-21　控件调用完成

6.4.1.4　Input 控件属性

为了满足控件的不同需求，需设置控件的某些特殊属性，例如只读属性，控件数据类型为 Date 等，本节将介绍如何配置表单页面中控件的属性。

1）案件编号

案件编号（Caseno）是随着案卷的创建而自动生成的具备唯一标识案卷作用的编号，其值由系统自动从页面参数“Caseno”中获取，要求不可被修改（即只读），设置方法如下。

（1）自动从页面参数获取案件编号。

第一步：切换到数据面板，如图 6-22 所示。右键单击“接收的页面参数”，在弹出的菜单中选择“添加页面参数”，如图 6-23 所示。

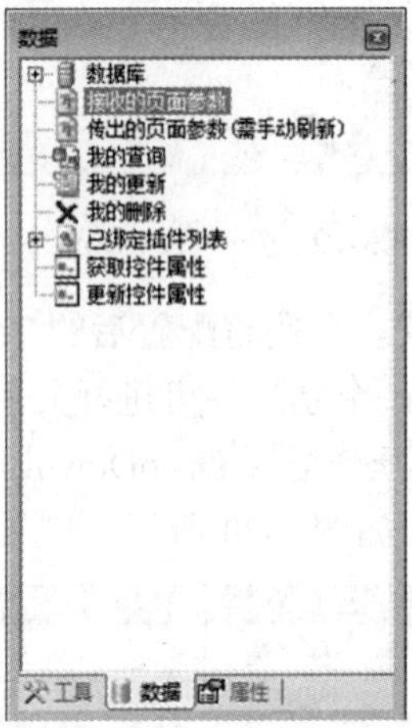

图 6-22　数据面板

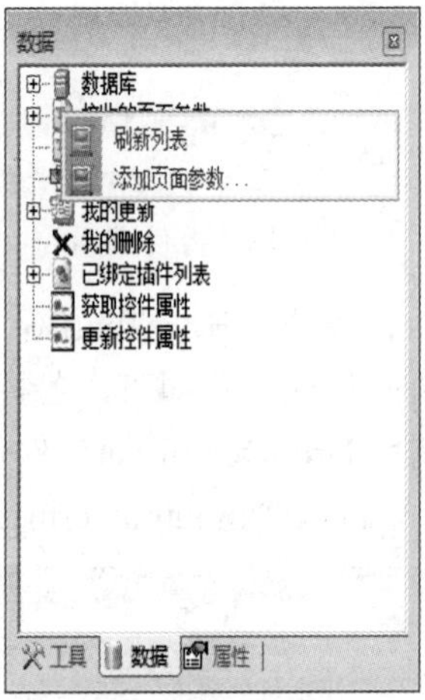

图 6-23　添加页面参数

第二步：在弹出的对话框中，输入参数名“caseno”、参数来源“Request”及给定缺省值，这里默认为 0，如图 6-24 所示。单击“确定”按钮，页面参数“caseno”创建成功。

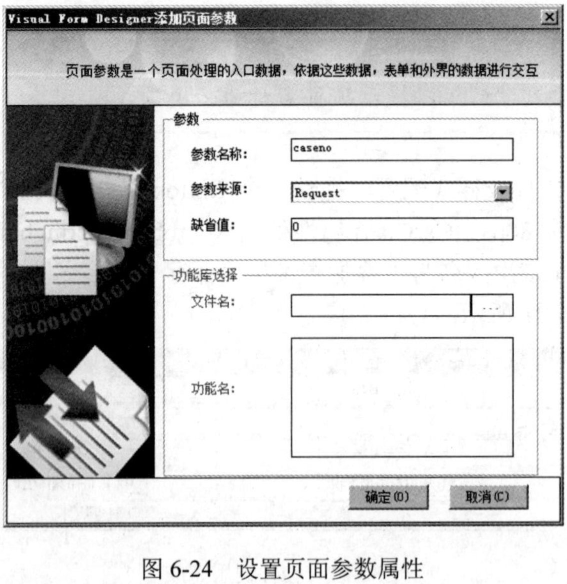

图 6-24　设置页面参数属性

第三步：控件与该页面参数绑定。方法：左键单击选中案件编号后的 TextBox 控件，按住左键不放，将其拖动到页面参数“caseno”上，如图 6-25 所示。这样，案件编号后的 TextBox 即可通过页面参数获取案件编号的值。

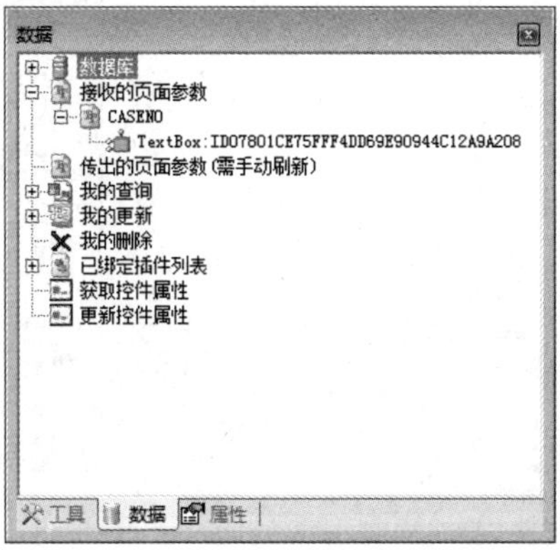

图 6-25　控件与页面参数绑定

（2）设置 TextBox 只读属性。方法：右键单击选择案件编号后的 TextBox，选择“属性”菜单，如图 6-26 所示。

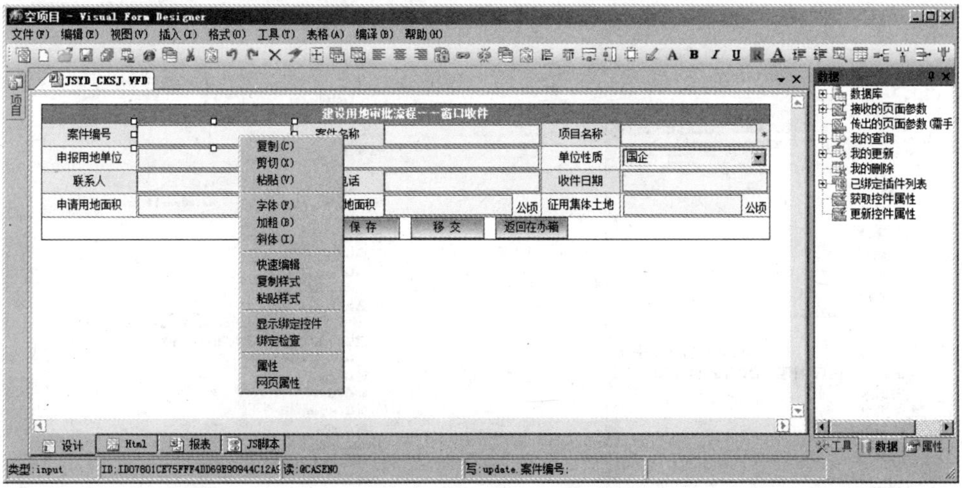

图 6-26　控件属性修改

选择“属性”菜单后，表单编辑器右侧属性窗口中出现该控件的属性信息，将状态栏中的 ReadOnly 属性值改为“True”，如图 6-27 所示，这样就可将该控件设置为只读状态。

2）项目名称

项目名称为必填项，切换到 TextBox 属性信息视窗，如图 6-28 所示。将 AllowEmpty 属性设置为“false”，即不允许为空，且在报错信息 ErrorMessage 栏输入报错提示信息，如“请输入项目名称”。

3）单位性质

单位性质的 DropDownList 选项有国企、私营、股份企业、事业单位等，DropDownList 中可选值有“数据”和“数据源”两种来源方式，这里以“数据源”为例，如图 6-29 所示。

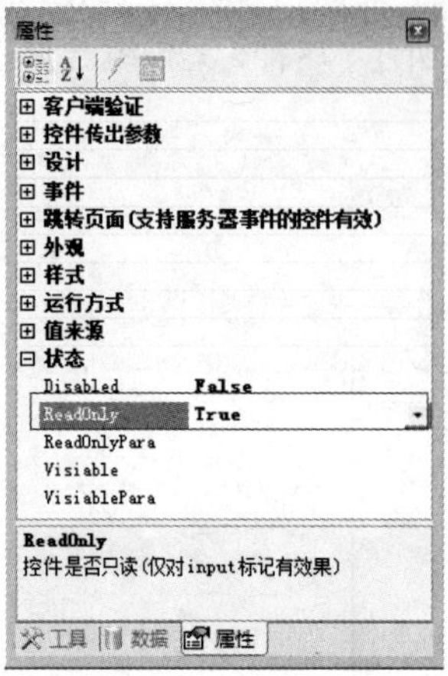

图 6-27　修改控件属性

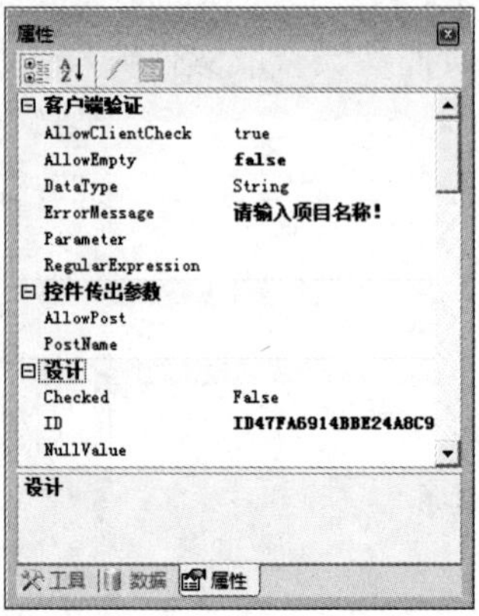

图 6-28　客户端项目名称验证设置

（1）“数据源”使用说明。若可选项数目不多，则可选择该种方式；方法：单击选中该DropDownList，进入其属性信息配置面板，如图 6-30 所示。

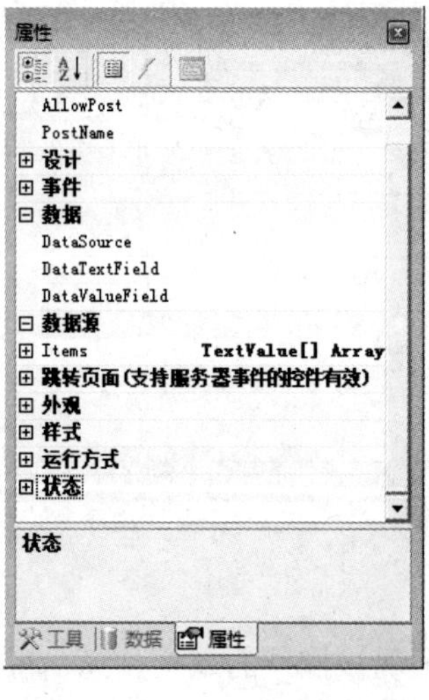

图 6-29　设置下拉框数据来源

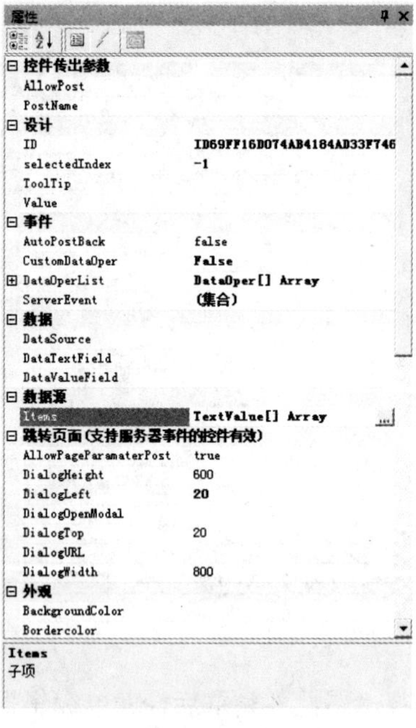

图 6-30　数据源配置

单击数据源栏的 Items 后的图标，弹出如图 6-31 所示的对话框。

单击“添加”按钮，先添加“国企”属性，如图 6-32 所示。

说　明

Selected 是指下拉框初始选中值，默认为 Flase 状态，即初始为空，这里设置初始值为“国企”，Text 是页面显示内容，Value 才是该项的值。

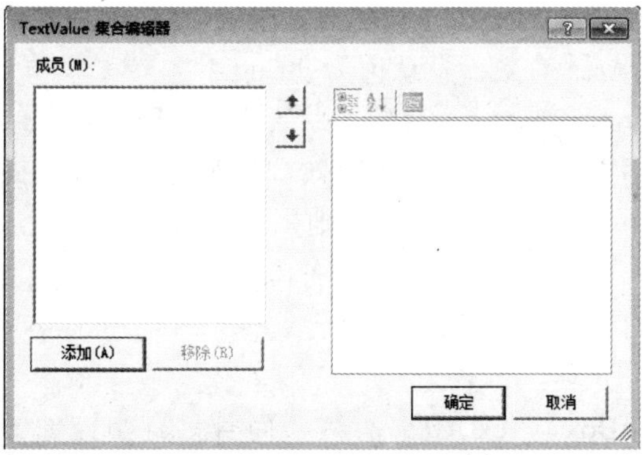

图 6-31　添加下拉框值界面

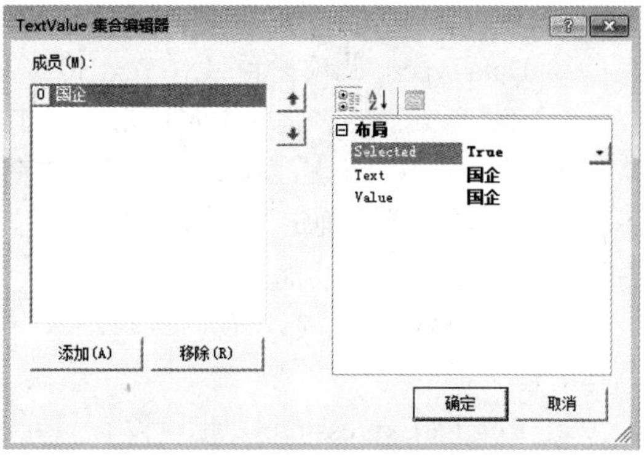

图 6-32　添加下拉框可选值

类似地，可逐个依次添加可选值，如图 6-33 所示。

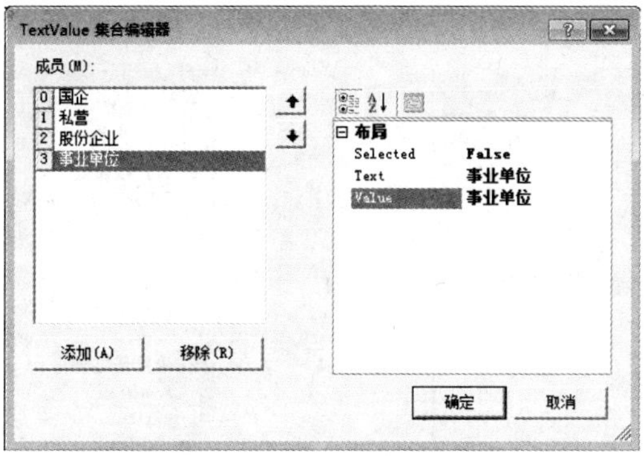

图 6-33　添加下拉框值来源

单击“确定”按钮，在设计主窗口可预览，如图 6-34 所示。

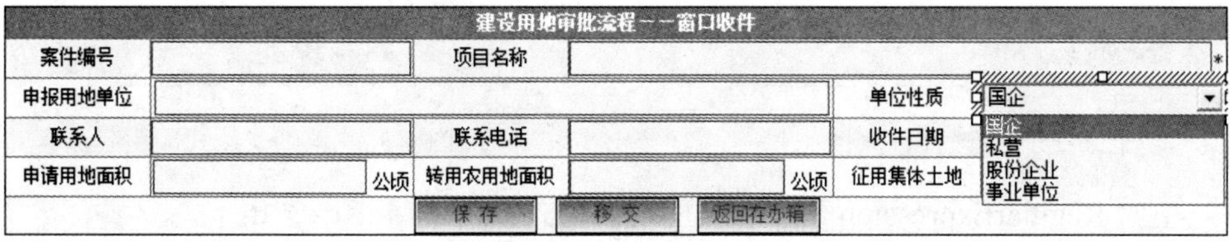

图 6-34　下拉框选项预览

（2）“数据”使用说明。该方式适合用于 DropDownList 可选项数量很多的情况，例如我国的所有省份名称。

4）收件日期

“收件日期”后的 TextBox 需实现，用户可在 Web 页面上单击 TextBox 后，弹出日历对话框，供用户选择某收件日期。

方法：单击选中 TextBox，切换到该控件属性信息视窗，如图 6-35 所示。更改 DataType 即数据类型为“Date”（日期型）。

客户端验证项说明：当工具控件需要 String 以外的数据类型时才需要设置此属性。

① AllowClientCheck：此项设置只对 LinkButton、ImageButton、Button 有效，默认值为

true，此时将会触发客户端验证，否则不会触发。

② DataType：此项设置只对 TextBox、TextArea 有效，默认值为 String。

③ ErrorMessage：此项设置通常只对 TextBox、TextArea 有效，默认值为“数据类型或格式错误”。当内容不是“数据类型或格式错误”时，也对 Button 有效，其作用为：弹出提示框，让用户选择“确定”或者“取消”，如果单击“确定”按钮，则执行 Button 的功能，否则不执行 Button 的功能。

④ Paramater：此项设置为扩展设置，对所有的控件都有效，结合业务系统使用，没有具体的意义。

⑤ RegularExpression:：此项设置只对 TextBox、TextArea 有效，而且只有当控件的 DataType 属性设置为 Custom 时才有效。此设置也是验证扩展设置。

5）联系电话

功能要求：客户端验证用户录入的联系电话是否有效，这里仅以输入电话是否为 11 位手机号为例。方法：单击选中 TextBox，切换到该控件属性信息视窗，如图 6-36 所示。

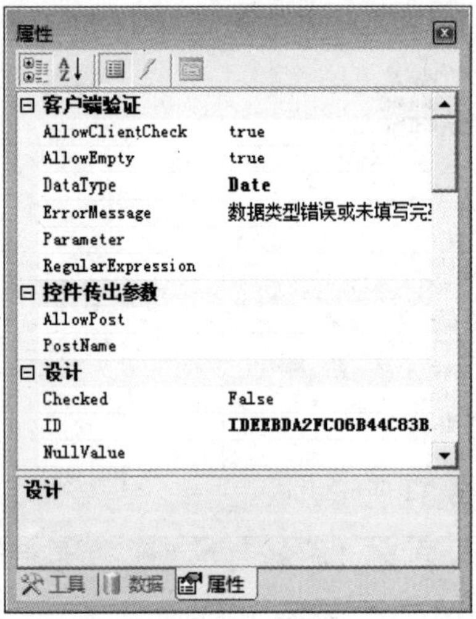

图 6-35　修改控件属性

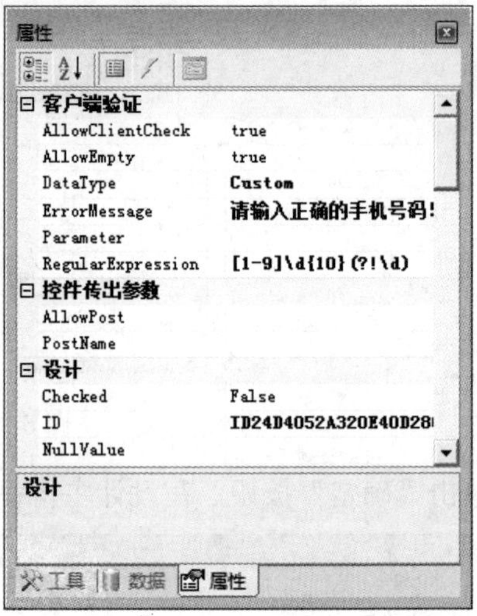

图 6-36　正则表达式应用示例

- 在“RegularExpression”栏输入正则表达式：[1-9]\d{10}(?!\d)
- “DataType”类型为 Custom
- “ErrorMessage”栏输入报错信息，如“请输入正确的手机号码！”

6.4.1.5　Button 控件绑定功能插件

1）“保存” Button 插件绑定

（1）插件绑定。若页面中名称为“保存”的 Button 没有绑定任何功能插件，不具备实际“保存”功能，需为其绑定具备保存功能的插件，方法如下所述。

第一步：单击“保存” Button 控件，切换到该 Button 控件的属性信息视窗，如图 6-37 所示，单击“事件”栏下的“ServerEvent”后的…按钮，如图 6-38 所示。

第二步：单击“绑定常用插件”按钮，在“FunctionName”下选择“ExecSave”，如图 6-39 所示。

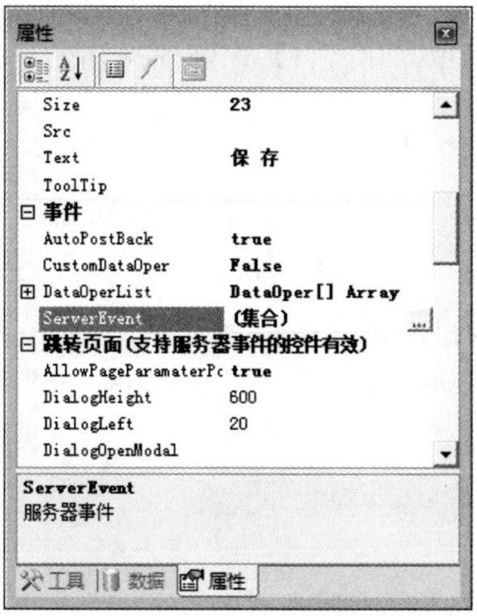

图 6-37　绑定功能插件

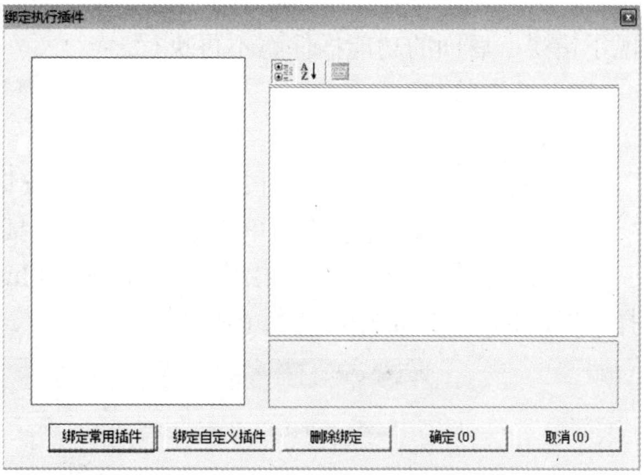

图 6-38　绑定常用插件

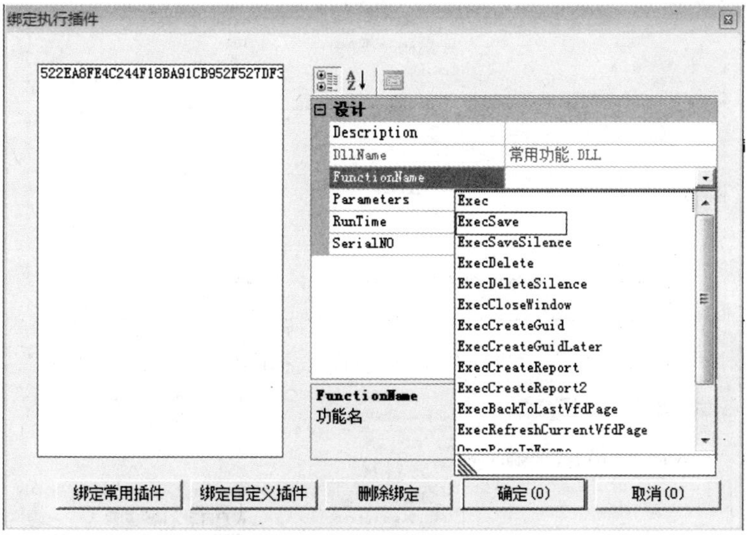

图 6-39　绑定执行保存功能插件

第三步：单击“确定”按钮，实现插件绑定。

（2）函数说明：

Exec：执行插件功能（但对于常用插件，不执行任何功能）；

ExecSave：执行保存功能，执行后弹出提示框；

ExecSaveSilence：执行保存功能，执行后不弹出提示框；

ExecDelete：执行删除功能，执行后弹出提示框；

ExecDeleteSilence：执行删除功能，执行后不弹出提示框；

ExecCloseWindow：执行关闭窗口功能；

ExecCreateGuid：创建唯一的 ID；

Parameters：执行此插件时传给插件的参数，例如给其输入“update”，表示执行保存时，只执行名为“update”的我的更新（如果此参数为空，则执行当前页面中所有的我的更新）；

SerialNO：执行顺序号，这直接影响控件功能的执行顺序，如果一个控件上绑定多个插件时，这个顺序号起作用，从顺序号在前的开始执行；如果在执行过程中前面的功能插件出现了错误，后面的功能插件将不再执行。

2）移交按钮

（1）插件绑定。

第一步：单击“移交”按钮，切换到该按钮的属性信息视窗，单击“事件”栏下的“ServerEvent”后的...按钮，单击“绑定自定义插件”按钮，如图 6-40 所示。

第二步：在“Dllname”栏找到“VFDFrmPlus.HandOver.dll”，在“FunctionName”栏选择“SetThisStepFinish”，如图 6-41 所示。

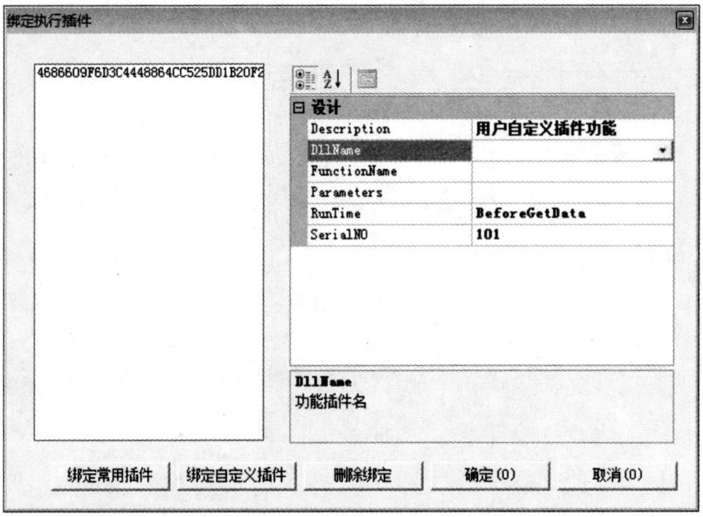

图 6-40　绑定自定义插件

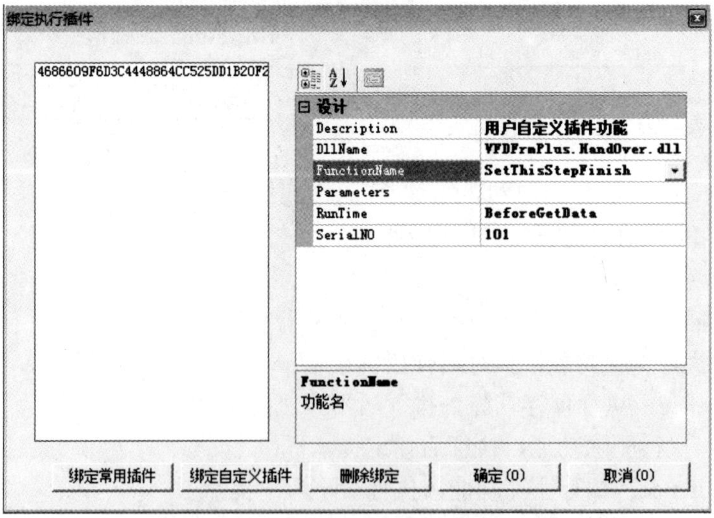

图 6-41　绑定自定义插件属性设置

第三步：再次单击“绑定自定义插件”按钮，找到“VFDFrmPlus.HandOver.dll”，在“FunctionName”栏选择“Exec”，如图 6-42 所示。

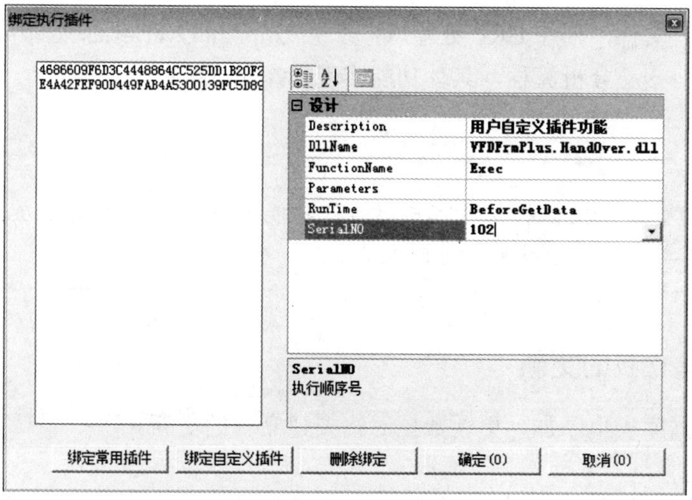

图 6-42　绑定执行移交插件

第四步：单击“确定”按钮，完成功能插件绑定。

注　意

两个插件有执行先后顺序，“SetThisStepFinish”的 SerialNO 的序号值在“Exec”之前，例如二者的 SerialNO 的序号值依次为 101、102，有先后顺序。

（2）动态链接库“VFDFrmPlus.HandOver.dll”常用函数说明：

SetThisCaseArchives：即实现归档此案件功能；

ReturnMainBox：实现返回在办箱功能；

CreateNewCaseNo：实现创建案件功能。

3）返回在办箱

绑定方法与“移交按钮”中类似，也是绑定自定义插件，在“Dllname”栏选择“VFDFrmPlus.HandOver.dll”，在“FunctionName”栏选择“ReturnMainBox”，请自行完成绑定。

至此，所有 Button 的功能插件绑定完毕。

最后，将“AllowClientCheck”属性设置为“false”，取消该按钮的客户端验证，如图 6-43 所示。

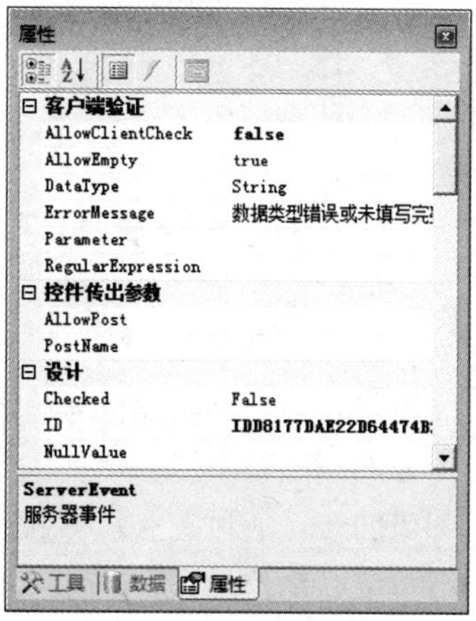

图 6-43　取消客户端验证

注　意

若不取消客户端验证，用户则无法返回到在办箱页面。

4）叠加查询

设置跳转地址，打开方式为 ShowModal，打开的页面为 ClipAndOverlay.aspx，若按照本章约定路径存放文件，则在 URL 处输入：../../../ClipAndOverlay.aspx 即可，这样用户即可在客户端调用裁剪相交分析流程，具体功能实现请参见 5.4.3 节。

注　意

设置“叠加查询”按钮的取消客户端验证功能方法，与“返回在办箱”功能设置方法相同，在此不再详述，请参见“返回在办箱”。

6.4.1.6　建立我的更新

当需要从数据库表里添加、更新数据时需要建立我的更新。

1）创建步骤

第一步：切换到“数据”面板，如图 6-44 所示。

第二步：右键单击“我的更新”，选择“新建”按钮，如图 6-45 所示。弹出如图 6-46 所示的对话框。

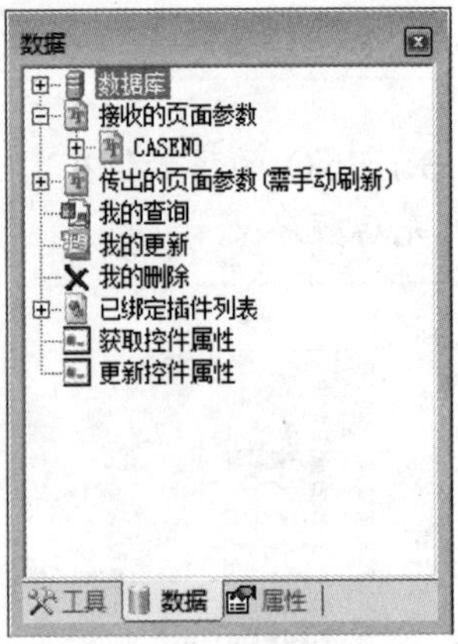

图 6-44　数据面板

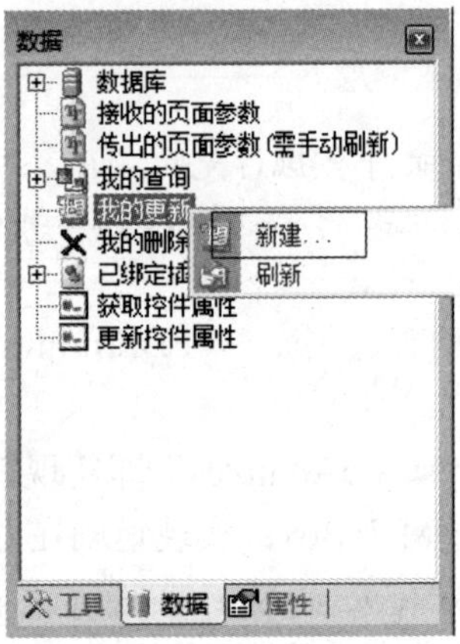

图 6-45　新建我的更新

第三步：选择数据库表。在“表（T）”栏下拉框中选择数据库表，如“建设用地审批”，如图 6-47 所示。

第四步：通过 › 或 » 按钮选择所需业务字段，这里选择“案件编号、收件日期、用地申请单位、单位性质、联系人、联系电话、案件名称、项目名称、申请用地面积、转用农用地面积、征用集体土地”等字段，如图 6-48 所示。

第五步：设置更新 SQL 条件，方法：条件栏输入“where　案件编号='@caseno@'”，我的更新名称默认为“update”（可自定义），如图 6-49 所示。

第六步：单击“完成”按钮，完成我的更新“update”创建，如图 6-50 所示。

说　明

- SQL 条件语句是系统用来判定是向指定数据库表中插入还是更新记录的条件；
- CASENO 是页面参数，即参变量，变量的表示方法如“@caseno@”。

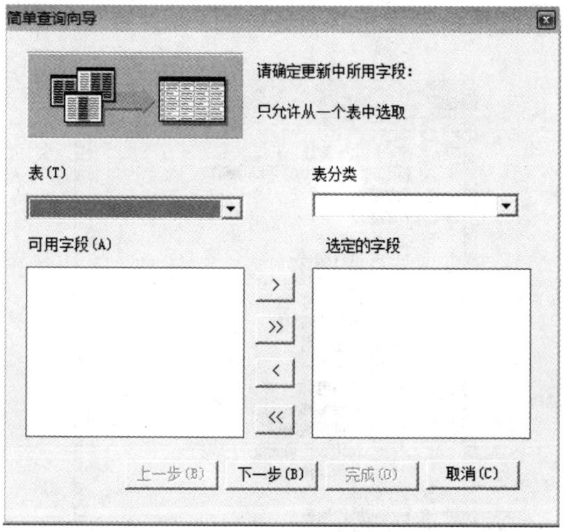

图 6-46　我的更新建立向导

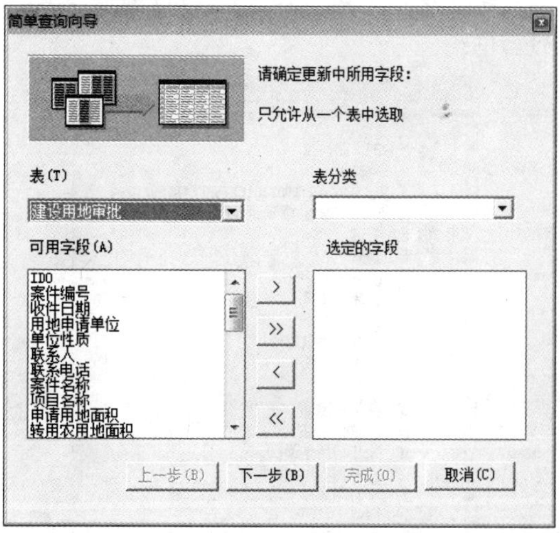

图 6-47　选择数据库表

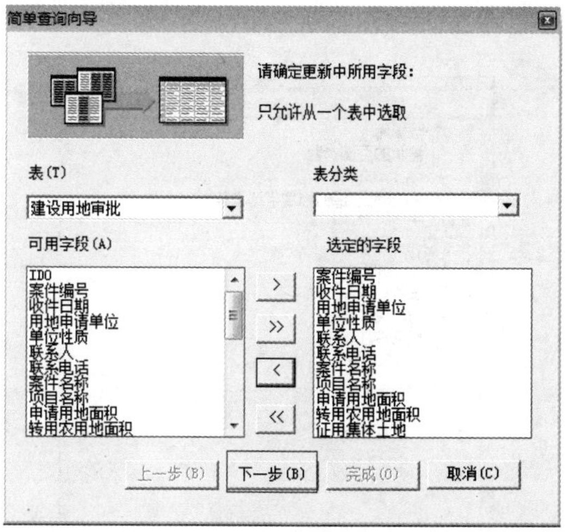

图 6-48　选择业务字段

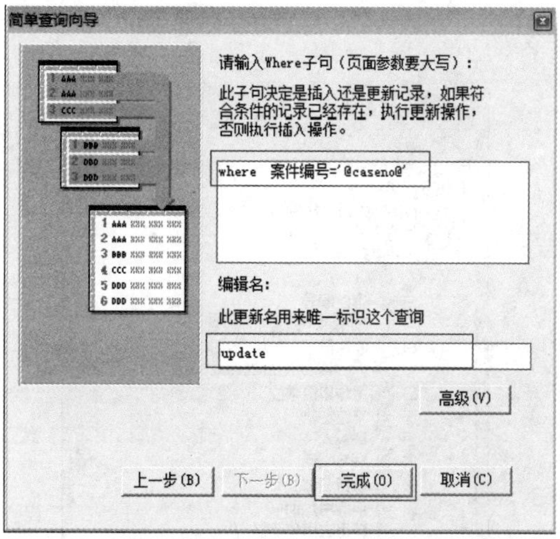

图 6-49　配置 SQL 条件

6.4.1.7　Input 控件与我的更新绑定

将各 Input 控件与我的更新中对应字段绑定，当用户在客户端单击“保存”按钮，执行保存功能插件时，将各 Input 控件中的录入值对应地插入或更新到指定数据库表字段中去。

绑定方法：鼠标左击选中某 Input 控件不放，如“案件编号”后的 TextBox 控件，拖动其到右边我的更新“update”对应的字段（如“案件编号”）上，绑定后如图 6-51 所示。

类似地，可以绑定其他控件与对应的字段，绑定后的我的更新如图 6-52 所示。

6.4.1.8　建立我的查询

当需要从数据库中取出数据时，就需要建立我的查询，它是所有 DataSource 的来源。

1）创建我的查询

建立我的查询与建立我的更新方法类似。

第一步：右键单击"我的查询"，选择"新建"，如图 6-53 所示。弹出如图 6-54 所示的对话框。

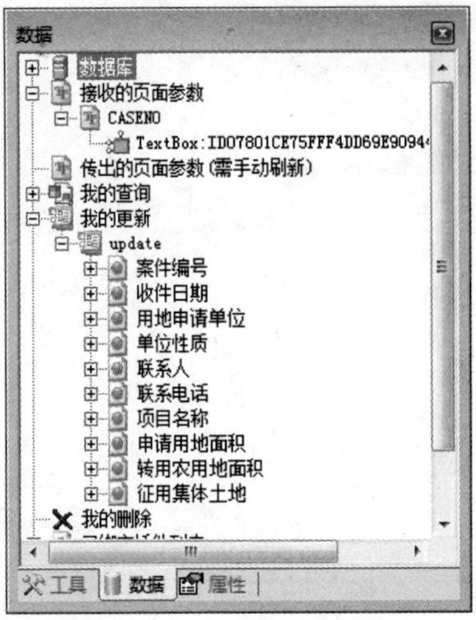

图 6-50　我的更新创建成功

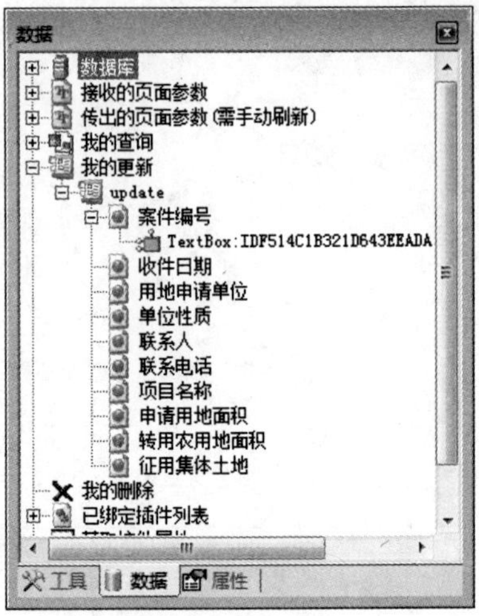

图 6-51　绑定控件

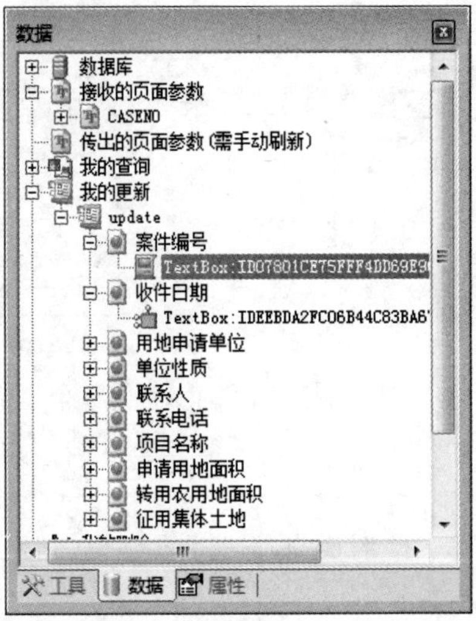

图 6-52　所有字段与控件绑定成功

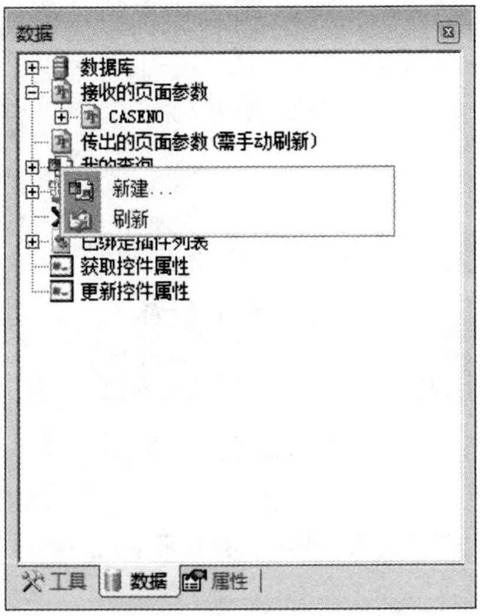

图 6-53　新建我的查询

第二步：选择数据库表"建设用地审批"，需要选择的字段信息如图 6-55 所示的"选定的字段"栏中的字段信息。与建立我的更新"update"相比，少选择"案件编号"字段，因为案件编号值来源于页面参数"CASENO"，所以此处无须添加字段"案件编号"。

第三步：设置查询 SQL 条件，查询 SQL 与我的更新相同，即"where　案件编号='@caseno@'"，我的查询名称为"inquire"（可自定义），如图 6-56 所示。

第四步：单击"完成"按钮，完成我的查询创建。

2）Input 控件与我的查询绑定

绑定方法与"Input 控件与我的更新绑定"类似，这里不再详述。

保存表单页面。单击工具栏图标，在浏览器中预览该表单页面，如图 6-57 所示。

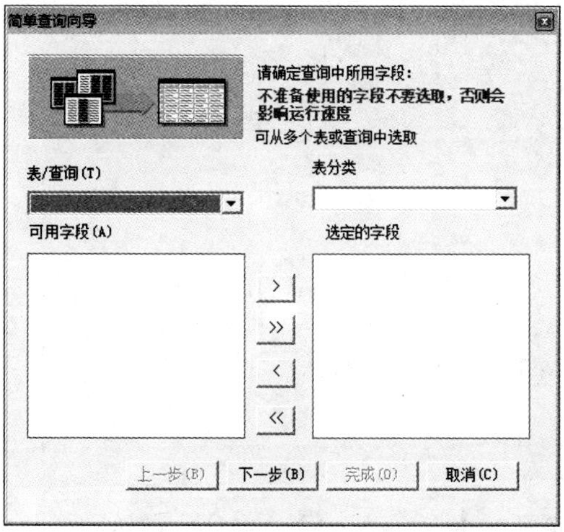

图 6-54　设置向导对话框

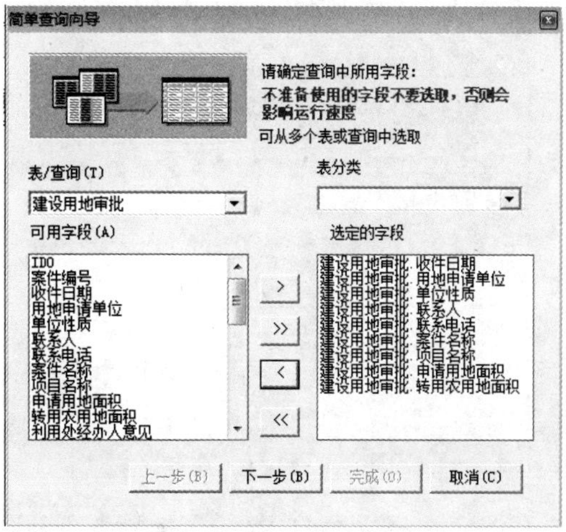

图 6-55　字段选择

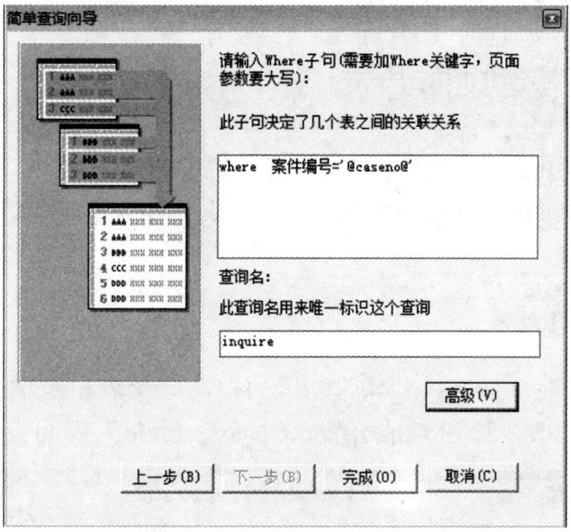

图 6-56　设置查询 SQL 条件

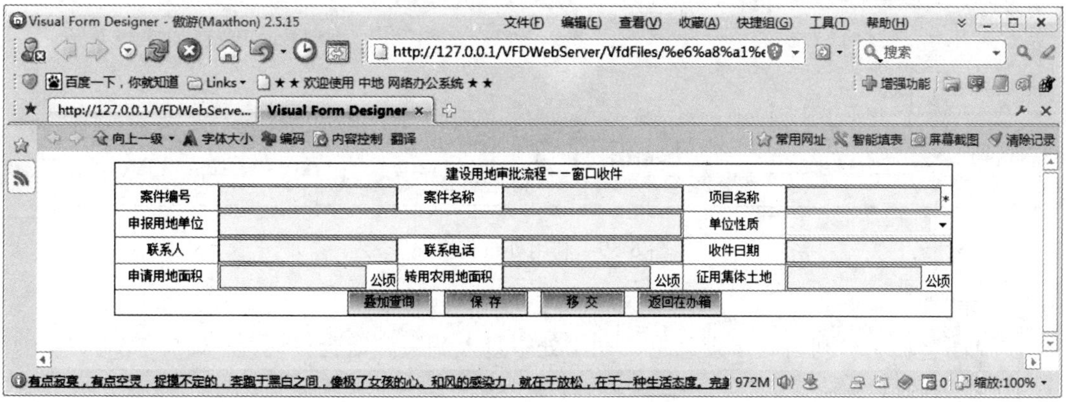

图 6-57　表单在浏览器中预览

此表单页面在框架主页中的运行效果如图 6-58 所示。

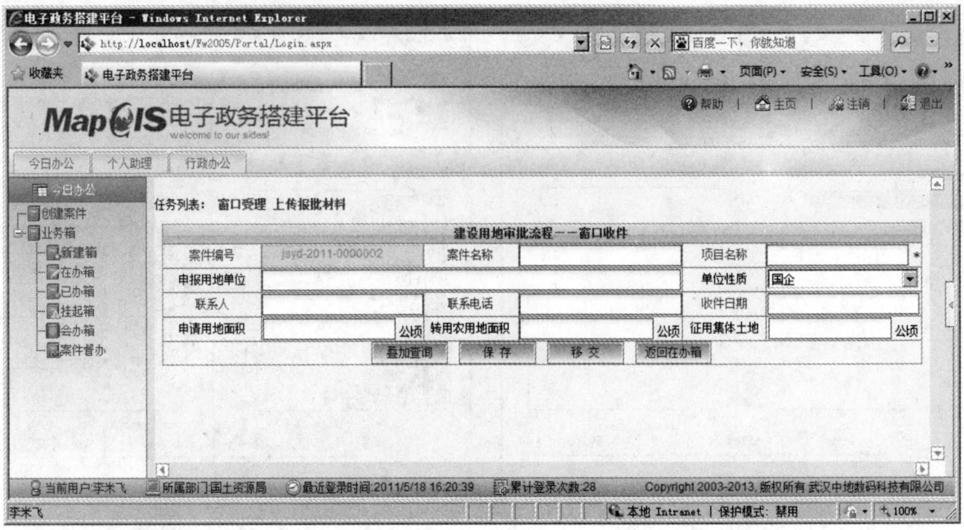

图 6-58　窗口收件表单运行效果展示

6.4.2　利用处审查页面开发

这里以节点“利用处审查”功能页面的开发为例介绍页面开发。可采用重新插入表格方式按照建立第一个节点页面的方式新建该页面，也可采用将第一个节点页面另存为的方式新建该页面，本节采用后者。

6.4.2.1　页面复用开发

技巧：将开始节点功能页面“jsyd_cksj.vfd”另存为一个表单页面，命名为“jsyd_lyc.vfd”，对新页面只需进行适当修改，即可完成开发。“jsyd_lyc.vfd” 界面设计如图 6-59 所示。

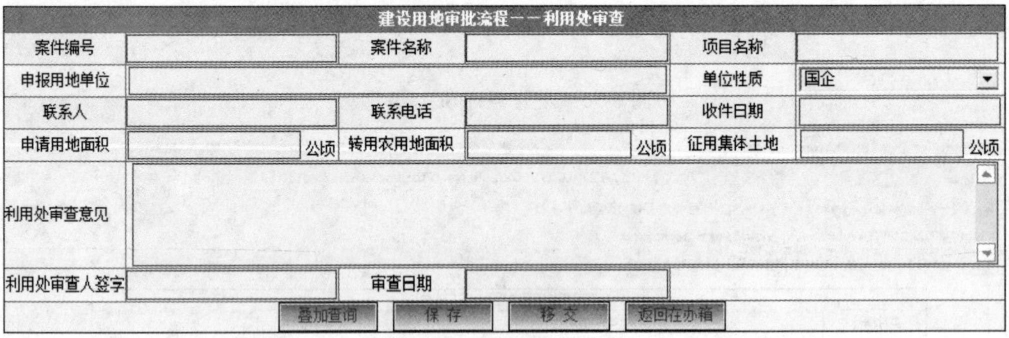

图 6-59　利用处审查情况

注意区别：

本页面增加了“利用处审查意见、利用处审查人签字、审查日期”。

1）添加两行

在最后一行“叠加查询”按钮前空白处，单击鼠标左键，光标处于闪烁状态后，选择菜单栏“表格”、“插入行”，如图 6-60 所示。

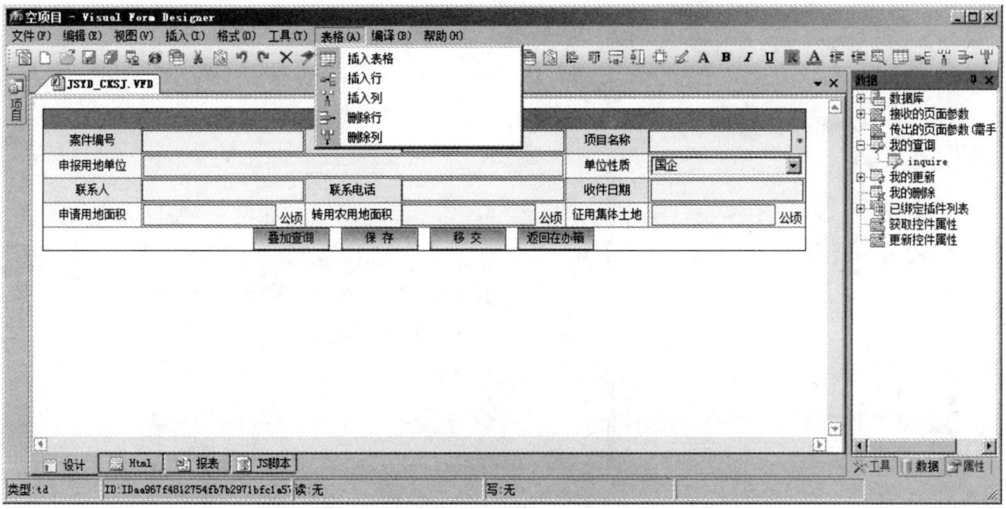

图 6-60　HTML 视窗

这样，在表格最后一行前增加了一行，如图 6-61 所示。

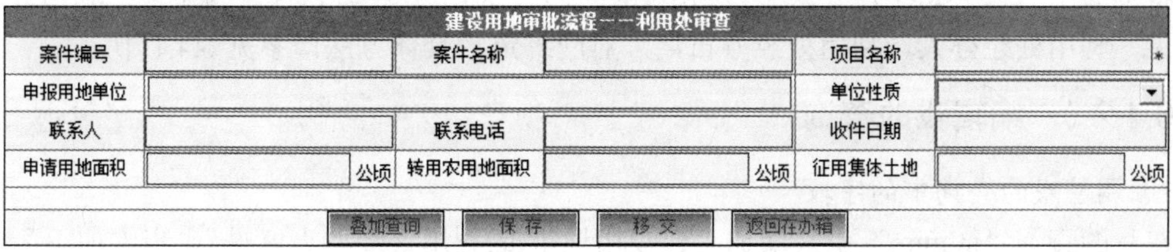

图 6-61　添加一行

然后用鼠标单击选中新加入的行，鼠标右击选择“横向拆分”命令，重复单击五次即可，以此方法，再添加一行。

2）增加控件

为“利用处审查意见”调用 TextArea 控件，建议宽、高分别为 690px 和 80px，在 css 输入“InputBox crm_inputs”，居中该控件，“利用处审查人签字、审查日期”的 TextBox 控件的高与宽请参见 6.4.1 节。

6.4.2.2　编辑我的更新

说　明

本页面只允许修改“利用处审查意见、利用处审查人签字、审查日期”，其他项只能查看，不能修改。

1）调整我的更新中的字段

方法：单击选择我的更新“update”，选择右键属性菜单“属性”，如图 6-62 所示。

在弹出如图 6-63 所示的对话框中，将括号里的字段修改为“利用处经办人意见，利用处经办人，利用处经办日期”。

修改后，查看我的更新，如图 6-64 所示。

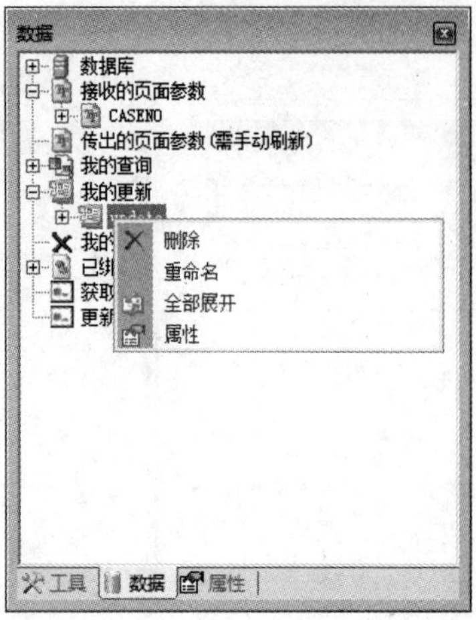

图 6-62　修改我的更新属性

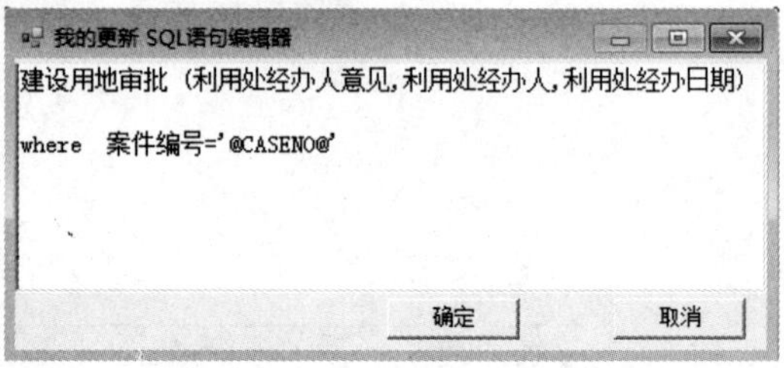

图 6-63　添加字段

2）绑定控件与对应字段

将页面中“利用处经办人意见，利用处经办人，利用处经办日期”与字段“利用处经办人意见，利用处经办人，利用处经办日期”对应绑定。具体方法请参见 6.4.1 节。

6.4.2.3　编辑我的查询

1）调整我的查询中的字段

在我的查询“inquire”中，增加“建设用地审批.利用处经办人意见”，步骤如下所述。

第一步：右键单击我的查询“inquire”，如图 6-65 所示。

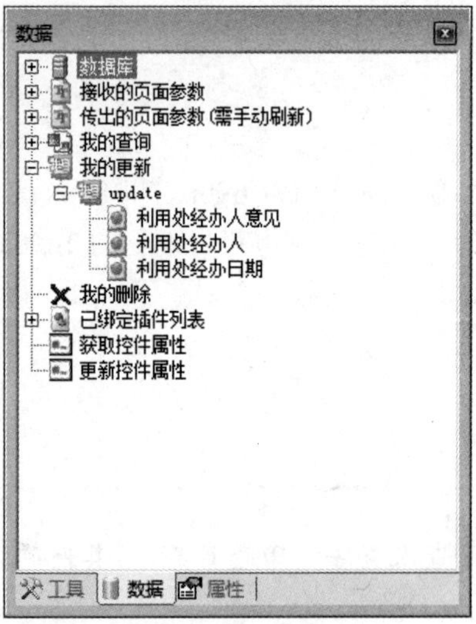

图 6-64　修改我的更新预览

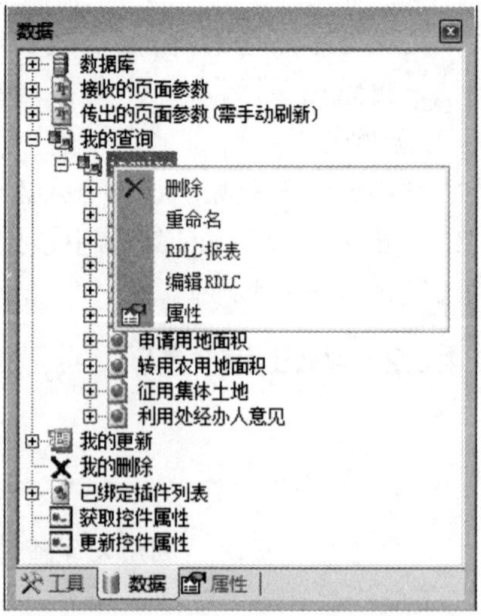

图 6-65　修改我的查询属性

第二步：选择“属性”页，弹出如图 6-66 所示的对话框，增加“建设用地审批.利用处经办人意见”。

第三步：单击“确定”按钮，增加后的我的查询如图 6-67 所示。

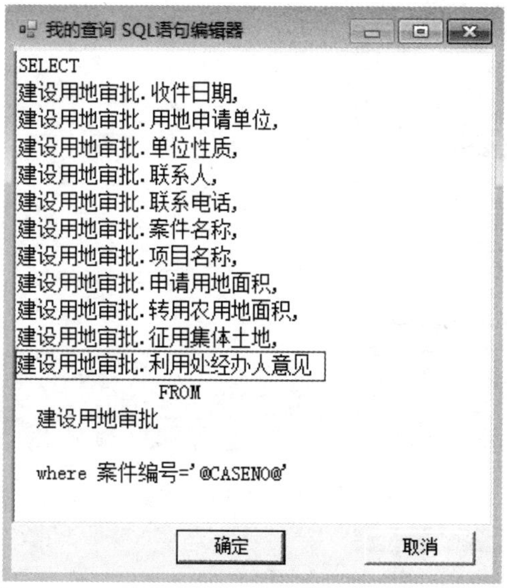

图 6-66　添加利用处经办人索引

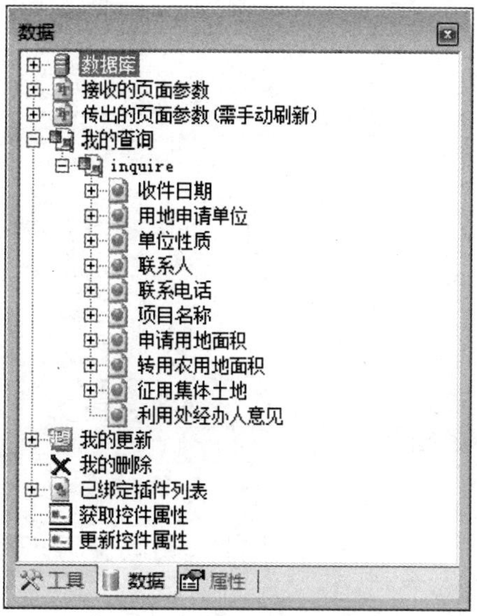

图 6-67　修改我的查询后

2）绑定控件与“利用处经办人意见”字段

方法请参见 6.4.1 节。“利用处经办人、利用处经办日期”值由系统自动读取，非来源于我的查询，接下来在“控制属性控制”中将讲解如何自动读取。

6.4.2.4　控件属性设置

如图 6-68 所示，在“利用处审查人签字”后的 TextBox 自动读取当前登录用户名，在“审查日期”后的 TextBox 自动读取当前系统日期。具体方法如下所述。

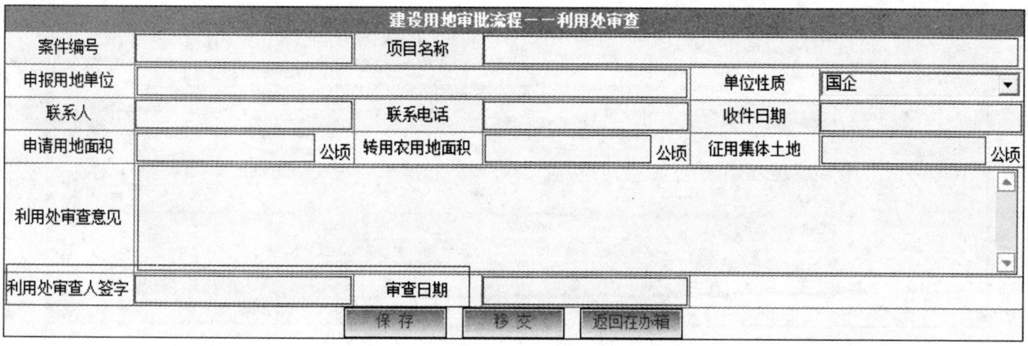

图 6-68　控件属性设置

1）自动获取当前登录用户名

添加一个参数来源方式为 Session，参数名称为“ssn_username”的参数，添加方法这里不再详述，再将界面中“利用处审查人签字”后的 TextBox 与该参数 ssn_username 绑定。

2）自动获取当前系统时间

选中“审查日期”后的 TextBox，切换到该控件的属性视窗，如图 6-69 所示。

将 AllowEmpty 的值改为 false，即不允许为空，同时 DataType（即数据类型）改为 Date（日期型），这样即可实现自动读取系统当前日期，同时设置为只读。

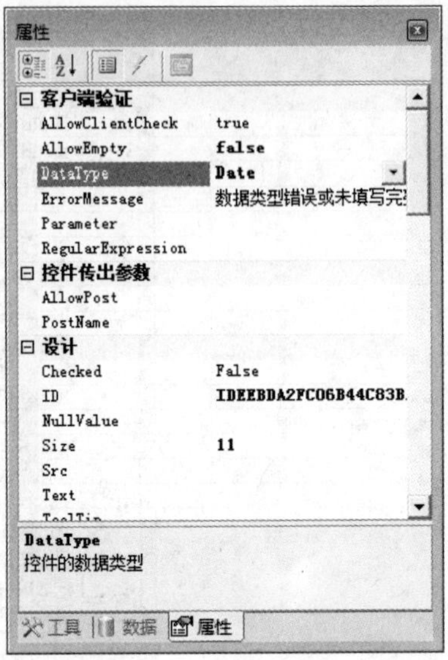

图 6-69　修改控件属性

最后，其他均保持默认，保存页面，以上方式即可实现流程“利用处审查”节点功能页面的开发。

利用处审查页面在搭建运行框架中的运行效果如图 6-70 所示。

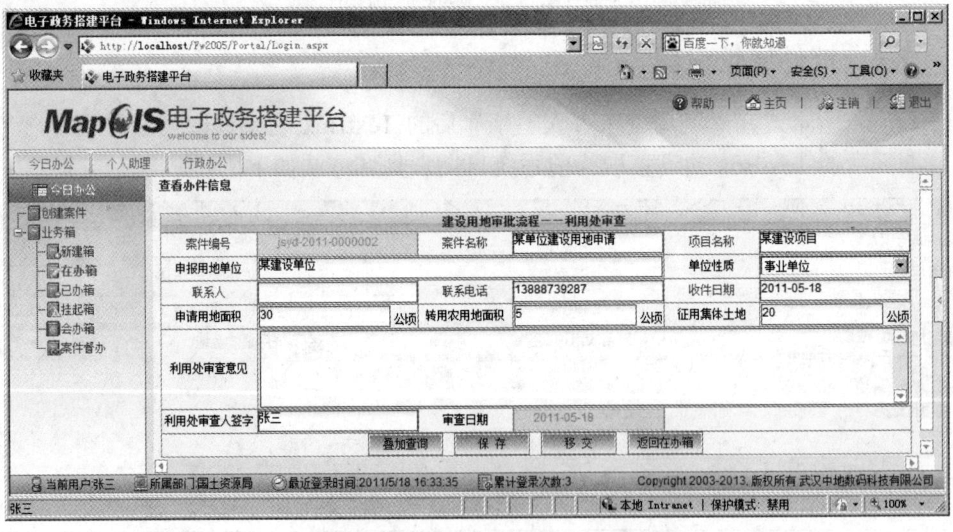

图 6-70　利用处审查表单框架主页运行效果

6.4.3　利用处审核页面开发

1）页面复用开发

方法可参考 6.4.2 节，将利用处审查页面“jsyd_lyc.vfd”另存为利用处审核页面“jsyd_lyc_sh.vfd”，界面如图 6-71 所示。

以下只针对相关区别处提出概要说明。

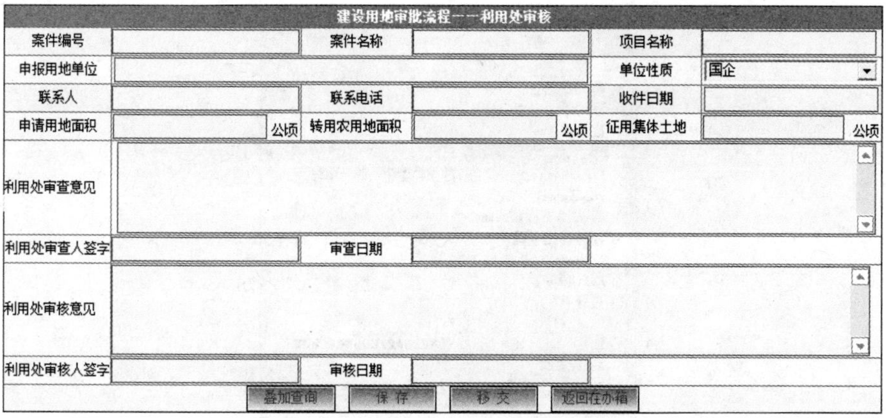

图 6-71　利用处审核单设计

2）修改我的更新

在我的更新中，字段修改为“利用处审核意见”、“利用处审核人”、“利用处审核日期”字段，绑定对应控件，如图 6-72 所示。

3）修改我的查询

在我的查询中，增加“建设用地审批.利用处审核意见”、“建设用地审批.利用处经办人”、“建设用地审批.利用处经办日期”，将“审查人签字、审查日期”后的控件绑定到我的查询中对应字段，如图 6-73 所示。

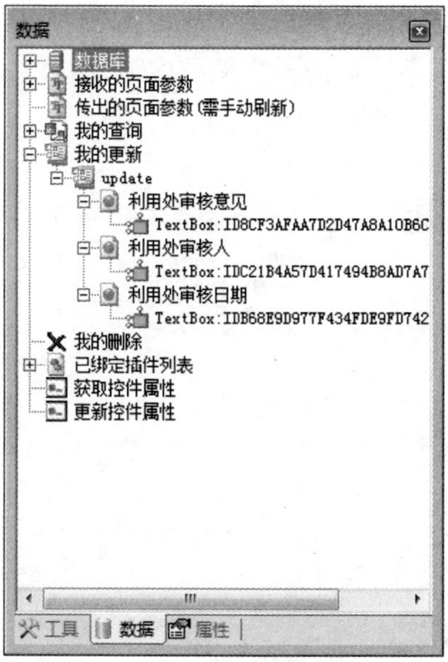

图 6-72　修改我的更新后

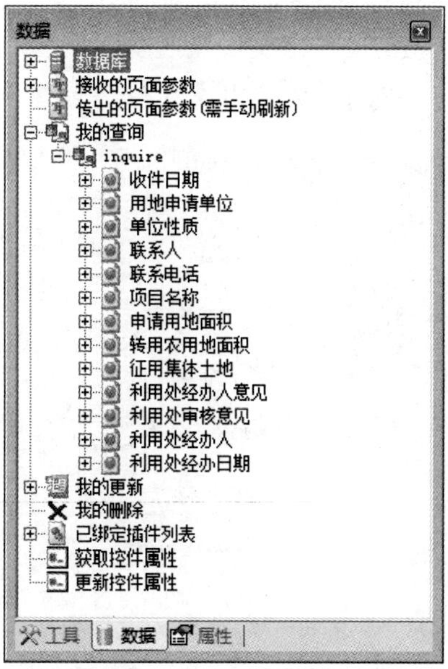

图 6-73　添加索引字段

注　意

修改“审查日期”后的控件属性，数据类型为 string，AllowEmpty 为 true，如图 6-74 所示。

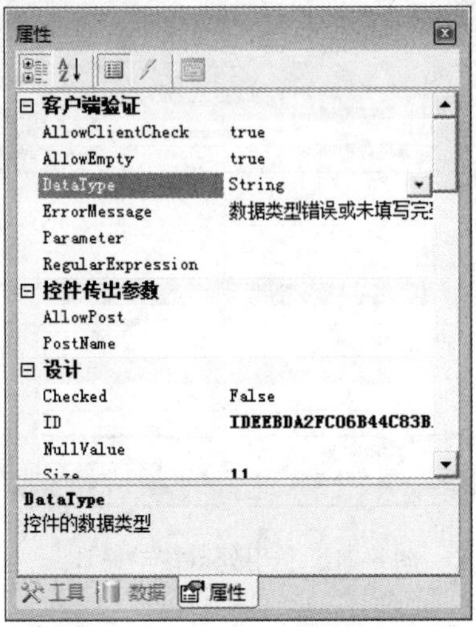

图 6-74　调整控件属性

4）控件属性设置

“利用处审核人”由系统自动获取当前登录用户名，“利用处经办日期”自动获取当前系统日期。最后保存页面，“利用处审核”节点对应的功能页面开发完成。利用处审核页面在搭建运行框架中的运行效果如图 6-75 所示。

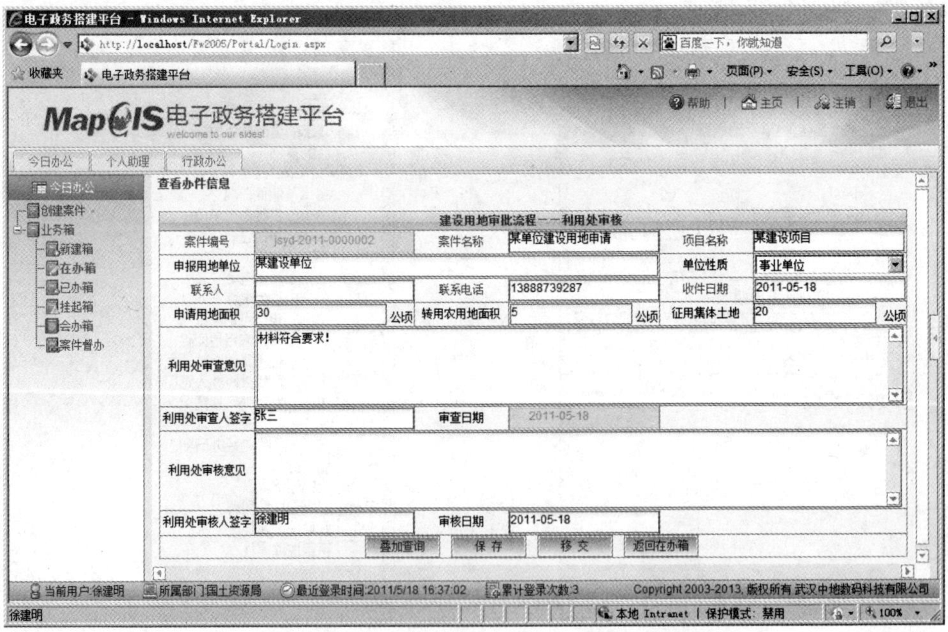

图 6-75　利用处审核表单框架主页运行效果

6.4.4　耕保处审查、审核页面开发

耕保处相应功能页面开发方法与利用处完全一致，只需将窗口收件页面“jsyd_cksj.vfd”另存为“jsyd_gbc.vfd”，进行类似于 6.4.2 节的修改，即可得到耕保处审查页面；将耕保处

审查页面另存为“jsyd_gbc_sh.vfd”，进行类似于 6.4.3 节的修改，即可得到耕保处审核页面；耕保处审查、审核页面，分别如图 6-76 和图 6-77 所示。

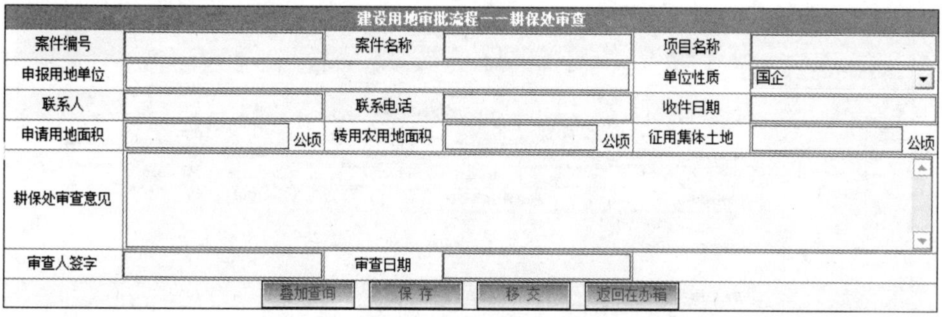

图 6-76 耕保处审查页面

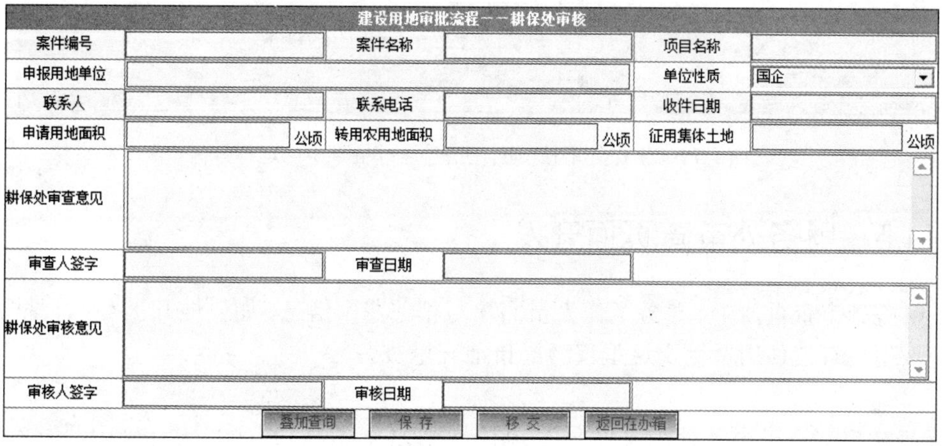

图 6-77 耕保处审核页面

耕保处审查、审核页面在搭建运行框架中的运行效果如图 6-78 和图 6-79 所示。

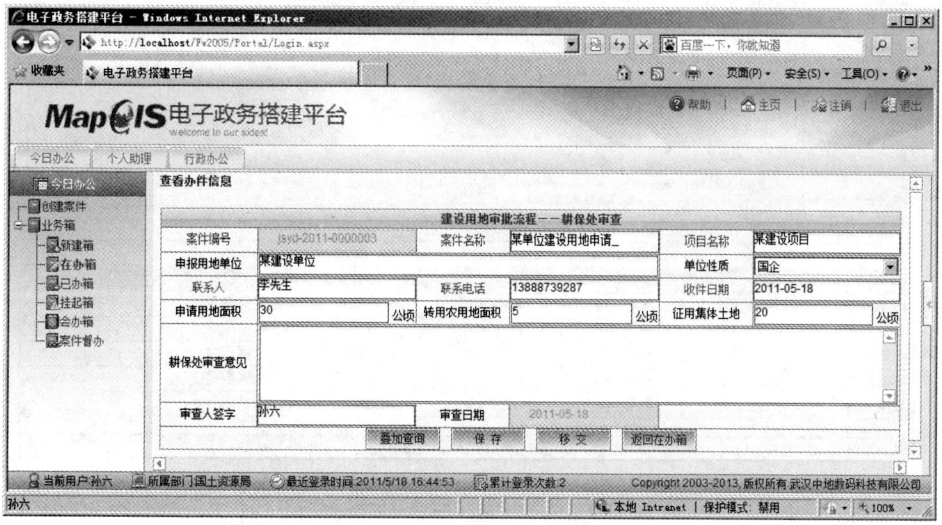

图 6-78 耕保处审查页面在搭建运行框架中的运行效果

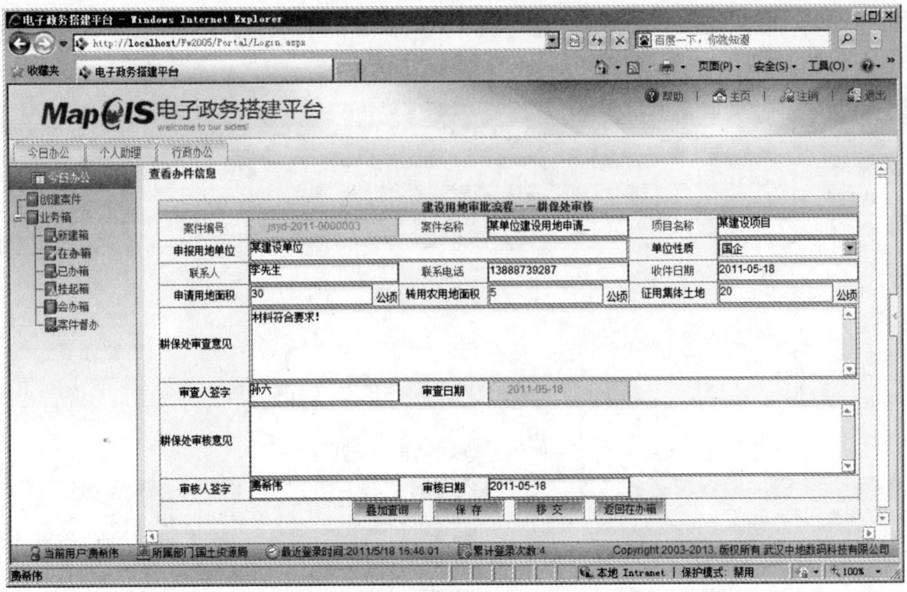

图 6-79　耕保处审核页面在搭建运行框架中的运行效果

6.4.5　财务处审查页面开发

在财务处审查页面中，财务工作人员需填写相关费用信息，如耕地开垦费、征地管理费、新增建设用地有偿使用费等，这里仅考虑耕地开垦费。

1）界面设计

请参见 5.1.2.3 节财务处审查界面（jsyd_cwc.vfd），在 VFD 表单设计器中开发界面，如图 6-80 所示。

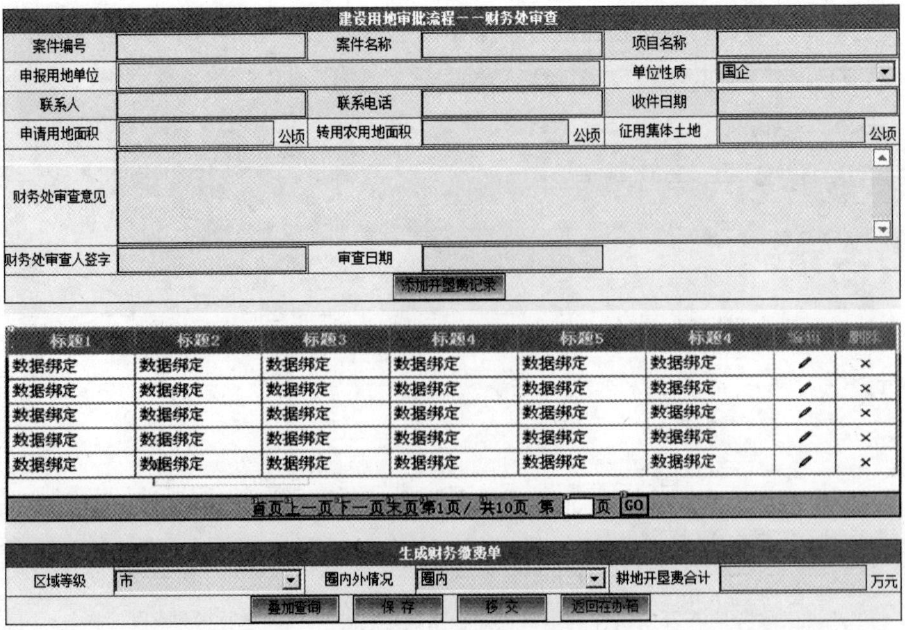

图 6-80　开垦费记录添加页面

添加开垦费记录页面（jsyd_cwc_kkf.VFD）如图 6-81 所示。

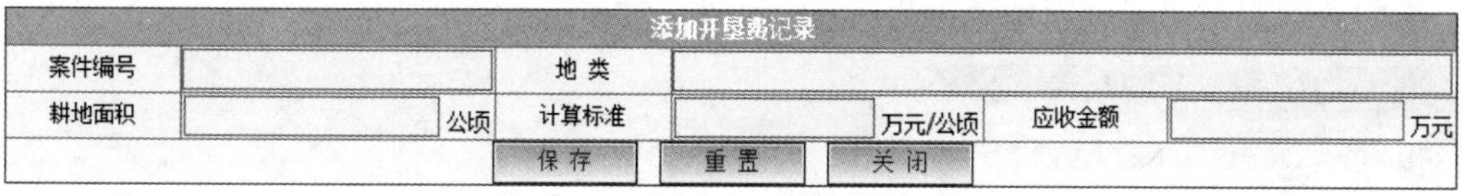

图 6-81　添加开垦费记录页面

功能说明：

- 图 6-80 中第一个表格的所有内容为申请单位的基本信息，不允许被修改；
- 单击“添加开垦费记录”按钮，弹出录入开垦费记录对话框（jsyd_cwc_kkf.VFD），“应收金额”计算方法为，录入“耕地面积”、“计算标准”，二者乘积是“应收金额”；
- 财务处审查界面第二个表格，即 DataGrid 列表，以列表形式显示该单位所有的开垦费记录，表头字段请参考图 5-7；
- “耕地开垦费合计”等于 DataGrid 中所有“应收金额”合计。

2）控件调用

第二个表格是复合控件，即 DataGrid 列表控件。在实际工作中，经常会碰到要查询或统计某一类数据时，可能有多条相关的记录，以及对查询统计出来的记录进行编辑或者修改等操作需求，DataGrid 属性设置参见 6.4.5 节中“新建我的更新”相关内容。

3）新建我的查询

（1）将我的查询“inquire1”绑定数据库表“建设用地审批”，SQL 如图 6-82 所示。

（2）将我的查询“inquire2”绑定数据库表“开垦费记录表”，SQL 如图 6-83 所示。

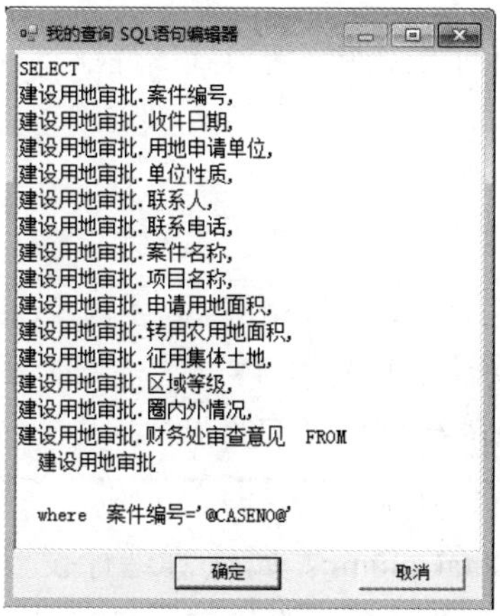

图 6-82　我的查询“inquire1”

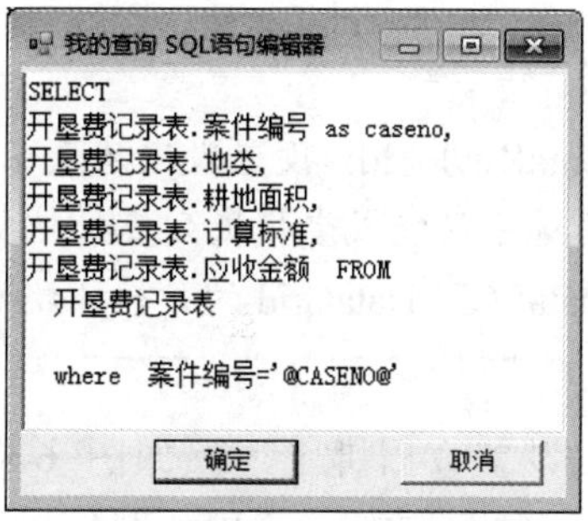

图 6-83　我的查询“inquire2”

说　明

- 我的查询“inquire2”用以提供本页面 DataGrid 的数据源；
- 设置“开垦费记录表.案件编号 as caseno”，页面参数名最好不为中文，因此设置“开垦费记录表.案件编号 as caseno”后可将 caseno 作为参数名传出；
- 我的查询“inquire3”绑定数据库表“开垦费记录表”，用来统计开垦费总和的值，SQL 如图 6-84 所示。

4）新建我的更新

绑定数据库表“建设用地审批”，SQL 如图 6-85 所示。

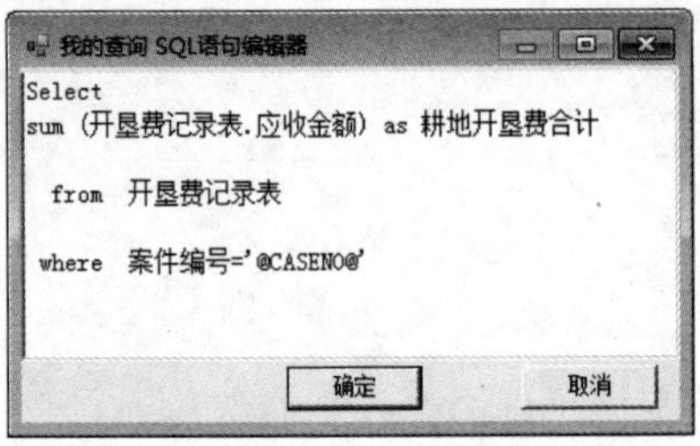

图 6-84　我的查询“inquire3”

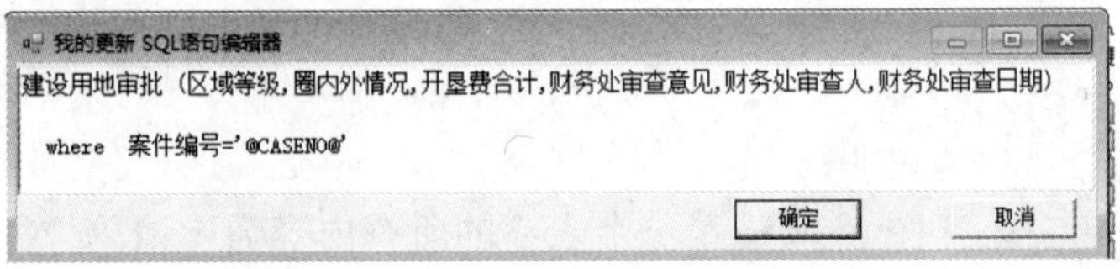

图 6-85　我的更新

（1）控件与我的查询绑定。第一个表格中，所有控件与我的查询“inquire1”对应绑定；第三个表格中，“区域等级、圈内外情况”与我的查询“inquire1”对应绑定，“耕地开垦费合计”与我的查询“inquire1”中“耕地开垦费合计”绑定。

（2）控件与我的更新绑定。将页面中“财务处审查意见”、“区域等级”、“圈内外情况”、“耕地开垦费合计”与我的更新对应字段绑定。

（3）建立页面参数。建立参数“caseno、ssn_username”，这里不再详述。

（4）Input 控件属性设置。“财务处审查人”、“财务处审查日期”由系统自动读取，即“财务处审查人”自动读取当前登录用户名，“财务处审查日期”自动读取当前系统时间，具体设置方法请参见 6.4.2 节。

（5）DataGrid 属性设置。

① 设置 DataGrid 数据来源。选中该 DataGrid，即列表控件，切换到属性信息视窗，如图 6-86 所示。

注　意

DataKeyField：设置数据库表中具备唯一标识作用的字段，如图 6-86 字段“caseno”，当使用选中功能或者模板列直接执行 SQL 操作时需要设置此属性，建议总是设置此属性；

DataSQL：DataGrid 的另一种数据来源方式，可直接编写 SQL 语句调用数据库中的记录。

② 设置数据绑定列。如图 6-87 所示，即对 DataColumns 属性值进行设置。单击 DataColumns ...按钮，弹出如图 6-88 所示的窗口，“成员”中的数据绑定列将被自动添加进来，每个数据列即是我的查询“inquire2”中的所有字段。

设置“ID1”的“AllowPost”值为“True”，即允许该列表将字段“caseno”值作为页面参数传出，这就是在我的查询“inquire2”中设置“案件编号　as caseno”的目的。列表中的属性说明如表 6.4 所示。

③ 设置模板列（如图 6-89 所示），单击 TemplateColumns 后面的...按钮，弹出如图 6-90 所示的窗口。单击“添加”按钮，增加一个提供删除功能的模板列，如图 6-91 所示。

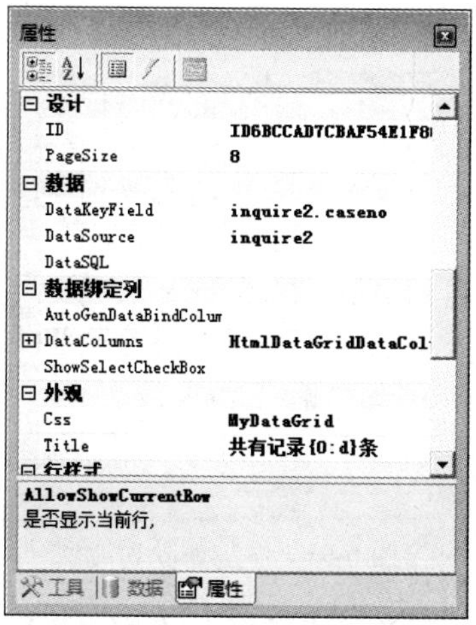

图 6-86　为 DataGrid 配置数据源

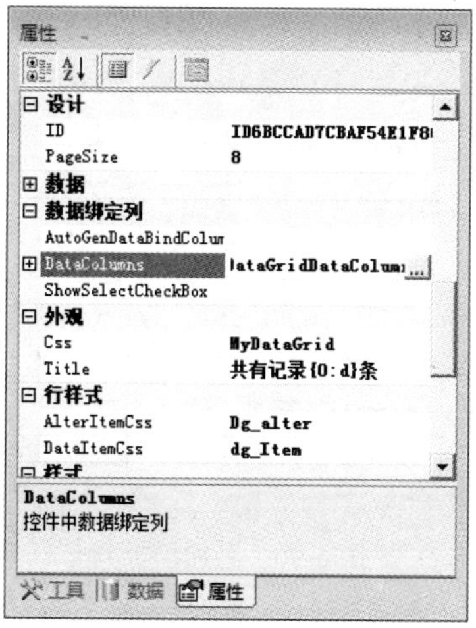

图 6-87　配置数据绑定列

表 6.4　列表中的属性

模板列字段	属性说明
AllowPost	是否允许将此列的值传递出去，DataKeyField 所在的字段会自动传出
FieldName	本列数据对应的数据源中的字段
Format	显示文本的格式，例如设置为“d”，表示对日期时间信息只取日期部分内容，A{0}表示在所有的数据前面加上一个字符“A”
HeaderText	模板列标题
Other	当 Type 为 Text 时无作用
	加载图片的相对地址（当 Type 为 URL 时）
	按钮上显示的文字（当 Type 为 DropDownList 时）
OtherInfo	按钮类型，有三种类型：LinkButton、ImageButton 和 Button
TextLength	此列数据显示的文字的个数，超过此个数的文本以“…”表示
Type	Text:显示数据
	URL:显示数据，并且添加 URL 支持
	DropDownList：在此列单击时，显示 DropDownList 控件
Visible	此列是否可见
Width	此列的相对宽度

185

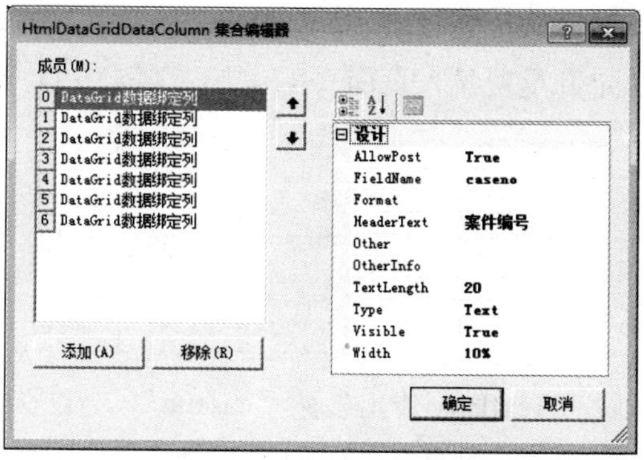

图 6-88　修改字段功能属性

图 6-89　设置模板列

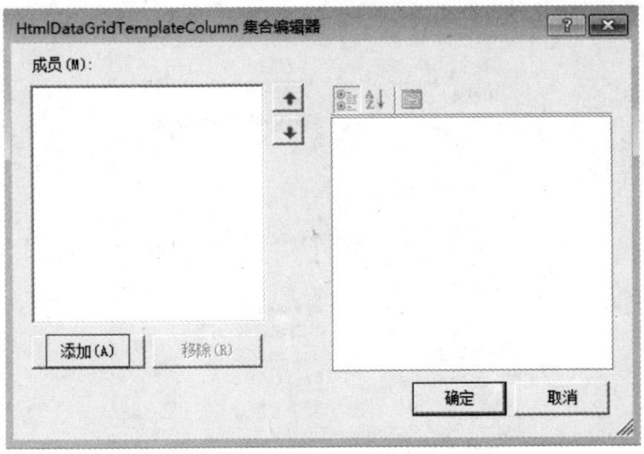

图 6-90　添加模板列

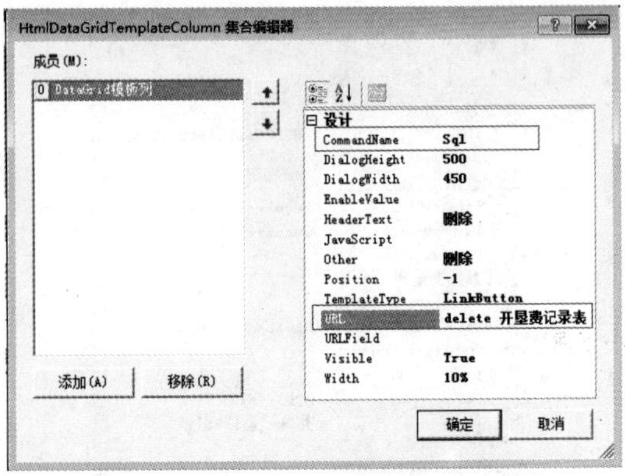

图 6-91　添加删除功能列

CommandName 设置为“Sql”，HeaderText 与 Other 均名为“删除”，URL 输入 SQL 语句“delete 开垦费记录表”，用户单击此“删除”链接后，即删除该行记录，模板列属性说明如表 6.5 所示。

表 6.5　模板列属性

模板列字段	属性说明
CommandName	页面跳转方式，可参照“表单编辑|跳转窗口设置” 如果 CommandName 选择为 SQL 时，会把 url 中的内容作为 SQL 语句来执行，使用此功能可以方便地删除或者更新本行数据
DialogHeight	弹出窗口的高度
DialogWidth	弹出窗口的宽度
HeaderText	模板列标题
JavaScript	编写脚本语言
Other	按钮上显示的文字（当 TemplateType 为 LinkButton 时）
	加载图片的相对地址（当 TemplateType 为 ImageButton 时）
	按钮上显示的文字（当 TemplateType 为 Button 时）
TemplateType	按钮类型，有三种类型：LinkButton、ImageButton 和 Button
URL	弹出窗口的相对地址
URLField	数据源中的字段名称。当 URL 和 Other 属性含有“{0}”类似格式的数据时，系统会使用此处设置的字段中的数据填充；其格式写法可以参考.Net 的 String 中 Fomat 方法所支持的格式
Visible	此列是否可见
Width	此列的相对宽度

（6）添加开垦费记录按钮设置。为该按钮绑定开垦费录入页面（jsyd_cwc_kkf.VFD），如图 6-92 所示。

说　明

DialogOpenModal 为 ShowModal。

（7）传出页面参数 caseno。让“案件编号”后的 TextBox 传出参数“caseno”，方法为：单击选中该控件，切换到属性信息设置面板，设置传出页面参数，如图 6-93 所示。

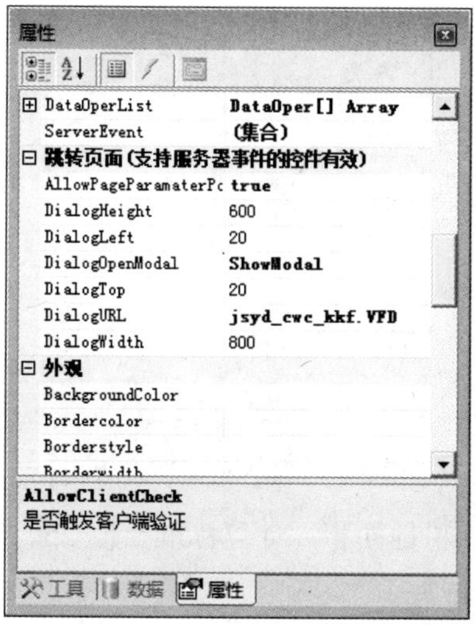

图 6-92　按钮跳转页面地址设定

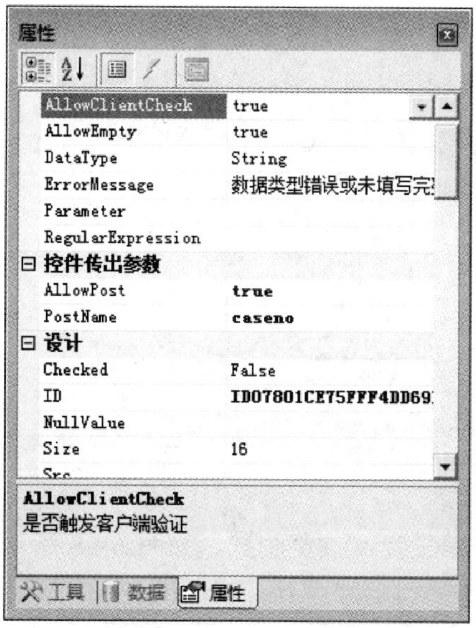

图 6-93　控件传出参数

5）开垦费录入页面（jsyd_cwc_sc_kkf.VFD）开发

（1）新建我的更新。关联数据库表“开垦费记录表”，SQL 如图 6-94 所示。

（2）新建页面参数 caseno。建立方法不再重复，请参见 6.4.1 节。

（3）控件与我的更新绑定。页面中所有控件与我的更新对应绑定。

（4）Input 控件属性设置。“案件编号”后的控件设置为只读；“应收金额”自动计算。方法如下所述。

第一步：修改控件 ID，“耕地面积、计算标准、应收金额”控件 ID 约定依次为 AA、BB、CC，如图 6-95 所示，三者之间的计算关系示意为：AA×BB=CC。

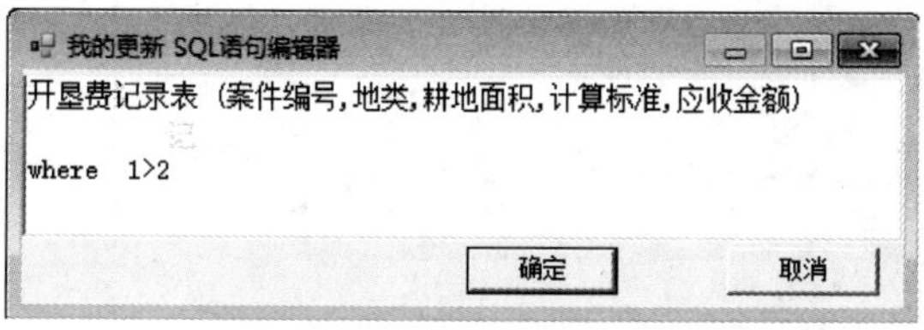

图 6-94　我的更新

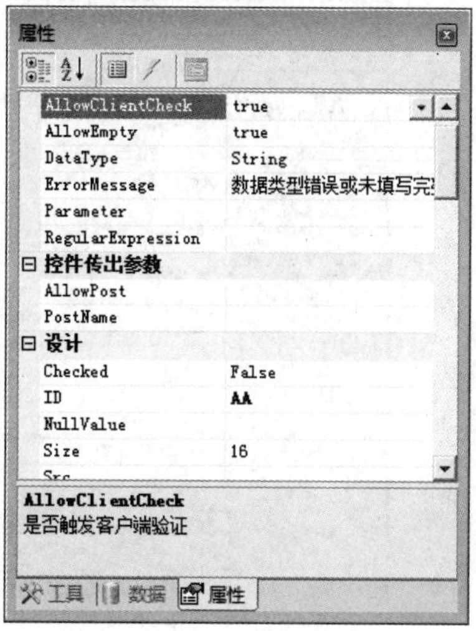

图 6-95　修改控件 ID

第二步：设置“应收金额”为控件属性，如图 6-96 所示。单击“值来源”栏下的 CalculateValue 后的...按钮，输入“AA*BB”即可，如 6-97 所示。

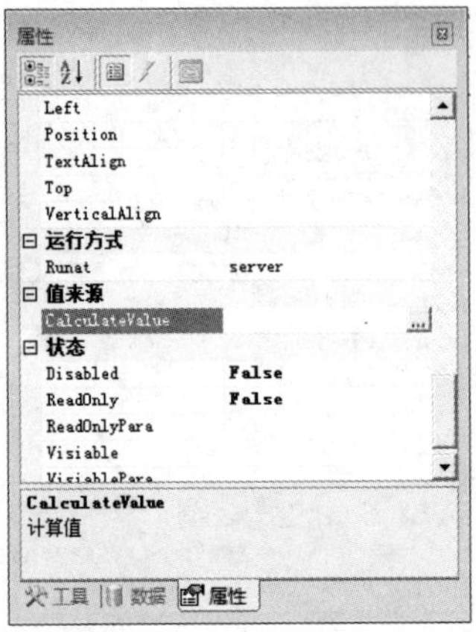

图 6-96 设置计算函数

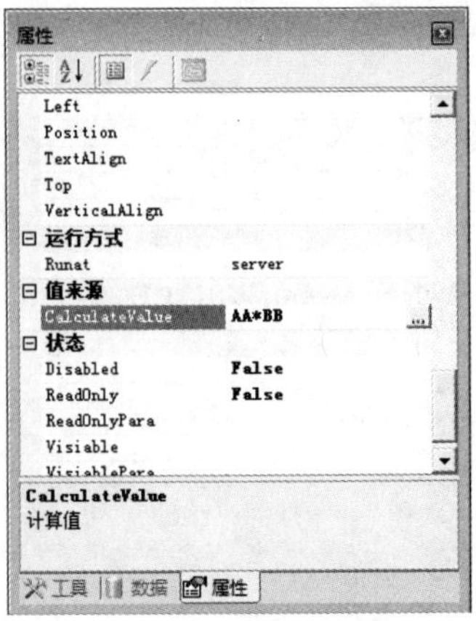

图 6-97 输入值来源表达式

第三步：预览测试。如图 6-98 所示，分别输入“耕地面积、计算标准”值 25、8 后，单击“应收金额”后的 Input 控件，得到计算值 200。

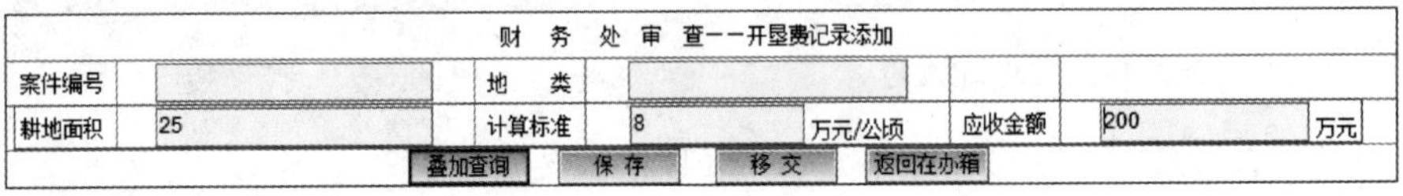

图 6-98 开垦费记录添加界面预览

（5）Button 按钮属性设置。绑定“保存”按钮插件，方法这里不再重复；“重置”按钮绑定的插件为“常用功能.dll”下的“ExecRefreshCurrentVfdPage”函数；“关闭”按钮绑定的插件为“常用功能.dll”下的“ExecCloseWindow”函数。

最后，保存该页面。财务处审查页面、添加开垦费记录页面在搭建运行框架中的运行效果分别如图 6-99 和图 6-100 所示。

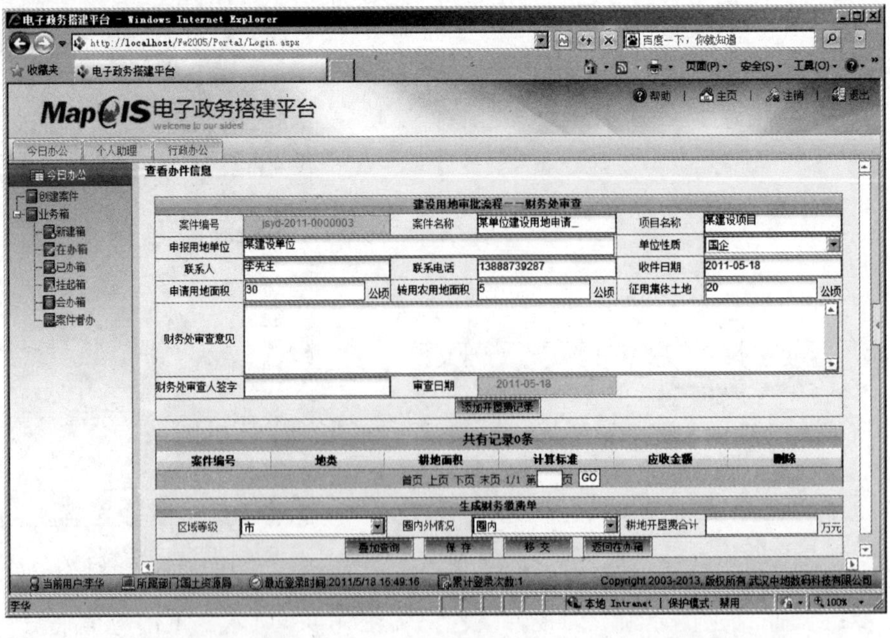

图 6-99 财务处审查页面在搭建运行框架中的运行效果

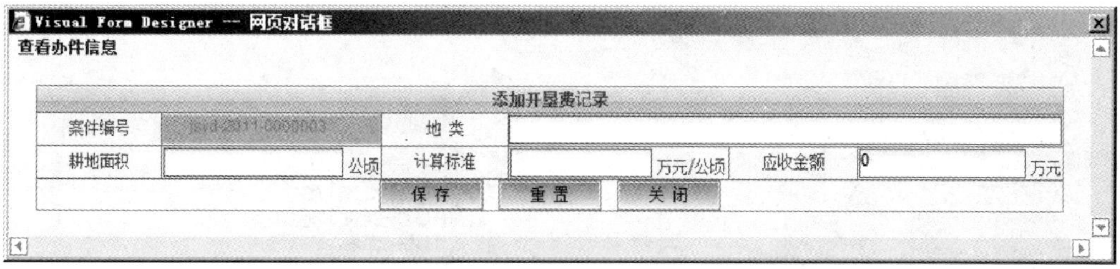

图 6-100　添加开垦费记录页面在搭建运行框架中运行效果

6.4.6　财务处审核页面开发

技巧：可将财务处审查页面另存为财务处审核页面，再进行适当修改即可。

（1）界面设计。财务处审核页面（jsyd_cwc_sh.VFD）的设计如图 6-101 所示。

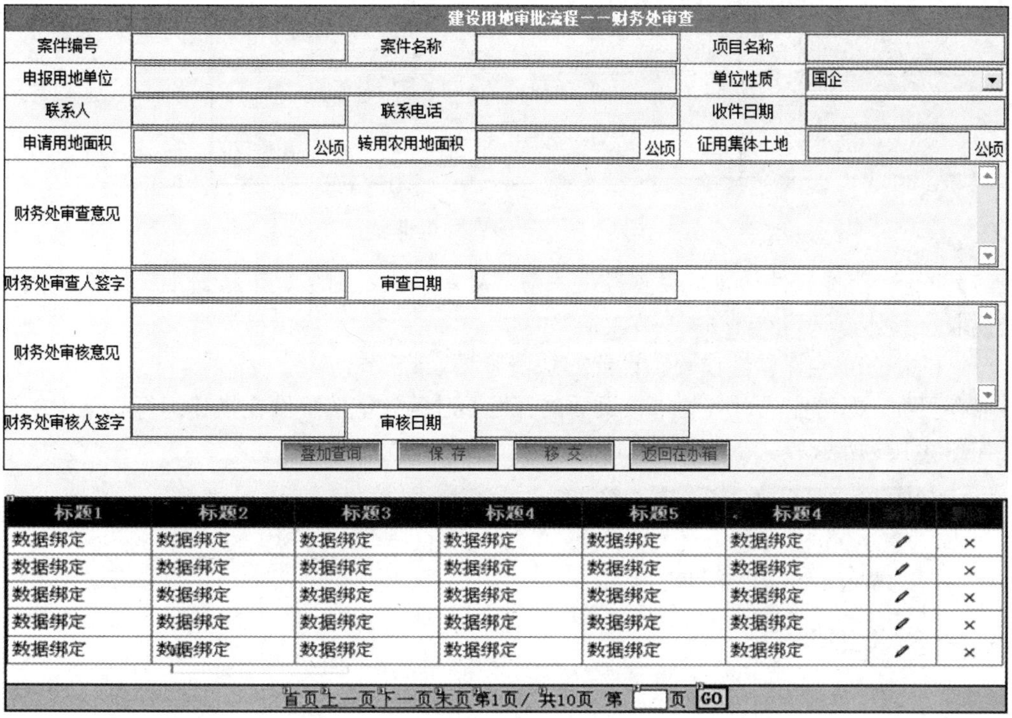

图 6-101　财务审核页面

（2）新建我的查询。新建我的查询“inquire1”，SQL 如图 6-102 所示；新建我的查询“inquire2”，SQL 如图 6-103 所示。

（3）新建我的更新。新建我的更新“update”，SQL 如图 6-104 所示。

（4）控件与我的查询绑定。将“财务处审核人意见”与我的查询中的“财务处审核人意见”绑定。

（5）控件与我的更新绑定。绑定“财务处审核人意见”、“财务处审核人”、“财务处审核日期”与我的更新对应的字段。

（6）新建页面参数。新建页面参数“caseno”、“ssn_username”，具体方法请参见 6.4.1 节。

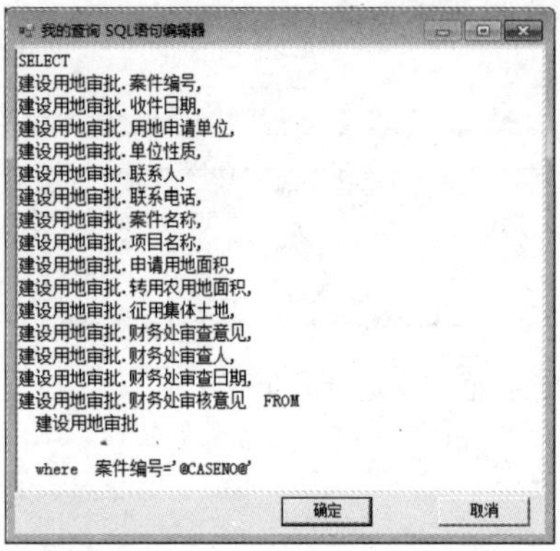

图 6-102 我的查询“inquire1”

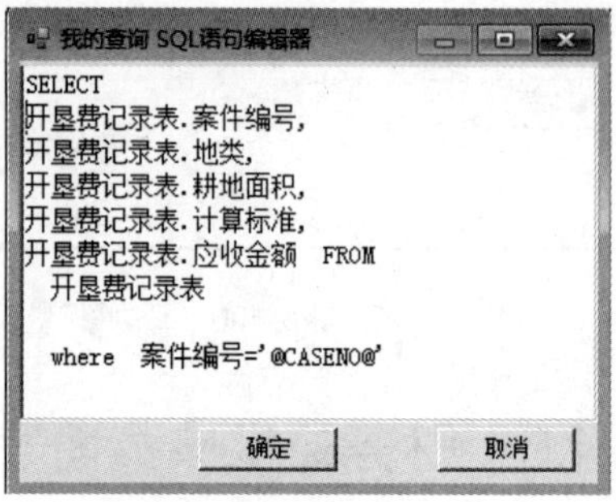

图 6-103 我的查询“inquire2”

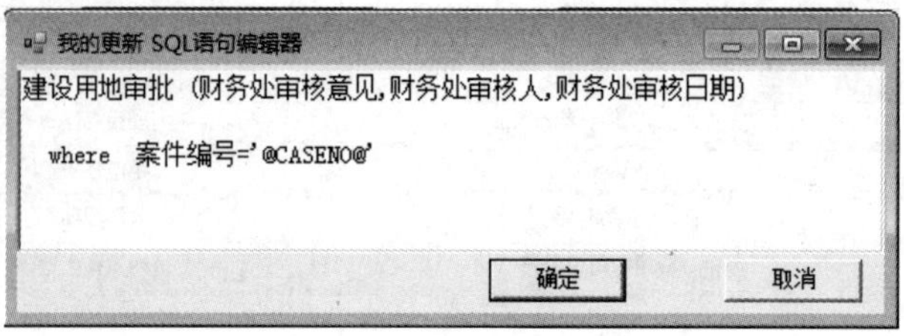

图 6-104 我的更新 update

（7）input 控件属性设置。设置控件“财务处审核人、财务处审核日期”属性值由系统自动读取，具体方法请参见 6.4.1 节。

（8）DataGrid 控件属性设置。设置方法请参见 6.4.5 节。

保存页面，即可完成财务处审核页面的开发。财务处审核页面在搭建运行框架中的运行效果如图 6-105 所示。

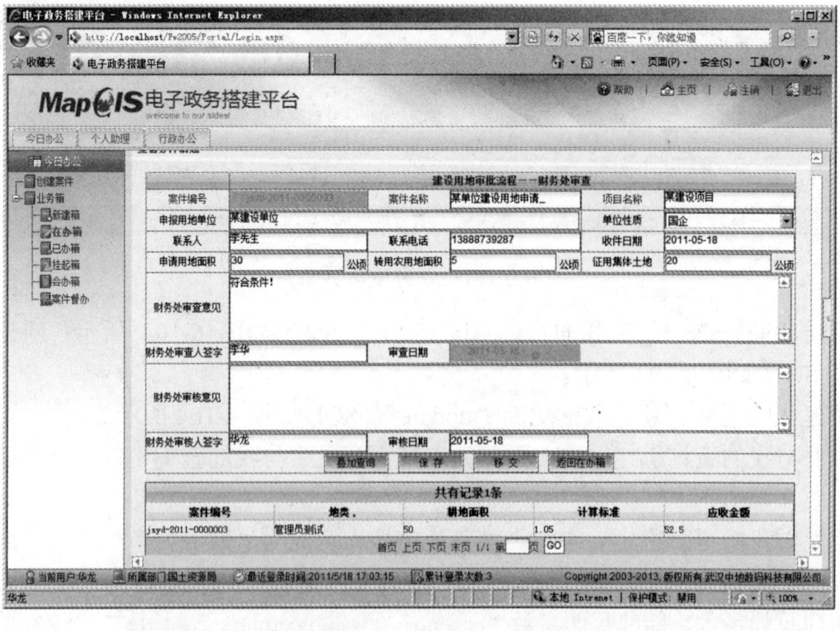

图 6-105 财务处审核页面在搭建运行框架中的运行效果

6.4.7 综合会审意见页面开发

该节点办理人员无须录入或更新数据，仅需查看申请用地基本信息，及之前各科室会审意见等。

1）综合会审页面

（1）界面设计。综合会审页面（jsyd_zhsh.vfd）的设计如图 6-106 所示。

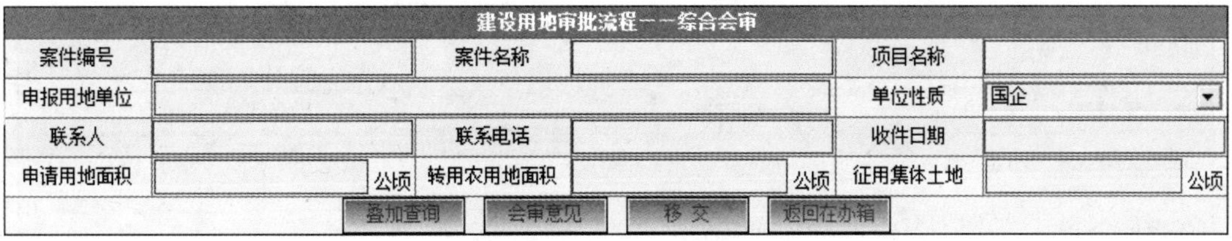

图 6-106　会审表设计界面

功能说明：“会审意见”，单击此按钮可跳转页面查看各职能科室会审意见；“用地批文”，单击此按钮可激活发批文流程，发批文流程需要另外开发。

此页面可用窗口收件页面“jsyd_cksj.VFD”另存为“jsyd_zhsh.vfd”，然后进行做适当修改即可。

（2）删除我的更新。由于此页面无更新数据操作，故删除我的更新“update”。

（3）“会审意见”按钮跳转属性设置如图 6-107 所示，设置 DialogOpenModal（即打开页面方式）为 Redirect，DialogURL（即会审意见汇总页面）为 jsyd_hsyj.vfd。

参数如表 6.6 所示。

图 6-107　按钮绑定页面

表 6.6　参数说明

参数名称	功能说明
DialogHeight	弹出窗口的高度
DialogWidth	弹出窗口的宽度
DialogLeft	弹出窗口左上角在屏幕上的横坐标
DialogOpenModal	页面的显示方式
DialogTop	弹出窗口左上角在屏幕上的纵坐标
DialogURL	弹出窗口的相对地址

DialogOpenModal 有三种属性：

- Open，子页面和父页面之间可以相互切换；
- Redirect，新窗口在本页面显示；
- ShowModal，必须关掉子页面，父页面才获得操作权。

Frame：打开的页面显示在框架中的某个部分，如 URL 设置为“top.left.location=a.aspx”时表示在名称为 left 的子框架中打开 a.aspx 页面，如“ABCD.location.href=a.aspx”表示 ID

为 ABCD 的 Iframe 的内容跳转到页面 a.aspx。

2）会审意见汇总页面开发

（1）界面设计，如图 6-108 所示。

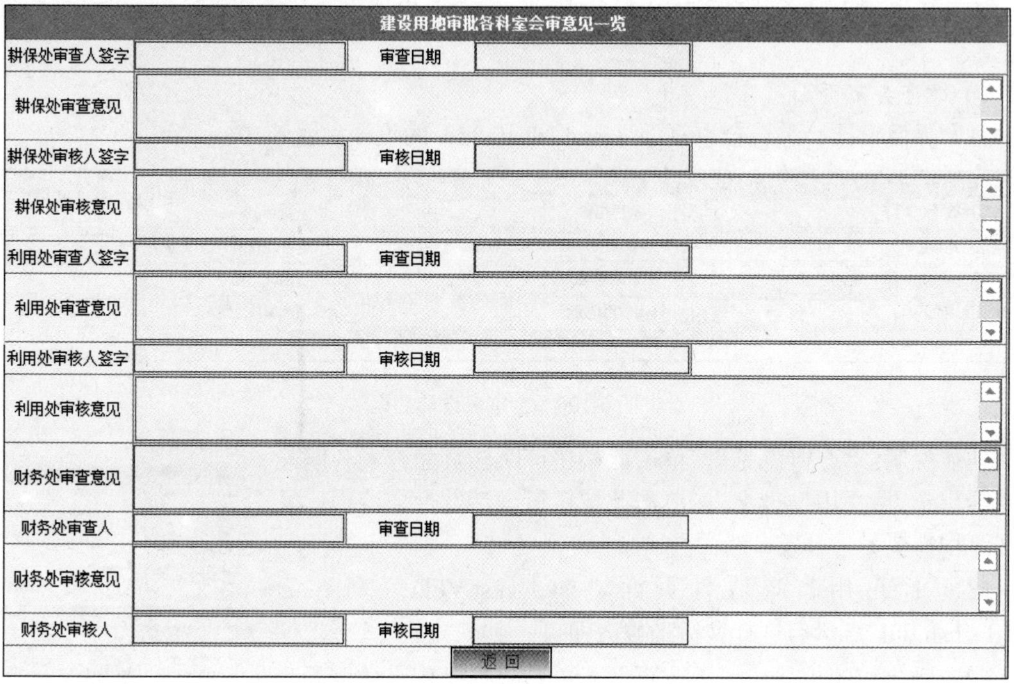

图 6-108　会审意见汇总界面

（2）建立我的查询。关联数据库表“建设用地审批”，SQL 语句如图 6-109 所示。建立我的查询，将界面中的所有控件绑定到我的查询对应字段。

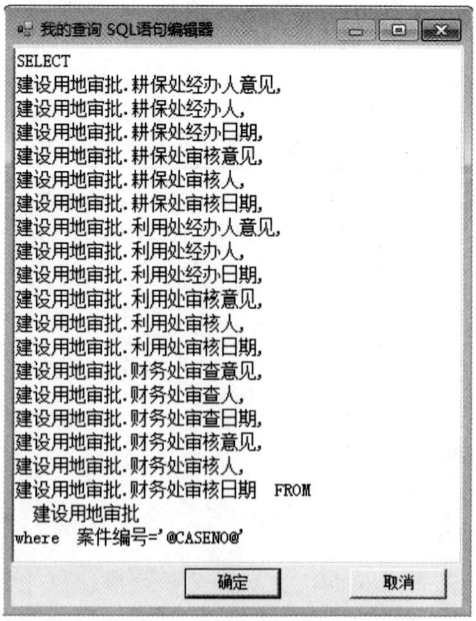

图 6-109　我的查询

(3）建立页面参数。建立页面参数 caseno，建立方法请参见 6.4.1 节。

(4)“返回”按钮插件绑定。绑定“常用功能.dll”下的“ExecBackToLastVfdPage”函数。

综合意见会审页面、会审意见一览页面在搭建运行框架中的运行效果分别如图 6-110 和图 6-111 所示。

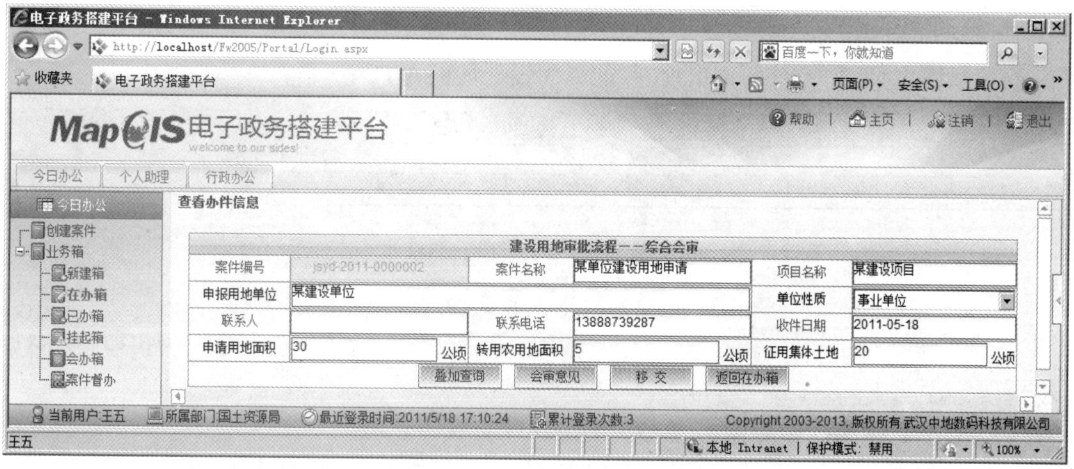

图 6-110　综合意见会审页面在搭建运行框架中的运行效果

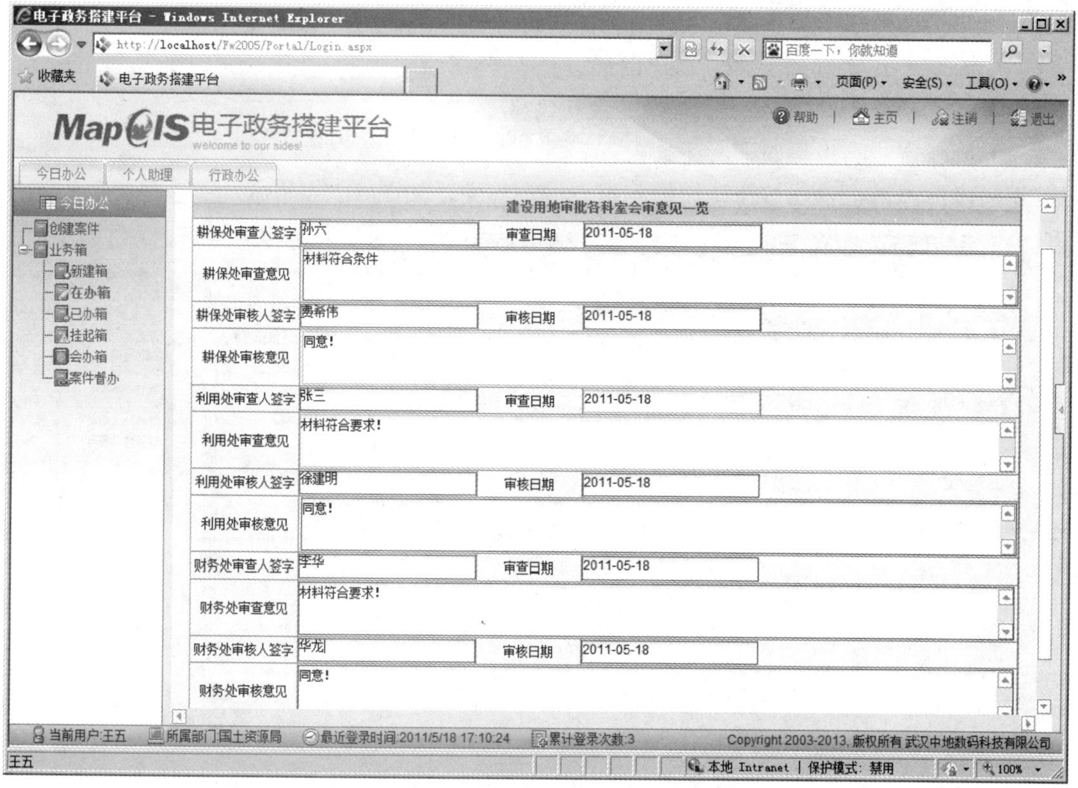

图 6-111　会审意见一览页面在搭建运行框架中的运行效果

6.4.8 财务缴费单页面开发

该节点办理人员只需将之前“财务处审查”办理人员记录的缴费信息调出核对、打印缴费单即可。

1）界面设计

财务缴费单页面（jsyd_cwjfd.vfd）的界面设计如图 6-112 所示。

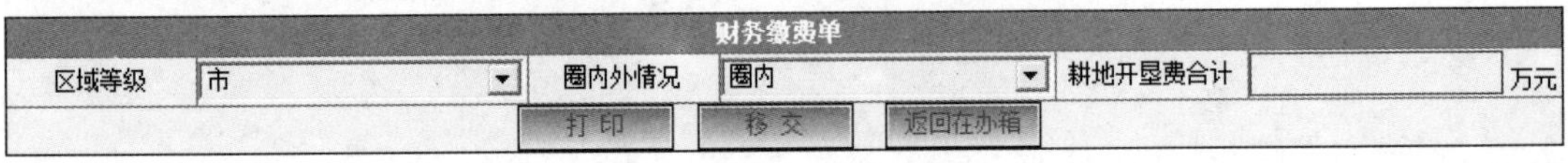

图 6-112　财务缴费单界面设计

2）新建我的查询

关联数据库表“建设用地审批”，SQL 语句如图 6-113 所示。

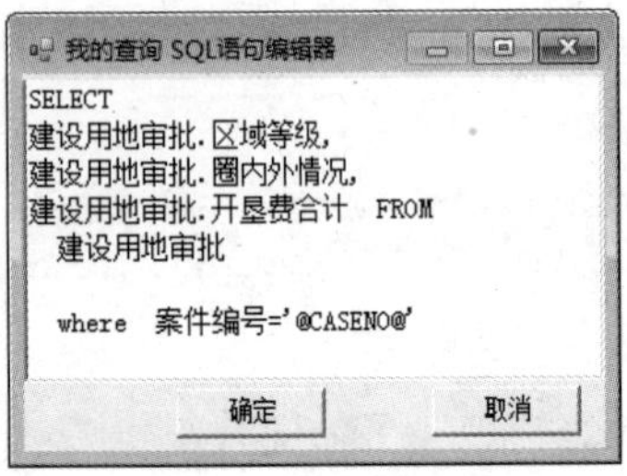

图 6-113　我的查询

3）绑定控件与我的查询

页面中所有控件与我的查询对应字段绑定。

4）建立页面参数

新建页面参数“caseno”，建立方法请参见 6.4.1 节“Input 控件属性”。

5）报表编辑

（1）操作方法的步骤如下所述。

第一步：单击 报表 按钮，切换到报表编辑界面，如图 6-114 所示。

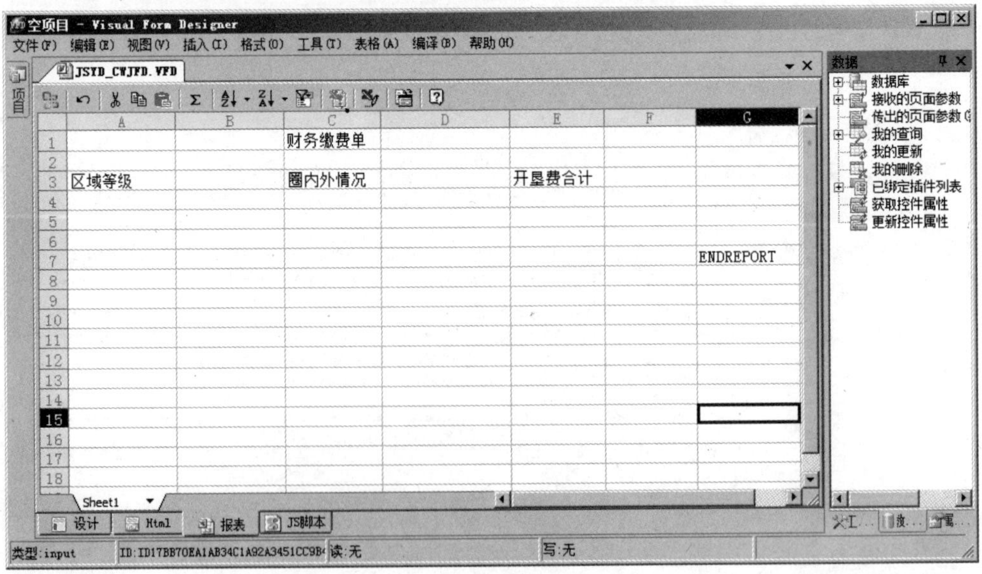

图 6-114　报表编辑界面

第二步：单击选择“区域等级”后的单元格（B3），并双击数据面板 inquire 的“区域等级”字段，“B3”中显示“#inquire.区域等级#”，如图 6-115 所示。

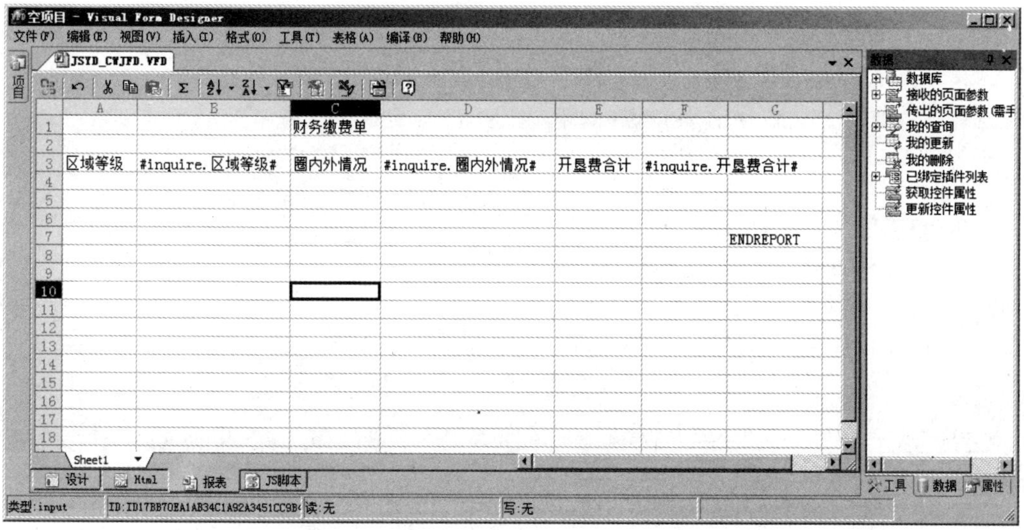

图 6-115　报表编辑界面

第三步：类似操作“圈内外情况、开垦费合计”等，并通过插入行或列将“ENDREPORT”移到右下方，完成报表编辑。

（2）相关说明如下：

① ENDREPORT 为一个报表的结束标记；

② “#”代表只显示第一条记录，“%”代表显示所有记录；

③ 合并列：在 ENDREPOORT 所在行填写合并信息，0 表示根据此列数据合并，x 表示在第 x 列的基础上进一步合并。

6）打印功能调用

设计好打印模板后，为“打印”按钮绑定自定义插件，DllName 选择“打印报表.dll”，FunctionName 选择“Exec”，如图 6-116 所示。

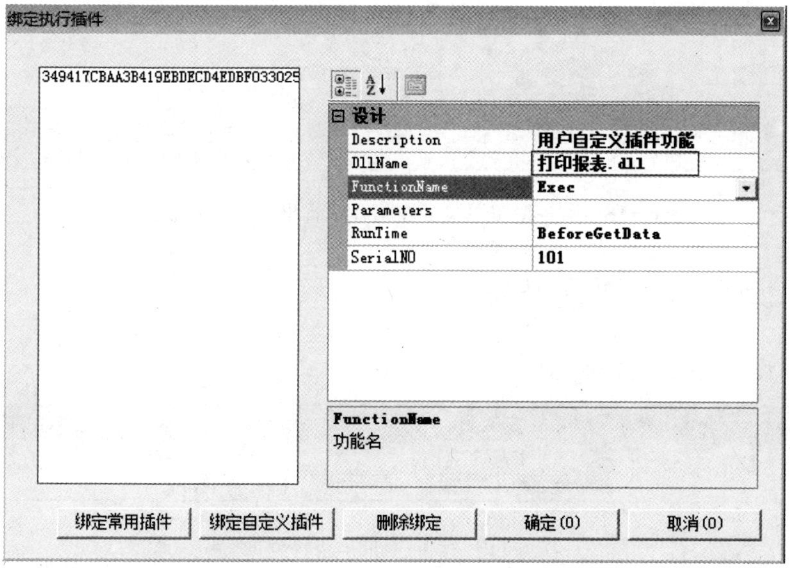

图 6-116　添加打印报表类库

保存该页面，完成财务缴费单页面的开发。财务缴费单页面在搭建运行框架中的运行效果，以及打印成 excel 文件后，分别如图 6-117 和图 6-118 所示。

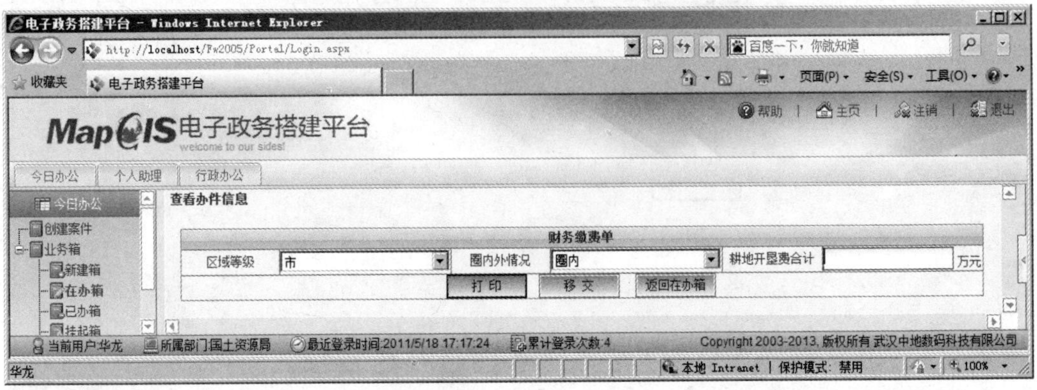

图 6-117　财务缴费单页面在搭建运行框架中的运行效果

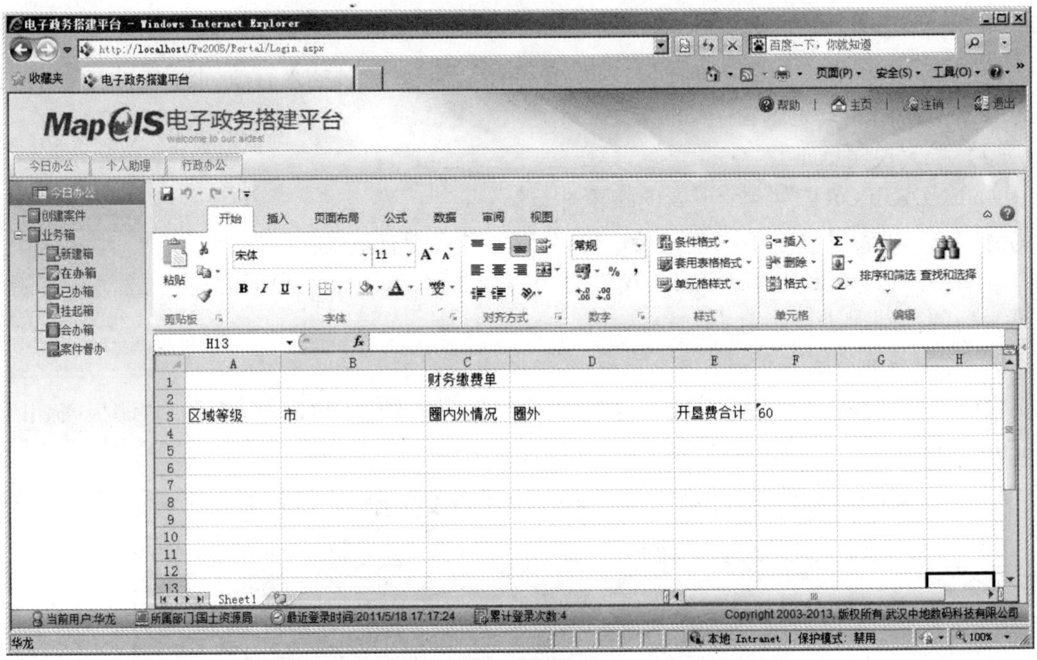

图 6-118　财务缴费单页面在搭建运行框架中的运行效果

6.4.9　政府审批页面开发

（1）界面设计如图 6-119 所示。

图 6-119　政府审批单设计界面

（2）控件调用。“政府意见上传”调用 UpFile 控件。

（3）新建我的更新。在我的更新里设置业务字段“政府意见扫描”、“扫描人”、“扫描日期”；设置更新条件为“where 案件编号='@caseno@'”，如图 6-120 所示。

（4）Input 控件属性设置。扫描人自动读取当前登录用户名，扫描日期自动获取系统当前日期，具体设置方法见 6.4.2 节“编辑我的更新”。

（5）Input 控件与我的更新绑定。需将“政府领导意见上传” 控件 UpFile 同时绑定到字段“政府意见扫描、政府意见扫描名称”。“政府意见扫描”在数据库中是 blob 型，存储附件内容；而“政府意见扫描名称”存储附件名称。

（6）修改 UpFile 控件属性。如图 6-121 所示，将运行方式栏下的 Runat 属性值改为 client，即客户端运行方式。

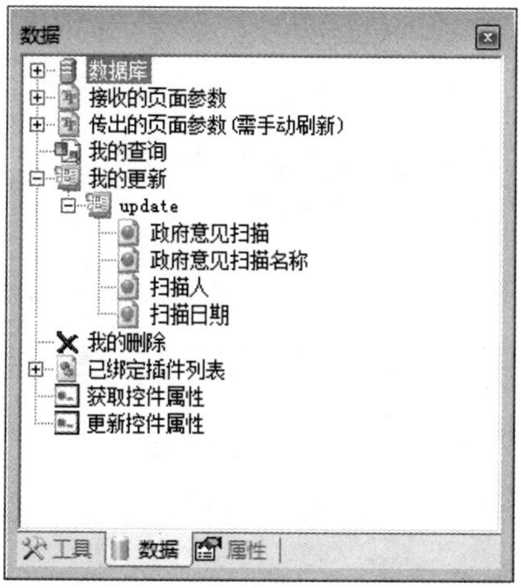

图 6-120　新建我的更新

图 6-121　运行方式修改

（7）按钮功能插件绑定。这里不再详述，请参见 6.4.1 节。

政府审批页面在搭建运行框架中的运行效果如图 6-122 所示。

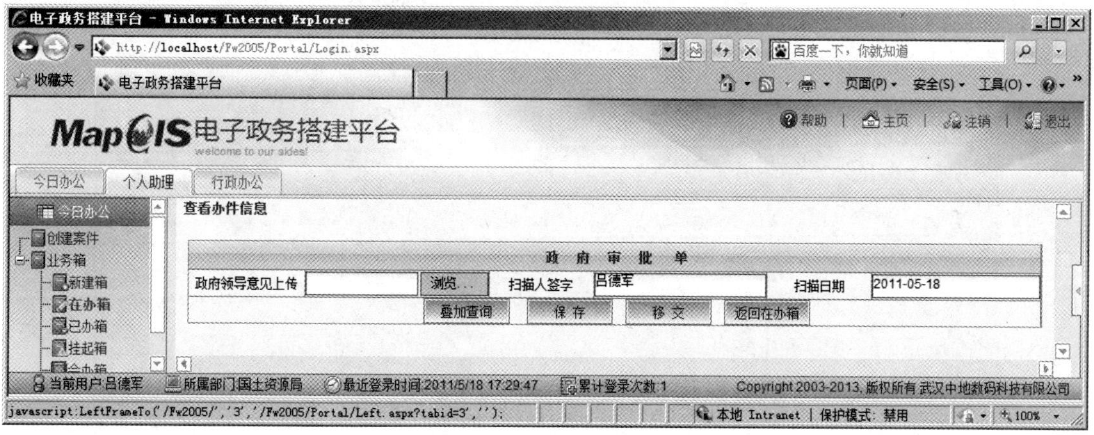

图 6-122　政府审批页面在搭建运行框架中的运行效果

6.4.10　发批文、归档页面开发

（1）界面设计。界面设计如图 6-123 所示。

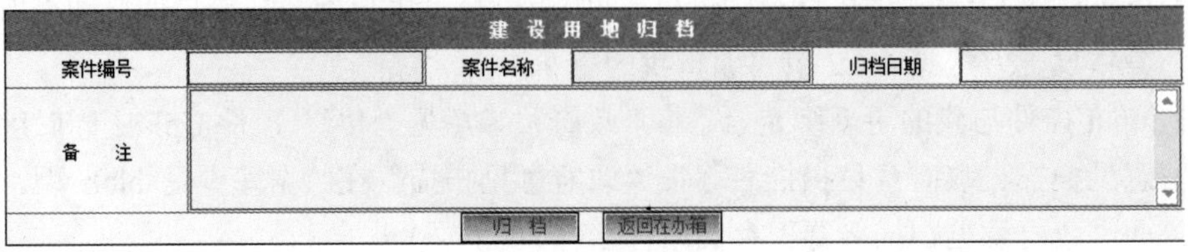

图 6-123　界面设计

（2）新建我的查询。将我的查询关联数据库表“建设用地审批”，SQL 如图 6-124 所示。

（3）新建我的更新。将我的更新关联数据库表“建设用地审批”，SQL 如图 6-125 所示。

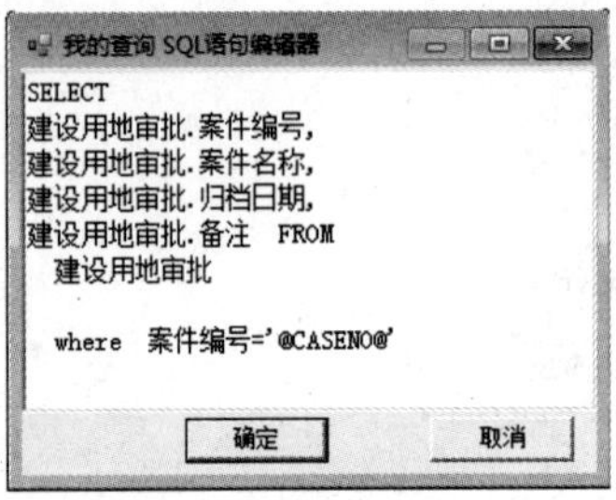

图 6-124　我的查询

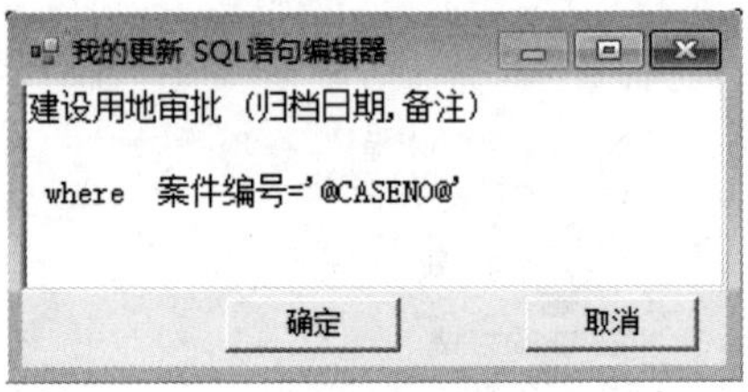

图 6-125　我的更新

（4）Input 控件属性设置。将“案件编号”、“案件名称”、“归档日期”设置为只读，归档日期自动获取当前系统时间。

（5）控件与我的更新绑定。将“归档日期”、“备注”与我的更新对应字段绑定。

（6）“归档”按钮功能插件绑定。绑定自定义插件，DllName 选择“VFDFrmPlus.HandOver.dll”，FunctionName 选择“SetThisCaseArchives”。

保存页面，完成发批文、归档页面的开发。发批文、归档页面在搭建运行框架中的运行效果如图 6-126 所示。

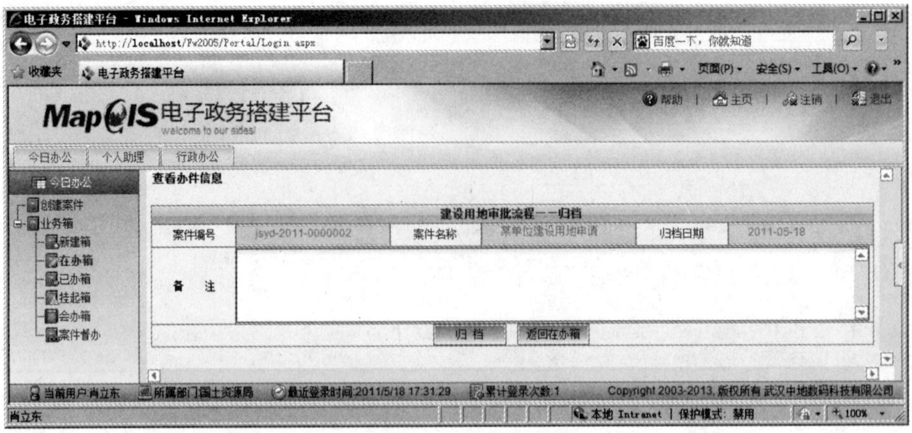

图 6-126　发批文、归档页面在搭建运行框架中的运行效果

6.4.11 流程启动页面开发

流程启动页面可以理解成系统自动创建案件编号，它是某一业务流程的入口页面，在此页面，用户创建新案件，同时系统自动为新案件创建了唯一的案件编号；该流程启动页面中必须要有一个 ID 为 TXTCASENO 的控件（区分大小写）以保存案件编号，且必须有一个 Input 控件，ID 为 TXTCASENAME（区分大小写），以保存案件名称。

（1）界面设计。界面设计如图 6-127 所示。

（2）控件属性设置。

① Input 控件属性设置。

- 案件名称控件属性设置：修改控件案件名称 ID 为“TXTCASENAME”；
- 案件编号控件属性设置：存放案件编号使用 Hidden 控件，即隐藏控件，修改其 ID 为“TXTCASENO”。

②“创建案件”按钮功能插件绑定。绑定执行创建案件函数，即与“VFDFrmPlus.HandOver.dll”里的“CreateCaseWithoutFinish”绑定，如图 6-128 所示。

图 6-127 启动界面设计

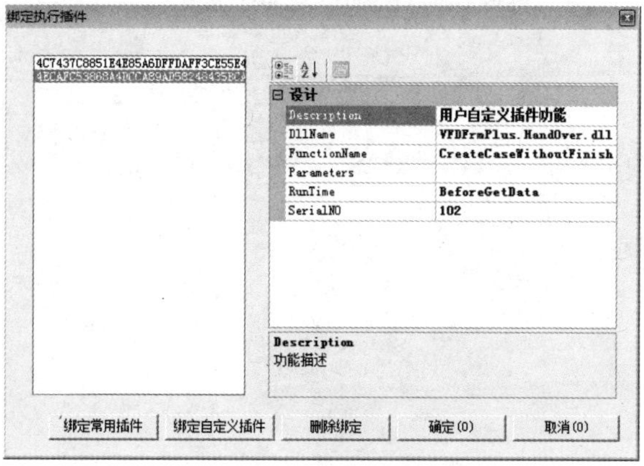

图 6-128 绑定功能插件

注 意

绑定该函数后，在执行创建案卷的同时，执行本页面的“我的更新”，将数据保存到指定数据库表中的对应字段中，无须再绑定执行保存插件。

（3）建立我的更新。只选择“案件编号、案件名称”两个字段，如图 6-129 所示。

单击“下一步”按钮，如图 6-130 所示进行设置。

（4）控件与我的更新绑定。将案件编号对应的隐藏控件，绑定到“案件编号”字段，案件名称控件绑定到字段“案件名称”。

流程启动页面即开发完毕，该页面在搭建运行框架中的运行效果如图 6-131 所示。

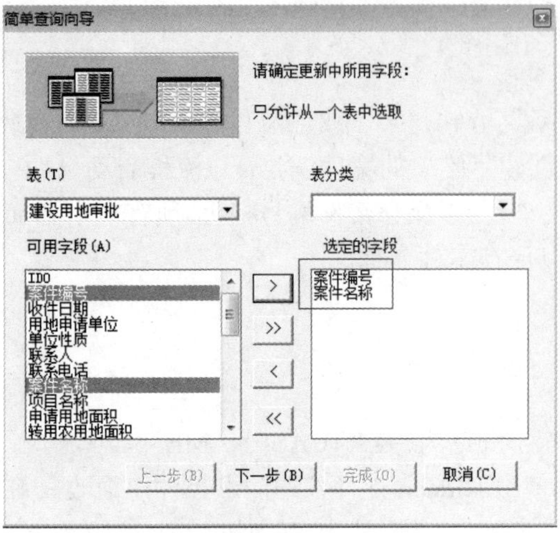

图 6-129　新建我的更新

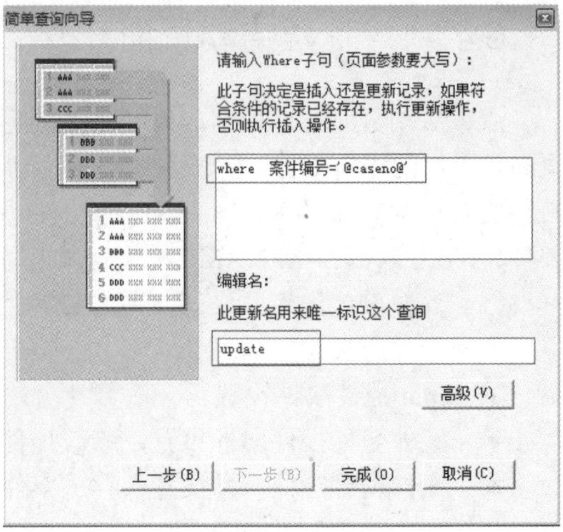

图 6-130　新建我的更新

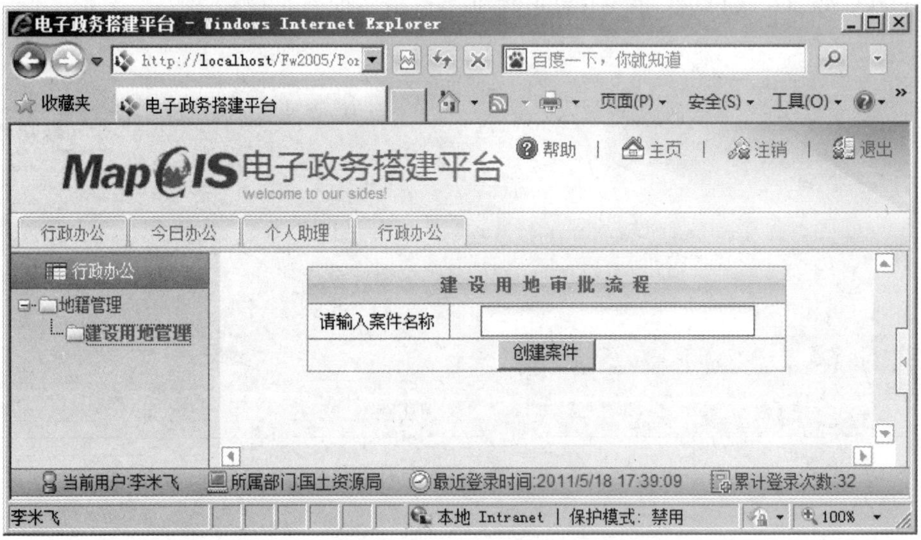

图 6-131　启动页面在搭建运行框架中的运行效果

6.5　实例扩展开发

6.5.1　脚本语言编写

在 6.3.3.4 节中，财务审查页面中列表的模板列涉及“删除”功能，但是该功能没有确认功能，为了防止用户误操作，应编写脚本，增加删除确认框的功能，如图 6-132 所示。

列表属性设置如图 6-133 所示。

使用 JavaScript 语言编写脚本代码，如下：

```
if(!confirm('确认要删除吗？')){return false};
```

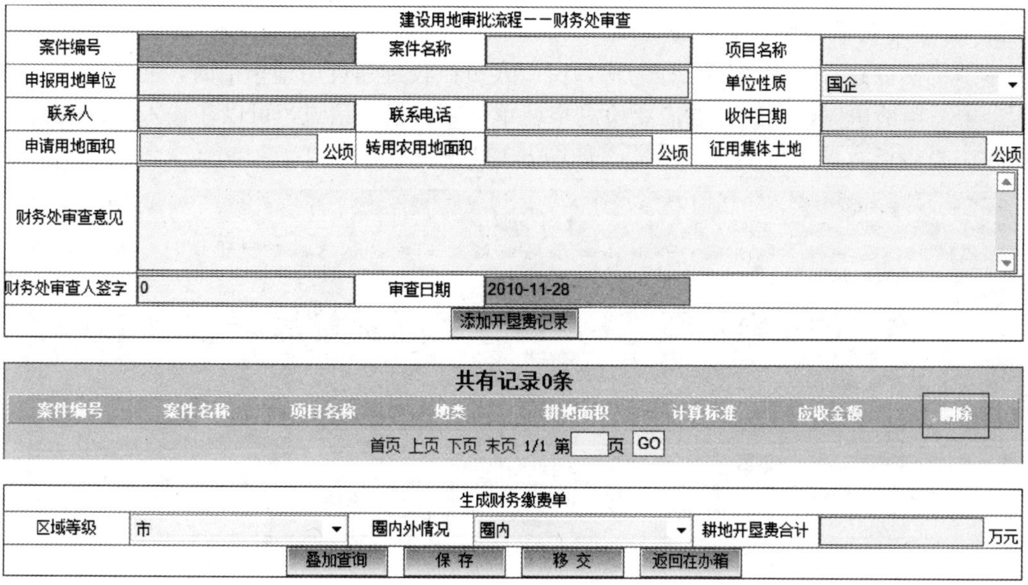

图 6-132　界面预览

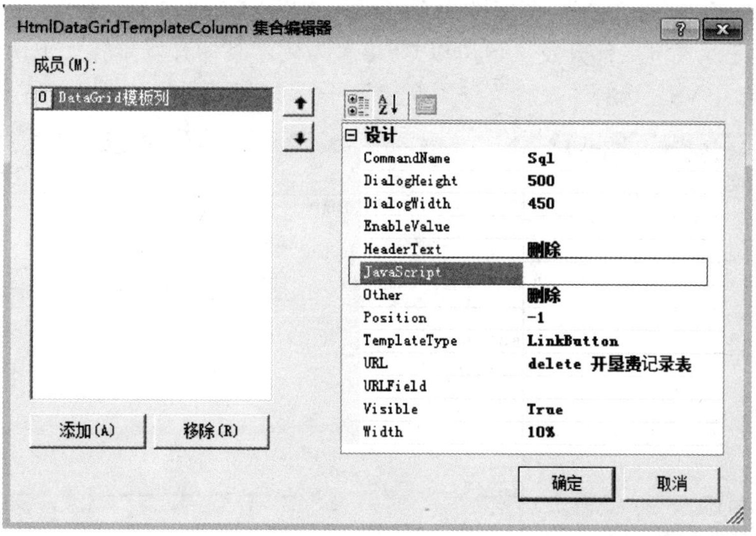

图 6-133　编辑脚本

6.5.2　表单插件开发及实例

1）插件开发方法介绍

自定义表单是开放系统，允许用户通过开发插件进行扩展。插件分为系统级插件和页面级插件两种。两种插件都是以.NET 的动态库方式存在的。两种插件的格式相同，编程方式也完全相同，只是执行点不同。系统级插件是在每个页面执行时都会执行其插件的内容，规定编译后动态库的名字为“VFDWebServerSystemBegin?.dll”，其中“?”为 0～9，在编绎成.DLL 后，要求部署到项目和预览的虚拟目录下；页面级插件在自定义表单设计时绑定后，执行到绑定的事件时，才会调用并执行。

2）自定义表单插件实例开发过程

本节仍然以建设用地内审流程为例，窗口人员在收到建设用地申请时，创建案件，激发流程。填写申请单时，例如业务需要检测申请单位是否已申请过，可以在输入时，增加检查数据库中是否已有该单位名称的步骤，如图 6-134 所示。

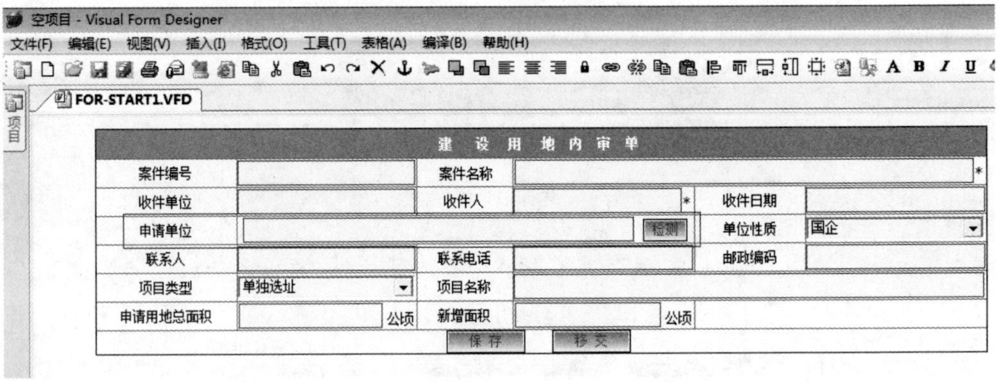

图 6-134　界面预览

要实现该功能，必须编写业务级的表单插件，借助 Microsoft Visual Studio（以下简称为 VS）开发平台进行表单插件开发，这里以 C#语言为例，具体开发步骤如下所述。

第一步：打开 VS，选择“文件”→“新建”→“项目”，弹出如图 6-135 所示的对话框。

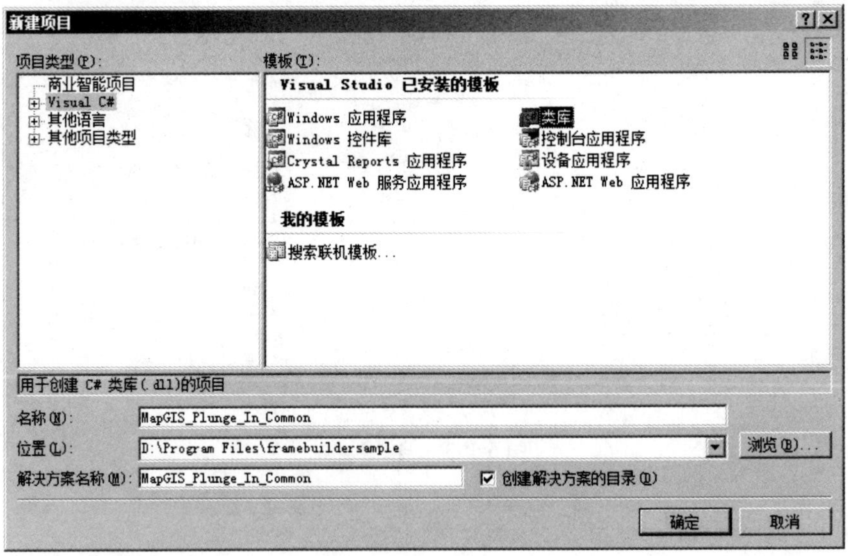

图 6-135　新建类库项目

按照图 6-135 所示进行设置，项目名称可自定义，给定项目存放路径，单击“确定”按钮，VS 主界面如图 6-136 所示。

第二步：添加引用，先引用“System.Web.dll”，如图 6-137 和图 6-138 所示。

在“.NET”标签栏选择“System.Web.dll”，单击“确定”按钮，将该动态库引用到该项目中；再引用“VFDInterface.dll”（在 K9 搭建平台安装路径下的 program 文件夹下），如图 6-139 所示。

图 6-136　VS2005 主界面

图 6-137　添加引用（一）

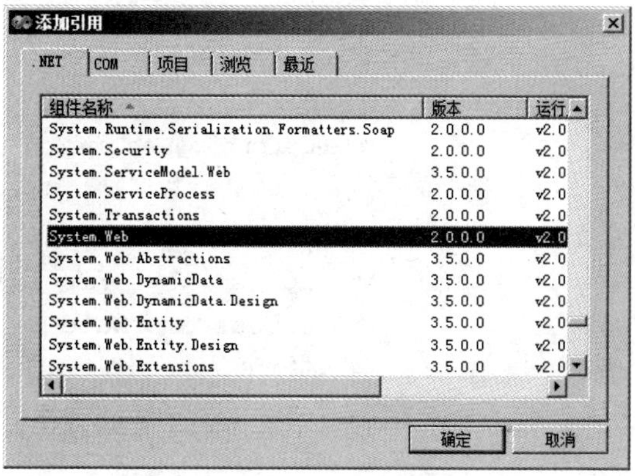

图 6-138　添加引用（二）

在“浏览”标签栏，选择“VFDInterface.dll”，单击“确定”按钮，将该动态库引用到该项目中。

第三步：引入插件开发模板（代码段），参见搭建平台帮助文档 7.3 节，表单插件开发部分，将开发模板复制粘贴到建的项目主窗口中（完全覆盖项目中原有的代码）。

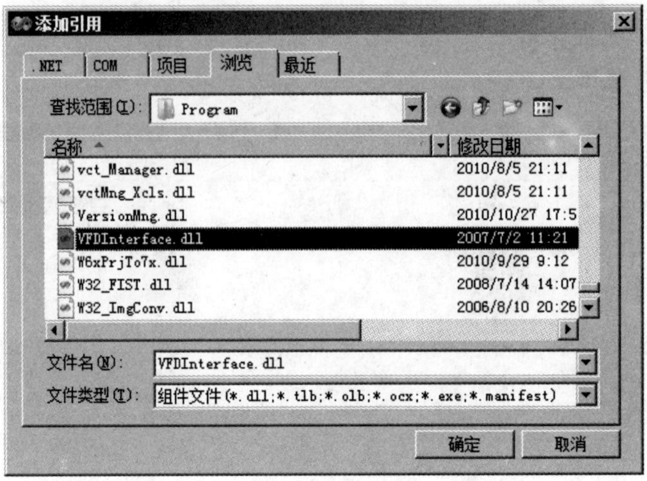

图 6-139　添加引用（三）

注　意

增加如下引用：

```
using System.Collections;
using Visual_Form_Designer.Class;
using System.Data;
```

在模板开始最后一句“using System.Web.SessionState;”换行增加即可。

第四步：增加具体业务代码，具体业务代码如下：

```
//此函数是为了验证当前控件输入值在目标数据库中是否已存在
//以下声明的参数是Exec入口参数，具体参数涵义请参考搭建平台帮助文档7.3表单插件开发说明
public bool CheckCustomerNameIsValid(Page _Page, HttpContext _Context, VFDServiceObject _Service,
        WebPageConfig _WebPageConfig,Hashtable ParamaterList,object _CustomObject)
    {
        TextBox txtCustomerName=(TextBox) _Page.FindControl("txtCustomerName");
        string js = "<script>alert('{0}')</script>";
        if (txtCustomerName == null)    //验证页面中是否存在ID为“txtCustomerName”的控件
        {
            this.m_ErrorMsg = "找不到ID为“txtCustomerName”的文本框控件";
            js = string.Format(js,m_ErrorMsg);
            _Page.Response.Write(js);            //将提示信息转换为字符串输出
            return true;
        }
        string customerName = txtCustomerName.Text.Trim();
        if (string.IsNullOrEmpty(customerName)) //验证控件输入是否为空
        {
```

```
            this.m_ErrorMsg = "申请单位名称输入为空";
            js = string.Format(js,m_ErrorMsg);
            _Page.Response.Write(js);
            return true;
        }//以下执行SQL查询具体判断数据库中是否存在当前输入值
        string str3 = "SELECT * FROM [MapGISEgovTRAIN].[dbo].[建设用地审
批] where  用地申请单位='{0}'";
        SQL = string.Format(SQL, customerName);
        DataTable dt= _Service.GetDataTable(SQL,ref m_ErrorMsg);
        string m = "";
        if (dt.Rows.Count > 0)  //判断表dt中是否有相关申请记录并给出提示
        {
            m = "该单位已有申请记录。";
            js = string.Format(js, m);
            _Page.Response.Write(js);
        }
        else
        {
            m = "该单位无相关申请记录。";
            js = string.Format(js, m);
            _Page.Response.Write(js);
        }
        return true;
    }
```

注　意

因此业务代码涉及参数 m_ErrorMsg，故需定义该参数，须增加代码：private string m_ErrorMsg;

在代码行“private string ErrorMsg = "";”后换行增加即可。

第五步：按 F5 快捷键，调试代码是否存在错误，调试无误后，在右边“解决方案资源管理器”窗口的项目名称“MapGIS.Plunge_In.Common”上单击鼠标右键，选择“生成”，即可编译生成.DLL 文件，至此，自定义表单插件开发完毕。

3）自定义表单插件调用

在开始节点对应的页面，窗口受理页面，须调用此插件，具体使用方法及步骤如下：

第一步：部署自定义插件，到项目路径“…\framebuildersample\MapGIS.Plunge_In.Common\MapGIS.Plunge_In.Common\bin\Debug”文件夹下找到刚生成的插件“MapGIS.Plunge_In.Common.dll”，将此插件复制到路径“…\MapGIS K9 SP2\FrameBuilder\Visual Form Designer\Function”，即可在表单设计时调用此插件；将此插件复制到路径“…\FrameBuilder\VFDWebServer\VFDFunction”，即可在表单测试时预览插件执行效果；将此插件复制到路径“…\FrameBuilder\fw2005\VFDFunction”，表单在框架主页中运行时需要。

第二步：Input 控件属性修改。需修改申请单位的 Input 控件 ID，按照示例代码，改为“txtCustomerName”。

第三步：自定义插件调用，为“检测”按钮绑定该自定义表单插件，具体绑定方法与 6.4.1 节插件绑定类似，如图 6-140 所示。

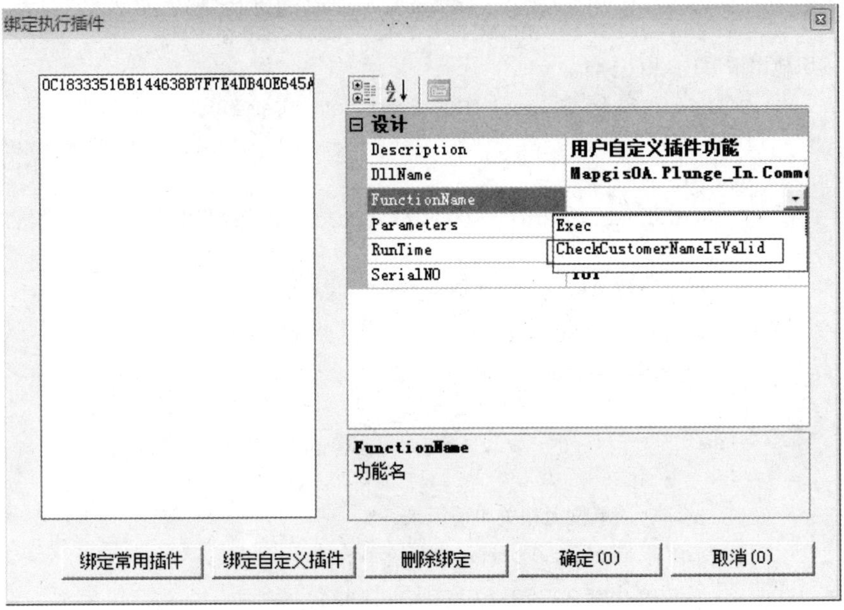

图 6-140　选择功能控件

这样，即实现了用户输入用地申请单位名称时的检测功能。

6.6 小　　结

通过对表单搭建实例的学习，从实践层次体会搭建式开发的优势，简单地拖拽、配置、复用即可实现 Web 页面开发，丰富的拓展开发接口使页面功能的多样化成为可能，只需熟悉基本的 Web 开发知识，即可着手 Web 开发，搭建自己想要的系统。如果已有功能不能满足需求时，还可通过表单插件开发，拓展功能。

6.7 问题与解答

1. 当链接到某页面时，提示报错信息为“无法获取某参数”，如何解决？

解答：解决方法如下：

（1）页面参数名确保完全相同。

（2）确保负责传出参数的控件（Input 控件、DataGrid 控件中待传出参数的某列）的 AllowPost 属性设置为“True”。

（3）查看当前页面的按钮属性中跳转页面栏下“AllowPageParamaterPost”是否设置为“True”，即是否允许将当前页面参数传出。

（4）在链接的对象页面地址后加“?test=1”，以获取参数默认值。

2．Ajax 具体应用实例。

以 DropDownList 应用为例，即在第一个 DropDownList 选择某省份后，后一个 DropDownList 自动列出对应省份的城市名称，实现方法如下。

（1）新建数据库表。最好建立两个数据库表。

① 省份名称表（test_prov）。字段：省份名称字段（province），ID1（主键）；字段内容参考图 6-141 所示。

② 市名称表（test_city）。字段：城市名称字段（city），GLID（外键，关联 prov 表的 ID1）；字段内容参考图 6-142 所示。

ID1	PROVINCE
9	河北省
10	山西省
11	河南省
12	辽宁省
13	吉林省

图 6-141　省份名称表

GLID	CITY
9	邯郸市
9	衡水市
9	沧州市
9	秦皇岛
9	邢台市
9	廊坊市
9	张家口
9	保定市
9	唐山市
9	承德市

图 6-142　城市名称表

从图 6-141 和图 6-142 中的 ID1 与 GLID 即可看出两表的数据关系。

（2）调用控件及属性设置。页面中调用两个 DropDownlist，依次修改 ID 为 drop1（代表选择省份名称控件）、drop2，并允许 drop1 控件传出参数及参数名 ProvID。

（3）添加页面参数。添加页面参数 ProvID，来源方式为 Request，给定默认值 1。

（4）建立我的查询。建立两个我的查询，分别命名为 inq_prov、inq_city，SQL 语句分别如下：

```
select province from test_prov
Select city from test_city where GLID=@ProvID@
```

（5）设置 DropDownlist 数据源。分别设置两个 DropDownlist 的数据源，drop1 与 drop2 的数据源依次选择我的查询 inq_prov、inq_city。

（6）脚本编写。选中 drop1 控件，切换到属性面板，再单击 按钮，切换到脚本编辑面板，找到其他栏下的 onblur（即失去焦点处），输入“AjaxDropDownlist("drop2")”，即让 drop1 控件控制 drop2 的值。

最后允许预览页面即可。

3．设计上传、下载文件不成功时，需注意哪些内容？

解答：具体设置方法请参见表单设计器帮助文档，只是需要注意以下几点：

（1）若使用的是 SQL 数据库，那么在设计数据库表字段时，需要添加两个字段，其一用于保存文件内容，字段类型为 nvarchar 类型；其二是用于存储该文件名称，字段类型为为 varchar 类型。在将 UpFile 控件与我的更新绑定时，需同时绑定前述两个字段中。

（2）若使用的是 Oracle 数据库，与（1）中设置一致，只是用于存储文件内容的字段字段类型为 blob 型。

4．如果需要在当前父页面局部打开某一子页面，应如何设置？

解答：首先，在当前页面中调用 IFrame 控件，需调整其高宽，修改 ID 值（以确保 ID 值是唯一的），如 IFrameID，待打开的页面（如 a.aspx）即会在此标签中打开；然后，设置本页中某按钮的跳转属性，DialogOpenModal 处设置为 Frame，DialogURL 处输入跳转的页面名称，如“IFrameID.location.href=a.aspx”，即可实现。

5．页面跳转时，当需跳转的页面与当前页面不在同一文件夹时，应如何正确链接对象页面？

解答：例如“a.vfd”、“b.vfd”、“c.vfd”三个页面，分别处于两个文件夹下，如“A/B/C(a.vfd)”、“A/D/E(b.vfd)”、“F(c.vfd)”。说明：ABCDEF 是文件夹，C(a.vfd)表示 a.vfd 在文件夹 C 下面。当需要从 a.vfd 页面跳转到 b.vfd 时，在 a.vfd 页面中某跳转 URL 处输入“../D/E/b.vfd”；当需要从 b.vfd 页面跳转到 c.vfd 时，在 b.vfd 页面中某跳转 URL 处输入“F/c.vfd”。

6．如何查看页面中 SQL 语句执行情况？

解答：找到 FW2005 下的 aspx 文件夹下的 DSMon.aspx 页面，在框架主页中添加一个菜单，绑定该页面，当在某页面执行完 SQL 语句后，切换到 DSMon.aspx 页面，即可查看刚才页面中 SQL 的执行情况，此方法在检查 sql 错误时很有意义。

7．导出 DataGrid 列表数据到 Excel 表时需注意哪些问题？

解答：应注意以下两个问题：

（1）在客户端列表表头显示的所有字段将被导出，列表中设置隐藏的列不被导出；

（2）列表中各列对应了相应字段，各列顺序要与列表对应的我的查询里的字段一致，否则会导致导出到 Excel 后的数据存在错列情况。

图 6-143　结构目录树调用

8．如何调用系统的机构、用户等结构树并实现选择输入？

解答：问题说明：例如提供用户选择某部门下的人员，并将该选择结果返回到页面中某 Input 控件中，如图 6-143 所示。

当用户单击按钮时，弹出机构目录树对话框，用户选择某人员后，单击“确定”按钮，即可将选择结果返回到该 TextBox 中，具体实现方法为：修改 TextBox 的 ID，如 check，再在该按钮的 onclick 处写入以下脚本。


```
var
            rtn=window.showModalDialog("/Fw2005/DesktopModules/Frame
            work/Membership/Picker/GetGroupUsers.aspx?rtnValueType=N
            ame%2fGroupCode&IsShowUser=True&SelectType=USER&CanSelec
            tMul=True&GroupCodes=1","","dialogWidth:20;dialogHeight=
            20");
        if (rtn== undefined||rtn=="")return false;
        else{
            var returnKeeper =document.getElementById('check');
           if(returnKeeper)returnKeeper.value=decodeURIComponent(rtn);
        }
        return true;
```

注　意

最后返回到 TextBox 中的结果含有该人员的编号，可在 TextBox 的属性中增加正则表达式，将其去掉。

9．出现网页客户验证失败异常。

解答：在使用 MyDataGrid 时，如果模板列用 Button 类型，则不能同时使用 ShowModal 方式。

10．为何会在调用插件时找不到相关方法？

解答：首先检查此方法是否存在，如果此方法在插件中确实存在，那么检查是否将表单绑定的插件误放到了 bin 中。

11．表单服务启动后总是自己停止应如何解决？

解答：通常此种情况是由于在一个数据库上建立多个表单服务造成的。建议在 Web 服务器上部署政务系统时严格禁止此操作，同时在 Web 运行过程中，禁止通过表单客户端来连接数据库。

12．首次打开表单设计器报没有注册类错误，应如何解决？

解答：参考方法如下所述：

（1）首次打开表单设计器弹出错误对话框，如图 6-144 所示。

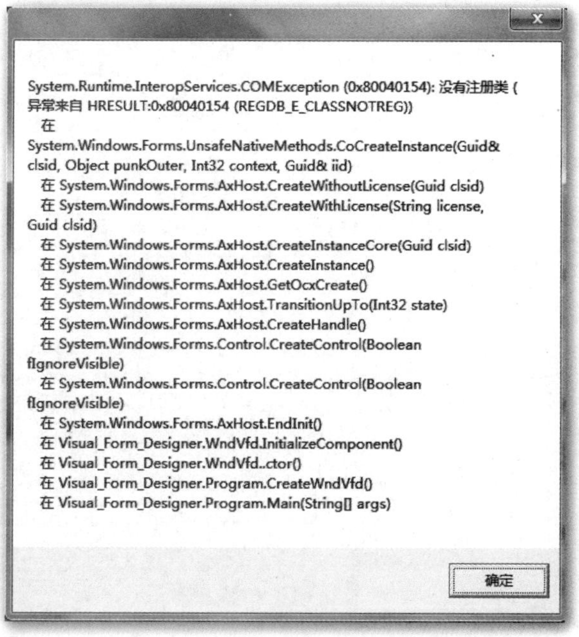

图 6-144　未注册类错误

解决办法为找到搭建平台安装路径，例如，在“..\..\..\FrameBuilder\Visual Form Designer\bak”文件夹下，找到“win2003.bat”，单击注册即可；如果还有问题，可鼠标双击同文件夹下“xp2000.bat”文件。

（2）出现类似于第一点中提到的错误，在路径“..\..\..\FrameBuilder\Visual Form Designer\Office11”文件夹下找到 owc11.exe 执行文件，双击执行即可解决。

6.8 练 习 题

1．开发一个字段灵活的查询页面，关联的数据库表即本章的员工基本信息表。让用户在该表的所有表头字段中灵活选择用于查询的字段，然后输入该字段对应的模糊信息进行查询。

2．利用搭建平台设计一个 Excel 表打印的功能，注意把握两点：

- 设计 Excel 模板；
- 编辑 SQL 查询条件。

第 7 章

搭建运行框架实例

搭建运行框架是 MapGIS 搭建平台的基础模型之一，作为系统配置搭建的平台框架，将设计的业务流程与表单有机结合，进行配置实现整个信息系统。基于搭建运行框架，可轻松实现一个大型办公自动化系统实例，即在框架中绑定工作流编辑器的业务流程，将表单设计器中开发的相应表单页面绑定到业务流程相关节点上，实现整个业务功能；同时可进行模块权限管理、用户与机构管理的设置，分配相应权限给相关角色、用户。

搭建运行框架在第 5 章和第 6 章的设计基础上，实现业务流程相应功能页面的展现，同时可进行自定义功能扩展开发。基于搭建运行框架的二次开发，与普通 Web 项目的二次开发基本相同，支持.NET 和 Java 模式。本章以.NET 模式为例，介绍基于搭建运行框架的工作流管理、模块菜单管理、权限分配等功能，并以实例的形式讲解如何进行扩展开发。

在使用搭建运行框架搭建政务系统前，请参见 MapGIS 搭建平台提供的帮助文档，先正确安装并配置搭建平台与搭建运行框架，再进行系统的设计搭建。在本章中不再详述其具体的安装与配置操作。

目的要求

结合前第 5 章和第 6 章的开发成果，本章将介绍如何将工作流编辑器中设计的流程与 VFD 表单设计器中开发的相关页面部署到搭建框架中，形成一个完整的系统。本章需重点掌握如何将表单页面绑定到业务流程节点上，如何配置节点办理权限、创建流程流转规则，以及管理模块菜单等，熟悉权限管理分配机制与框架扩展开发的方法。

主要内容

- 业务流程权限分配及页面配置；
- 规则库管理；
- 角色权限配置及功能赋权；
- 模块菜单管理；
- 常用语管理；
- 框架扩展开发。

重点难点

本章重点在于理解平台权限运行、管理机制，利用纯 SQL 语言或 C#语言编写流程流转规则。其中，流程节点属性编辑与模块管理是重点，同时也是本章的难点。

7.1 搭建运行框架综合示例

登录搭建运行框架主页，本地访问地址为 http://localhost/Fw2005，以管理员身份（默认登录名及密码均是 admin）进入其主页面，如图 7-1 所示。根据 IIS 配置的不同，登录框架主页面的位置相应改变；或者直接通过系统开始菜单中搭建平台下的“搭建框架主页”登录。

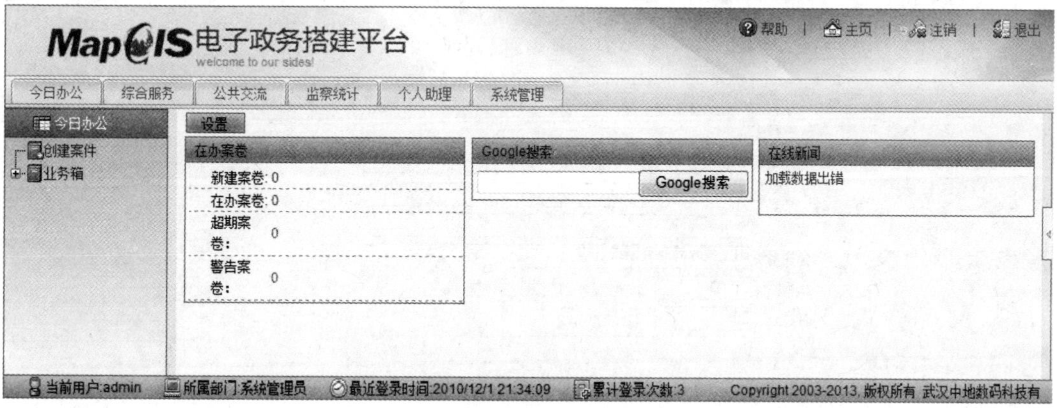

图 7-1　登录后的主界面

7.1.1 工作流管理

工作流管理系统主要设计业务流程或系统流程。定义完流程相关属性后，可到搭建运行框架主页的“系统管理”模块下的“工作流管理”中进行配置，如图 7-2 所示。

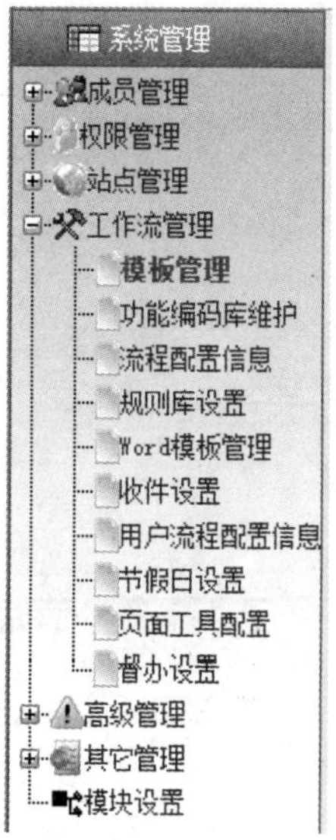

图 7-2　工作流管理

7.1.1.1 节点信息编辑

首先进入流程节点信息编辑，进入节点信息配置界面的步骤如下所述。

第一步：进入“系统管理”菜单下的“工作流管理”模块。

第二步：单击“模板管理”，进入“模板库维护”界面，如图 7-3 所示。

第三步：之前在工作流编辑器中设计的“建设用地审批流程”自动加载到模板列表，单击“编辑”按钮，进入如图 7-4 所示的流程信息编辑页面。

第四步：在流程信息编辑页面中单击“节点信息编辑”按钮，进入如图 7-5 所示的流程信息编辑页面。

接下来的节点信息编辑操作与工作流编辑器中一致，不再详述，请参见 5.1.4.5 节。

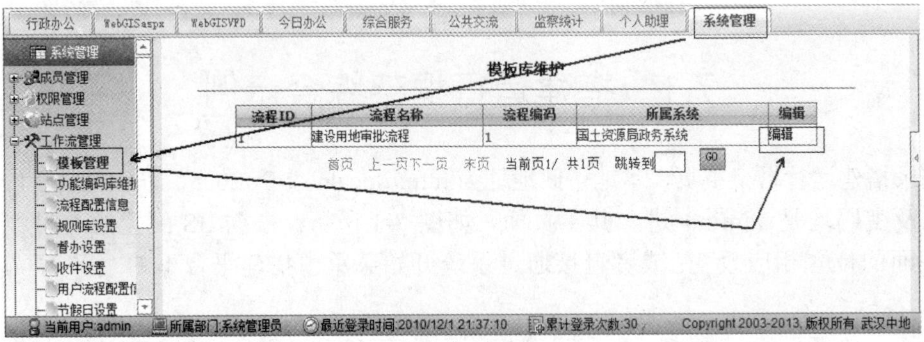

图 7-3　模板管理

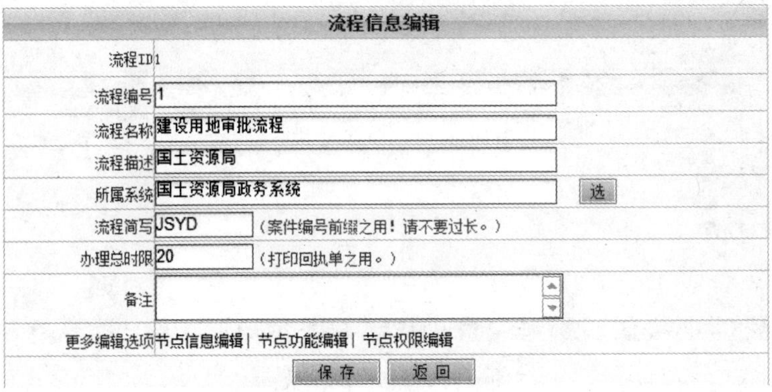

图 7-4　流程信息编辑页面

图 7-5　节点信息编辑页面

7.1.1.2　节点权限编辑

继 7.1.1.1 节所述，在流程信息编辑页面单击“节点权限编辑”，进入如图 7-6 所示的页面。

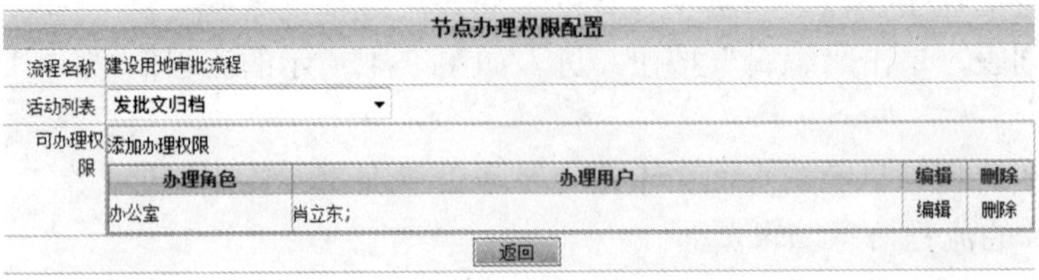

图 7-6　节点办理权限配置页面

接下来的节点办理权限配置操作与工作流编辑器中一致，不再译述，请参见 5.1.3.5 节。

7.1.1.3 功能页面绑定

基于上述配置，接下来将功能页面绑定到对应的流程节点。下面以绑定起始节点“窗口收件”为例，该节点需要绑定两个功能页面：一是窗口受理页面（jsyd_cksj.vfd）；二是上传报批材料页面。

按照 7.1.1.1 节所述的步骤进入流程节点信息编辑页面，单击“节点功能编辑”，进入如图 7-7 所示的流程节点功能编辑页面。

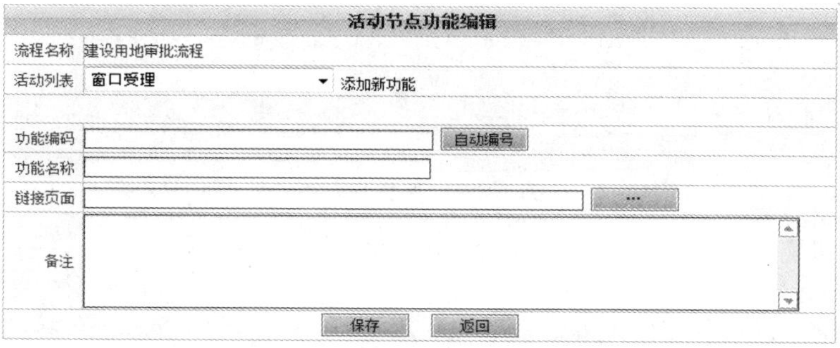

图 7-7 流程节点功能编辑

具体配置步骤如下所述。

第一步：在活动列表”处选择起始节点名“窗口受理”，单击“自动编号”按钮，自定义功能名称，如“填写建设用地审批单”，然后单击“链接页面”后的 ... 按钮，弹出如图 7-8 所示的对话框，约定的路径为 SubSysFlowFile/Archives/ InnerBulletin，根据该路径选择窗口受理页面（如 jsyd_cksj.vfd），即勾选该表单页面，最后单击“选择”按钮，回到活动节点功能编辑页面。

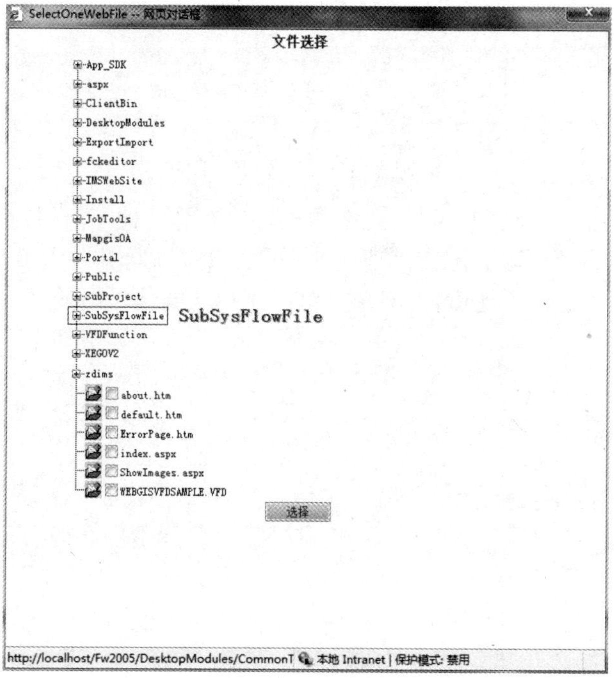

图 7-8 选择页面

第二步：单击“保存”按钮，在功能列表中自动添加一条任务记录，如图 7-9 所示。

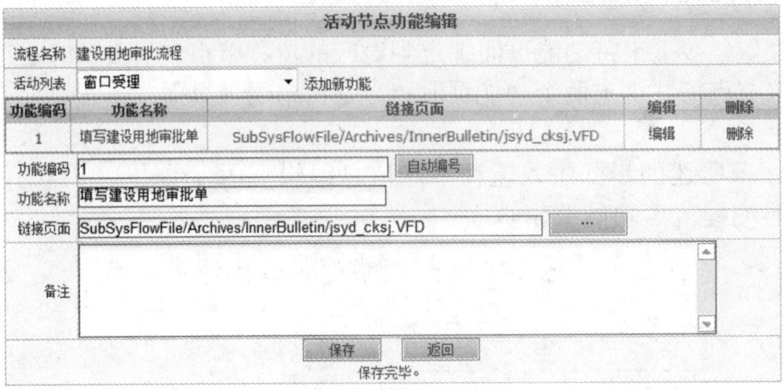

图 7-9　添加功能页面

第三步：绑定上传材料页面，即在活动节点功能编辑页面中单击“添加新功能”按钮，单击“自动编号，”按钮，填写自定义功能名称，如“上传报批材料”，然后绑定页面，页面地址为 SubSysFlowFile/CommonModule/ commreceivematerial.aspx，最后单击“保存”按钮，返回到活动节点功能编辑页面，如图 7-10 所示。

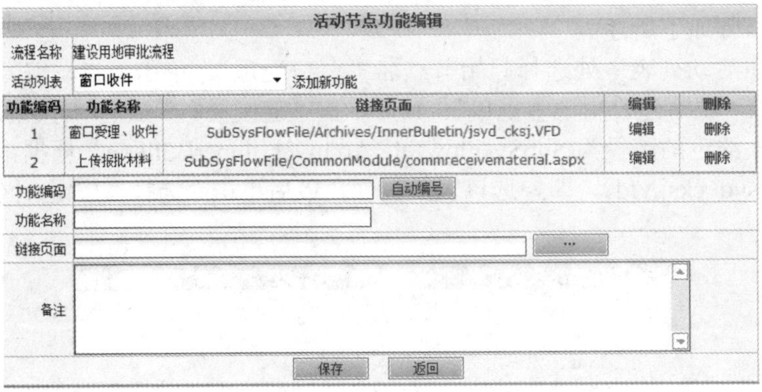

图 7-10　添加上传材料页面

类似地，通过选择“活动列表”中剩余的项，依次为其他节点绑定功能页面。

绑定后的功能页面及权限分配在“功能编码库维护”页面中进行维护，如图 7-11 所示，即在流程类型项选择“建设用地审批流程”，单击相应功能项后面的“编辑”按钮进行编辑。

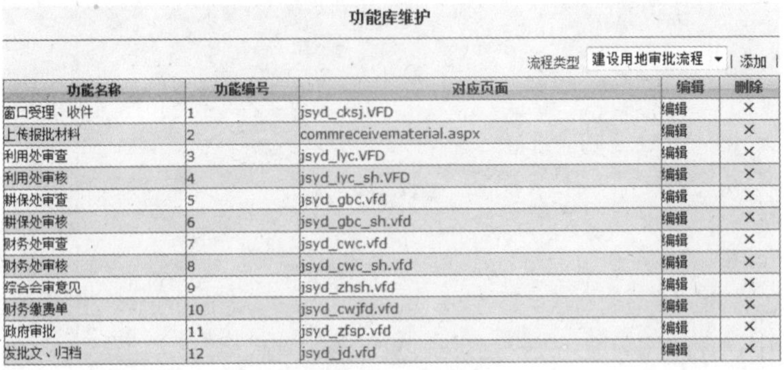

图 7-11　功能库维护

7.1.2 新增模块菜单

基于 7.1.1 节中的工作流程配置，下一步将在系统框架中为“建设用地审批流程”建立入口菜单，即进入系统管理下的“模块设置”模块进行配置，如图 7-12 所示。

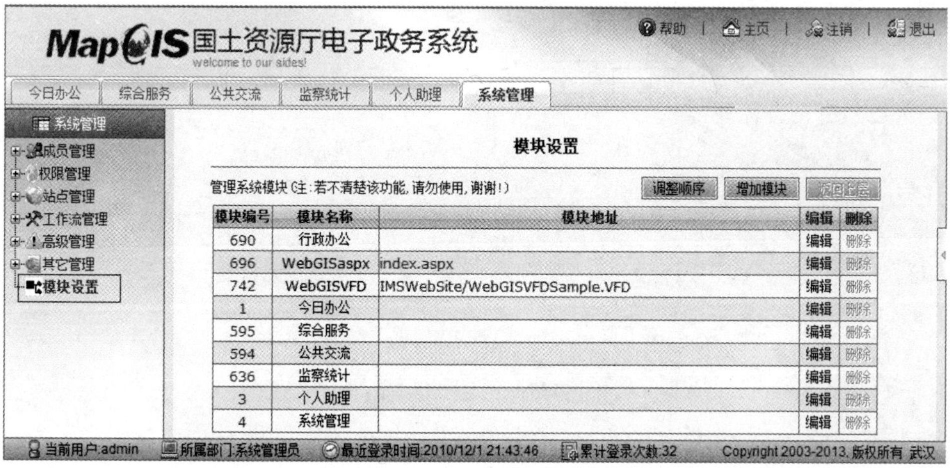

图 7-12 模块设置

第一步：建立顶级模块菜单。单击“增加模块”按钮，添加一个顶级模块菜单，将新增的菜单模块命名为“行政办公”，如图 7-13 所示。输入模块名称，设置模块级别为“顶级模块”，单击“保存”按钮。

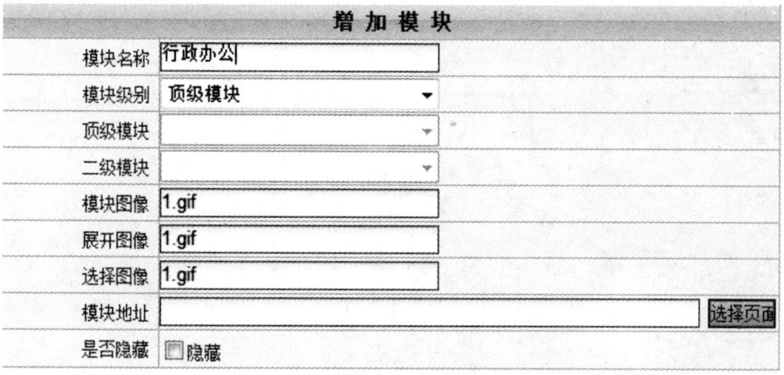

图 7-13 增加模块

第二步：建立二级模块菜单。继上一步，单击“保存”按钮后，页面即被清空，继续输入二级模块名称，如“地籍管理”，选择模块级别为“二级模块”，单击“保存”按钮。

第三步：建立三级模块菜单。继续输入三级模块名称，如“建设用地管理”，选择模块级别为“三级模块”，并设置模块地址为“建设用地审批流程”案例的启动页面地址，启动页面表单为“engine.VFD”，如图 7-14 所示。

启动页面地址为“SubSysFlowFile\Archives\InnerBulletin\engine.VFD?flowcode=1”，在“?flowcode=1”中，flowcode（或 flowid）是唯一标识流程的流程编码。配置时可进入模板管理中查看对应的流程编码，如查看“建设用地审批流程”编码，如图 7-15 所示。

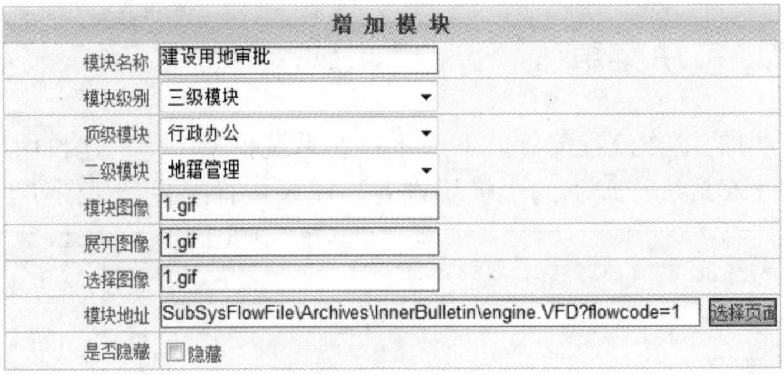

图 7-14　添加次级模块

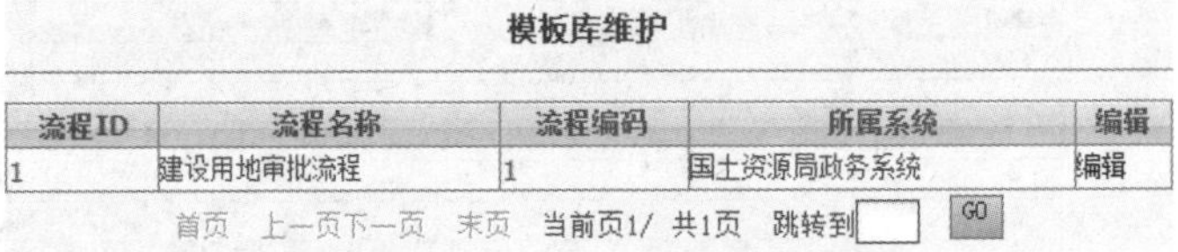
模板库维护

流程ID	流程名称	流程编码	所属系统	编辑
1	建设用地审批流程	1	国土资源局政务系统	编辑

首页 上一页下一页 末页 当前页1/ 共1页 跳转到 GO

图 7-15　查看流程编码

启动页面地址后加“?flowcode=1”，说明在启动页面中创建案件后，自动跳转到流程编码为“1”的业务流程（即建设用地审批流程）起始节点对应的页面。上述建立的三级菜单“建设用地管理”即“建设用地审批流程”的入口。

基于上述配置操作，预览刚建立的模块菜单，即流程启动页面，刷新整个页面，如图 7-16 所示。

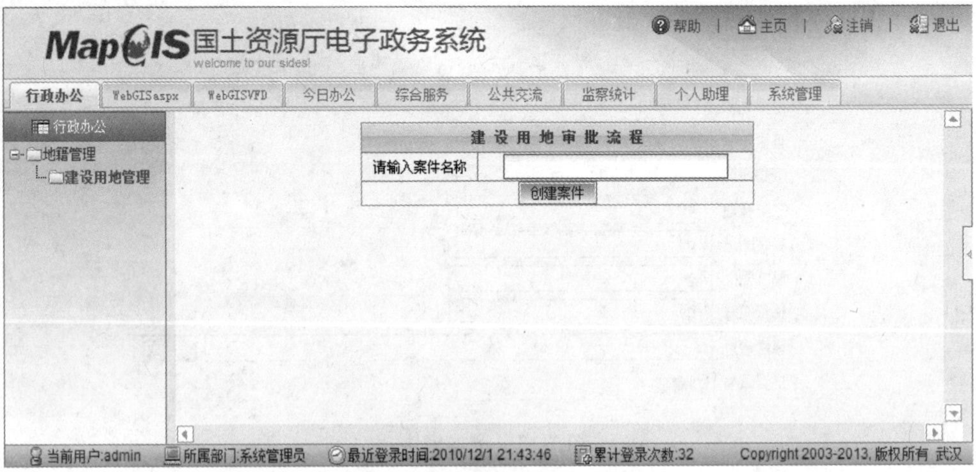

图 7-16　流程启动页面

7.1.3　权限分配

模块菜单是对应功能模块、子系统的入口。因此，每个机构及用户均需具备相关菜单权限，可通过系统管理下的权限管理模块进行配置，如图 7-17 所示。

以角色赋权为例，将“今日办公、个人助理”赋权给“国土资源局”整个部门，赋权步骤如下所述。

第一步：系统管理→权限管理→角色权限，进入如图 7-18 所示的角色赋权页面。

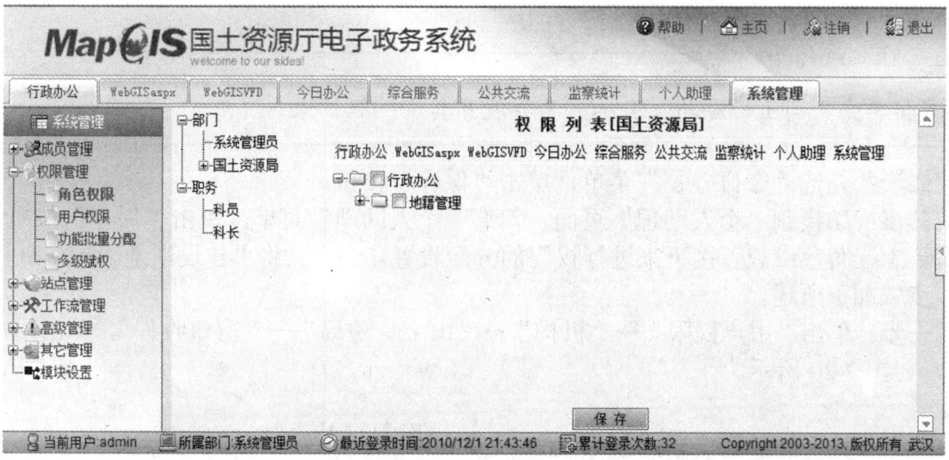

图 7-17 模块赋权

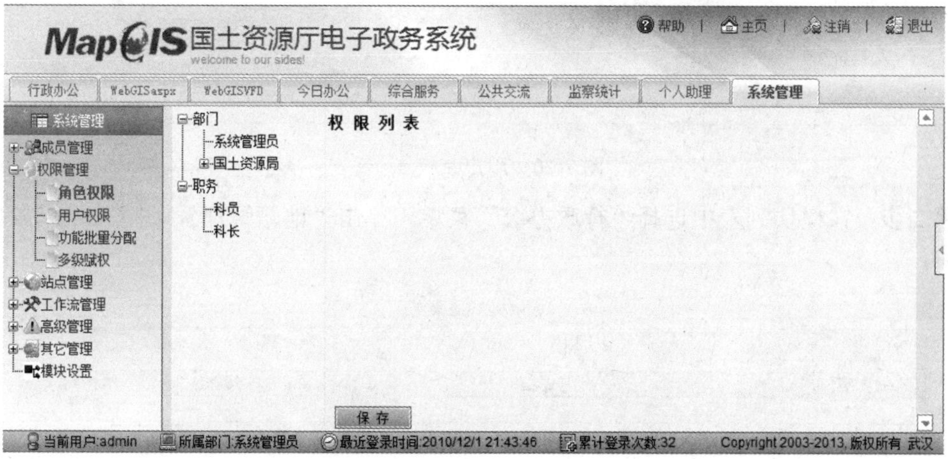

图 7-18 角色赋权（一）

单击权限列表中的“国土资源局”，主页面进入如图 7-19 所示的页面。

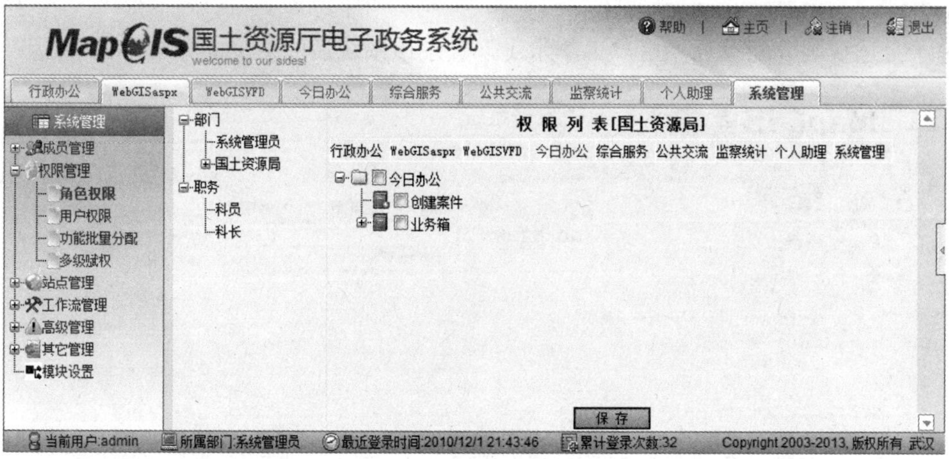

图 7-19 角色赋权（二）

注　意

直接单击“国土资源局”名称，不要展开其下一级目录。

第二步：勾选“今日办公”菜单，单击“保存”按钮。

第三步：切换到“个人助理”页面，勾选“个人助理”菜单，单击“保存”按钮。

基于上述角色赋权，接下来进行权限的分配设置。例如，将“建设用地管理”赋权给李米飞，步骤如下所述。

第一步：单击“用户权限”→“机构”→“国土资源局”→“窗口收件”，单击用户“李米飞”，如图 7-20 所示。

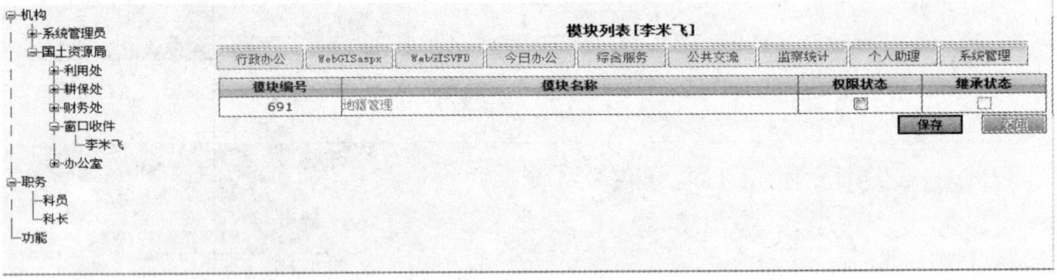

图 7-20　用户赋权（一）

第二步：在模块列表中选择“行政办公”菜单，单击“地籍管理”，进入如图 7-21 所示的页面。

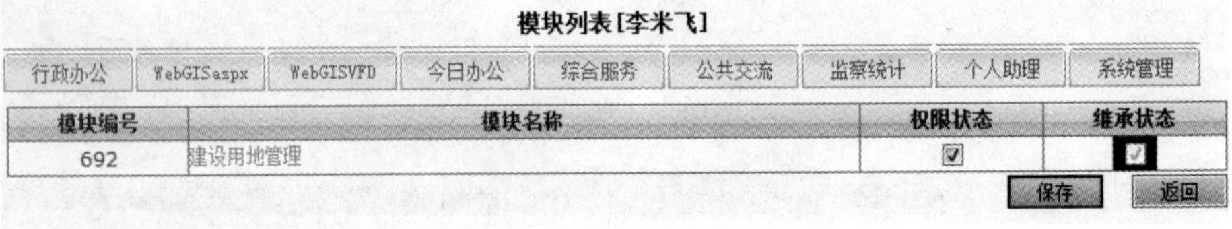

图 7-21　用户赋权

第三步：在“建设用地管理”模块后勾选“权限状态”，单击“保存”按钮，完成用户权限配置。

基于上述权限分配设置，用户“李米飞”登录该系统后的主页面如图 7-22 所示。

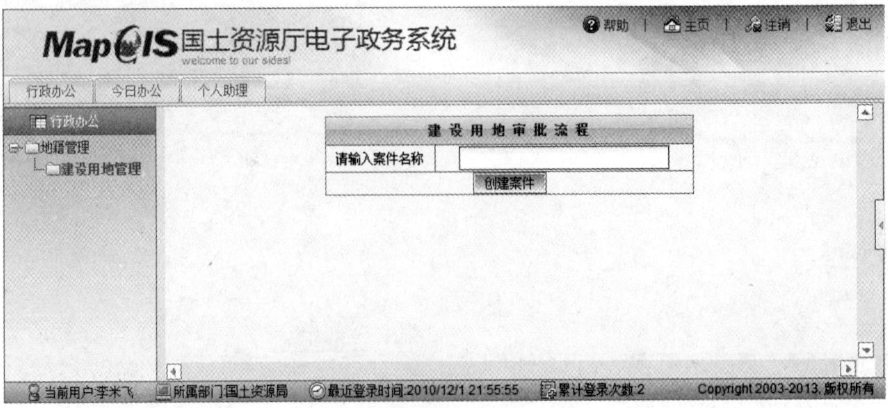

图 7-22　用户登录后页面

7.1.4 常用审批语

本节的目的是把一些常用审批语整理为常用语管理，供用户调用，以提高工作效率。

1）一般审批语管理

（1）添加方法，具体的操作步骤如下所述。

第一步：在搭建运行框架中，切换到“个人助理”菜单，单击“常用语管理”，弹出如图 7-23 所示的界面。

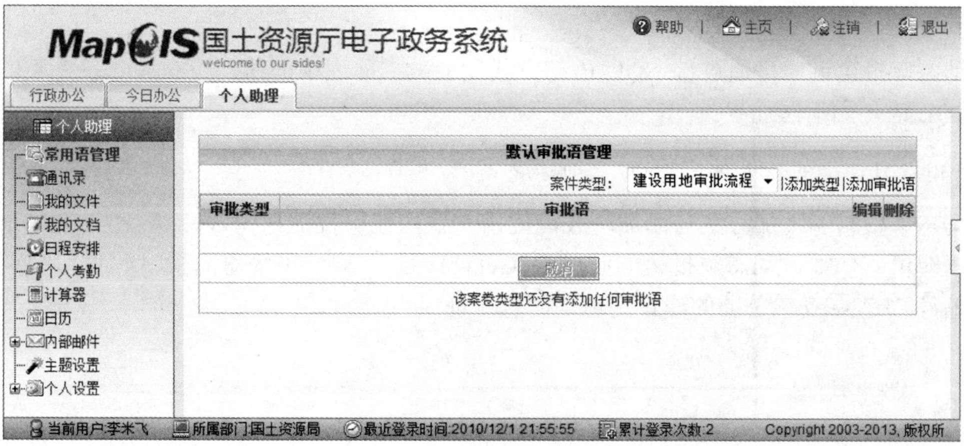

图 7-23 默认审批语管理

第二步：需要为某个业务流程增加常用审批语时，则需在“案件类型”处选择目标业务流程。例如选择“建设用地审批流程”，先添加类型，再添加对应审批语，如表 7.1 所示。

表 7.1 审批语类型及审批语

审批类型	审批语
同意类	已审核，予以发放使用授权！
不同意类	已审核，暂不同意发放使用授权！

根据表 7.1 的内容，依次输入审批类型与对应的审批语，然后单击“保存”按钮保存，如图 7-24 所示。

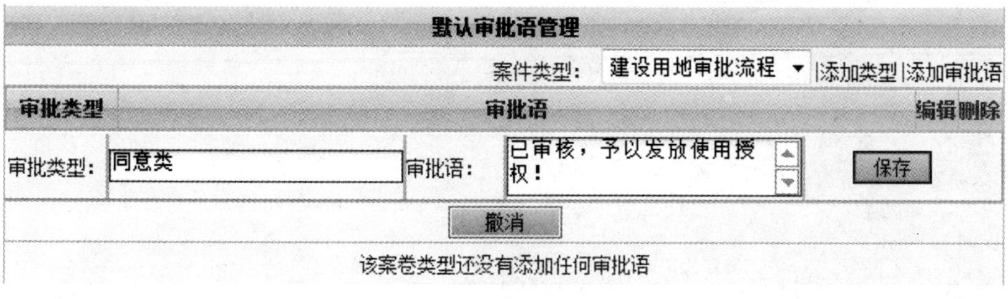

图 7-24 添加审批语

添加完成后，在默认审批语管理中列出新增的审批语，如图 7-25 所示。

（2）使用方法。一般应用在 TextArea 中，即文本域中，按“Alt+鼠标左键”即可调出常用语。

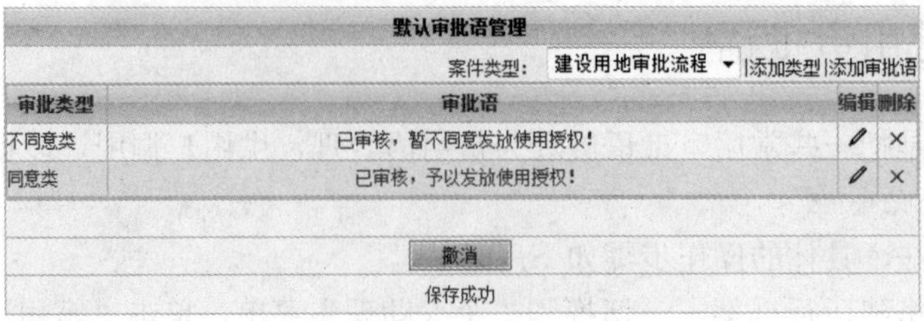

图 7-25　添加默认审批语

2）动态审批语调用

动态审批语调用可通过伪 SQL 语句方式读取数据库表中的值，组织成一条完整的审批语。SQL 语句的语法如下：

```
GetTblValue("<返回字段名>","<查询表名>","<查询条件>")
```

动态审批语的添加方法与添加一般审批语一致，在审批语处输入带以上伪 SQL 语句的审批语即可。例如，动态审批语的此单位 GetTblValue("申请用地总面积","建设用地审批","案件编号='$CaseNo'")公顷的建设用地，同意发证。

说　明

$CaseNo 是页面传进来的页面参数值，可在配置文件 XMLFile\WordVariableConfig.xml 中配置。在办公流程中，在相应的控件上使用快捷键“Alt+鼠标左键”即可调出。

7.2　登录界面扩展开发实例

7.2.1　概述

登录页面是系统的入口，负责对用户的身份进行识别和认证，合法用户会重定向到主操作界面，非法用户将被拒之于系统之外。登录过程如图 7-26 所示。

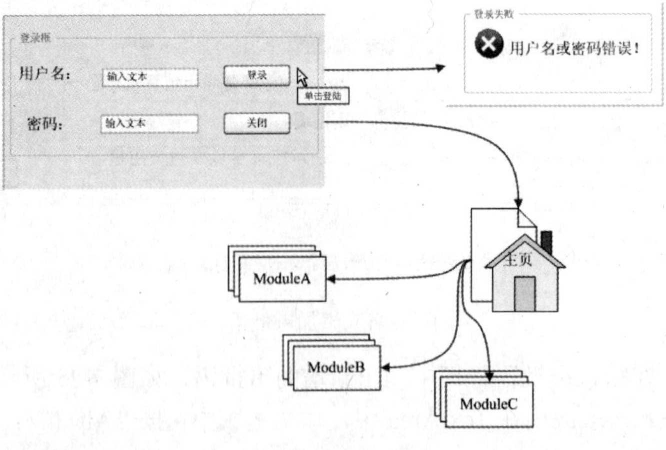

图 7-26　登录过程

本示例将演示如何重写登录页面。重写的登录页面可分为静态登录页和动态登录页，静态登录页为 HTML 文件，动态登录页则使用 Aspx 或 JSP 页面。下面以.NET 模式为例开发静态登录页和动态登录页。

7.2.2 开发静态登录页面

在.NET 版的 MapGIS 搭建平台中，系统自带的登录页 index.aspx 页面已经实现了登录功能。如果仅仅需要重写登录页面，可以采用 HTML 页面实现登录页面的表现，其过程如图 7-27 所示，当单击登录时，把数据发送到 index.aspx 页面，即可实现。

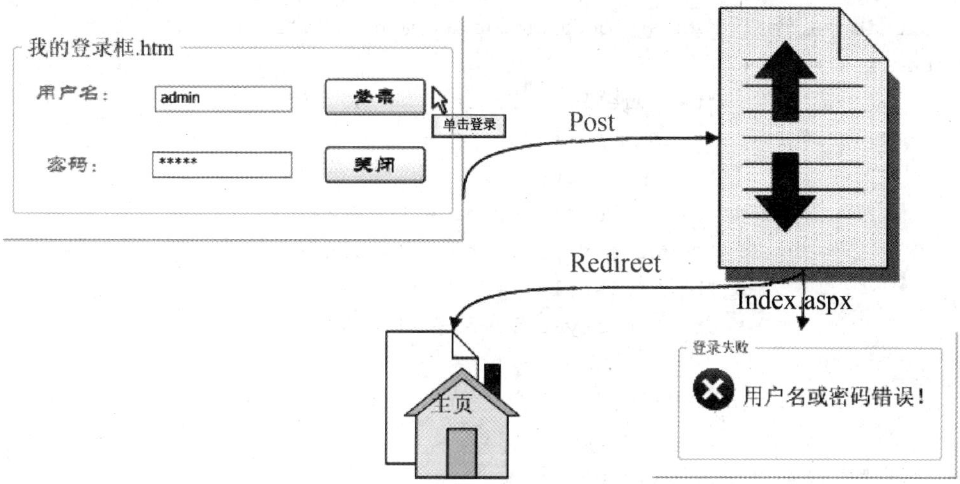

图 7-27 静态登录页 login.html 登录过程

静态登录页把用户名、密码、验证码等信息以 Post 的方式发送给 Index.aspx，则原登录页面就会开始验证用户，实现登录过程。Post 数据的参数为用户名（txtName）、密码（txtPwd）、验证码（TxtValNum），设置 form 属性 method="post" action="Portal/index.aspx"。

7.2.3 开发动态登录页面

开发动态登录页面，即直接重写 Index.aspx 页面，重新实现登录页面。实现步骤如下：

（1）创建 Web 项目，添加一个 Aspx 页面；

（2）添加必要的 dll 程序集应用；

（3）设计登录界面；

（4）修改 Aspx 页面基类为 MapgisEgov.UI.Framework.LogonPage；

（5）调用登录验证方法 base.Login(UserName,PassWord,ClientID,out ErrorMsg)；

（6）检测传出参数 ErrorMsg 是否为空，空则登录成功，重定向到主界面，非空则提示错误信。

其他事项：由于登录页面是用户请求可见的第一个页面，因此该页面上也需要一些必要的初始化工作，如 Cookies 检测，清除其他登录用户，检测是否在顶层窗口打开，在提交数据前对用户名进行合法性验证等。

7.2.4 动态登录页面开发实例

前述章节讲解了静态与动态登录页面的开发方法，以下将结合本书的背景案例，即以建设用地内审系统为例，为其开发一个动态登录页面。根据 7.2.3 小节介绍的开发方法，重写 index.aspx 页面（包括验证码页面 ShowImages.aspx）实现新的动态登录页面，具体代码与设置方法如下。

（1）index.aspx 页面代码和 msg 函数部分代码如下。

```
<script language="javascript" type="text/javascript">
function $(id){ return document.getElementById(id);}
function msg(){
              $("txtName").style.left = "423px";
              $("txtName").focus();
              $("txtPwd").style.left = "423px";
              $("TxtValNum").style.left = "423px";
              $("code2").style.left = "530px";
              $("btn1").style.left = "368px";
              $("btn2").style.left = "464px";
}
function clearInputFn(){
   $("txtName").style.value = "";
   $("txtPwd").style.value = "";
   $("TxtValNum").style.value = "";
}
</script>
```

（2）部分 JavaScript 函数代码如下。

```
<script type="text/javascript" language="javascript">
      InitPage();
      function InitPage() {
         if (window.top && window.top.location != window.location) {
            window.top.location = window.location;
         }
         var msg = "";
         try {//防止在打开的窗口中登录，用别人的会话
            if (window.opener) {
               msg = '对不起，您是在从别的窗口打开的新窗口中登录本系统的.这样会使
得父窗口也自动登录了本系统.这是不允许的.\n请从开始菜单或者桌面上打开个新窗口重新登录.';
               alert(msg);
               document.Form1.innerText = msg;
               window.close();
            }
            window.name = null;
```

```
            document.cookie = "testEnableCookie=1";
            if (document.cookie == undefined || document.cookie.length == 0) {
                msg = '对不起，您的浏览器禁用了Cookie选项.请开启.';
                alert(msg);
                document.Form1.innerText = msg;
                window.close();
            }
        }
        catch (e) {
            //alert(e.Message);
        }
        document.getElementById("txtName").focus();
    }
    function validate(ShowMsg) {
        var tname = document.getElementById("txtName").value;
        var SumDiv = document.getElementById("ValSumError");
        var SpanMsg = document.getElementById("SpanMsg");
        var bPass = (tname != "" && tname.match(/[a-zA-Z]\w+/g));
        if (bPass) {
            if (SumDiv && SpanMsg) {
                SumDiv.style.display = "none";
                SpanMsg.style.visibility = "hidden";
            }
            return true;
        }
        else {
            var txtStr = "";
            {
                if (tname == "")
                    txtStr = "用户名不能为空";
                else
                    txtStr = "用户名格式错误";
                alert(txtStr);
            }
            return false;
        }
    }
    function changBg(e, color) {
        if (!e) var e = window.event;
        var obj = (e.srcElement) ? e.srcElement : e.target;
        obj.style.backgroundColor = color;
    }
</script>
```

（3）登录界面设计代码如下。

```
<%if (this.Request.IsLocal)
        {
        if (Application["_DBError"] != null)
        {
          Application["_DBError"] = null;
        this.Response.Redirect("~/Install/start.aspx");
          }
    his.Response.Write("<a href='../Install/start.aspx' class='peizhi'>
    本地配置</a>");
    }
%>
```

（4）验证码页面 ShowImages.aspx 代码如下。

```
<%@ Page language="c#" Inherits="MapgisEgov.ShowImages" Codebehind="ShowImages.
aspx.cs" %>
<!DOCTYPE HTML PUBLIC "-//W3C//DTD HTML 4.0 Transitional//EN" >
<HTML>
    <HEAD runat=server>
        <title>ShowImages</title>
        <meta name="GENERATOR" Content="Microsoft Visual Studio .NET 7.1">
        <meta name="CODE_LANGUAGE" Content="C#">
        <meta name="vs_defaultClientScript" content="JavaScript">
        <meta name="vs_targetSchema" content="http://schemas.microsoft.
        com/intellisense/ie5">
    </HEAD>
    <body>
        <form id="Form1" method="post" runat="server">
        <TABLE id="Table1" style="Z-INDEX: 101; LEFT: 8px; WIDTH: 504px; POSITION:
        absolute; TOP: 8px; HEIGHT: 96px"
                cellSpacing="1" cellPadding="1" width="504" border="0">
                <TR>
                    <TD style="WIDTH: 116px">
        <asp:Label id="Label1" runat="server">背景色</asp:Label></TD>
                    <TD>
    <asp:TextBox id="txtBgColor" runat="server">9BD9EE</asp:TextBox>
    <asp:RegularExpressionValidator id="RegularExpressionValidator1" runat=
    "server" ErrorMessage="Error format" ControlToValidate="txtBgColor"
    ValidationExpression="[0-9A-Fa-f]{6}"></asp:RegularExpressionValidato
    r></TD>
    </TR>
    <TR>
    <TD style="WIDTH: 116px"><FONT face="宋体">最大字体号</FONT></TD>
    <TD><FONT face="宋体">
    <asp:TextBox id="txtFontMax" runat="server">16</asp:TextBox>
    <asp:RangeValidator id="RangeValidator1"runat="server"ErrorMessage=
    "RangeValidator" ControlToValidate="txtFontMax" Type="Integer" MaximumValue=
    "20" MinimumValue="7"></asp:RangeValidator></FONT></TD>
```

```
    </TR>
    <TR>
    <TD style="WIDTH: 116px"><FONT face="宋体">最小字体号</FONT></TD>
    <TD>
    <asp:TextBox id="txtFontMin" runat="server">10</asp:TextBox>
    <asp:RangeValidator id="RangeValidator2" runat="server" ErrorMessage=
    "RangeValidator" ControlToValidate="txtFontMin"
    Type="Integer" MaximumValue="20" MinimumValue="7"></asp:RangeValidator></TD>
    </TR>
    <TR>
    <TD style="WIDTH: 116px"><FONT face="宋体">字体宽度</FONT></TD>
    <TD>
    <asp:TextBox id="txtFontSize" runat="server">18</asp:TextBox>
    <asp:RangeValidator id="Rangevalidator3" runat="server" ErrorMessage=
    "RangeValidator" ControlToValidate="txtFontSize"  Type="Integer"
    MaximumValue="20" MinimumValue="7"></asp:RangeValidator></TD>
    </TR>
    </TABLE>
        </form>
    </body>
</HML>
```

（5）设置重写页面文件的存放路径。先用 login 文件夹中"index.aspx"页面将原来页面替换（替换路径"..\FrameBuilder\fw2005\Portal"），再将 ShowImages.aspx 验证码页面替换（替换路径：..\FrameBuilder\fw2005）。

在系统的 images（即放置路径为"..\FrameBuilder\fw2005\images"）里加了两张图片和一个 swf 件：图片分别为 warpbg.jpg 和 btn_blank.gif；swf 文件为"login.swf"。

基于上述方法，将重新开发的动态登录页面配置到系统中，运行该系统，其登录首页如图 7-28 所示。

图 7-28　动态登录页面效果图

7.3 小　　结

如果将前两章内容作为准备业务系统所需的素材，那么本章介绍的搭建运行框架是在二者融合的基础上，基于相关素材配置部署 Web 系统，即将业务逻辑流程与表单页面配置成一个强大的业务办公系统，同时能结合 GIS 系统流程，配置成一个强大的 GIS 综合业务系统。搭建运行框架提供了丰富的二次开发接口，基于这些开发接口，可根据项目需求其进行各种扩展开发。同时，搭建运行框架支持 Flex、Silverlight 等靓客户端技术开发页面，能够搭建出更绚丽、生动的 OA 系统。

7.4 问题与解答

1．如何修改登录验证码的长度、颜色、字体等样式？

解决方法：要修改系统首页登录验证码长度，即搭建运行框架主页面中单击“本地配置”，进入配置主页面，选择“其他配置”，操作页面如图 7-29 所示。

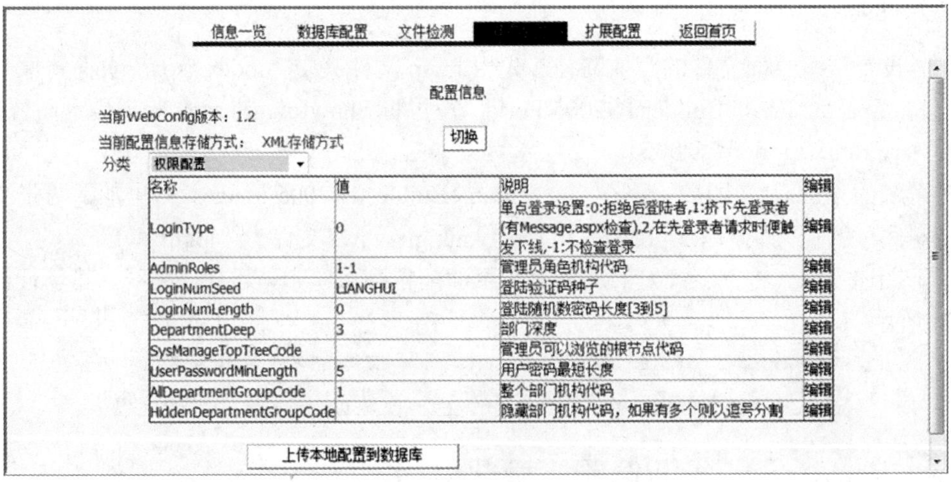

图 7-29　配置验证码

在分类里面选择“权限配置”，参数 LoginNumLength 即为生成登录验证码的长度的设置项，单击后面的“编辑”按钮，便可以修改登录验证码的长度值，建议长度设为 3～5 位。登录验证码的颜色、字体等样式在系统主目录下的 ShowImages.aspx 页面中进行设置，一般不需修改。

2．如何设置实现移交下一节点，并同时自动发送站内信息以提示移交对象？

解决方法：在当前用户登录的搭建运行框架中选择“个人设置”→“密码修改”→“允许发送网页信息”即可。

3．搭建平台主页打开时，提示“无法连接”错误信息，如何解决？

解决方法：在 IIS 的“Web 服务扩展”项的配置里，将 Active Server Pages、ASP.NET +

版本号、Internet 数据连接器、WebDAV 等项设置为“允许”状态。

4．修改站点名称后，还是显示以前的站点名称，修改没有生效，应如何解决？

解决方法：在运行框中输入 iisreset 命令，重启动 IIS 即可。

5．在工作流中如何实现由用户预设下一节点的办理时限？

解决方法：通过路径“fw2005\xmfiles”找到“sysurlconfig.xml”文件，以文本形式打开该文件，找到“<HandOverPageURL>”标记，将此标记后的页面地址改为：

```
~/DesktopModules/WFHandover/CaseHandover_presetTime.aspx</HandOverPageURL>
```

如此，即可实现由用户预设下一节点的办理时限，如图 7-30 所示。

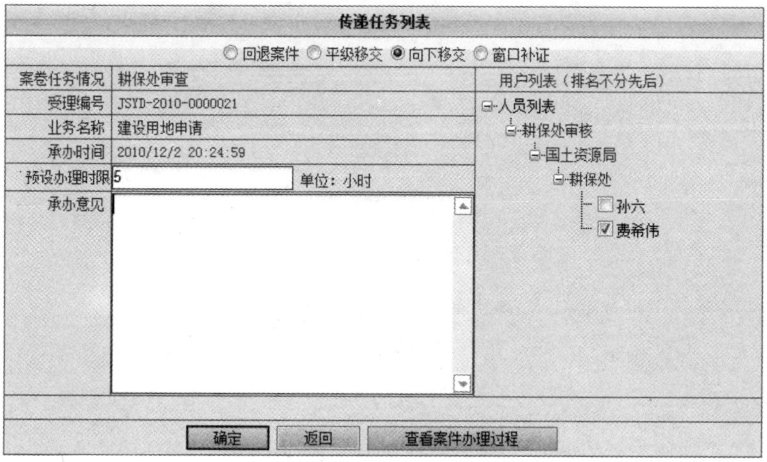

图 7-30　预设办理时限

7.5　练　习　题

1．基于 5.1.4.5 小节的设计的流程，开发实现如下功能：利用处审查节点审查时，若申请用地面积小于 10 公顷，不需移交给利用处领导审核，直接移交到综合会审意见节点；反之，则需要移交给利用处领导审核。提示：此需求首先需要修改业务流程，然后在搭建运行框架主页中建立流转规则。

2．基于搭建运行框架，设计并开发一个动态登录页面。

第三部分

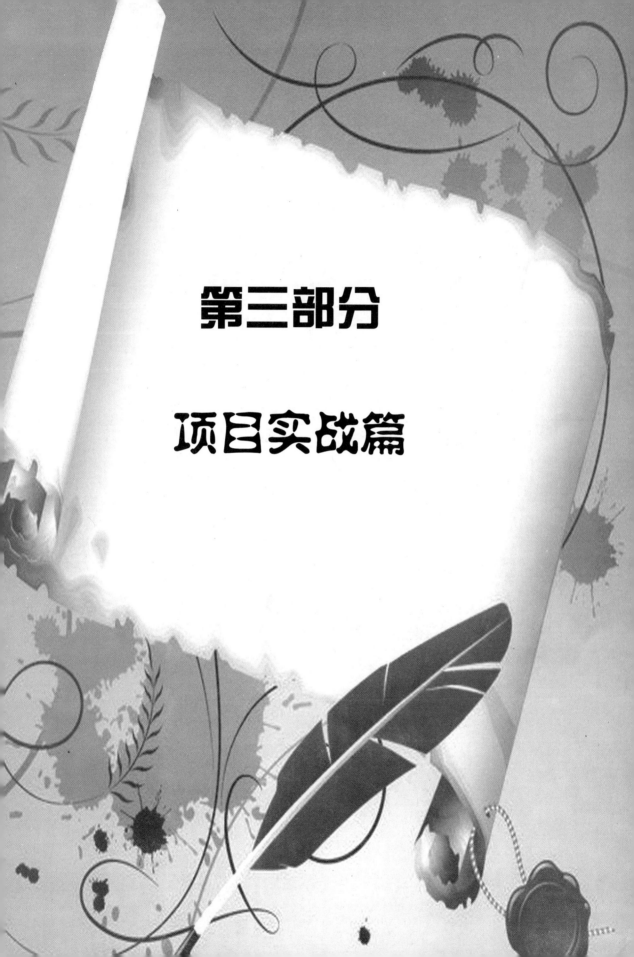

项目实战篇

第 8 章

搭建 OA 应用系统实战

MapGIS 搭建平台打破传统软件开发模式，首次提出并实现了“搭建式”可视化开发，成为软件开发的一把利器，满足各类软件系统开发应用需求。搭建平台将工业流水线生产思想融入软件生产，从 GIS 发散到各行业领域的信息管理系统，基于“零编程、巧组合、易搭建”的应用需求，提供一个全新的开发工具集，同时也成为 MapGIS 数据中心的技术保障。

软件系统的高效开发，选择一个好的集成开发工具非常关键。工欲善其事，必先利其器。MapGIS 搭建平台作为系统开发的利器，提供功能仓库机制，支持自定义插件扩展，并不局限于 GIS 领域，面向各行业的软件系统开发。前面章节从功能点层面，基于搭建平台的工作流编辑器、表单设计器、搭建运行框架，分别以具体实例形式介绍了其搭建使用。本章将基于搭建式开发理论，在功能点实例开发的基础上，通过一个完整的 OA 办公系统，从项目管理的角度全面介绍系统搭建实现与部署。首先简要介绍 OA 办公系统建设意义、系统开发环境与框架设计；然后从功能模块、数据组织方面进行分析设计，接着以员工辞职审批模块、员工基本信息管理、考勤管理为例重点介绍功能模块的搭建实现；最后进行系统的发布。基于搭建平台的 OA 办公系统实战，为项目实践提供指导与帮助。

目的要求

基于搭建平台的具体实例开发学习，相信您对搭建平台有了比较深入的认识，并在开发技能上也有了很大的提升。本章的 OA 办公系统项目实战，为您在具体的项目开发中提供方法与指导。通过本章的学习，全面掌握基于搭建平台的系统搭建方法，以及相应的开发技巧，并能融会贯通，应用到各行业领域的项目中。

主要内容

- 系统开发环境与框架设计;
- 系统功能模块设计;
- 系统数据组织设计;
- 系统功能模块的搭建实现;
- 系统发布。

重点难点

本章全面介绍 OA 办公系统的搭建开发，重点在于系统整体的实现方法，理解 MapGIS 搭建平台权限的运行与管理机制，在搭建流程时采用纯 SQL 语言或 C#语言编写流程流转规则。其中，在业务流程搭建中的流程节点属性编辑，以及模块管理是本章的难点所在。

8.1 系统建设的意义

20 世纪 70 年代以来，科学技术的发展迅速推动了社会生产力的发展。随着科技与经济的快速发展，社会信息量猛增，经营管理决策所需的信息量越来越大，因此各大企事业以及政府单位不断增加办公人员，以满足其运营需求。但是，办公人员的增加却没有更好地提升办公效率，办公室生产率增长较小，办公室生产率远远低于科技、经济及社会信息量的增长速度。

办公效率低下的原因可归结为以下几点：

- 办公事务繁多，决策迟缓；
- 公务的复杂性增加，信息传递交流时间长；
- 信息量大，数据处理的时间长。

改变传统的纸质办公方式，降低办公成本，提高办公效率加速办公自动化的发展已势在必行。企业应用的 OA 办公系统，也称为“协同办公平台”，是企业管理信息化建设的重要基础组成部分，是对现代办公流程有效整合与完善的数字化管理方式。OA 是企业进入现代化管理的重要途径，能有效提高办公效率，并且加大办公的透明度。因此，一个企业实现办公自动化的程度，是衡量其现代化管理能力的重要指标之一。

8.2 系统开发环境与框架设计

8.2.1 系统开发环境

本系统采用 B/S 模式，基于 MapGIS 搭建平台，结合 Microsoft Visual Studio 2005 进行开发。系统客户端采用 JavaScript 技术，服务器端涉及数据库技术。其具体的开发环境为

- 操作系统：Windows 7/ Windows2008/ Windows XP/ Windows 2003；
- 开发工具：Microsoft Visual Studio 2005、MapGIS 搭建平台；
- 浏览器：IE（IE6 或更高）、Firefox 等；
- Web 服务器：IIS 6.0 或更高；
- 数据库：Oracle9i 或更高。

8.2.2 系统框架设计

本章以企业 OA 办公系统中的人力办公系统为实例，基于 MapGIS 搭建平台的搭建式开发，介绍系统的主要功能模块的开发实现。人力办公系统的总体框架设计如图 8-1 所示。

该系统主要分为五大功能模块：今日办公、人事管理、考勤管理、公共交流、个人助理。其中，人事管理、考勤管理是系统重点实现模块；搭建平台中已提供今日办公、公共交流、个人助理模块。

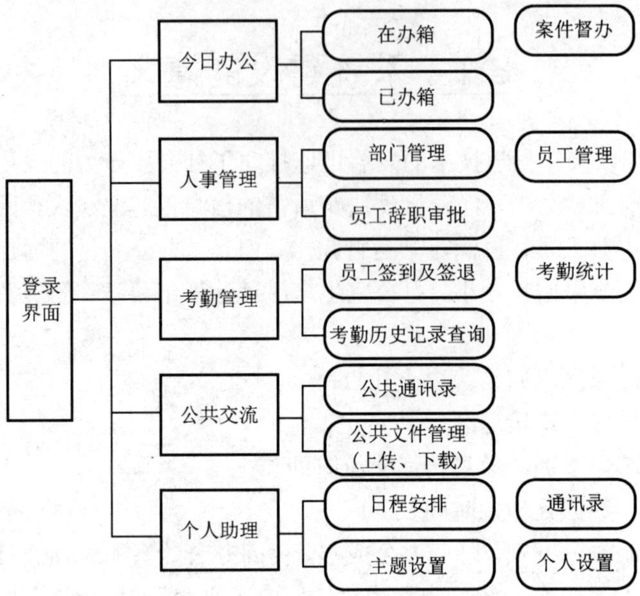

图 8-1　OA 应用系统框架设计

8.3　系统功能模块设计

根据人力办公系统的总体框架设计，系统分为五大功能模块，以下将对各个功能模块进行详细设计。

8.3.1　人事管理

人事管理模块主要包括部门与员工的信息管理、人力资源审批管理（员工辞职）。

1）部门、员工管理

（1）功能概述。部门与员工管理主要是对公司内部结构、职务、员工进行管理，包括员工的基本信息管理。

（2）业务字段。员工基本信息业务字段为：工号、名称、变更时间、变更类型、部门、岗位、行政级别、职能、职称、生日、民族、政治面貌、身份证号、性别、籍贯、学历、毕业院校、所学专业、毕业时间、外语水平、家庭住址、工作电话、住宅电话、移动电话、电子邮件、邮政编码、工作状态、记录状态、备注、相片、工作时间、职称评定时间、文化程度、入党年月、职级、任现职时间、审核签字、现任职务、单位、办公室房号、廉政档案标志。

（3）员工信息查询页面设计如图 8-2 和图 8-3 所示。

员工基本信息查询					
考勤号		姓名		部门	
毕业院校		籍贯		家庭住址	
查 询					

图 8-2　员工信息查询页面—查询字段

员工基本信息显示列表					
考勤号	姓名	部门	籍贯	移动电话	工作电话
……					

图 8-3　员工信息查询页面—显示列表

注　意

上述查询字段与显示列表功能均在员工信息查询页面中实现。

（4）员工信息明细页面设计如图 8-4 所示。

员工基本信息明细					
考勤号		姓名		变更时间	
变更类型		部门		岗位	
行政级别		职能		职称	
生日		民族		政治面貌	
身份证号		性别		籍贯	
学历		毕业院校		所学专业	
毕业时间		外语水平		家庭住址	
工作电话		住址电话		移动电话	
电子邮件		邮政编码		工作状态	
记录状态		工作时间		现任职务	
员工备注					
返 回					

图 8-4　员工信息明细页面

2）员工辞职审批

（1）功能概述。实现人力资源审批中的员工辞职审批功能，即对员工辞职的审批流程进行管理，提高人事办公效率。

（2）业务字段。员工辞职审批相关的业务字段：姓名、性别、出生年月、籍贯（我国省份名称）、学历（专科以下、专科、本科、硕士、博士、博士以上）、参加工作时间、本人身份、职务、政治面貌（无党派人士、团员、党员、其他）、部门名称、联系电话、户籍地、辞职原因。

（3）辞职审批流程设计。员工辞职审批流程如图 8-5 所示，分别依次通过用人部门、人事行政部门、总经理、总裁的审批。

① 用人部门。流程的开始，即是员工发起辞职申请，激活辞职审批流程，同时填写辞职审批表，移交科室主管审批签字；科室主管登录本系统后，到在办箱中处理该员工提交的辞职申请案卷，科室主管可打开该案件进行审阅，当科室主管审批通过后再将审批表移交给部门经理签字审核；同理，部门经理登录系统后，进入在办箱对该案进行受理。

② 人事行政部。当辞职申请通过用人部门经理审批后，被移交到人事行政部，即本部门科长审批签字；科长通过后，将此申请移交给副总审批。在副总节点处有分支流程，即当辞职员工的职务级别满足部级及以上级别时需移交到总经理签字，否则直接移交给终节点结算归档。

③ 总经理。当辞职员工的职务级别满足部级及以上级别时，副总将此申请移交给总经理，总经理对这些案卷进行审批。在总经理节点处也有分支流程，即该员工职务是副总及以上级别，总经理需将审批通过后的辞职申请移交给总裁，否则直接移交给终节点结算归档。

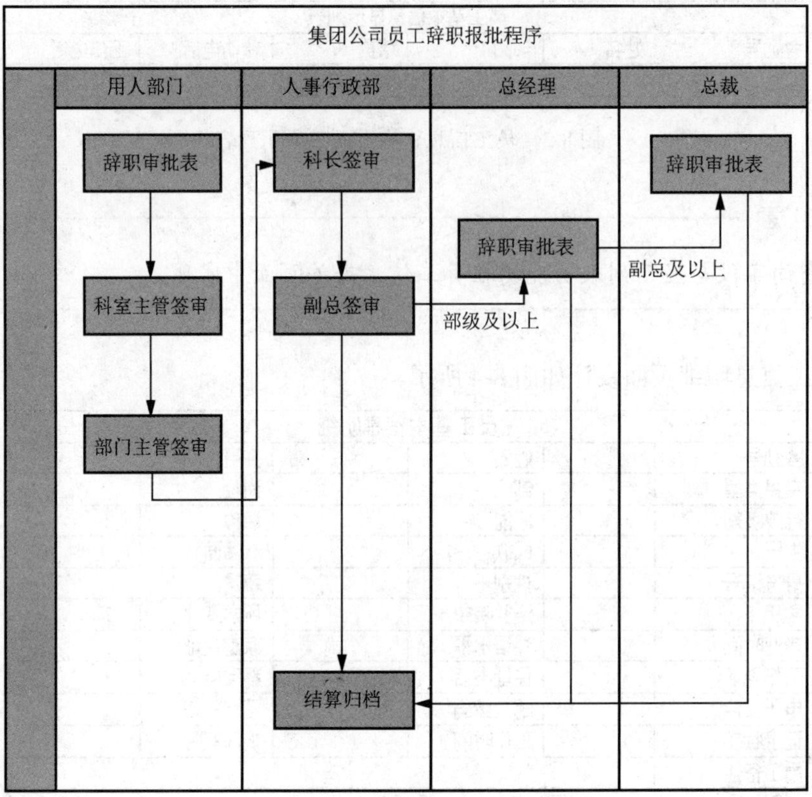

图 8-5　员工辞职流程示意图

④ 总裁。当该员工职务是副总及以上级别，总经理将辞职申请移交给总裁后，由总裁进行审批；审批通过后交回给人事行政部副总处理，副总得到高层审批通过的辞职申请案卷，签字审批进行归档。

（4）流程流转说明。流程流转说明主要是针对节点分支情况的规范说明。在员工辞职审批流程中，若辞职员工职务在部级以下，则由副总直接审批处理，无须移交上级；若辞职员工职务在部级以上，副总以下级别，需总经理审批，后移交终节点结算归档；若辞职员工为副总及以上级别，需总经理移交给总裁审批，后移交终节点结算归档。最后，副总签审后，通知相关工作人员发布解除劳动关系通知，即本流程终节点工作人员，工作人员进行结算、归档案卷，整个流程结束。

约定：为了简便起见，职务栏目所填值，均统一填写数字代替具体职务名称，以示员工职务级别，职务对应关系如表 8.1 所示。

表 8.1　职务简化说明表

职务名称	代替标识
部级以下职务	用数字“1”到“4”标识
部级及以上职务	用数字“5”到“8”标识
副总及以上职务	用数字“9”到“10”标识

（5）辞职审批流程节点与页面关系设计。该系统基于 MapGIS 搭建平台开发，分别采用平台的工作流编辑器、表单设计器等进行业务流程及表单页面搭建。在员工辞职审批流程中，其节点与页面关系设计如表 8.2 所示。

表 8.2　辞职审批流程节点与页面关系设计

所在部门	人员	职务	办理节点	受理页面
产品研发部	小辛	员工	填写辞职审批单	Staff.vfd
	王建国	科室主管	科室主管签审	Czsp_kszgqs.vfd
	夏斌	部门经理	部门经理签审	Czsp_bmjlqs.vfd
人事行政部	小王	员工	结算归档	Archives.vfd
	董建丽	科长	科长签审	Czsp_kzqs.vfd
	叶华飞	副总	副总签审	Czsp_fzqs.vfd
集团高层	蔡冒	总经理	总经理签审	Czsp_zjlqs.vfd
	钟世华	总裁	总裁签审	Czsp_zcqs.vfd

（6）流程节点各功能界面设计。

① 辞职审批单页面（绑定名称 Staff.vfd）如图 8-6 所示。

集团员工辞职审批表					
申请编号		姓名		性别	
出生年月		籍贯		学历	
参见工作时间		本人身份		职务	
部门名称				政治面貌	
户籍地址		联系电话			
辞职原因					
保存　移交					

图 8-6　填写辞职审批表

② 科室主管签审页面（绑定名称 Czsp_kszgqs.vfd）如图 8-7 所示。

以上是辞职审批表页面		
用人部门	科室主管签审	
保存　移交		

图 8-7　科室主管签审页面

③ 部门经理签审页面（绑定名称 Czsp_bmjlqs.vfd）如图 8-8 所示。

以上是辞职审批表页面		
用人部门	科室主管签审	
	部门经理签审	
保存　移交		

图 8-8　部门经理签审页面

④ 科长签审页面（绑定名称 Czsp_kzqs.vfd）如图 8-9 所示。

以上是辞职审批表页面		
用人部门	科室主管签审	
	部门经理签审	
人事行政部	科长签审	
保存　移交		

图 8-9　科长签审页面

⑤ 副总签审页面（绑定名称 Czsp_fzqs.vfd）如图 8-10 所示。

以上是辞职审批表页面		
用人部门	科室主管签审	
	部门经理签审	
人事行政部	科长签审	
	副总签审	
保存　移交		

图 8-10　副总签审页面

⑥ 总经理签审页面（绑定名称 Czsp_zjlqs.vfd）如图 8-11 所示。

以上是辞职审批表页面		
用人部门	科室主管签审	
	部门经理签审	
人事行政部	科长签审	
	副总签审	
集团高层	总经理签审	
保存　移交		

图 8-11　总经理签审页面

⑦ 总裁签审页面（绑定名称 Czsp_zcqs.vfd）如图 8-12 所示。

以上是辞职审批表页面		
用人部门	科室主管签审	
	部门经理签审	
人事行政部	科长签审	
	副总签审	
集团高层	总经理签审	
	总裁签审	
保存　移交		

图 8-12　总裁签审页面

⑧ 归档结算页面（绑定名称 archives.vfd）如图 8-13 所示。

以上是辞职审批表页面		
用人部门	科室主管签审	
	部门经理签审	
人事行政部	科长签审	
	副总签审	
集团高层	总经理签审	
	总裁签审	
归 档		

图 8-13　归档结算页面

8.3.2　考勤管理

考勤管理模块主要包括员工考勤记录（签到及签退）、考勤记录查询、考勤统计功能。

1）员工签到及签退

（1）功能概述。员工考勤记录管理，主要是员工的签到与签退的记录管理，即对员工每天的签到及签退情况进行详细记录。

（2）业务字段。考勤记录的业务字段为：考勤号、姓名、所属部门、签到日期、签退日期、签卡备注。

（3）功能设计说明。

功能要求一：签卡日期由系统自动读取当前日期，且不能被用户修改。

功能要求二：姓名、考勤号由系统自动读取，且不能被用户修改。

功能要求三：具有“签到”和“签退”两个功能按钮。单击“签到”按钮后，将“签卡日期”值添加到字段“签到日期”中，生成一条签到记录，同时将“签卡日期”值添加到字段“签退日期”中，给定当天签退初始时间。自动设定初始签退日期的目的在于一定范围内防止员工早退情况，待下班时间之后员工可更新签退时间。类似地，单击“签退”按钮后，将“签卡日期”值添加到字段“签退日期”中，生成一条签退记录。

功能要求四：单击“签到”或“签退”按钮后，在本页面底部列表中显示相应记录。

2）考勤历史记录查询

（1）功能概述。考勤历史记录查询功能，主要实现员工考勤记录情况的查询功能，可对历史的考勤记录进行查看，便于考勤管理。

（2）业务字段。用于查询的关键字段为：考勤号、姓名、所属部门、起始时间、终止时间。

（3）功能设计说明。实现考勤记录的模糊查询功能，即用户输入关键字作为模糊查询条件，将满足条件的结果显示到列表中，列表表头显示考勤相关所有字段。

3）考勤统计

功能设计说明：对员工的签到时间进行考勤统计，统计标准为规定上班时间（如08:30:00）或下班时间。考勤统计页面支持查询，查询的关键字段同“考勤历史记录查询”，统计结果以列表显示，列表表头字段为“姓名、考勤号、迟到次数”。

8.3.3 公共交流

公共交流功能模块，主要提供企业通讯录与公共文件管理功能。

1）公共通讯录

（1）功能概述。公共通讯录提供管理公司员工联系方式等模块，方便公司员工内部交流，支持添加、修改、删除员工通讯录等功能。

（2）业务字段。

公共通讯录的业务字段为：姓名、部门、办公电话、办公室号、移动电话、家庭地址、住宅电话、电子信箱等。

2）文件管理

功能概述：文件管理模块实现企业公共文件的管理功能，支持公共文件的上传、下载。

8.3.4 个人助理

个人助理模块主要提供个人日程管理、通讯录、系统主题风格设置、个人设置等功能，为员工办公提供便利。

1）个人日程

（1）功能概述。实现日程管理功能，支持用户添加、编辑、删除个人日程，并在站内提供日程提醒功能。

（2）业务字段。个人日程的业务字段为：日程名称、日程时间、日程备注。

2）通讯录

个人助理模块提供通讯录功能，支持普通用户查看人事部添加的公司员工公共通讯录。

3）主题设置

个人助理模块提供修改主站风格等功能，用户可根据自己的需求更改系统主题风格。

4）个人设置

个人助理模块提供个人设置的管理，即支持个人密码修改、站内短消息管理等功能。

8.3.5 今日办公

今日办公模块主要为用户提供快捷的信息窗口，方便员工快速处理待办的工作或查询历史工作情况，并提供督办功能，提高企业办事效率。

1）在办箱

今日办公中的在办箱，作为员工当前工作的信息窗口，显示某登录用户当前在办案件信息，提供快捷的案件处理接口。

2）已办箱

今日办公中的已办箱，作为员工历史工作的信息查询窗口，可快速查看当前用户历史经办案件的信息。

3）案件督办

今日办公中的案件督办，为工作管理提供便捷通道，支持具备相应权限的用户对某些案件督办，及时提醒相关办理人员尽快办理案件功能，提高工作效率。

8.4 系统数据组织设计

合理的数据库设计在系统开发中是至关重要的。通过建立完整的数据表、表与表之间完善的联系，可以存储完备的信息数据等，并方便地对数据库进行访问和增、删、改、查等操作，继而支持并简化系统的整个使用流程，方便用户的使用。人力办公系统采用Oracle9i数据库进行数据库设计，用于存储管理员工基本信息、考勤信息、辞职审批信息等。

1）数据库表设计

根据系统功能模块设计说明，新建一个数据库（MapgisEgov），分别创建辞职审批信息表（ApprovalSystem）、考勤信息表（AttendanceInfo）、省份信息表（ProvinceInfo）、员工基本信息表等。数据库表的具体设计如表8.3、表8.4和表8.5所示。

表 8.3　ApprovalSystem

字段名	类型	允许空	说明
ID0	NUMBER	否	主键
案件编号	VARCHAR2(32)	否	唯一
案件名称	VARCHAR2(32)	是	
姓名	VARCHAR2(32)	是	
性别	VARCHAR2(32)	是	
出生年月	DATE	是	
籍贯	VARCHAR2(32)	是	
学历	VARCHAR2(32)	是	
联系电话	VARCHAR2(32)	是	
参加工作时间	DATE	是	
本人身份	VARCHAR2(32)	是	
职务	VARCHAR2(32)	是	
政治面貌	VARCHAR2(32)	是	
部门名称	VARCHAR2(32)	是	
户籍地址	VARCHAR2(32)	是	
辞职原因	VARCHAR2(128)	是	
科室主管签审	VARCHAR2(128)	是	
部门经理签审	VARCHAR2(128)	是	
科长签审	VARCHAR2(128)	是	
副总签审	VARCHAR2(128)	是	
总经理签审	VARCHAR2(128)	是	
总裁签审	VARCHAR2(128)	是	

说　明

ApprovalSystem 为集团员工辞职报批系统表，用以存储员工辞职审批相关信息。

表 8.4　AttendanceInfo

字段名	类型	允许空	说明
ID0	NUMBER	否	主键
考勤号	VARCHAR2(32)	否	工号
部门	VARCHAR2 (32)	是	
姓名	VARCHAR2 (32)	否	
签到日期	DATE	否	
签退日期	DATE	否	
签卡备注	VARCHAR 2(128)	是	

说　明

AttendanceInfo 为员工考勤信息表，用以存储员工考勤相关信息。

表 8.5 ProvinceInfo

表名	类型	允许空	说明
ID0	NUMBER	否	主键
PROVINCE	VARCHAR2(32)	否	省名

说 明

ProvinceInfo 为省份信息表，用以存储我国省份名称信息。

其中，员工基本信息表（FLOW_USER_HISTORY）是系统表，由搭建平台自动创建。

2）用 SQL 语句建表

根据上述数据库表的设计，基于 Oracle 关系数据库，用 SQL 语句分别创建数据库表，具体如下。

（1）创建集团员工辞职报批系统表（ApprovalSystem），SQL 语句代码如下。

```
create table ApprovalSystem
(
  ID0           NUMBER not null,
  案件编号       VARCHAR2(32) not null,
  案件名称       VARCHAR2(32) not null,
  姓名          VARCHAR2(32) not null,
  性别          VARCHAR2(32),
  出生年月       DATE,
  籍贯          VARCHAR2(32),
  学历          VARCHAR2(32),
  联系电话       VARCHAR2(32),
  参加工作时间    VARCHAR2(32),
  本人身份       VARCHAR2(32),
  职务          VARCHAR2(32),
  政治面貌       VARCHAR2(32),
  部门名称       VARCHAR2(32),
  户籍地址       VARCHAR2(32),
  辞职原因       VARCHAR2(128),
  科室主管签审    VARCHAR2(128),
  部门经理签审    VARCHAR2(128),
  科长签审       VARCHAR2(128),
  副总签审       VARCHAR2(128),
  总经理签审      VARCHAR2(128),
  总裁签审       VARCHAR2(128)
)
tablespace GISDTS
  pctfree 10
  initrans 1
  maxtrans 255
```

```
  storage
  (
   initial 16K
   minextents 1
   maxextents unlimited
  );
```

(2) 创建员工考勤信息表(AttendanceInfo),SQL 语句代码如下。

```
create table AttendanceInfo
(
  ID0  NUMBER not null,
  考勤号  VARCHAR2(32) not null,
  签到日期 DATE not null,
  签退日期 DATE not null,
  签到备注 VARCHAR2(128),
  签退备注 VARCHAR2(128),
  部门   VARCHAR2(32),
  姓名   VARCHAR2(32) not null
)
tablespace GISDTS
  pctfree 10
  initrans 1
  maxtrans 255
  storage
  (
   initial 64K
   minextents 1
   maxextents unlimited
  );
```

(3) 创建省份名称表(ProvinceInfo),SQL 语句代码如下。

```
create table ProvinceInfo
(
  PROVINCE VARCHAR2(8),
  ID0 VARCHAR2(8) not null
);
```

3) *序列及触发器*

根据系统功能与数据库设计的需求,需要为上述创建的数据库表分别新增序列与触发器,实现数据库表主键自增,如表 8.6 所示。

表 8.6 序列及触发器

序列名称	触发器名称	功能意义
seq_signin	trg_signin	员工考勤信息表主键(ID0)自增
seq_resig	trg_ resig	辞职报批表主键(ID0)自增
seq_prov	trg_ prov	省份名称表主键(ID0)自增

（1）自增序列触发器代码参考如下：

```
create sequence seq_signin
minvalue 1
maxvalue 99999999
start with 1
increment by 1
nocache;
```

（2）触发器代码参考如下：

```
create or replace trigger trg_signin
  before insert on 员工考勤信息表
  for each row
declare
    nextid number;
begin
   IF :new.id0 IS NULL or :new.id0=0 THEN
    select seq_signin.nextval
    into nextid
    from sys.dual;
    :new.id0:=nextid;
  end if;
end trg_signin;
```


8.5 系统实现

根据 OA 项目人力办公系统的功能模块设计，在数据库设计的基础上，通过 MapGIS 搭建平台，采用搭建式开发实现。其中，MapGIS 搭建平台的搭建运行框架本身集成了部分 OA 办公系统的功能模块，如公共交流、今日办公、个人助理等。因此，在本系统中主要搭建实现人事管理与考勤管理功能模块，涉及员工辞职审批、员工基本信息管理以及考勤管理方面，其他模块进行相应配置或修改即可。

在功能模块搭建实现之前，约定表单页面存放路径如下：

```
├SubSysFlowFile     子系统
│  ├Archives       大类名
│  │  ├DailyOffice 人力办公系统
│  │  │  ├StaffManage  人事管理
│  │  │  │  ├ *.vfd   表单页面
│  │  │  ├Attending    考勤管理
│  │  │  │  ├ *.vfd   表单页面
│  │  │  ├Resignation  辞职申请
│  │  │  │  ├ *.vfd   表单页面
```

8.5.1　员工辞职审批模块

8.5.1.1　审批流程设计实现

1）建立机构、职务、用户对应关系

根据 8.3.1 节的部门、员工管理功能设计，在搭建平台的机构用户管理窗口中建立机构、人员、职务及分配的对应关系（方法参见 5.1.4 节），创建后如图 8-14 所示。

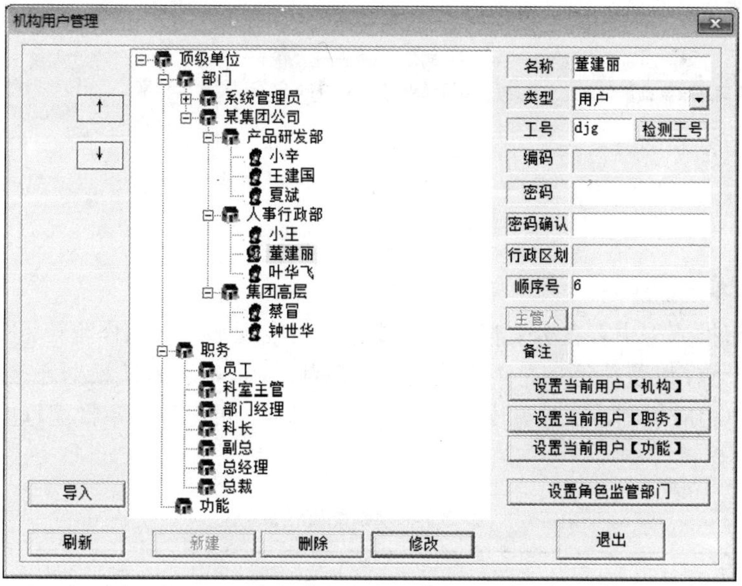

图 8-14　机构、用户建立

2）设计业务流程

先在搭建平台的工作流编辑器中新建流程模板，如图 8-15 所示。

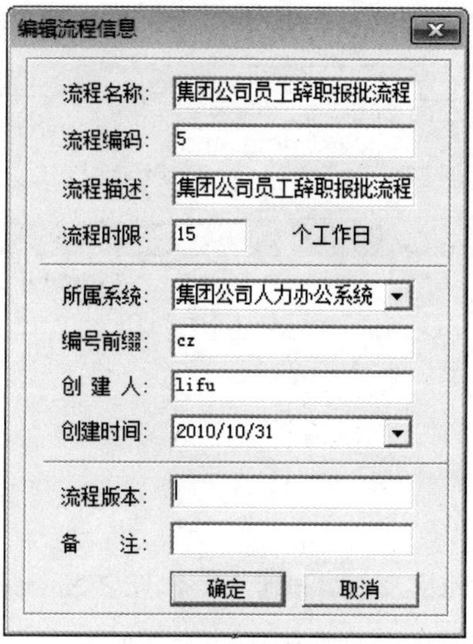

图 8-15　新建流程模板

然后设计业务流程（设计方法请参见 5.1.4.5 节的“业务流程设计”），设计好后的流程如图 8-16 所示。

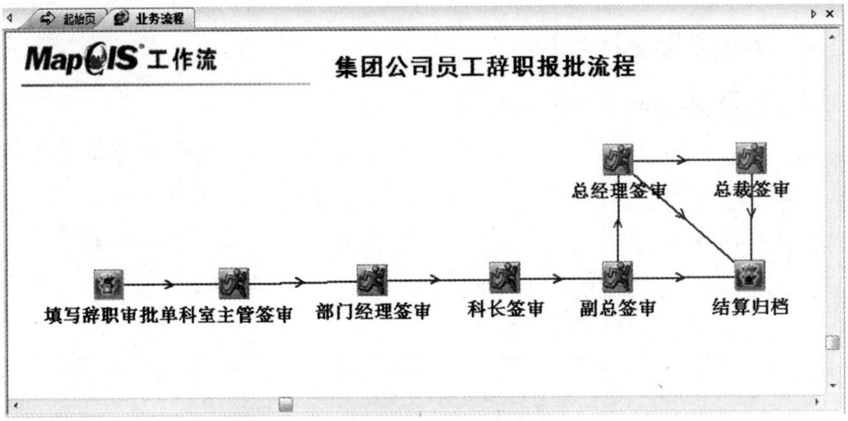

图 8-16　流程模拟成功

3）创建业务流程规则

员工辞职审批流程中存在分支情况，需要建立相应规则控制流程流转。例如副总节点是否转到总经理节点，以及总经理是否需要流转到总裁节点，需由系统根据连接规则实现判断。因此，必须创建相应规则，并为分支连接绑定相应规则。员工辞职审批流程的流程流转规则内容如表 8.7 所示。

表 8.7　规则配置信息

规则名称	连接线	条件示意	说明
规则 A1	副总签审——总经理签审	职务>4	部级干部及以上
规则 A2	副总签审——结算归档	职务<5	部级干部以下
规则 B1	总经理签审——总裁签审	职务>8	副总及以上
规则 B2	总经理签审——结算归档	职务<9	部级及以上副总以下

新建具体规则内容，需以管理员身份登录搭建框架主页，如图 8-17 所示。

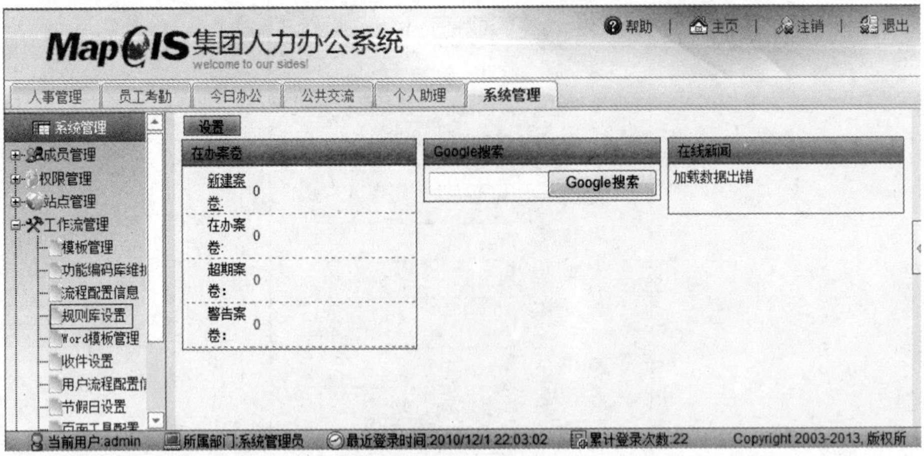

图 8-17　规则库设置

在搭建框架的左侧目录树中，单击工作流管理的规则库设置，如图 8-18 所示。

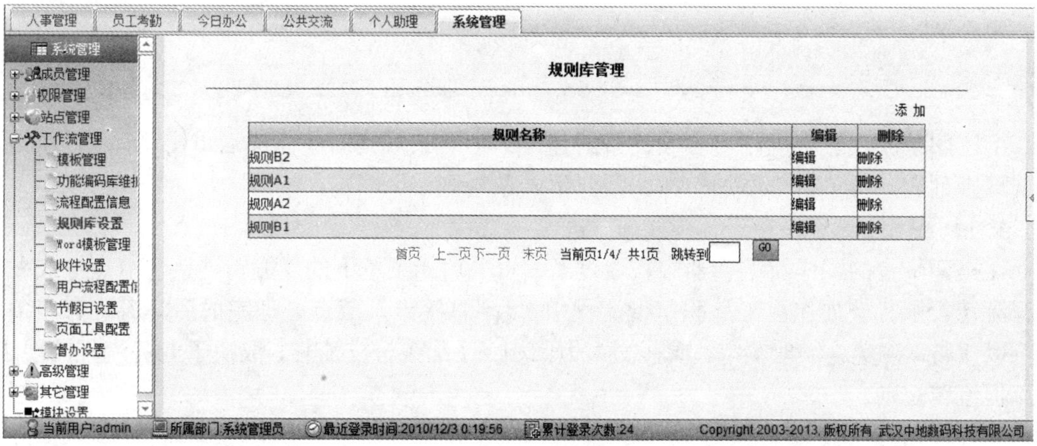

图 8-18 规则库管理

在框架右侧的规则库管理面板中，单击“添加”按钮，输入相关规则，如图 8-19 所示。

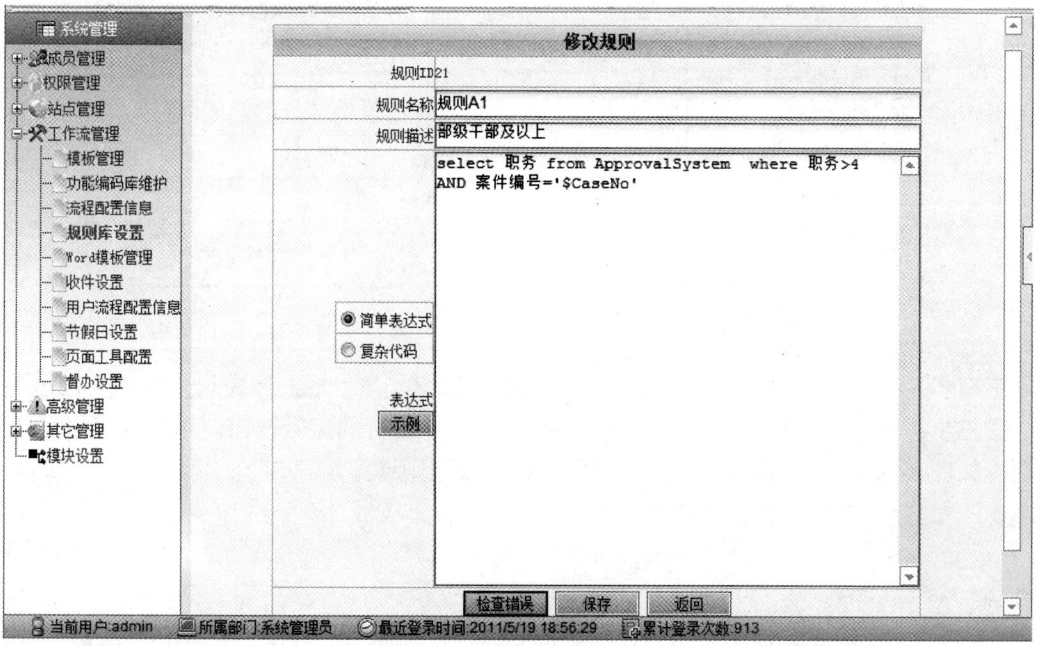

图 8-19 添加规则

通过上述方法分别添加表 8.7 所列出的规则，在表达式窗口中分别输入以下规则语句。

规则 A1：

```
select 职务 from ApprovalSystem  where 职务>4  AND 案件编号='$CaseNo'
```

规则 A2：

```
select 职务 from ApprovalSystem  where 职务<5  AND 案件编号='$CaseNo'
```

规则 B1：

```
select 职务 from ApprovalSystem  where 职务>8 AND 案件编号='$CaseNo'
```

规则 B2：

```
select 职务 from  ApprovalSystem  where 职务<9  AND 案件编号='$CaseNo'
```

上述四条流程流转规则，必须逐条新建，即在一条规则新建完成后单击“保存”按钮，返回规则列表，再单击“添加”按钮新建下一条规则。

4）配置流转规则

在搭建平台的工作流编辑器中，通过“编辑”功能菜单下的“编辑连接”节点方式配置流程流转规则。例如在员工辞职审批流程中，“副总签审”节点办理完成后，流程有两条支路可以流转，移交总经理签审，或移交人力归档；往那条分支流转，取决于业务流程的要求，即流程流转规则。

配置规则方法如下所述。

第一步：选择“编辑连接”，左键单击“副总签审”与“总经理签审”之间的连接，弹出如图 8-21 的对话框。

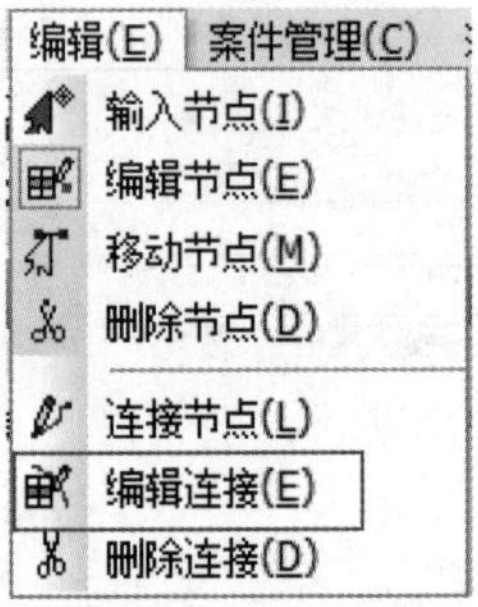

图 8-20　编辑连接

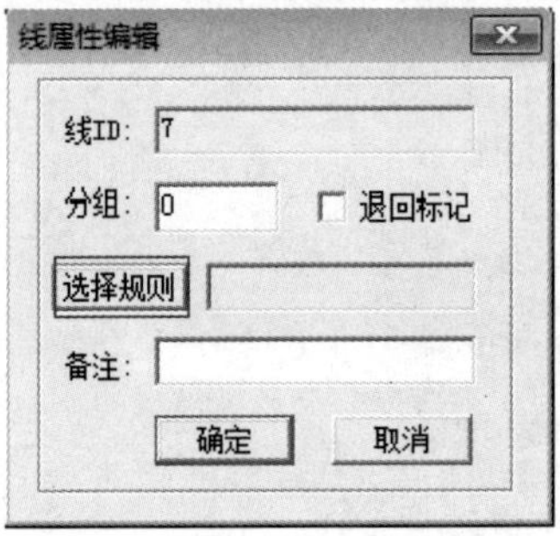

图 8-21　选择规则

第二步：在弹出的对话框中单击“选择规则”按钮，弹出规则库窗口，如图 8-22 所示。

第三步：在规则库窗口的列表中选择规则 A1，单击“确定”按钮，返回连接设置的对话框，如图 8-23 所示，最后单击“确定”按钮完成规则选定。

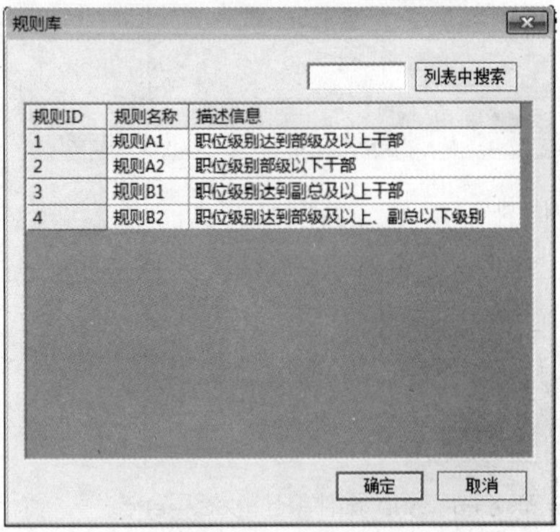

图 8-22　选择规则

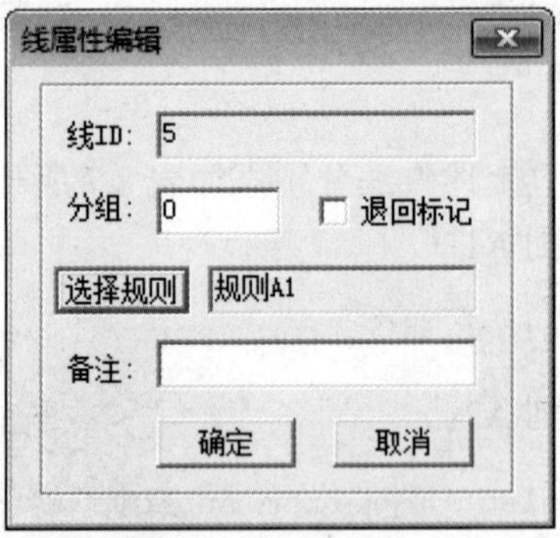

图 8-23　选择规则

类似地，依次编辑“副总签审”与“结算归档”之间的连接，“总经理签审”与“总裁签审”之间的连接，以及“总经理签审”与“结算归档”之间的连接，按图 8-24 进行流程规则设置。

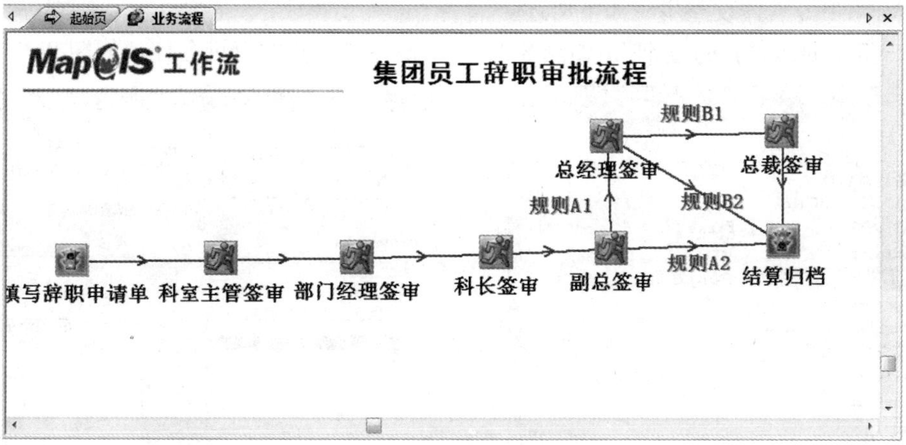

图 8-24　规则选择示意图

8.5.1.2　VFD 表单页面开发

员工辞职审批流程搭建好之后，接下来要针对流程节点进行表单页面的设计实现。基于 MapGIS 搭建平台的自定义表单设计器，进行表单页面开发的具体方法请参见 6.3 节。下面将各节点的页面设计及相关设置以截图进行说明。

1）填写辞职审批单的实现（表单页面为 staff.vfd）

填写辞职审批单的界面设计如图 8-25 所示。

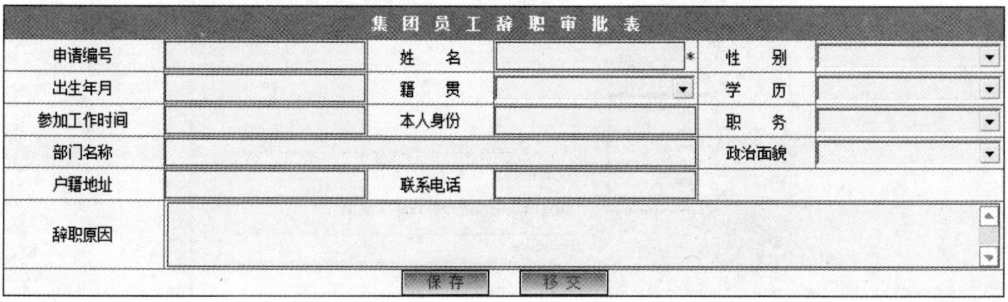

图 8-25　填写辞职审批单的界面

图 8-25 所示的辞职审批单，“性别”、“籍贯”、“学历”、“职务”、“政治面貌”等均调用 DropDownList 控件，“辞职原因”调用 TextArea 文本域控件，其余则调用 TextBox 控件；最后添加“保存”与“移交”按钮。下面对相应控件的设置进行说明。

（1）申请编号控件设置。“申请编号”，即案件编号（caseno），其值来源于页面参数（caseno），无须手动录入，设置方法请参见 6.3.1 节第 4 点。

（2）姓名控件设置。“姓名”为必填项，需进行客户端验证，且自动获取当前登录用户名（自动读取设置请参见 6.3.2 节第 4 点）。姓名不为空的设置方法：切换到该控件属性信息面板，如图 8-26 所示，AllowEmpty 设置为“false”，即不允许为空，且在 ErrorMessage 栏输入报错提示信息，如“请输入姓名！”。

（3）籍贯控件设置。“籍贯”控件 DropDownList 选项来源于数据库表 ProvinceInfo 的字段 PROVINCE，具体设置步骤如下所述。

第一步：创建“我的查询”，如图 8-27 所示，并输入我的查询名称，如图 8-28 所示。

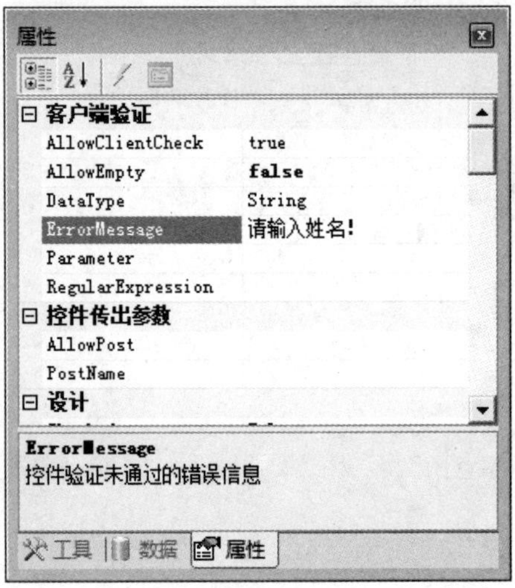

图 8-26 修改控件属性

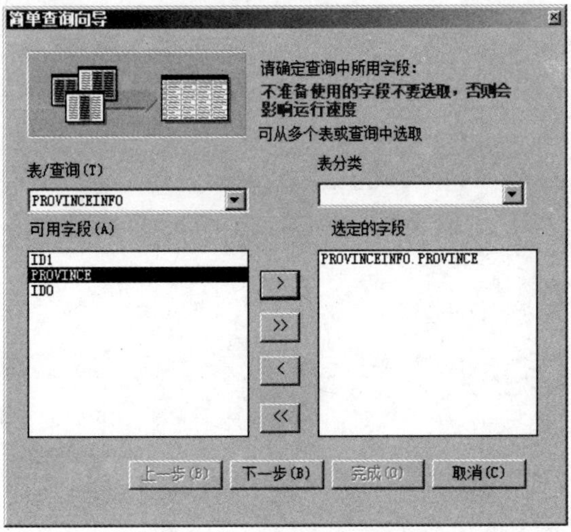

图 8-27 选择数据库表

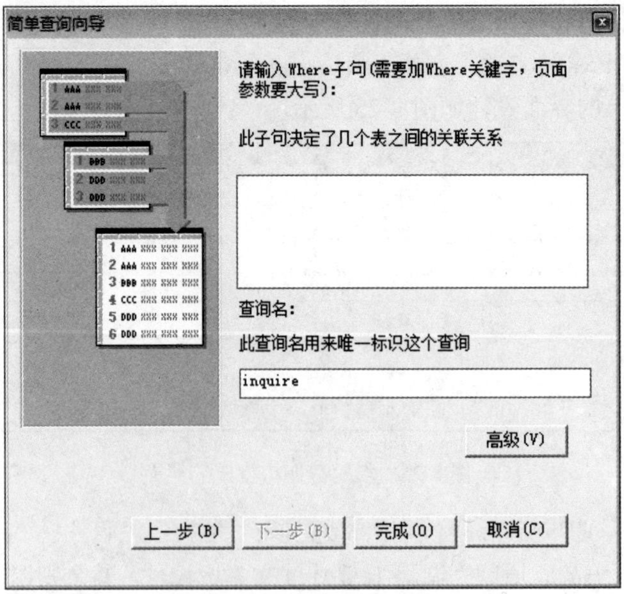

图 8-28 输入我的查询名称

注　意

在图 8-28 所示的“简单查向导”中不需要输入 SQL 条件，表示将该表中所有记录读取出来。

第二步：切换到籍贯后的 DropDownList 属性视窗，如图 8-29 所示，选择 Text 和 Value，如图 8-30 所示。

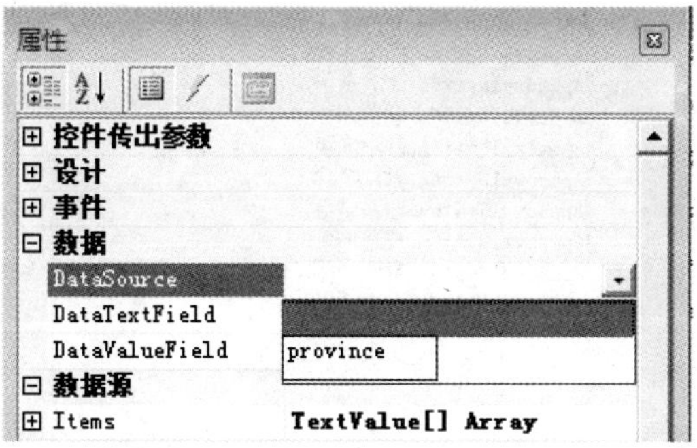

图 8-29　选择数据源

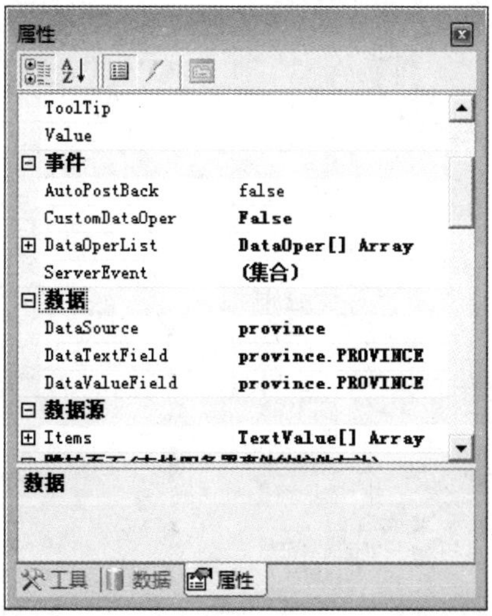

图 8-30　配置数据属性

（4）出生年月、参加工作时间的控件设置。“出生年月”、“参加工作时间”的控件数据类型均为 Date，设置方法请参见 6.3.2 节。

（5）事件控件属性绑定。保存和移交绑定插件及方法请参见 6.3.2 节第 5 点。

（6）创建“我的更新”与“我的查询”。在数据窗口中创建“我的更新”，名为“update”，如图 8-31 所示，其 SQL 语句如图 8-32 所示。

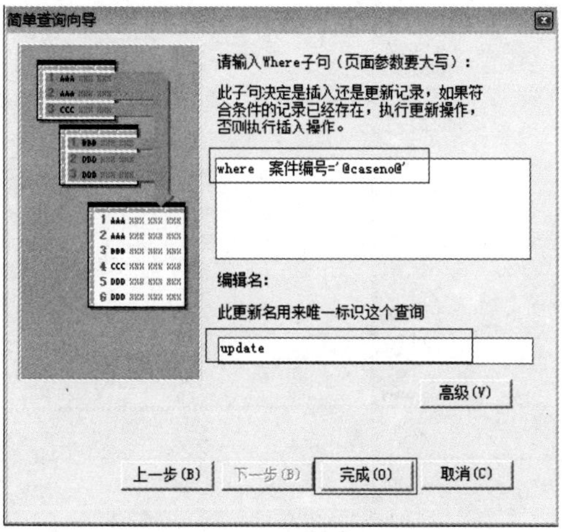

图 8-31　新建我的更新

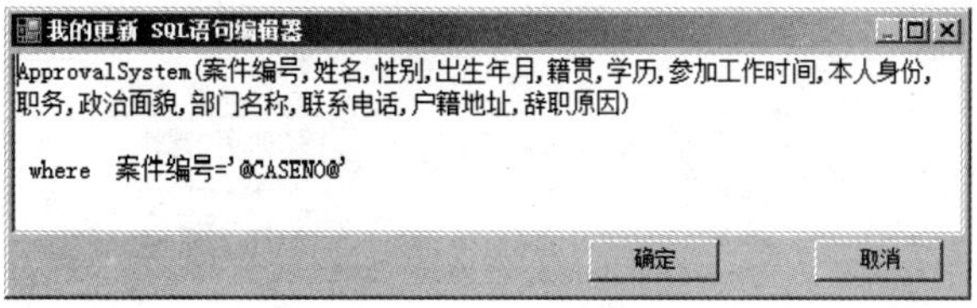

图 8-32　我的更新

“我的更新”建立完成后，如图 8-33 所示。其中，控件与对应字段之间的绑定，请参见 6.3.2 节第 7 点。

在数据窗口中建立“我的查询”，名为“inquire”，SQL 语句如图 8-34 所示。

“我的查询”建立完成后，如图 8-35 所示。具体方法请参见 6.3.2 节第 8 点。

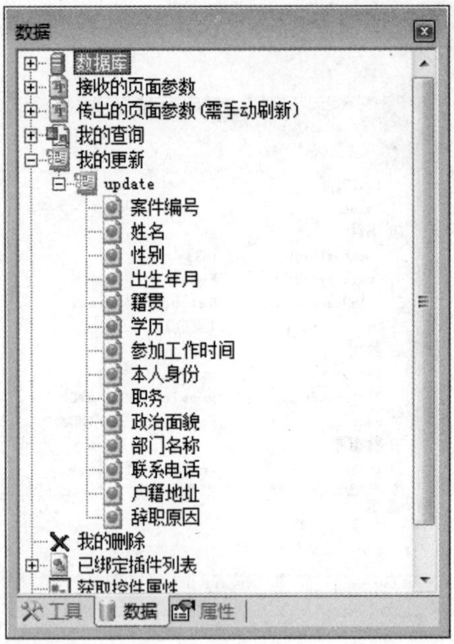

图 8-33　我的更新创建完成

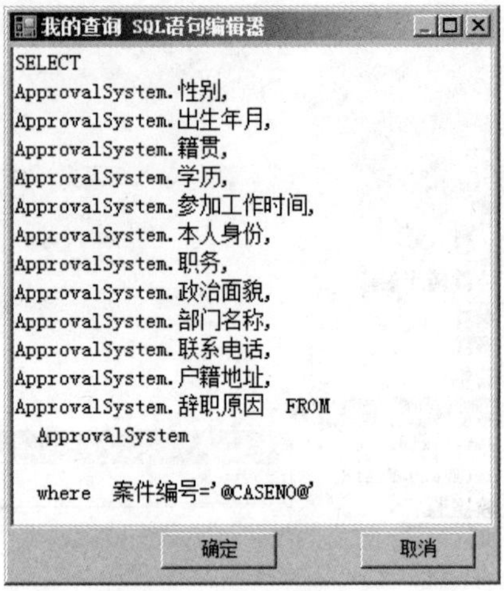

图 8-34　我的查询

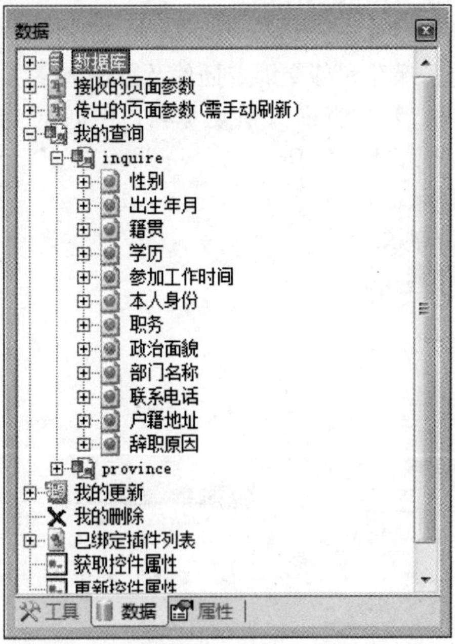

图 8-35　我的查询

注　意

在“我的查询”中，无须有“姓名”、“申请编号”两字段，“申请编号”来源于页面参数“caseno”，“姓名”来源于页面参数“ssn_username”。页面参数建立方法请参见6.3.2节第9点。

（7）建立页面参数。添加页面参数“caseno”等，建立方法请参见 6.3.2 节第 9 点。

填写辞职审批单的表单控件设置完成后，保存表单页面，流程开始节点页面即创建成功。单击图标，浏览器中预览该表单，如图 8-36 所示。

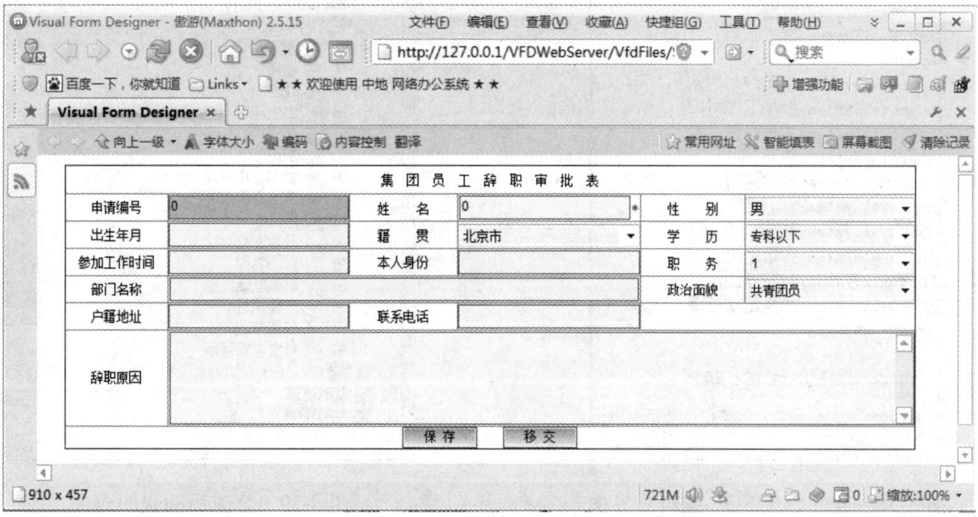

图 8-36　界面预览

2）科室主管签审页面开发（表单页面为 Czsp_kszgqs.vfd）

将填写辞职审批单另存为科室主管签审页面，界面设计如图 8-37 所示。

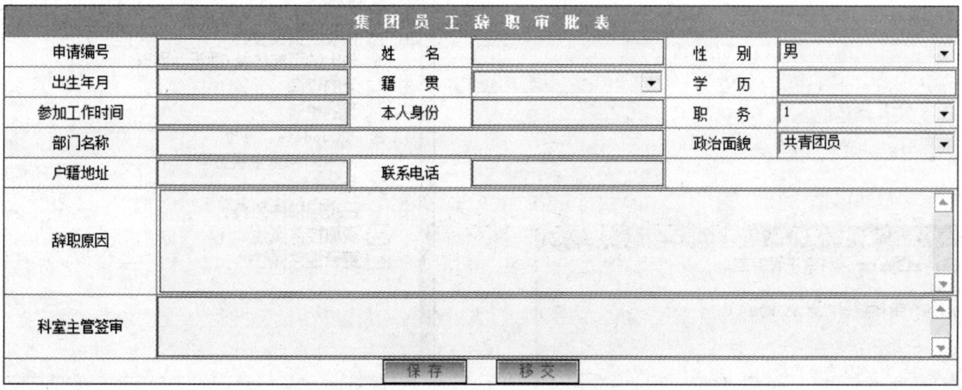

图 8-37　科室主管签审界面设计

将填写辞职审批单另存为科室主管签审页面后，需要根据科室主管签审的需求修改控件设置，即主要为“我的查询”与“我的更新”的设置修改。具体修改如下。

（1）“我的查询”修改。打开“我的查询”的 SQL 编辑器界面，并按需求修改，如图 8-38 所示。修改后“我的查询”如图 8-39 所示。

注　意

将界面中“申请编号”控件与我的查询字段“案件编号”绑定，“姓名”控件与我的查询字段“姓名”绑定，“科室主管签审”控件与我的查询字段“科室主管签审”绑定。

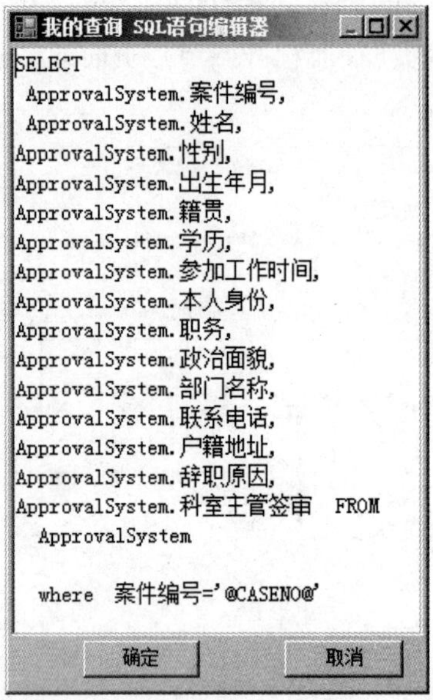

图 8-38　我的查询 SQL 编辑器界面

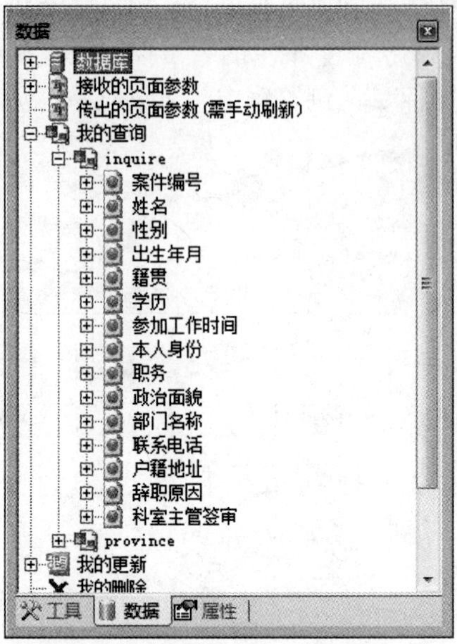

图 8-39　修改后的我的查询

（2）“我的更新”修改。打开“我的更新”的 SQL 编辑器，并按需求修改，如图 8-40 所示，修改后“我的更新”如图 8-41 所示。

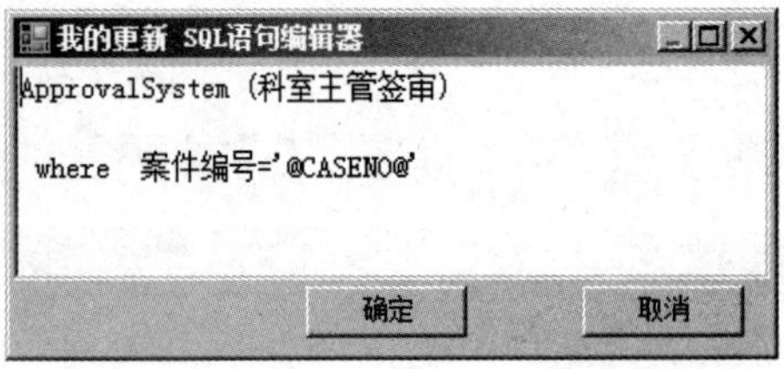

图 8-40　我的更新 SQL 编辑器

图 8-41　修改后的我的更新

注　意

在“我的更新”中，索引字段仅保留“科室主管签审”，且将界面中“科室主管签审”控件与“我的更新”中字段“科室主管签审”绑定。

按照上述步骤要求修改“我的查询”与“我的更新”后，其余不做修改，科室主管签审页面开发完成。

3）部门经理签审页面开发（表单页面为 Czsp_bmjlqs.vfd）

将科室主管签审页面另存为部门经理签审页面，界面设计如图 8-42 所示。

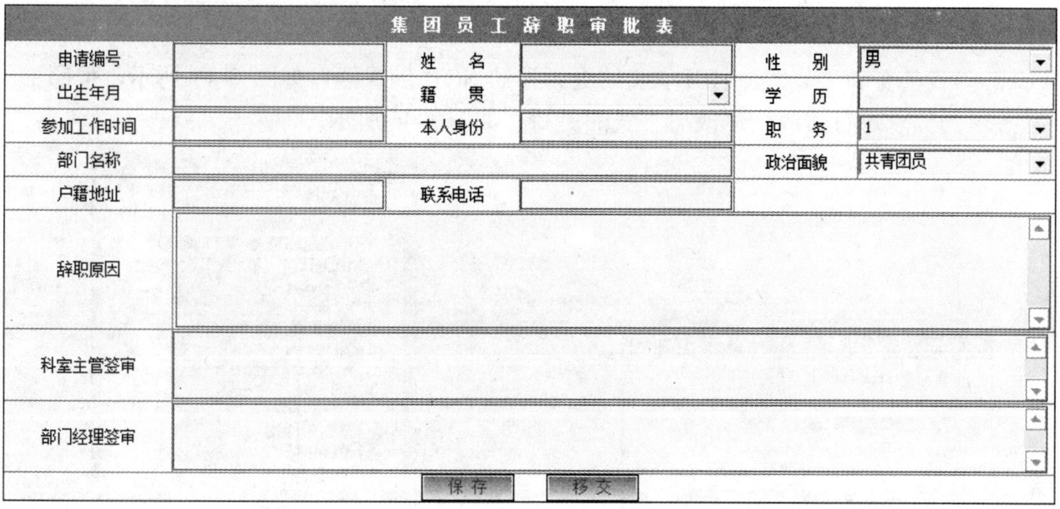

集 团 员 工 辞 职 审 批 表
申请编号
姓 名
性 别
男
出生年月
籍 贯
学 历
参加工作时间
本人身份
职 务
1
部门名称
政治面貌
共青团员
户籍地址
联系电话
辞职原因
科室主管签审
部门经理签审
保 存
移 交

图 8-42　部门经理签审界面设计

与科室主管签审页面的开发类似，将科室主管签审页面另存为部门经理签审页面后，需要根据部门经理签审的需求修改控件设置，即修改“我的查询”与“我的更新”，具体修改如下。

（1）“我的查询”修改。打开“我的查询”的 SQL 编辑器，如图 8-43 所示，按照部门经理签审的需求进行修改，修改后“我的查询”如图 8-44 所示。

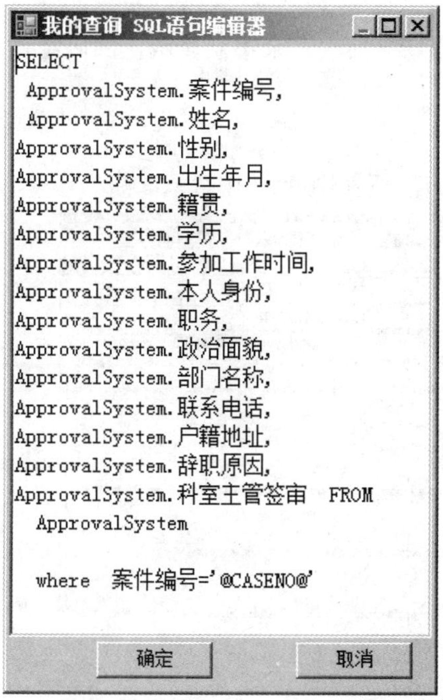

图 8-43　我的查询 SQL 编辑器界面

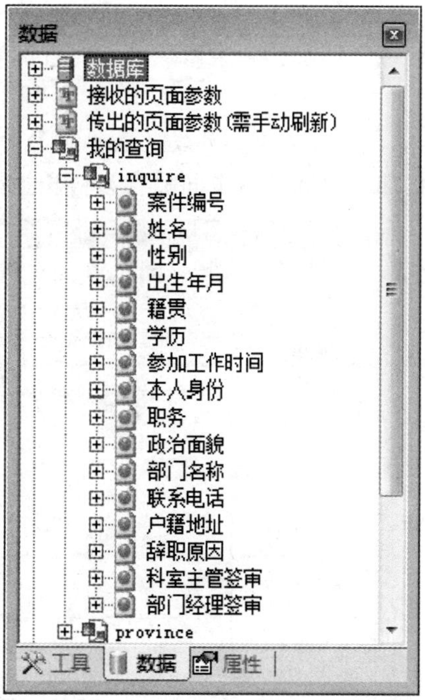

图 8-44　修改后的我的查询

> **注　意**
>
> 将界面中“部门经理签审”控件与“我的查询”字段“部门经理签审”绑定。

（2）“我的更新”修改。打开“我的更新”的 SQL 编辑器，如图 8-45 所示，按照部门经理签审的需求进行修改，修改后“我的更新”如图 8-46 所示。

图 8-45　我的更新 SQL 编辑器

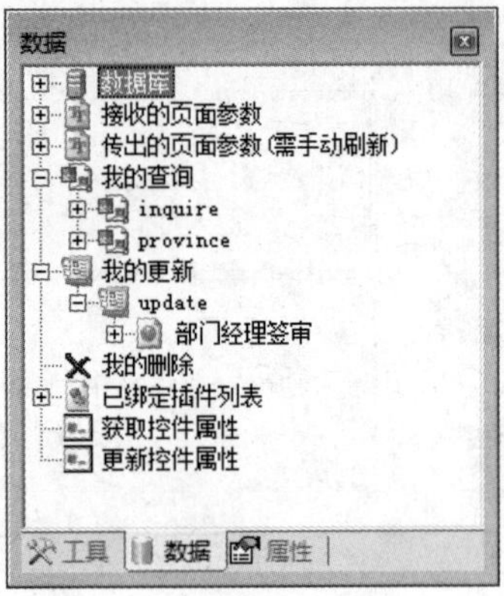

图 8-46　修改后的我的更新

> **注　意**
>
> 在“我的更新”中，索引字段仅保留“部门经理签审”，且将界面中“部门经理签审”控件与“我的更新”中字段“部门经理签审”绑定。

按照上述步骤要求修改“我的查询”与“我的更新”后，其余不做修改，部门经理签审页面开发完毕。

4）科长签审页面开发（表单页面为 Czsp_kzqs.vfd）

将部门经理签审页面另存为科长签审页面，界面设计如图 8-47 所示。

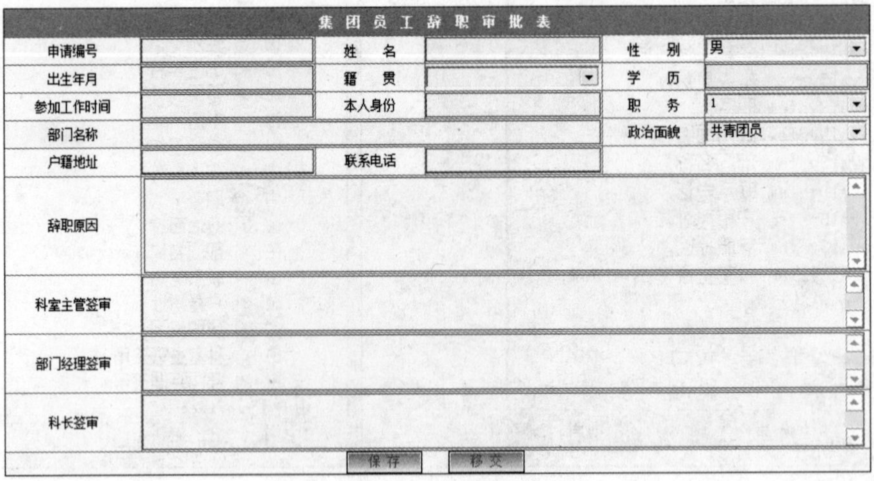

图 8-47　科长签审界面设计

与部门经理签审页面的开发类似，将部门经理签审页面另存为科长签审页面后，需要根据科长签审页面的需求修改控件设置，即修改“我的查询”与“我的更新”，具体修改如下。

（1）“我的查询”修改。打开“我的查询”的 SQL 编辑器，如图 8-48 所示，按照科长签审的需求进行修改，修改后“我的查询”如图 8-49 所示。

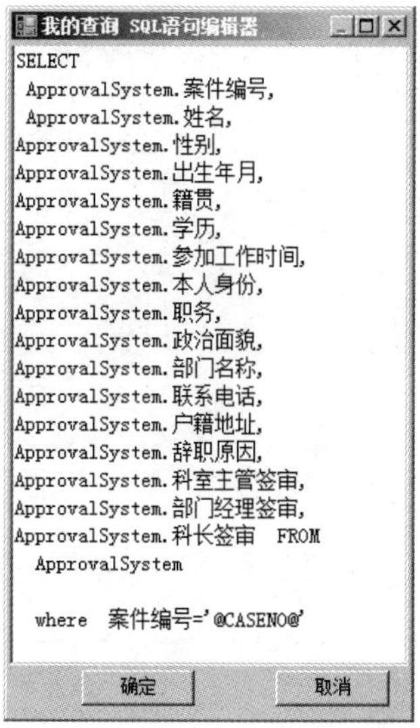

图 8-48　我的查询 SQL 编辑器界面

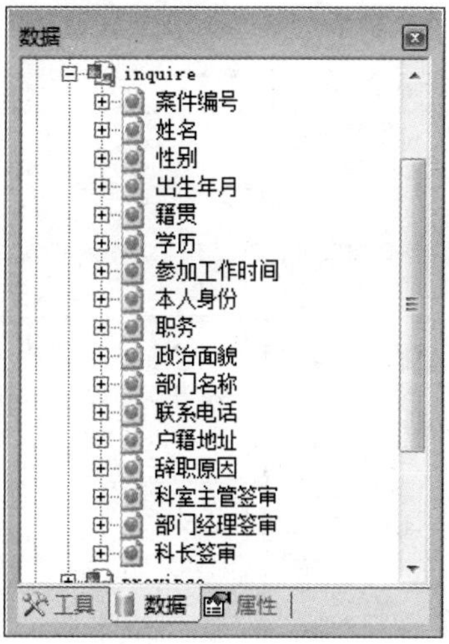

图 8-49　修改后的我的查询

注　意

将界面中“科长签审”控件与“我的查询”字段“科长签审”绑定。

（2）“我的更新”修改。打开“我的更新”的 SQL 编辑器，如图 8-50 所示，按照部门经理签审的需求进行修改，修改后“我的更新”如图 8-51 所示。

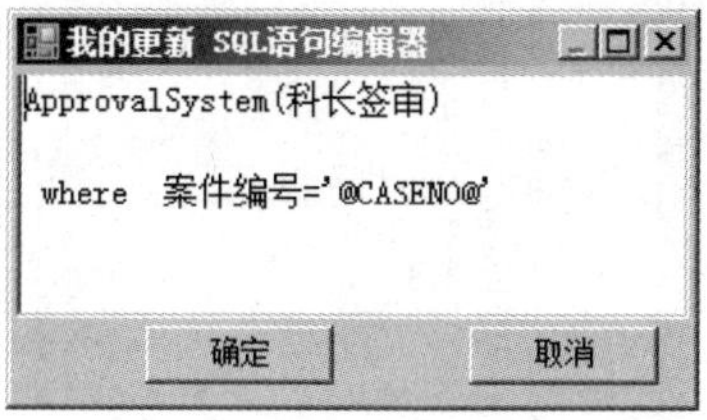

图 8-50　我的更新 SQL 编辑器

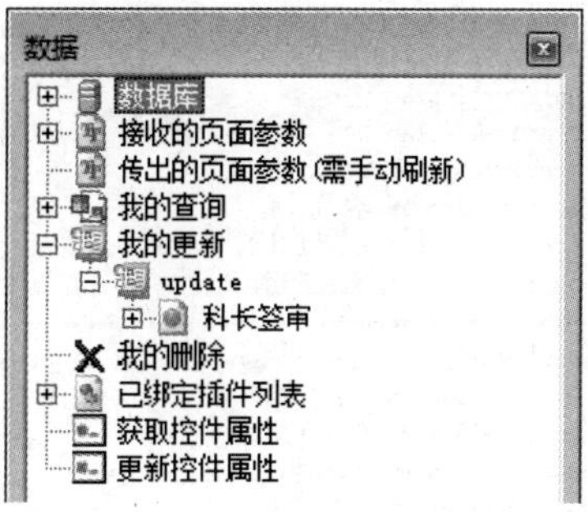

图 8-51　修改后的我的更新

注　意

我的更新中，索引字段仅保留“科长签审”，且将界面中“科长签审”控件与“我的更新”中字段“科长签审”绑定。

按照上述步骤要求修改“我的查询”与“我的更新”后，其余不做修改，科长签审页面开发完毕。

5）副总签审页面开发（表单页面为Czsp_fzqs.vfd）

将科长签审页面另存为副总签审页面，界面设计如图8-52所示。

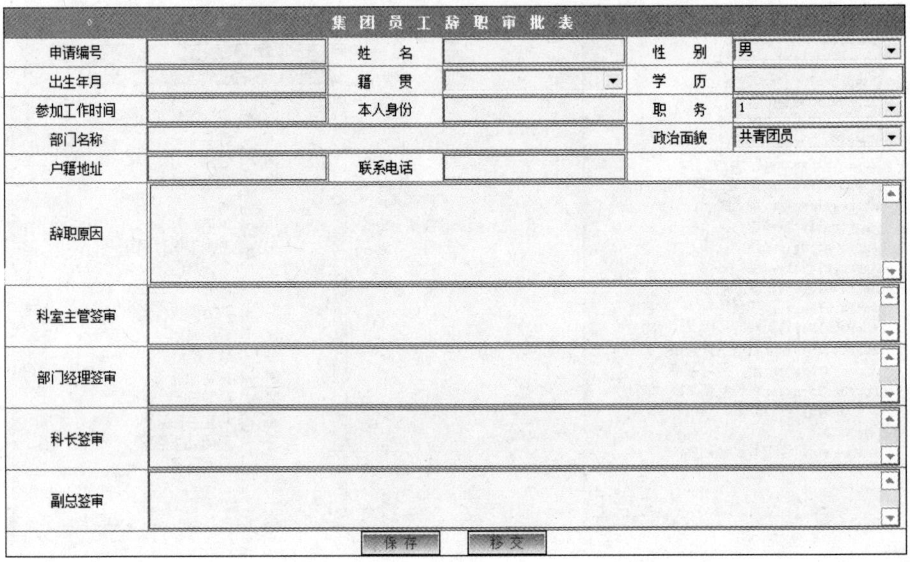

图8-52 副总签审界面设计

与科长签审页面的开发类似，将科长签审页面另存为副总签审页面后，需要根据副总签审页面的需求修改控件设置，即修改“我的查询”与“我的更新”，具体修改如下。

（1）“我的查询”修改。打开“我的查询”的SQL编辑器，如图8-53所示，按照副总签审的需求进行修改，修改后“我的查询”如图8-54所示。

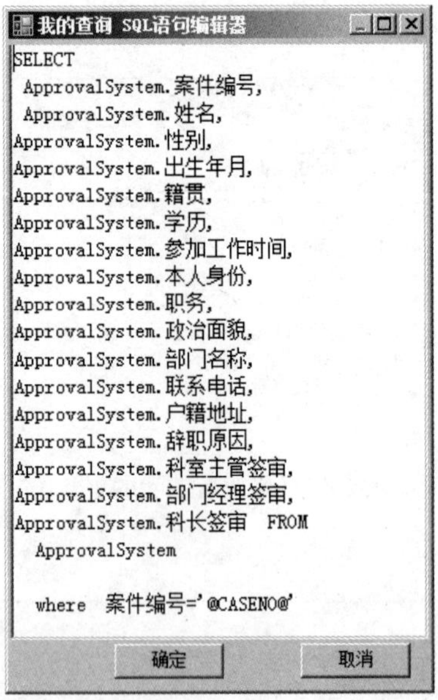

图8-53 我的查询SQL编辑器界面

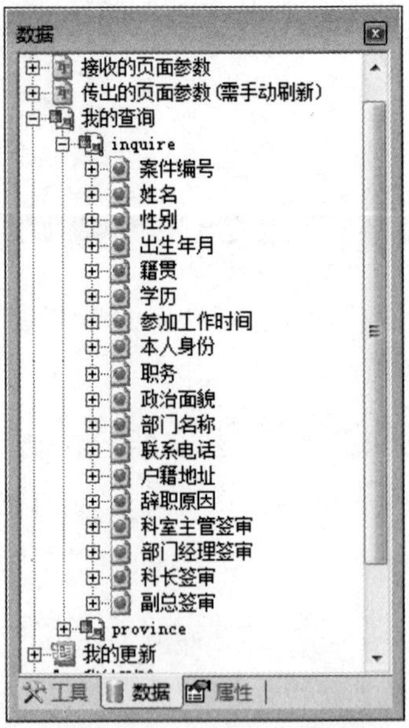

图8-54 修改后的我的查询

注　意

将界面中“副总签审”控件与“我的查询”字段“副总签审”绑定。

（2）“我的更新”修改。打开“我的更新”的 SQL 编辑器，按照副总签审的需求进行修改，如图 8-55 所示。修改后的“我的更新”如图 8-56 所示。

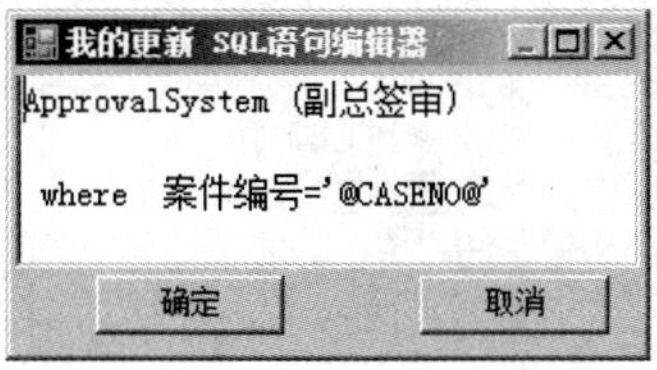

图 8-55　我的更新 SQL 编辑器

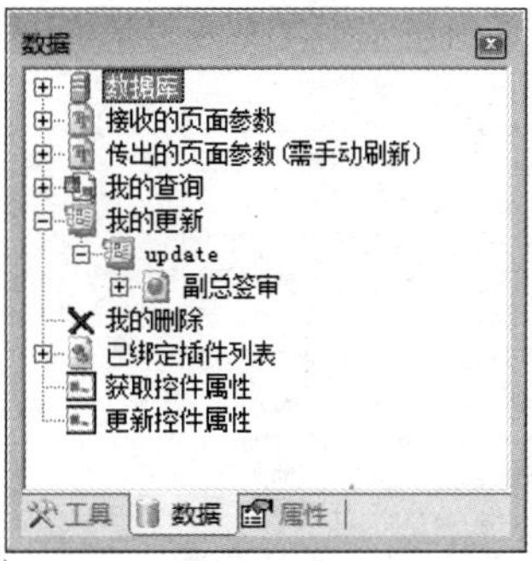

图 8-56　修改后的我的更新

注　意

我的更新中，索引字段仅保留“副总签审”，且将界面中“副总签审”控件与“我的更新”中字段“副总签审”绑定。

按照上述步骤要求修改“我的查询”与“我的更新”后，其余不做修改，副总签审页面开发完毕。

6）总经理签审页面开发（表单页面为 Czsp_zjlqs.vfd）

将副总签审页面另存为总经理签审页面，界面设计如图 8-57 所示。

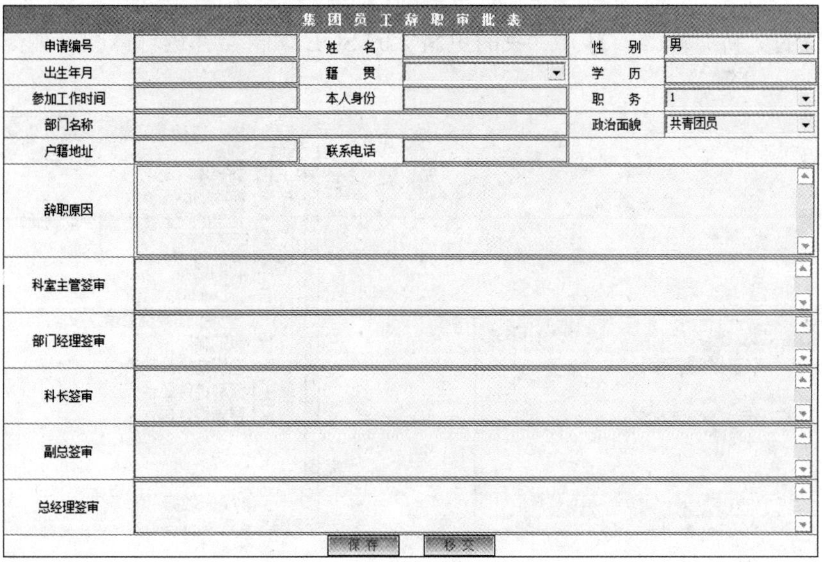

图 8-57　总经理签审界面设计

与副总签审页面的开发类似，将副总签审页面另存为总经理签审页面后，需要根据总经理签审页面的需求修改控件设置，即修改“我的查询”与“我的更新”，具体修改如下。

（1）“我的查询”修改。打开“我的查询”的SQL编辑器并进行修改，如图8-58所示，修改后如图8-59所示。

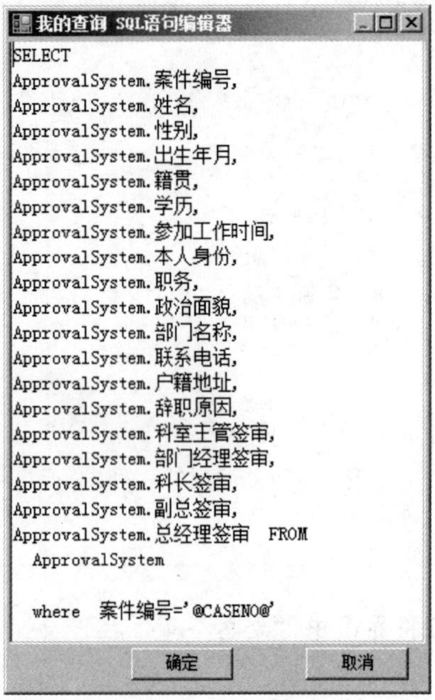

图 8-58　我的查询 SQL 编辑器界面

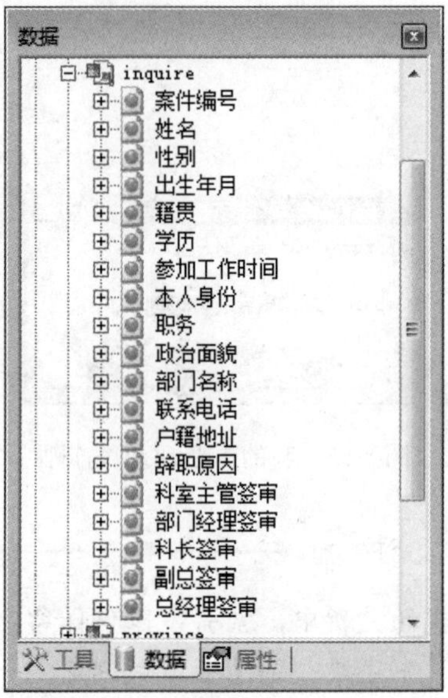

图 8-59　修改后的我的查询

注　意

将界面中“总经理签审”控件与“我的查询”字段“总经理签审”绑定。

（2）“我的更新”修改。打开“我的更新”的SQL编辑器并进行修改，如图8-60所示，修改后如图8-61所示。

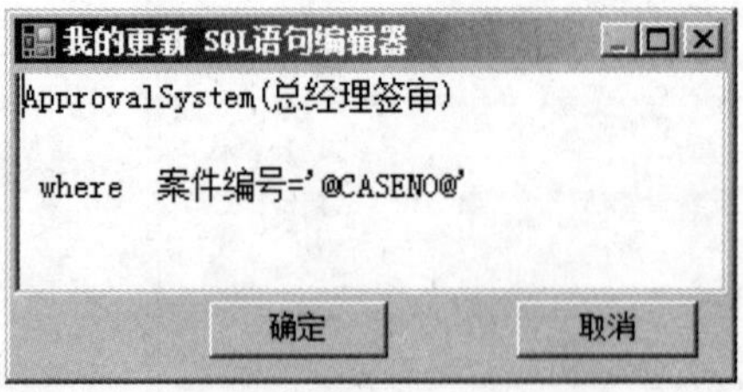

图 8-60　我的更新 SQL 编辑器

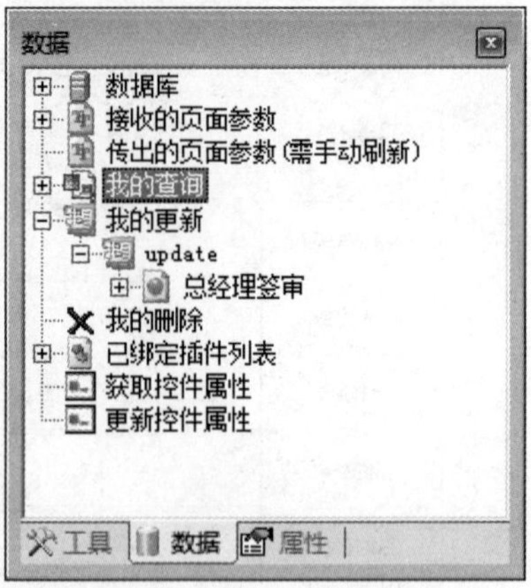

图 8-61　修改后的我的更新

注　意

我的更新中，索引字段仅保留“总经理签审”，且将界面中“总经理签审”控件与“我的更新”中字段“总经理签审”绑定。

按照上述步骤要求修改“我的查询”与“我的更新”后，其余不做修改，总经理签审页面开发完毕。

7）总裁签审页面开发（表单页面为 Czsp_zcqs.vfd）

将总经理签审页面另存为总裁签审页面，界面设计如图 8-62 所示。

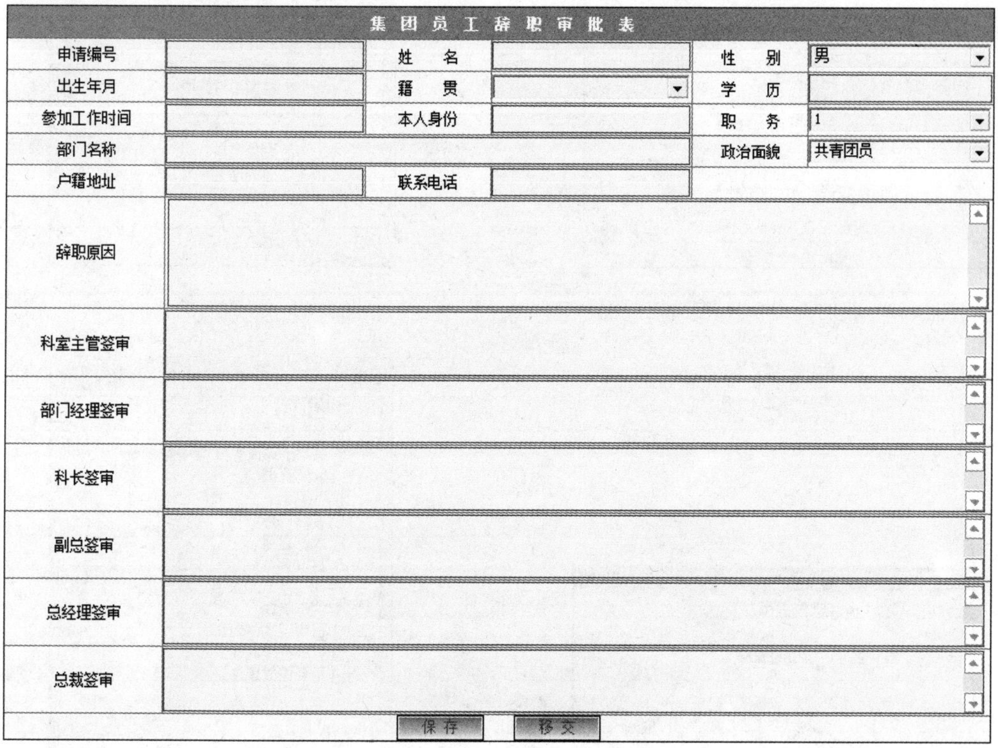

集团员工辞职审批表
申请编号
姓　名
性　别
男
出生年月
籍　贯
学　历
参加工作时间
本人身份
职　务
1
部门名称
政治面貌
共青团员
户籍地址
联系电话
辞职原因
科室主管签审
部门经理签审
科长签审
副总签审
总经理签审
总裁签审
保 存
移 交

图 8-62　总裁签审界面设计

与总经理签审页面的开发类似，将总经理签审页面另存为总裁签审页面后，需要根据总裁签审页面的需求修改控件设置，即修改“我的查询”与“我的更新”，具体修改如下。

（1）“我的查询”修改。打开“我的查询”的 SQL 编辑器，按照总裁签审的需求进行修改，如图 8-63 所示。修改后的“我的查询”如图 8-64 所示。

注　意

将界面中“总裁签审”控件与“我的查询”字段“总裁签审”绑定。

（2）“我的更新”修改。打开“我的更新”的 SQL 编辑器，并进行修改，如图 8-65 所示。修改后的“我的更新”如图 8-66 所示。

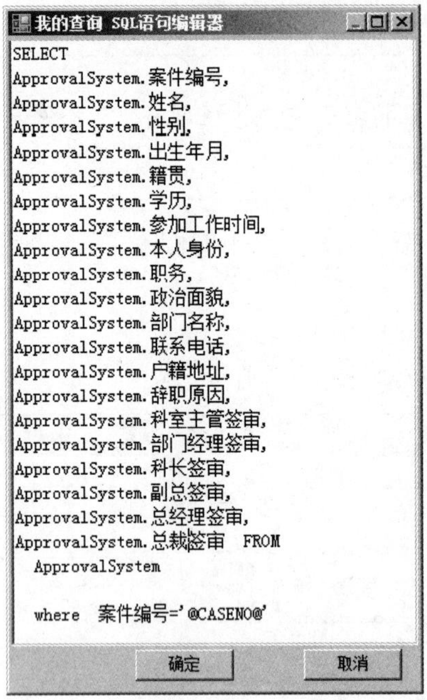

图 8-63 我的查询 SQL 编辑器界面

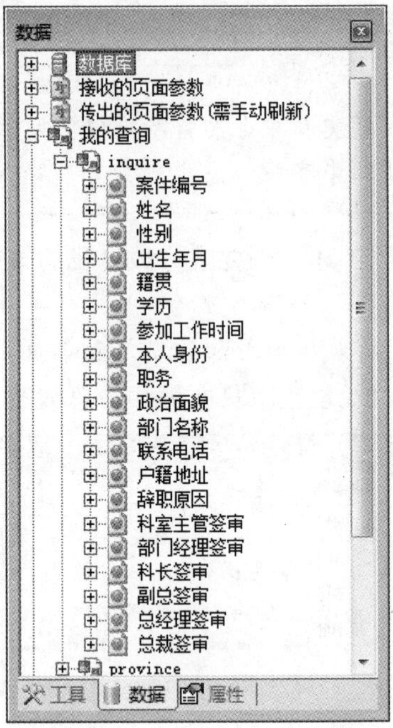

图 8-64 修改后的我的查询

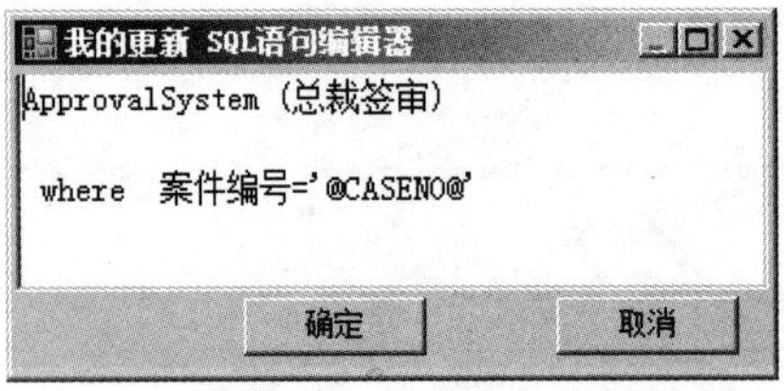

图 8-65 我的更新 SQL 编辑器

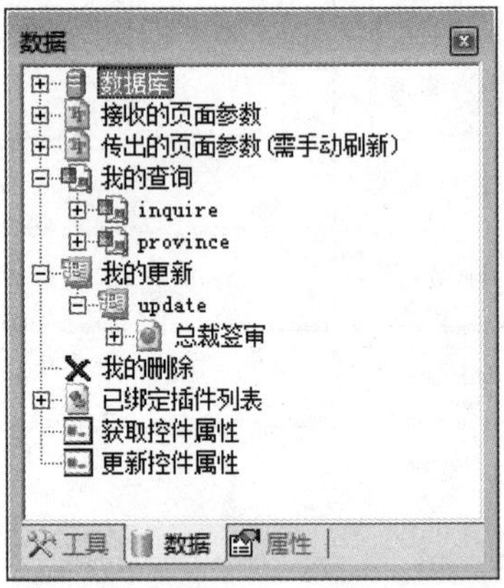

图 8-66 修改后的我的更新

注 意

在“我的更新”中，索引字段仅保留“总裁签审”，且将界面中“总裁签审”控件与“我的更新”中字段“总裁签审”绑定。

按照上述步骤要求修改“我的查询”与“我的更新”后，其余不做修改，总裁签审页面开发完毕。

8）归档结算页面开发（表单页面为 archives.vfd）

将总裁签审页面另存为归档结算页面，界面设计如图 8-67 所示。

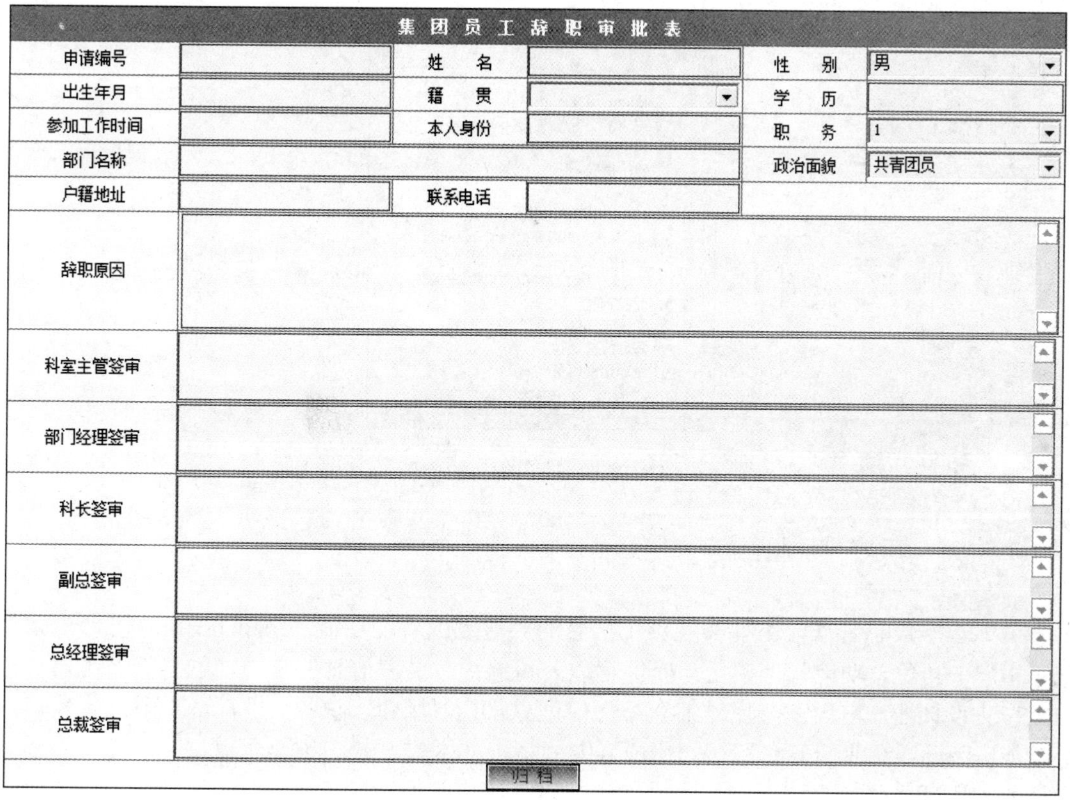

图 8-67　归档结算界面设计

归档结算页面开发，需要在总裁签审页面的基础上进行相应修改，即删除“我的更新”，并调整按钮。具体如下：

（1）“我的更新”修改。在数据窗口中，将“我的更新”，即 update 删除。

（2）按钮调整。删除原“保存”与“移交”按钮，仅添加“归档”按钮，绑定自定义插件中的“VFDFrmPlus.HandOver.dll”下的“SetThisCaseArchives”函数即可。

9）流程启动页面开发（表单页面为 engine.vfd）

员工辞职审批流程的启动页面开发，具体方法步骤请参见 6.3.9 节，其界面设计如图 8-68 所示。

流程启动页面设置，主要修改“我的更新”。打开“我的更新”的 SQL 编辑器，如图 8-69 所示。修改后的“我的更新”如图 8-70 所示。

图 8-68 启动页面界面设计

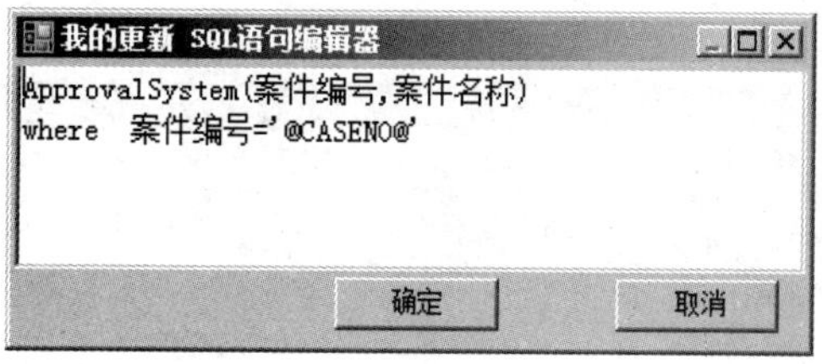

图 8-69　我的更新 SQL 编辑器

至此，员工辞职审批流程的所有表单页面开发完毕。

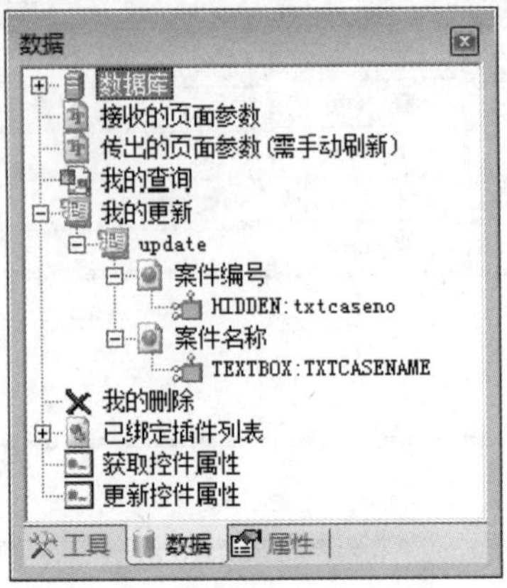

图 8-70　修改后的我的更新

8.5.2　员工基本信息管理

员工基本信息管理，主要实现员工信息的“增删改查”功能。MapGIS 搭建平台框架集成了用户、角色、功能管理模块，提供管理公司结构、员工信息的常用功能。基于搭建平台的工作流设计器，前面章节已详细介绍如何创建部门、用户、职务，进行员工个人信息管理等功能。因此，在此简要介绍该 OA 项目中的员工基本信息管理模块实现，即根据前面章节实现的模块适当修改。

8.5.2.1　员工基本信息查询页面开发

创建员工基本信息查询页面（表单页面为 StaffInquire.vfd），进行界面设计与实现。

1）界面设计

员工基本信息查询页面的界面设计如图 8-71 所示。

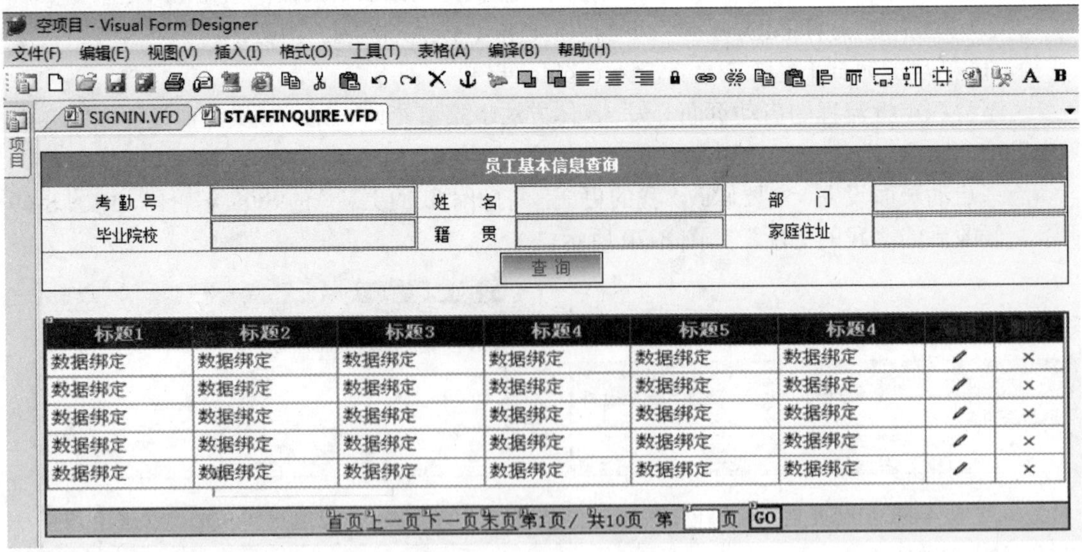

图 8-71　员工基本信息查询界面

2）控件调用

按照员工基本信息查询页面的界面所示，调用相关控件，即调用 TextBox、DataGrid、Button 等控件。具体调用方法不再详述。

3）建立“我的查询”

打开“我的查询 SQL 语句编辑器”，关联的数据库表名为“FLOW_USER_HISTORY”，即 MapGIS 搭建平台系统自带表，如图 8-72 所示。

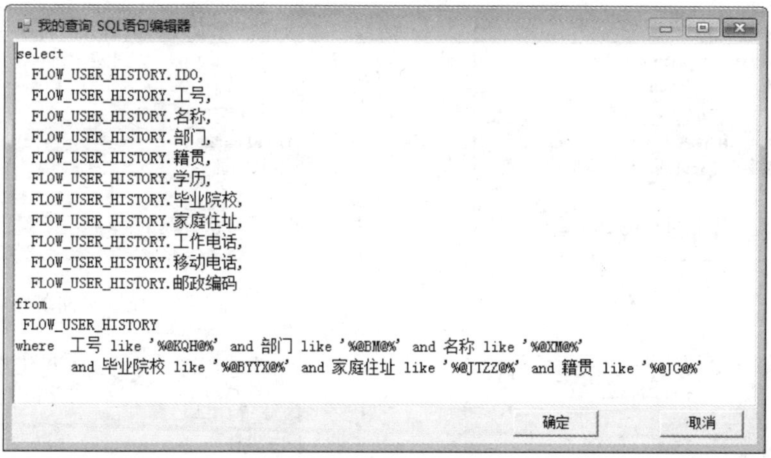

图 8-72　我的查询 sql 语句

其中，“我的查询”中的 SQL 条件为：

```
where  工号 like '%@KQH@%' and 部门 like '%@BM@%' and 名称 like '%@XM@%'
       and 毕业院校 like '%@BYYX@%' and 家庭住址 like '%@JTZZ@%'
and 籍贯 like '%@JG@%'
```

4）控件属性设置

（1）TextBox 属性设置。查询界面的各个 TextBox 控件传出页面参数。设置方法：以设置考勤号为例，选中考勤号的 textbox，切换到它的属性信息面板，如图 8-73 所示。

在考勤号的“控件传出参数”属性列表中：AllowPost 设置为 true，即允许控件传出参数；PostName 设置当前控件传出参数名，如“kqh”（可自定义），考勤号控件传出参数设置完毕。其中，约定其他 TextBox 控件传出参数名为中文首字母，即考勤号（kqh）、姓名（xm）、部门（bm）、毕业院校（byyx）、籍贯（jg）、家庭住址（jtzz）。

（2）“查询”按钮绑定跳转页面。为员工基本信息管理页面的“查询”按钮绑定跳转页面，即设置跳转页面地址为本页面 StaffInquire.vfd，如图 8-74 所示。

5）添加页面参数

所添加页面参数用于接收本页传出的参数，来源类型均为“Request”，参数名即为页面控件所设置传出的各个参数名称，如图 8-75 所示。

6）查询结果 DataGrid 的属性设置

员工基本信息查询页面中的查询结果列表绑定 DataGrid 数据源，需要设置 DataGrid 的属性，具体操作如下。

第一步：选择 DataGrid 数据源，如图 8-76 所示。

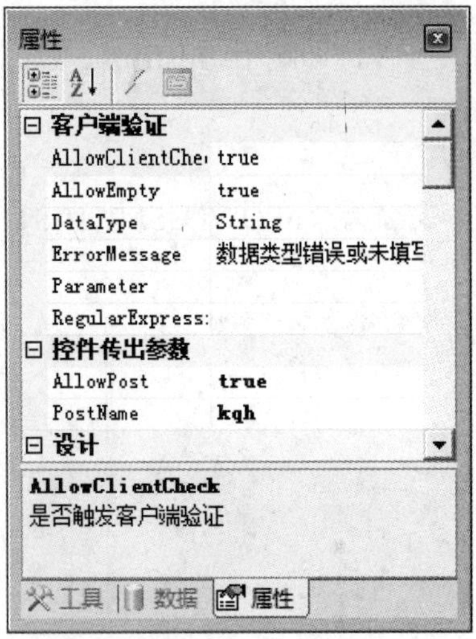

图 8-73　控件传出参数

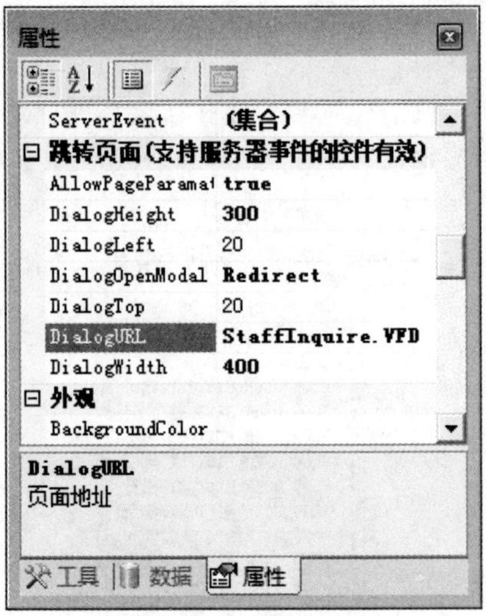

图 8-74　设置页面跳转属性

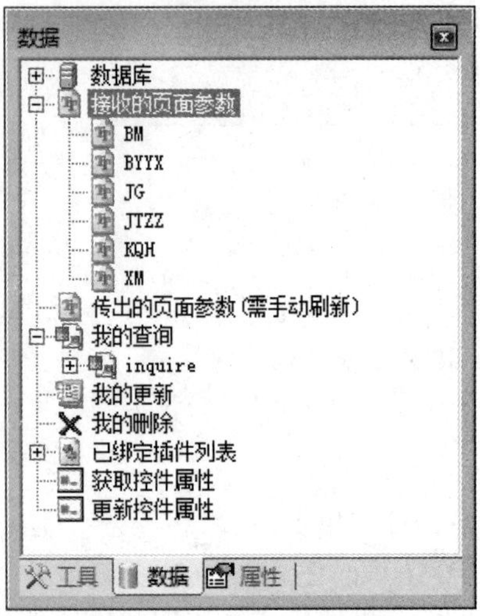

图 8-75　接收的页面参数

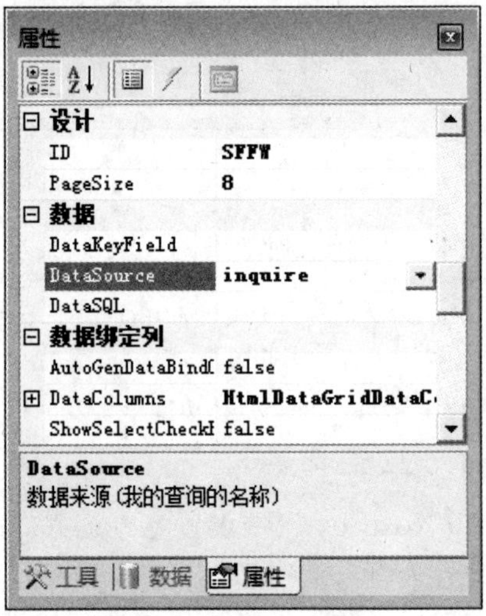

图 8-76　选择数据源

第二步：设置数据绑定列，即在 DataGrid 的集合编辑器中绑定设置。

在 DataGrid 的集合编辑器中，列表里将 ID0 列隐藏，同时将 ID0 作为页面参数传出，如图 8-77 所示。

同时，为数据绑定列“工号”添加超级链接，跳转该员工信息明细页面（StaffInquire.vfd），具体实现方法：在数据绑定列中找到“工号”列，设置其属性，如图 8-78 所示。

其中，“工号”数据列的主要属性设置如下：

- Type：URL；
- Other：StaffDetail.VFD?ID0={0}（说明：跳转地址加传出参数名称及参数初始值）；
- OtherInfo：ID0（说明：即传出该参数所在的数据列）。

员工基本信息查询页面绑定数据源后，查询员工信息后的预览效果如图 8-79 所示。当用户单击某员工的工号时，即可跳转到该员工的基本信息明细页面。

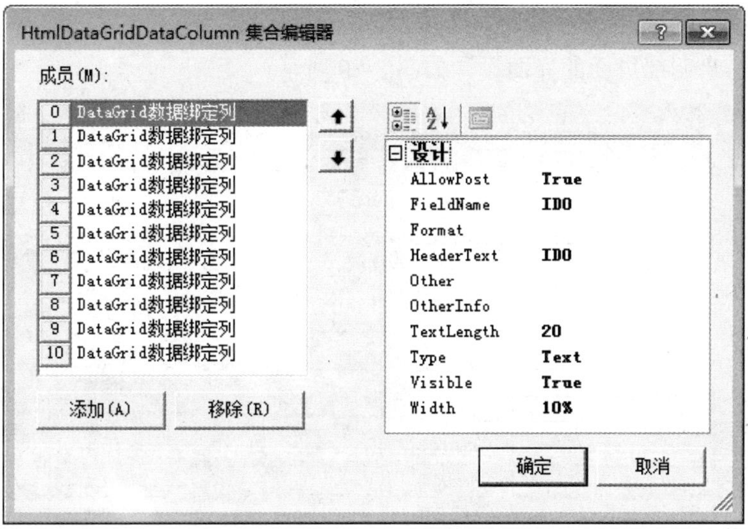

图 8-77　设置数据绑定列属性

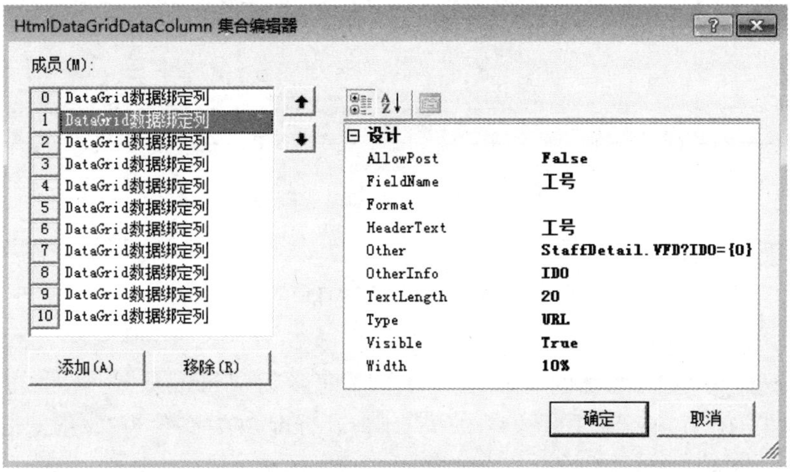

图 8-78　数据绑定列页面跳转实现

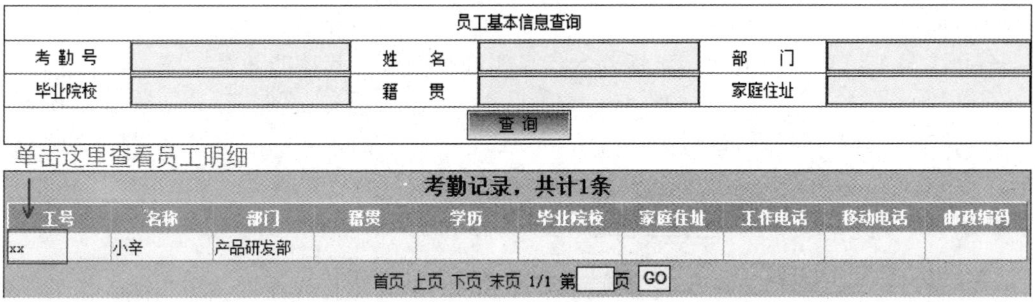

图 8-79　页面预览

8.5.2.2　员工基本信息明细页面开发

创建员工基本信息明细页面（表单页面为 StaffDetail.vfd），进行界面设计与实现。

1）界面设计

员工基本信息明细页面的界面设计如图 8-80 所示。

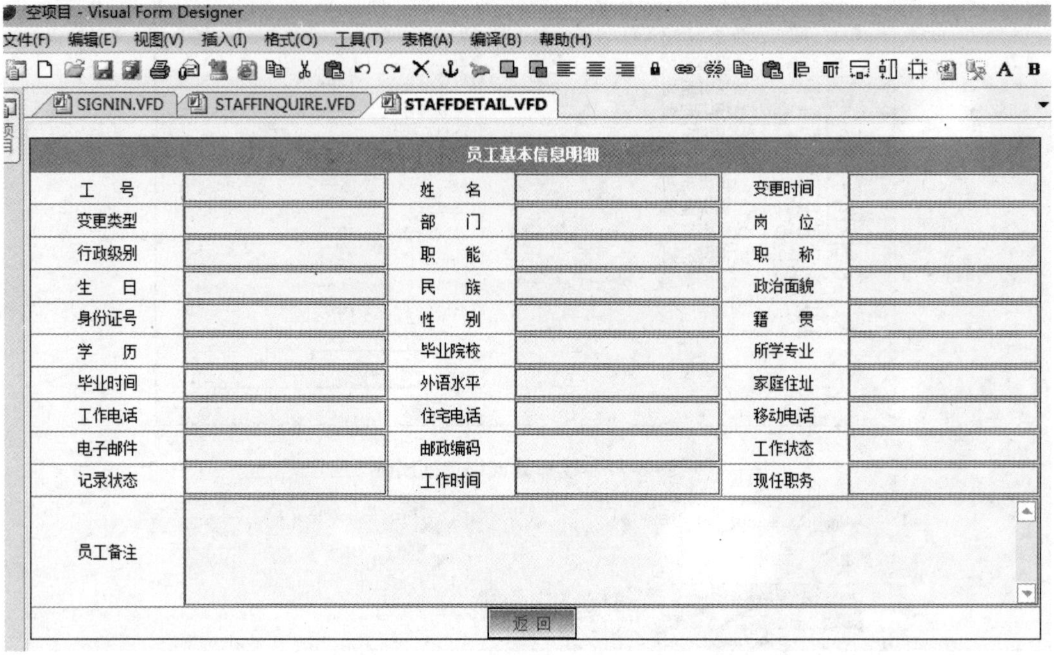

图 8-80　员工基本信息明细界面

2）建立页面参数

员工基本信息明细页面建立的页面参数名为“ID0”。

3）建立“我的查询”

在数据窗口中建立“我的查询”，约定查询名为“inquire”，关联的数据库表为“FLOW_USER_HISTORY”，关联该表中所有字段，查询 SQL 条件为“where id0=@ID0@”。

4）功能按钮的属性设置

员工基本信息明细页面只添加了一个“返回”按钮，为该按钮绑定功能插件“ExecBackToLastVfdPage”即可。

至此，员工信息管理页面（包括基本信息明细页面）及其功能开发完毕。

8.5.3　考勤管理模块

8.5.3.1　员工签到、签退页面开发

创建员工签到、签退页面（表单页面为 SignIN.vfd），进行界面设计与实现。员工签到、签退页面的界面设计如图 8-81 所示。

员工签到、签退页面的数据绑定列表中，列表表头字段如图 8-82 所示。

根据考勤管理模块中的员工签到、签退功能需求设计说明，即 8.3.2 节，进行功能要求的设置与实现，具体如下所述。

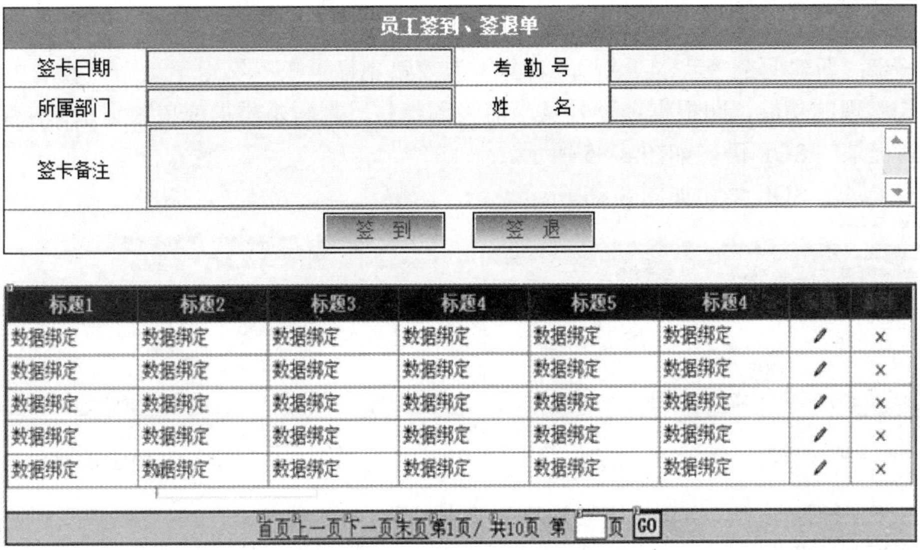

图 8-81 员工签到、签退页面界面

考勤号
姓名
部门
签到日期
签退日期
签到备注
签退备注
0 0 2010/11/15 20:04:16 sdfds
0 0 2010/11/15 20:04:16 sdfds1212
首页 上页 下页 末页 1/1 第 页 GO

图 8-82 列表表头字段

1）功能要求一的实现

方法：设置“签卡日期”Input 控件属性，自动获取当前系统日期，如图 8-83 与图 8-84 所示。

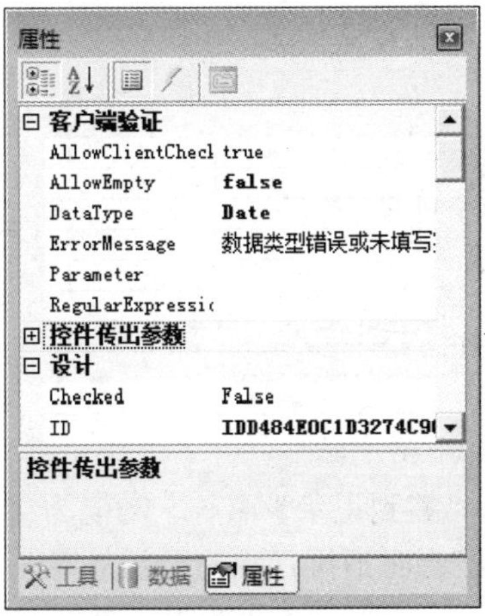

图 8-83 修改控件属性（一）

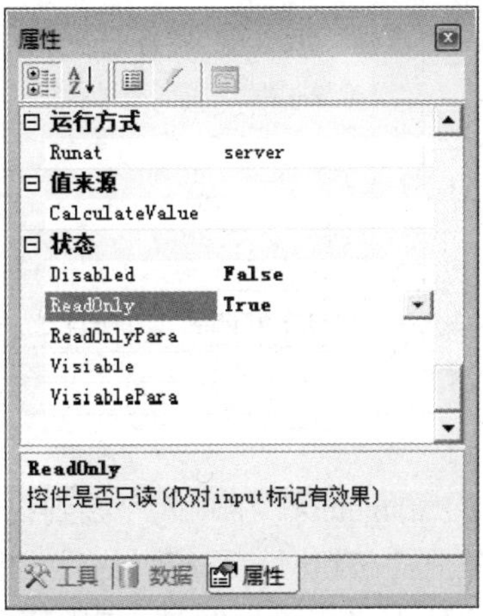

图 8-84 修改控件属性（二）

2）功能要求二的实现

方法：添加页面参数“ssn_username”，将“姓名”后的控件与其绑定，且修改该控件为只读；添加页面参数“ssn_userid”，将“考勤号”后的控件与其绑定，且修改该控件为只读。

3）功能要求三的实现

第一步：新建两个“我的更新”，名分别为“签到记录”、“签退记录”。“我的更新”的 SQL 语句实现的功能，即根据考勤号及当前签到年月日判断是添加或更新记录。

签到记录的 SQL 语句如图 8-85 所示。

签退记录的 SQL 语句如图 8-86 所示。

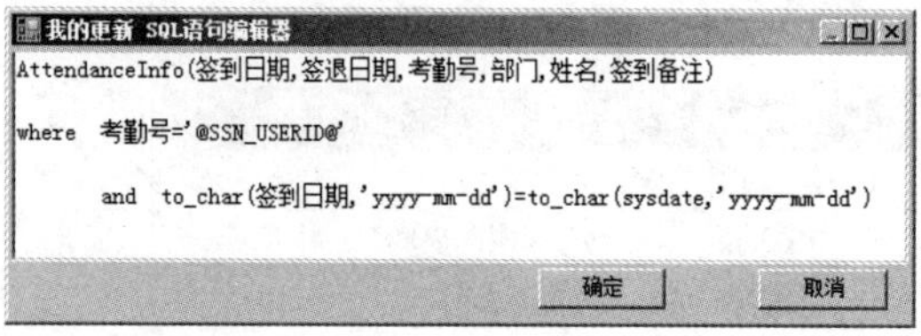

图 8-85　签到记录的 SQL 语句

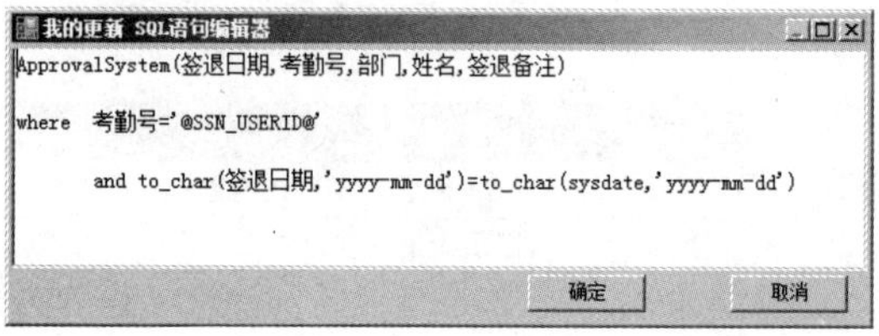

图 8-86　签退记录的 SQL 语句

第二步：控件与字段绑定。需要注意，签卡日期后的控件应与我的更新“签到记录”里的字段“签退日期”绑定。

第三步：为“签到”和“签退”绑定“ExecSave”功能插件。下面以“签到”按钮绑定为例，如图 8-87 所示。

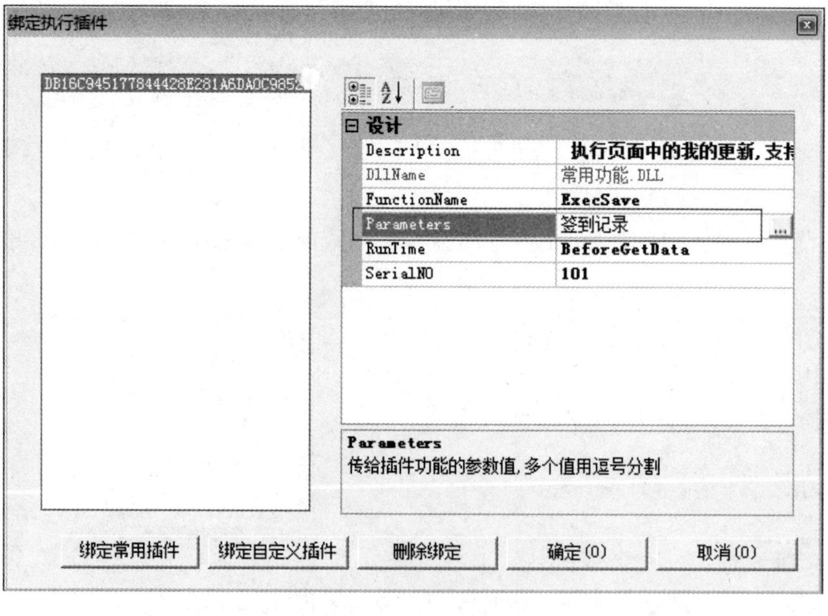

图 8-87　功能插件绑定

在“Parameters”中输入“签到记录”，即我的更新“签到记录”名称。功能为：当用户单击“签到”按钮时，系统只执行我的更新“签到记录”，而不执行我的更新“签退记录”。同理，按照上述方法，在“签退”按钮的属性“Parameters”中输入“签退记录”。

4）功能要求四的实现

第一步：新建“我的查询”，名为“inquire”，如图 8-88 所示。

第二步：为 DataGrid 配置数据源。先选择数据源（如图 8-89 所示），然后进行列表设置，让列表不显示记录数表头，即按照图 8-90 所示进行设置。

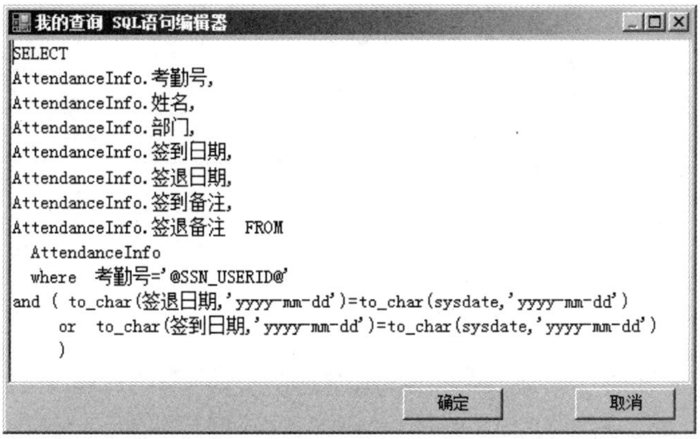

我的查询 SQL语句编辑器
SELECT
AttendanceInfo.考勤号,
AttendanceInfo.姓名,
AttendanceInfo.部门,
AttendanceInfo.签到日期,
AttendanceInfo.签退日期,
AttendanceInfo.签到备注,
AttendanceInfo.签退备注 FROM
AttendanceInfo
where 考勤号='@SSN_USERID@'
and (to_char(签退日期,'yyyy-mm-dd')=to_char(sysdate,'yyyy-mm-dd')
or to_char(签到日期,'yyyy-mm-dd')=to_char(sysdate,'yyyy-mm-dd')
)
确定
取消

图 8-88 我的查询 SQL 编辑器

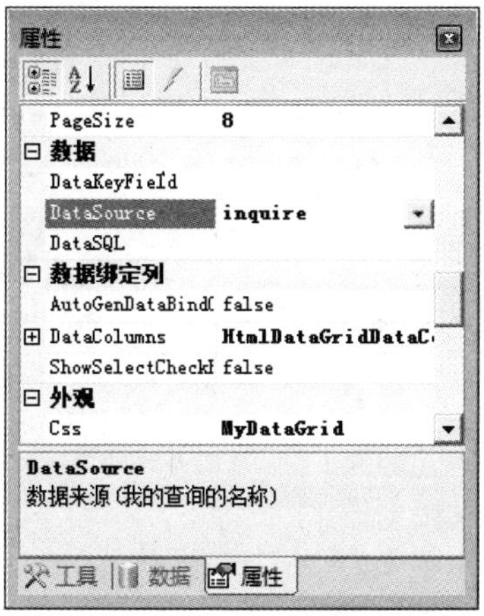

图 8-89 选择数据源

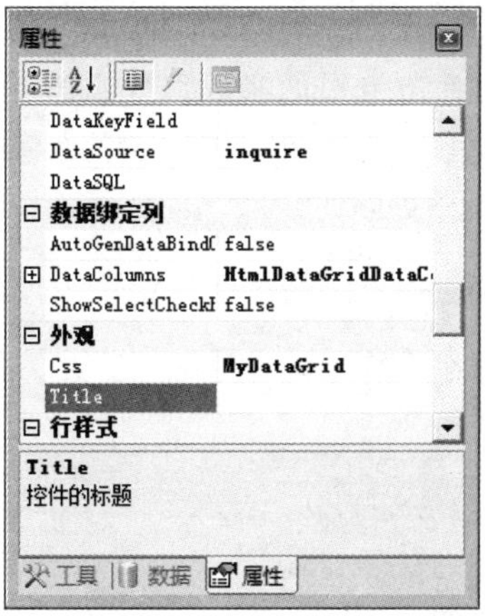

图 8-90 修改列表样式

到此，实现了考勤管理模块中的员工签到、签退的功能需求。

8.5.3.2 考勤历史记录查询页面开发

创建考勤历史记录查询页面（表单页面为 SignInInquire.vfd），进行界面设计与实现。

1）界面设计

考勤历史记录查询页面的界面设计如图 8-91 所示。

图 8-91 考勤历史记录查询界面

页面的数据绑定列表中，列表表头字段如图 8-92 所示。

考勤号 姓名 部门 签到日期 签退日期 签到备注 签退备注
0 0 2010/11/15 20:04:16 sdfds
0 0 2010/11/15 20:04:16 sdfds1212
首页 上页 下页 末页 1/1 第 页 GO

图 8-92　列表表头字段

2）控件属性设置

- “起始、终止时间”控件的数据类型“DataType”为“Date”；
- 控件传出参数设置，如图 8-93 所示设置各控件传出的相应参数。

约定查询关键字段对应控件传出参数名为中文首字母，如考勤号（kqh）、姓名（xm）、部门（bm）、起始时间（qssj）、终止时间（zzsj）。

3）添加页面参数

在“接收的页面参数”处添加 5 个页面参数，参数来源类型均为“Request”。依次添加的页面参数即为该页面传出的各个参数名，如图 8-94 所示。

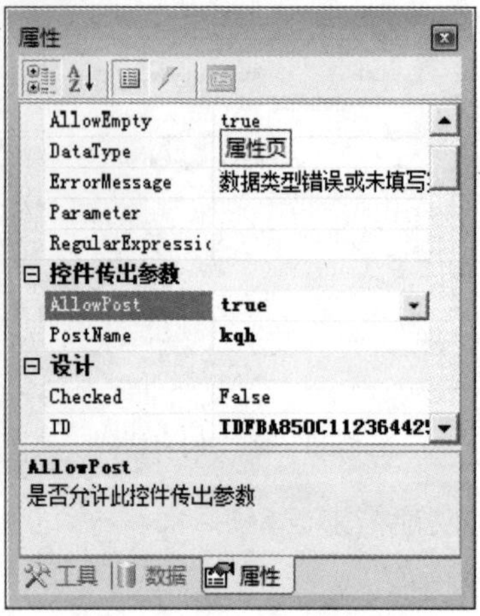

图 8-93　控件传出相应参数

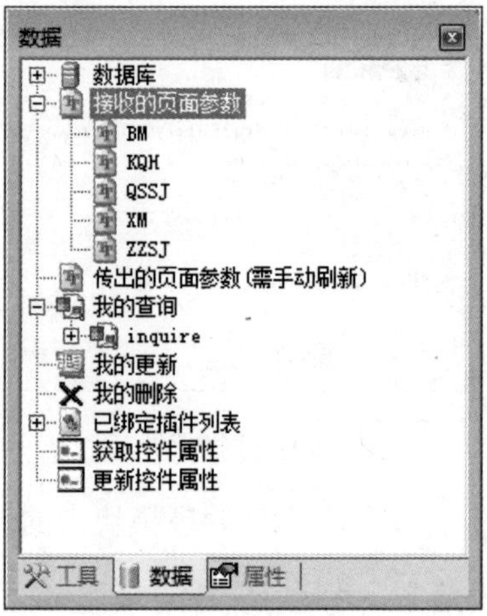

图 8-94　接收页面参数

4）新建“我的查询”

创建一个名为“inquire”的“我的查询”，如图 8-95 所示。

创建的“我的查询”的 SQL 条件语句为：

```
Where 考勤号 like '%@KQH@%'  and  部门 like '%@BM@%'  and 姓名 like '%@XM@%'
   and (
         (签到日期>= to_date('@QSSJ@','yyyy-mm-dd')
AND  签到日期<= to_date('@ZZSJ@','yyyy-mm-dd'))
       or (签退日期>= to_date('@QSSJ@','yyyy-mm-dd')
AND  签退日期<= to_date('@ZZSJ@','yyyy-mm-dd'))
     )
```

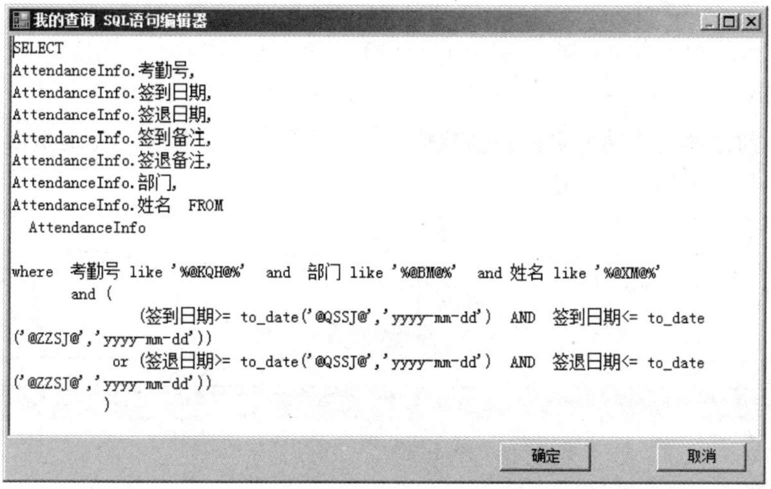

我的查询 SQL语句编辑器
SELECT
AttendanceInfo.考勤号,
AttendanceInfo.签到日期,
AttendanceInfo.签退日期,
AttendanceInfo.签到备注,
AttendanceInfo.签退备注,
AttendanceInfo.部门,
AttendanceInfo.姓名 FROM
AttendanceInfo
where 考勤号 like '%@KQH@%' and 部门 like '%@BM@%' and 姓名 like '%@XM@%'
and (
(签到日期>= to_date('@QSSJ@','yyyy-mm-dd') AND 签到日期<= to_date
('@ZZSJ@','yyyy-mm-dd'))
or (签退日期>= to_date('@QSSJ@','yyyy-mm-dd') AND 签退日期<= to_date
('@ZZSJ@','yyyy-mm-dd'))
)
确定
取消

图 8-95 编辑 SQL 语句

5）配置 DataGrid 的数据源

按图 8-96 所示配置 DataGrid 的数据源。

6）设置“查询”按钮属性

绑定跳转页面地址（SignInInquire.vfd），如图 8-97 所示。

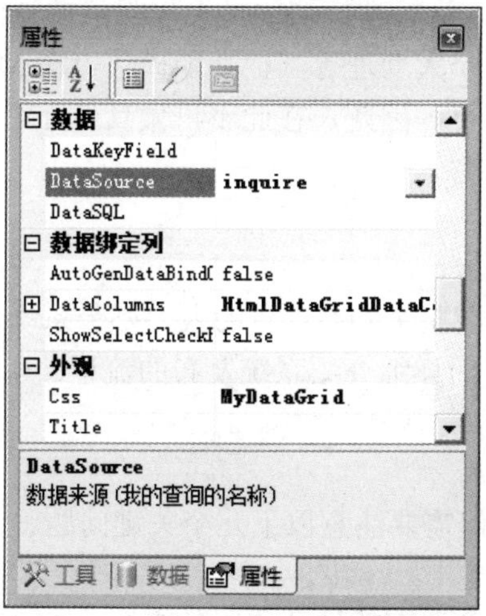

图 8-96 配置 Datagrid 数据源

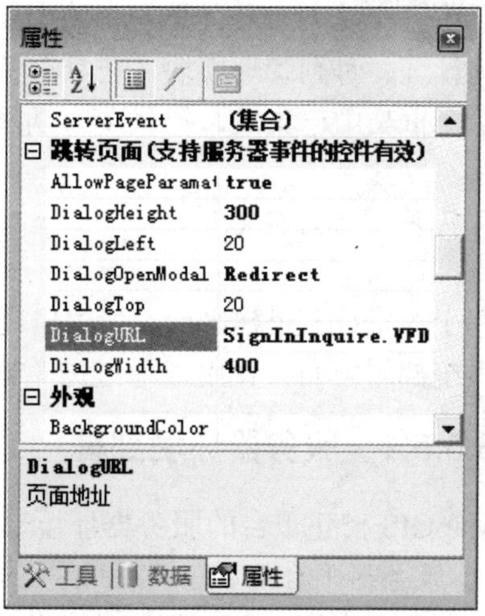

图 8-97 按钮绑定跳转地址

8.5.3.3 员工考勤统计页面

创建员工考勤统计页面（表单页面为 AttendStat.vfd），进行界面设计与实现。

1）界面设计

员工考勤统计页面的界面设计如图 8-98 所示。

2）功能实现

员工考勤统计页面的功能设计实现，请参照考勤历史记录查询页面的搭建方法实现，在此不再详述。其中，创建的“我的查询”的 SQL 语句如下：

```
select 姓名,考勤号,count(*) as 迟到次数 from 员工考勤信息表
where  to_char(签到日期,'hh24:mi:ss')>'08:30:00'
group by 姓名,考勤号
```

到此，考勤管理模块功能页面已搭建完成，即实现了员工签到、签退页面、考勤历史记录查询页面、员工考勤统计页面。

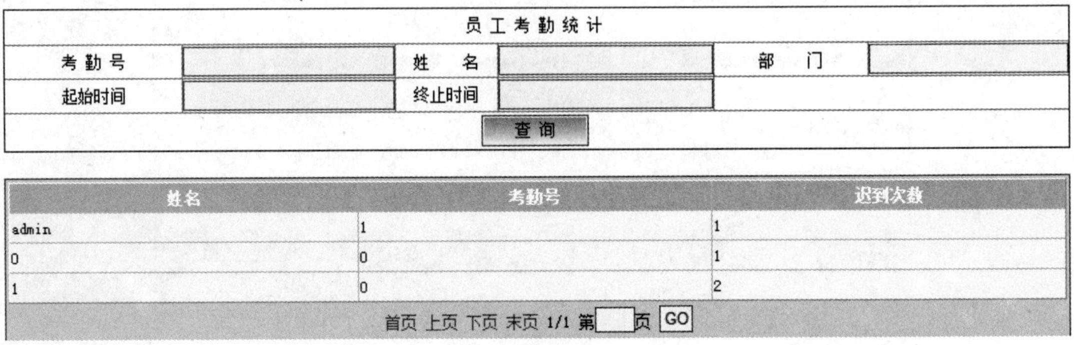

图 8-98　员工考勤统计界面

8.5.4　其他模块配置

上述已实现人力办公系统中的主要功能模块，即人事管理模块的员工辞职审批与员工基本信息管理、考勤管理模块。公共交流、今日办公、个人助理等其他功能模块，在 MapGIS 搭建平台框架中已集成，提供现有功能，适当修改即可。因此，在此不再做具体介绍。

8.5.5　系统发布

基于 MapGIS 搭建平台，采用搭建式开发方式实现整个 OA 项目的人力办公系统后，要将该系统部署发布，让用户通过浏览器访问使用。下面详细介绍系统发布的流程。

8.5.5.1　服务器环境部署

MapGIS 搭建平台的服务器环境部署比较简单，但需要注意以下几个关键问题。

1）服务器平台安装

在服务器上安装 MapGIS 搭建平台，先要确保服务器有软件证书服务支持，本地硬件证书服务或网络证书服务均可。

2）数据库移植

将开发或测试环境中的数据库复制到服务器，并附加数据库。若是 SQL 数据库，一般将数据库附加到服务器中的 SQL 数据库即可；若为 Oracle 数据库，一般需以用户为单位将指定用户下的所有数据导入到服务器。

本系统的数据库移植，即将数据库 MapgisEgov 配置到服务器上的 Oracle 数据库中。

3）新增文件部署

将表单页面、自行编写的脚本库、功能函数库（dll）、动态函数库、workflow 文件夹下的 Access 数据库 DcWorkFlow，以及一些图片等复制到服务器；或者直接将开发环境上的

fw2005 整个文件夹内容复制到服务器相应目录进行覆盖。

4）搭建框架部署

将开发环境上的模块菜单导出为 xml 文件，并将其复制到服务器，即在服务器中打开 MapGIS 搭建平台框架主页，导入复制过来的的 xml 文件即可。

8.5.5.2 设置系统站点名

服务器环境配置好后，在服务器中以管理员身份登录 http://localhost/Fw2005 站点，修改站点名称。

站点名称设置方法：选择 MapGIS 搭建平台运行框架中的“系统管理”菜单，在左侧系统管理目录树中单击“站点管理”下的“网站管理”，然后在“网站设置”面板上进行修改，如图 8-99 所示。

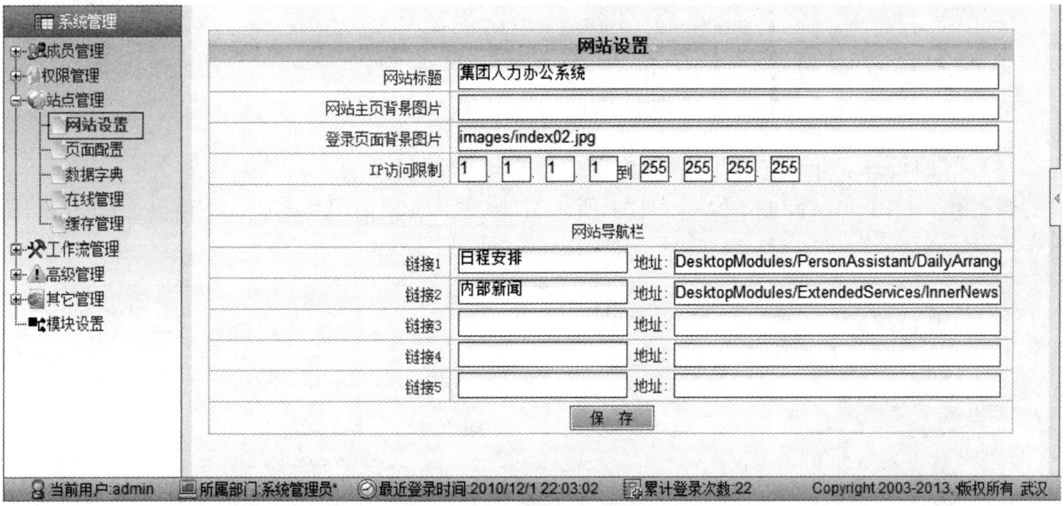

图 8-99　修改站点名称

8.5.5.3 模块菜单配置

模块菜单配置，主要是在搭建平台的运行框架中，配置系统功能模块，即在运行框架的“系统管理”菜单下，增加 OA 人力办公系统中的相应菜单模块，包括人事管理、员工考勤等。具体配置方法请参见 7.1.2 节。

1）人事管理

该 OA 人力办公系统采用 MapGIS 搭建平台集成的机构用户管理方案，在此只需简单配置相关模块及对应页面地址即可。表 8.8 是人事管理模块及对应的页面地址。

表 8.8　模块相关信息

模块名称	级　别	页面地址
人事管理	顶级	无
部门管理	二级	DesktopModules/Framework/Membership/GroupListManage.aspx?NodeID=1
员工管理	二级	DesktopModules/Framework/Membership/UsersManage.aspx
辞职申请	二级	SubSysFlowFile/Archives/DailyOffice/engine.VFD?flowcode=5（参考）

参考 7.1.2 节介绍的配置方法，按照表 8.8 模块相关信息所示的内容进行配置，即人事管理顶级模块下分别配置二级模块：部门管理、员工管理与辞职申请。配置完成后，如图 8-100 所示。

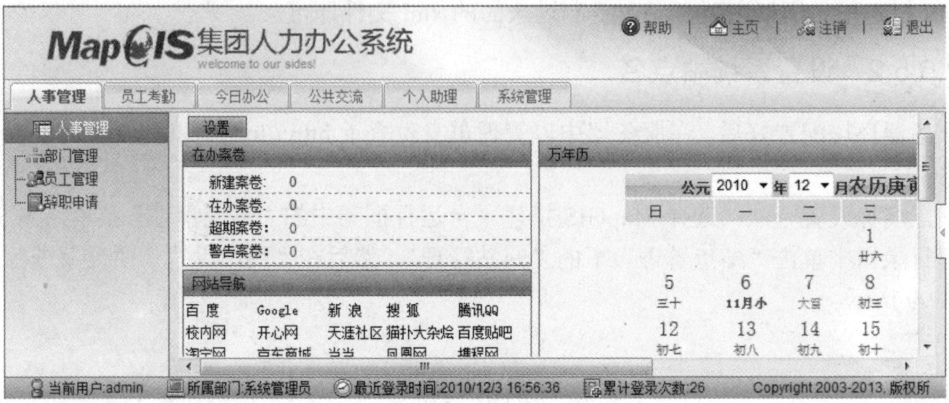

图 8-100 人事管理菜单

（1）部门管理。下面以部门管理配置中添加一个部门为例，具体操作如下。

第一步：打开部门管理（如图 8-101 所示），单击“添加角色”按钮，跳转页面如图 8-102 所示。

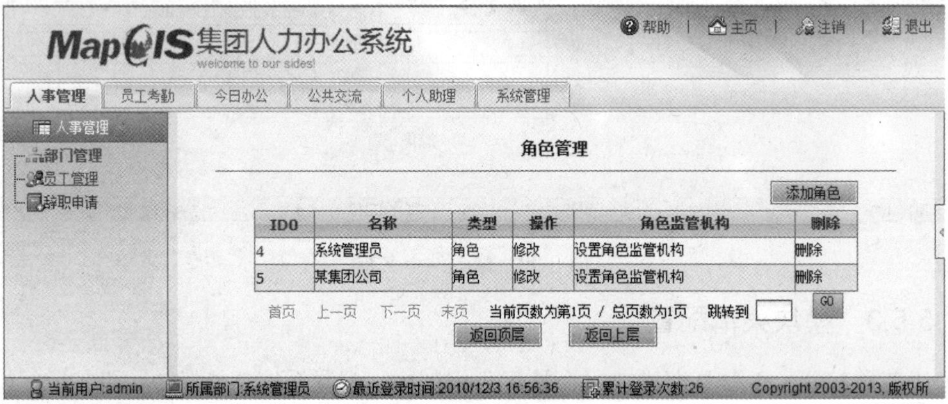

图 8-101 部门管理

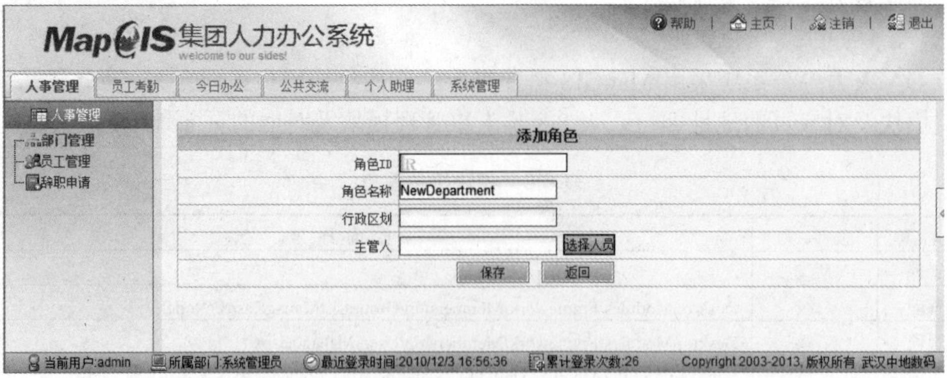

图 8-102 角色管理

第二步：在角色栏输入部门名称，单击“保存”按钮即可，添加完成后如图 8-103 所示。

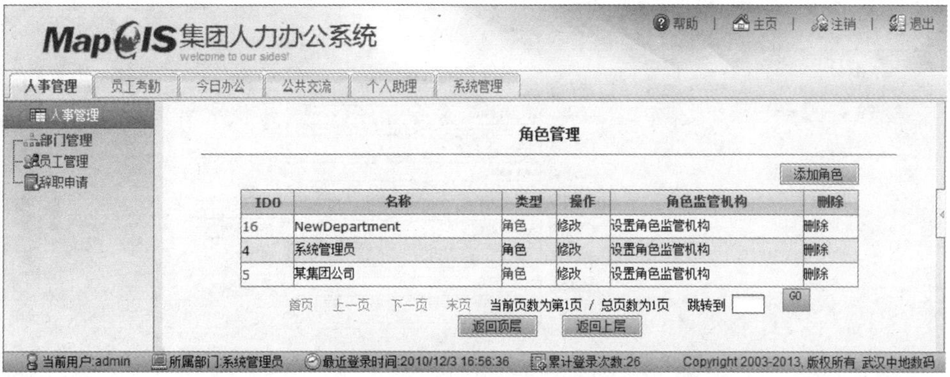

图 8-103　添加部门后预览

（2）员工管理。按照 7.1.2 节介绍的配置方法，进行员工管理配置。配置完成后，用户管理页面如 8-104 所示。

图 8-104　用户管理

下面以员工管理配置中添加一个员工为例，具体操作如下。

第一步：在“用户管理”面板中，单击“添加”链接，其跳转页面如图 8-105 所示。

第二步：单击“保存”按钮，完成员工新建。接着为该员工添加相关个人信息，如图 8-106 所示。

第三步：在“用户管理”面板，单击该员工记录中的“历史记录”按钮，为员工新增个人信息，如图 8-107 所示。

2）公共交流

OA 人力办公系统中的公共交流功能模块，采用 MapGIS 搭建平台集成的公共交流功能，进行适当修改即可。公共交流模块如图 8-108 所示。

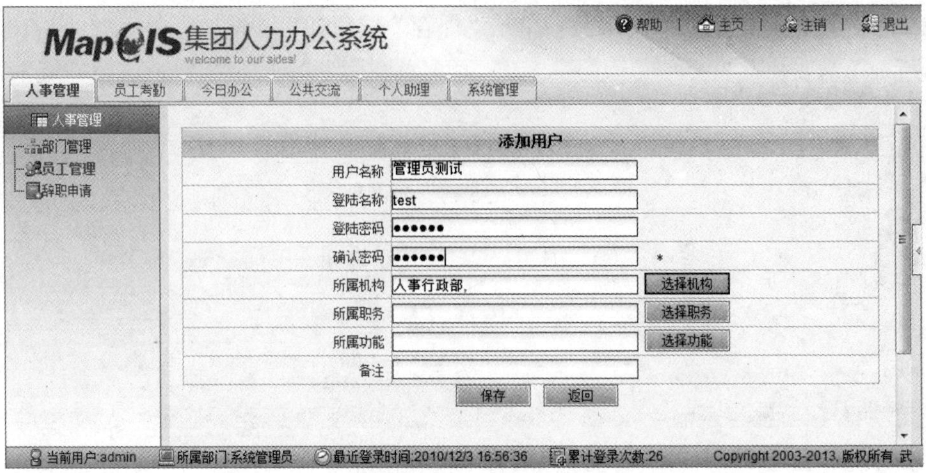

图 8-105　添加用户

图 8-106　添加用户

图 8-107　修改个人基本信息

图 8-108　公共交流模块

在上述公共交流模块中，将不需要的默认功能模块隐藏或删除，根据需要调整。调整方法如图 8-109 所示，设置模块的属性即可。

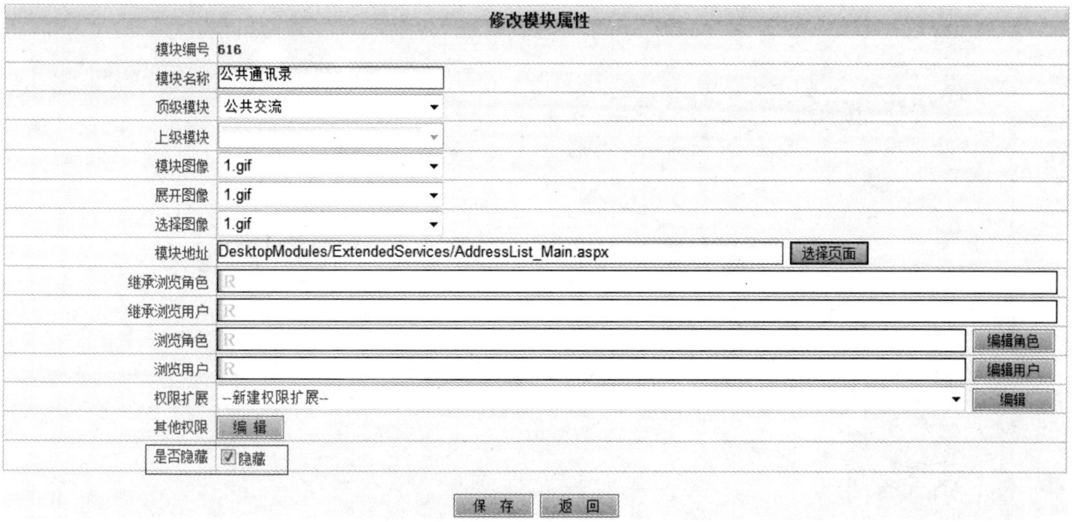

图 8-109　隐藏菜单

3）员工考勤

OA 人力办公系统中的员工考勤模块，其模块结构及相关页面地址如表 8.9 所示。

表 8.9　模块相关信息

模 块 名 称	级　别	模块页面地址（按照约定文件存放路径设置）
员工考勤	顶级	无
员工签到、签退	二级	SubSysFlowFile\Archives\DailyOffice\TimeCard\SignIn.VFD
考勤历史查询	二级	SubSysFlowFile\Archives\DailyOffice\TimeCard\SignInInquire.VFD?test=1
考勤统计	二级	SubSysFlowFile/Archives/DailyOffice/TimeCard/AttendStat.VFD?test=1

参考 7.1.2 节介绍的配置方法，按照表 8.9　模块相关信息所示的内容进行配置。配置后如图 8-110 所示。

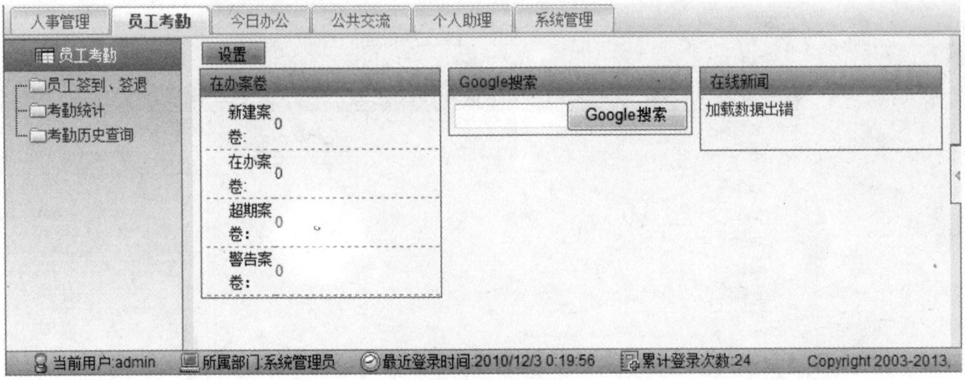

图 8-110　员工考勤

8.5.5.4　流程节点与功能页面绑定

该 OA 人力办公系统中的员工辞职审批功能，采用 MapGIS 搭建平台的业务流程搭建实现，需要对流程节点进行功能页面绑定设置，具体操作如下。

第一步：打开“系统管理”菜单下的“模板管理”菜单，如图 8-111 所示。

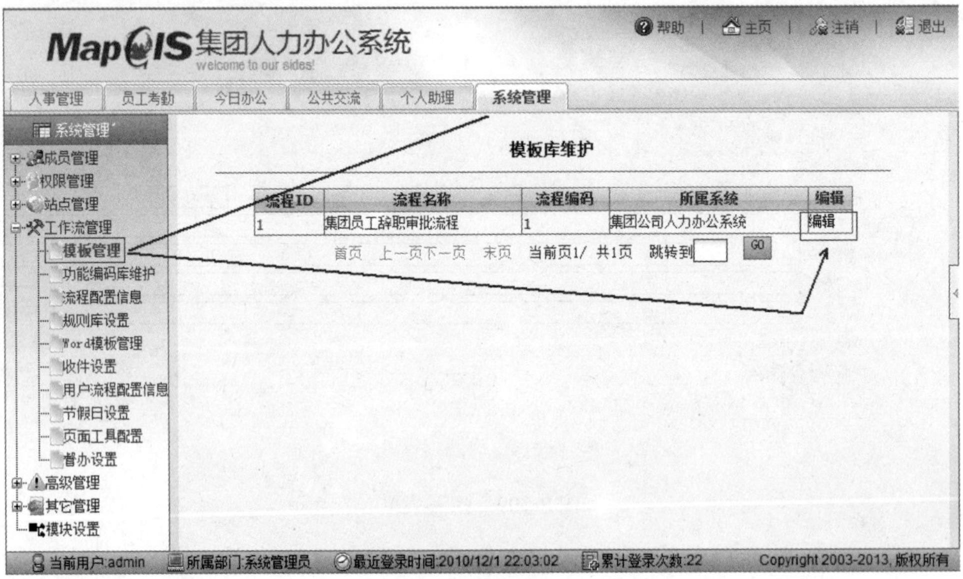

图 8-111　模板管理

第二步：单击模板库维护面板中的“编辑”连接，进入如图 8-112 所示流程信息编辑页面。

第三步：流程节点信息编辑，即单击图 8-112 中的“节点信息编辑”，弹出如图 8-113 所示页面，节点信息设置方法与工作流设计器中一致。

注　意

上述为“结算归档”节点信息设置，其他节点的节点信息设置建议与其相同。

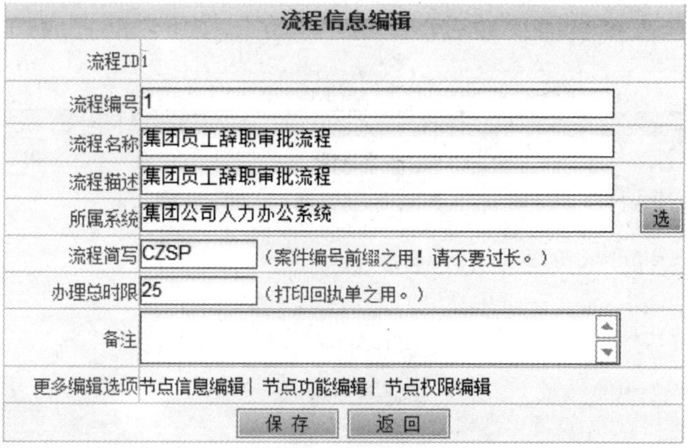

图 8-112 流程信息编辑

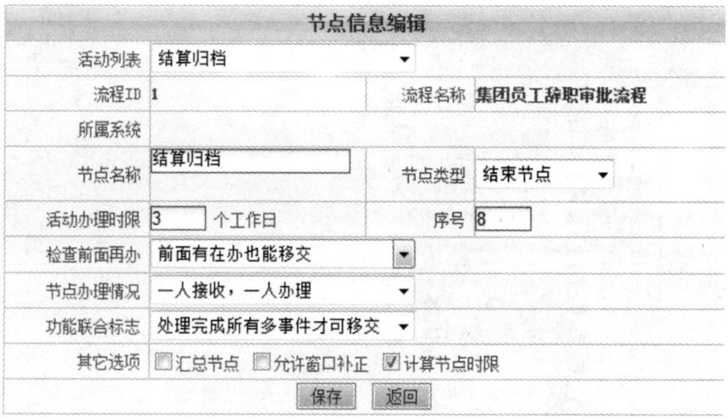

图 8-113 节点信息编辑

第四步：节点功能编辑。即单击图 8-112 中的“节点功能编辑”，如图 8-114 所示，在“活动节点功能编辑”窗口分别进行节点功能设置。

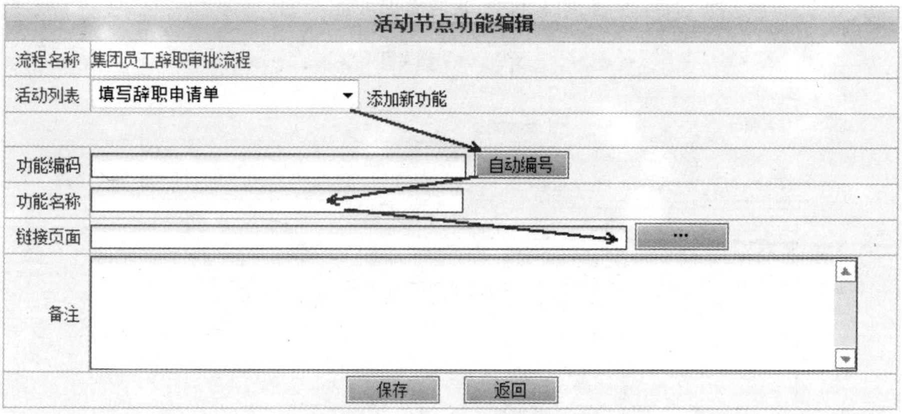

图 8-114 活动节点功能编辑

例如，为员工辞职审批流程的开始节点“填写辞职审批单”添加功能页面，具体操作为：首先，单击活动列表下拉框，选择开始节点“填写辞职审批单”；然后，单击“自动编号”，输入功能名称“填写辞职审批单”；接着，单击 … 按钮，弹出如图 8-115 所示的对话框，找到该节点对应的功能表单页面；最后，单击“保存”按钮，配置成功后的节点信息页面如图 8-116 所示。

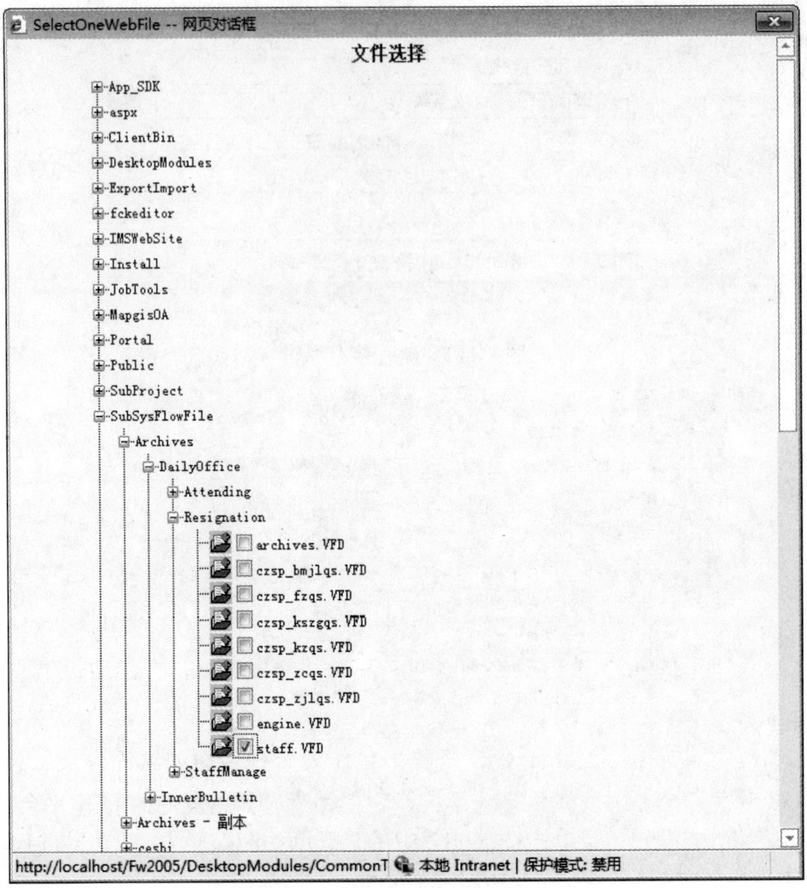

图 8-115 选择页面地址

图 8-116 配置成功

类似地，分别在“活动列表”中选择流程中其他功能节点名称，依次添加流程中节点对应的功能表单页面，进行节点与功能页面绑定。

自此，整个 OA 人力办公系统开发配置完毕。用户在浏览器地址栏输入人力办公系统的地址，访问服务器中配置发布的系统。登录后系统的主页面如图 8-117 所示。

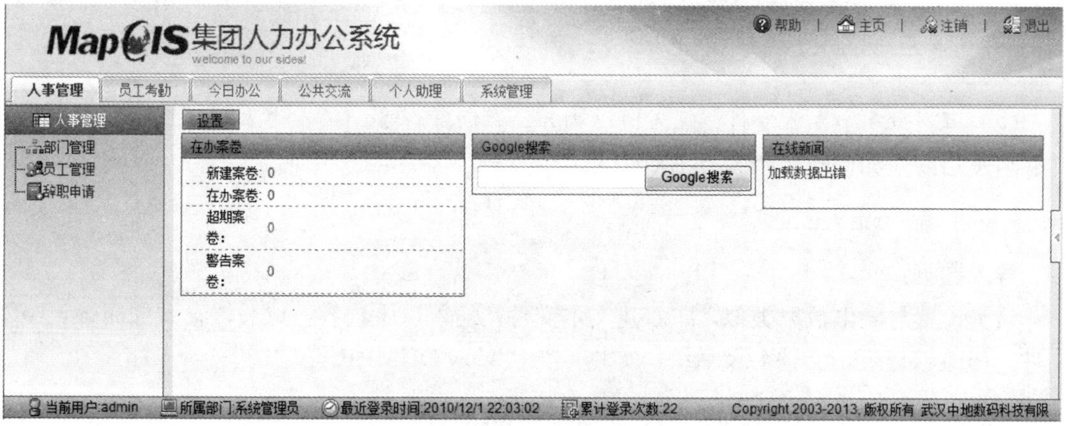

图 8-117　开发完成后主页

8.6　小　　结

本章以项目某集团 OA 人力办公系统为实例开发背景，基于 MapGIS 搭建平台进行搭建开发，从系统需求、设计到实现，详细介绍人力办公系统开发的整个项目过程，全面介绍了搭建平台在具体项目中的应用。MapGIS 搭建平台作为一种全新的软件开发工具集，提出了高效的“搭建式”软件开发方式，并且应用广泛。在熟悉使用 MapGIS 搭建平台功能的同时，希望您结合具体的行业应用，进行实际项目开发，将所学付诸实践，提升搭建开发的理解层次，充分发挥 MapGIS 搭建平台的特点优势。

8.7　问题与解答

1．如何在 Oracle 数据库之间迁移数据？

解答：系统搭建完成后要在服务器上部署，需要将本机的 Oracle 数据库相关表及内容、视图、触发器序列等移植到服务器。方法为：将当前数据库下的用户所有的相关数据导出，并导入到服务器 Oracle 数据库。具体操作如下。

导出数据

（1）新建文本文件，输入以下内容，然后保存并关闭该记事本文件，修改该记事本文件名及后缀，如修改为“导出 DUMP.BAT”。

```
exp oa/oa@GISOA_LOCAL file=D:\数据库备份\gisoa.dmp log=D:\数据库备份\gisoa(exp).log buffer=50000000 feedback=10000
```

说 明

"oa/oa" 为登录名和密码，GISOA_LOCAL 为当前 Oracle 的服务名，"file=" 后的字符串即为导出路径。

（2）再新建一个文本文件，输入以下内容，然后保存关闭该记事本文件，修改该记事本文件名及后缀，如修改为"执行 EXP.BAT"。

```
call 导出DUMP.bat
```

导入数据：

（1）设置与导出数据类似，即新建文本文件，输入以下内容，然后保存并关闭该记事本文件，修改该记事本文件名及后缀，如修改为"导入 DUMP.BAT"。

```
imp test/oa@gisoa file=D:\gisoa.dmp buffer=50000000 feedback=10000 fromuser=
oa touser=oa
```

说 明

"test/oa" 为被导入数据的 Oracle 登录名和密码，gisoa 为对应的服务名，"fromuser=oa touser=oa" 设置与导出时的用户名和密码一致。

（2）再新建一个文本文件，输入以下内容，然后保存关闭该记事本，修改该记事本名及后缀，如修改为"执行 IMP.BAT"。

```
call 导入DUMP.bat
```

注 意

在导出、导入数据时，均与管理员（system）账号登录操作。

2．如何重新找回 Oracle Enterprise Manager Console 登录界面？

解答： 找到 Oracle 安装的路径比如（F:\oracle），编写"Oracle Enterprise Manager Console.bat"文件，文件内容如下：

```
F:\oracle\ora92\bin\oemapp.bat console.
```

3．打开搭建平台框架主页出现版本错误问题，如何解决？

解答： 打开搭建平台框架主页，报"需要升级数据库版本"的错误，解决办法如下。

（1）找到 Oracle 安装后的目录（9i 的直接找到 Oracle92），单击鼠标右键选择"共享安全"→"安全"，单击"编辑"按钮后，如图 8-118 所示，依次单击"添加""高级"、"立即查找"按钮。

（2）选择 NETWORK 和 NETWORK SERVICE，如图 8-119 所示，并将所有权限赋给二者，在运行框处输入 iisreset 命令，重启 IIS，即可解决问题。

4．Oracle 9i 无法创建存储过程，如何解决？

解答： 这种情况通常由 Oracle 9i 没有打 ODBC 补丁造成，重新打上该补丁即可。

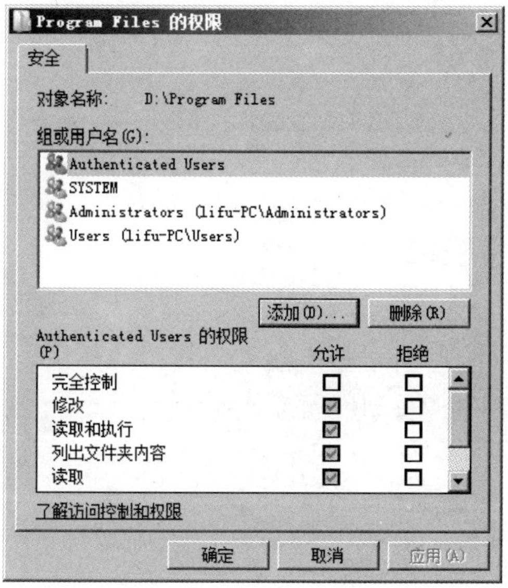

图 8-118　添加用户

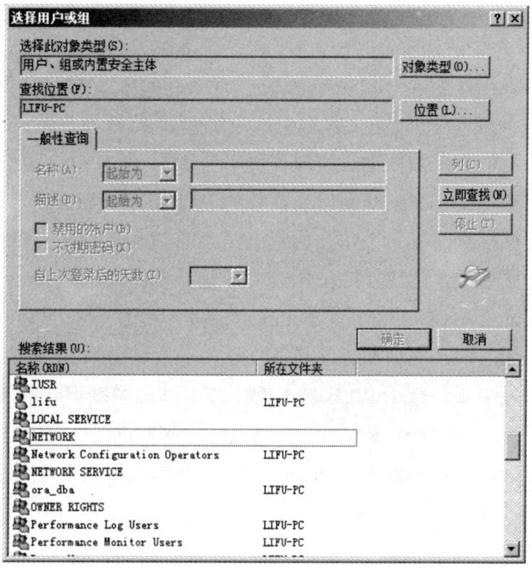

图 8-119　添加 NETWORK 与 NETWORK SERVICE

8.8 练　习　题

基于 MapGIS 搭建平台，搭建开发一个工时管理系统，实现任务提交、审核、工时的统计分析等功能，便于领导层评估员工的工作效率及绩效。该项目实施流程包括：

（1）需求分析，对需实现的功能进行可行性分析、工作量评估；

（2）系统设计，包含系统的数据库设计、界面设计、功能设计等；

（3）功能开发，利用搭建平台进行系统开发，并包括简单的插件及页面开发；

（4）系统测试，测试功能是否符合需求，并确保系统能正常运行。

参 考 文 献

[1] 吴信才. 数据中心集成开发平台[M]. 北京：电子工业出版社，2010.

[2] 李圣文. 面向空间信息服务的 Web 协同关键技术[学位论文]. 中国地质大学（武汉），2010.

[3] 蔡林峰. 基于工作流的智能网上商城系统研究[学位论文]. 武汉理工大学，2008.

[4] 张敬波，韩伟. http://www.docin.com/p-37161194.html,95.

[5] http://www.236z.com/html/6/56/2009/09/17/56694.html.

[6] 迟文学. 面向服务的搭建式软件开发技术研究[学位论文]. 中国地质大学（北京），2008.

[7] 刘福顺. 基于 WEB 技术的工作流管理系统设计与实现[学位论文]. 四川大学，2006.

[8] http://wyllpychinwin014.blog.163.com/blog/static/40036204200710124203421 3.

[9] http://baike.baidu.com/view/41463.htm.